人力资源和社会保障部职业能力建设司推荐
冶金行业职业教育培训规划教材

露天采矿技术

主　编　陈国山
副主编　戚文革　于春梅　韩佩津

北　京
冶　金　工　业　出　版　社
2013

内 容 提 要

本书为冶金行业职业技能培训教材，是参照冶金行业职业技能标准和职业技能鉴定规范，根据矿山企业的生产实际和岗位群的技能要求编写的，并经人力资源和社会保障部职业培训教材工作委员会办公室组织专家评审通过。

书中主要内容有露天开采的基本知识，露天开采的穿孔、爆破、采装、运输、排土生产工艺，新水平准备技术，露天矿防水，露天开采破碎，露天开采供配电，露天开采设备修理，露天开采安全与环保，砂矿床开采技术等。

本书也可作为职业技术院校教师及学生、矿山工程技术人员的参考用书。

图书在版编目(CIP)数据

露天采矿技术/陈国山主编．—北京：冶金工业出版社，2008.3（2013.7 重印）

冶金行业职业教育培训规划教材

ISBN 978-7-5024-4431-0

Ⅰ.露… Ⅱ.陈… Ⅲ.露天开采—技术培训—教材 Ⅳ.TD804

中国版本图书馆 CIP 数据核字(2007)第 203356 号

出 版 人　谭学余

地　　址　北京北河沿大街嵩祝院北巷 39 号，邮编 100009

电　　话　(010)64027926　电子信箱　yjcbs@cnmip.com.cn

责任编辑　杨　敏　宋　良　美术编辑　王耀忠　版式设计　张　青

责任校对　王永欣　责任印制　李玉山

ISBN 978-7-5024-4431-0

冶金工业出版社出版发行；各地新华书店经销；三河市双峰印刷装订有限公司印刷

2008 年 3 月第 1 版，2013 年 7 月第 4 次印刷

787mm×1092mm　1/16；17.25 印张；452 千字；256 页

36.00 元

冶金工业出版社投稿电话：(010)64027932　投稿信箱：tougao@cnmip.com.cn

冶金工业出版社发行部　电话：(010)64044283　传真：(010)64027893

冶金书店　地址：北京东四西大街 46 号(100010)　电话：(010)65289081(兼传真)

（本书如有印装质量问题，本社发行部负责退换）

冶金行业职业教育培训规划教材
编辑委员会

序

吴溪淳

改革开放以来，我国经济和社会发展取得了辉煌成就，冶金工业实现了持续、快速、健康发展，钢产量已连续数年位居世界首位。这其间凝结着冶金行业广大职工的智慧和心血，包含着千千万万产业工人的汗水和辛劳。实践证明，人才是兴国之本、富民之基和发展之源，是科技创新、经济发展和社会进步的探索者、实践者和推动者。冶金行业中的高技能人才是推动技术创新、实现科技成果转化不可缺少的重要力量，其数量能否迅速增长、素质能否不断提高，关系到冶金行业核心竞争力的强弱。同时，冶金行业作为国家基础产业，拥有数百万从业人员，其综合素质关系到我国产业工人队伍整体素质，关系到工人阶级自身先进性在新的历史条件下的巩固和发展，直接关系到我国综合国力能否不断增强。

强化职业技能培训工作，提高企业核心竞争力，是国民经济可持续发展的重要保障，党中央和国务院给予了高度重视，明确提出人才立国的发展战略。结合《职业教育法》的颁布实施，职业教育工作已出现长期稳定发展的新局面。作为行业职业教育的基础，教材建设工作也应认真贯彻落实科学发展观，坚持职业教育面向人人、面向社会的发展方向和以服务为宗旨、以就业为导向的发展方针，适时扩大编者队伍，优化配置教材选题，不断提高编写质量，为冶金行业的现代化建设打下坚实的基础。

为了搞好冶金行业的职业技能培训工作，冶金工业出版社在人力资源和社会保障部职业能力建设司和中国钢铁工业协会组织人事部的指导下，同河北工业职业技术学院、昆明冶金高等专科学校、吉林电子信息职业技术学院、山西工程职业技术学院、山东工业职业学院、安徽工业职业技术学院、武汉钢铁集团公司、山钢集团济钢公司、中国职工教育和职业培训协会冶金分会、中国钢协职业培训中心、中国钢协人力资源与劳动保障工作委员会教育培训研究会等单位密切协作，联合有关冶金企业、高职和本科院校，编写了这套冶金行业职业教育培训规划教材，并经人力资源和社会保障部职业培训教材工作委员会组织专家评审通过，由人力资源和社会保障部职业能力建设司给予推荐，有关学校、企业的编写人员在时间紧、任务重的情况下，克服困难，辛勤工作，在相关科研院所的工程技术人员的积极参与和大力支持下，出色地完成了前期工作，为冶金行业的职业技能培训工作的顺利进行，打下了坚实的基础。相信这套教材的出版，将为冶金企业生产一线人员理论水平、操作水平和管理水平的进一步提高，企业核心竞争力的不断增强，起到积极的推进作用。

随着近年来冶金行业的高速发展，职业技能培训工作也取得了令人瞩目的成绩，绝大多数企业建立了完善的职工教育培训体系，职工素质不断提高，为我国冶金行业的发展提供了强大的人力资源支持。今后培训工作的重点，应继续注重职业技能培训工作者队伍的建设，丰富教材品种，加强对高技能人才的培养，进一步强化岗前培训，深化企业间、国际间的合作，开辟冶金行业职业培训工作的新局面。

展望未来，任重而道远。希望各冶金企业与相关院校、出版部门进一步开拓思路，加强合作，全面提升从业人员的素质，要在冶金企业的职工队伍中培养一批刻苦学习、岗位成才的带头人，培养一批推动技术创新、实现科技成果转化的带头人，培养一批提高生产效率、提升产品质量的带头人；不断创新，不断发展，力争使我国冶金行业职业技能培训工作跨上一个新台阶，为冶金行业持续、稳定、健康发展，做出新的贡献！

前　言

本书是按照人力资源和社会保障部的规划，受中国钢铁工业协会和冶金工业出版社的委托，参照冶金行业职业技能标准和职业技能鉴定规范，根据矿山企业的生产实际和岗位群的技能要求编写的。书稿经人力资源和社会保障部职业培训教材工作委员会办公室组织专家评审通过，由人力资源和社会保障部职业能力建设司推荐作为采矿行业职业技能培训教材。

书中内容包括露天开采基础知识，露天开采的开拓、穿孔、深孔爆破、采装、运输、排土、新水平准备、安全与环保、防水、采场破碎、供配电、设备修理等技术，以及砂矿床开采技术。

参加本书编写工作的有吉林电子信息职业技术学院陈国山、戚文革、于春梅、陈静、魏明贺、韩佩津、李文滔，吉林吉恩镍业股份有限公司于文、穆怀富、张维涛、王文强和板石矿业公司吴军海。其中第 1 章、第 2 章、第 6 章、第 7 章、第 8 章、第 13 章由陈国山编写，第 3 章、第 4 章由戚文革编写，第 14 章由于春梅编写，第 12 章由陈静编写，第 9 章由魏明贺编写，第 10 章由韩佩津编写，第 5 章由陈国山、李文滔编写，第 11 章由于春梅、陈国山编写。全书由陈国山任主编，戚文革、于春梅、韩佩津任副主编。

本书在编写过程中得到许多同行、矿山工程技术人员的支持和帮助，在此表示衷心的感谢。

由于水平所限，书中难免有不足之处，诚请读者批评指正。

编　者

2007 年 6 月

目　　录

1　露天开采的基础知识 …… 1
1.1　矿石和矿床的基本特征 …… 1
1.1.1　矿石、废石等概念 …… 1
1.1.2　矿床的开采方法 …… 1
1.1.3　矿石的种类 …… 2
1.1.4　矿岩的性质 …… 3
1.1.5　矿体埋藏条件 …… 3
1.2　露天开采的基本概念 …… 4
1.2.1　常用名词 …… 4
1.2.2　境界方面名词 …… 4
1.2.3　生产方面名词 …… 5
1.3　露天开采的步骤 …… 7
1.3.1　准备阶段 …… 7
1.3.2　基本建设阶段 …… 7
1.3.3　正常生产阶段 …… 7
1.3.4　生态恢复阶段 …… 7
1.4　露天开采采剥程序 …… 8
1.4.1　台阶的推进方式 …… 8
1.4.2　新水平准备方式 …… 13
复习思考题 …… 18

2　露天矿床开拓 …… 19
2.1　概述 …… 19
2.1.1　开拓 …… 19
2.1.2　常用运输设备 …… 19
2.1.3　常用运输方式 …… 19
2.2　铁路运输开拓法 …… 21
2.2.1　铁路运输开拓法在山坡露天矿的应用 …… 21
2.2.2　铁路运输开拓法在深凹露天矿的应用 …… 25
2.3　公路运输开拓法 …… 29
2.3.1　直进式坑线开拓 …… 29
2.3.2　回返式坑线开拓 …… 30
2.3.3　螺旋式坑线开拓 …… 31
2.4　其他运输开拓法 …… 32

2.4.1　斜坡运输机及斜坡卷扬开拓 …… 32
2.4.2　平硐溜井及井筒提升开拓 …… 33
2.4.3　联合开拓法 …… 34
复习思考题 …… 34

3　穿孔工作 …… 36
3.1　潜孔钻机穿孔 …… 37
3.1.1　潜孔钻机穿孔的优缺点及使用范围 …… 37
3.1.2　潜孔钻机的分类 …… 38
3.1.3　钻机工作参数 …… 40
3.1.4　潜孔钻机生产技术经济指标 …… 40
3.1.5　提高潜孔钻机穿孔效率的途径 …… 42
3.1.6　穿孔机司机安全操作规程 …… 44
3.2　牙轮钻机穿孔 …… 44
3.2.1　牙轮钻机穿孔的优、缺点及使用范围 …… 44
3.2.2　牙轮钻机的分类 …… 45
3.2.3　牙轮钻机工作参数 …… 46
3.2.4　牙轮钻机生产技术经济指标 …… 47
3.2.5　提高牙轮钻机穿孔效率的途径 …… 48
3.2.6　牙轮钻机司机岗位安全操作规程 …… 50
复习思考题 …… 51

4　露天深孔爆破 …… 52
4.1　露天深孔布置及爆破参数的确定 …… 52
4.1.1　露天深孔布置 …… 52
4.1.2　参数的确定 …… 52
4.1.3　露天深孔爆破装药 …… 54
4.1.4　露天矿高台阶爆破技术简介 …… 55
4.2　多排孔微差爆破 …… 55
4.2.1　微差间隔时间的确定 …… 55
4.2.2　微差爆破的起端方式及起爆程序 …… 55
4.2.3　分段间隔装药 …… 58
4.3　多排孔微差挤压爆破 …… 58
4.3.1　挤压爆破作用原理 …… 58
4.3.2　挤压爆破的优点 …… 58
4.3.3　挤压参数 …… 58
4.4　预裂爆破、光面爆破和缓冲爆破 …… 59
4.4.1　预裂爆破参数 …… 59
4.4.2　爆破效果及其评价 …… 61
4.4.3　光面爆破及缓冲爆破 …… 61

4.5　露天深孔爆破效果的评价 …… 62
4.5.1　爆破后冲现象 …… 62
4.5.2　爆破根底现象 …… 63
4.5.3　爆破大块及伞檐 …… 63
4.5.4　爆堆形状 …… 64
4.6　露天爆破工作 …… 64
4.6.1　露天爆破工安全操作规程 …… 64
4.6.2　爆破工作其他注意事项 …… 64
4.6.3　二爆工岗位安全操作规程 …… 65
4.6.4　二次破碎凿岩工安全操作规程 …… 65
复习思考题 …… 65

5　露天矿采装技术 …… 66
5.1　常用采装设备 …… 66
5.1.1　单斗挖掘机 …… 66
5.1.2　液压挖掘机 …… 74
5.1.3　前端式装载机 …… 77
5.1.4　其他采装设备 …… 79
5.2　采装工艺 …… 83
5.2.1　采装工作面参数 …… 83
5.2.2　采装方式 …… 86
5.3　采装工作 …… 95
5.3.1　单斗挖掘机的应用 …… 95
5.3.2　前端式装载机的应用 …… 103
5.3.3　其他装载设备的应用 …… 105
复习思考题 …… 106

6　露天矿运输 …… 107
6.1　露天矿铁路运输 …… 108
6.1.1　铁路运输线路建设 …… 108
6.1.2　铁路运输站场建设 …… 111
6.1.3　铁路运输常用车辆 …… 112
6.1.4　铁路运输工作 …… 115
6.2　露天矿公路运输 …… 121
6.2.1　公路运输线路建设 …… 121
6.2.2　公路运输自卸汽车 …… 124
6.2.3　公路运输工作 …… 127
6.3　其他运输方式 …… 128
6.3.1　带式运输机运输 …… 128
6.3.2　钢绳运输及其他运输 …… 130

复习思考题…… 132

7 露天矿排土技术…… 133
7.1 排土方式 …… 133
7.1.1 推土机排土方式 …… 133
7.1.2 排土犁排土…… 134
7.1.3 前装机(铲运机)排土 …… 136
7.1.4 挖掘机排土…… 136
7.1.5 带式排土机排土 …… 137
7.1.6 人工自溜排土 …… 137
7.1.7 人造山排土…… 138
7.2 排土场的建设 …… 139
7.2.1 排土场初期建设 …… 139
7.2.2 排土线的扩展 …… 141
7.2.3 排土场的安全与环保 …… 144
7.3 排土工作 …… 145
7.3.1 汽车运输排土 …… 145
7.3.2 铁路运输排土 …… 146
复习思考题…… 147

8 露天开采新水平准备…… 148
8.1 新水平准备方式 …… 148
8.1.1 新水平平面布置方式 …… 148
8.1.2 新水平垂直布置方式 …… 148
8.2 新水平掘进方式 …… 149
8.2.1 汽车运输掘沟法 …… 149
8.2.2 铁路运输掘沟法 …… 150
8.2.3 无运输掘沟法 …… 154
8.2.4 其他掘沟法…… 155
8.3 新水平掘进技术 …… 158
8.3.1 出入沟、开段沟的规格 …… 158
8.3.2 出入沟的掘进 …… 159
复习思考题…… 160

9 露天开采安全与环保…… 161
9.1 露天开采安全生产 …… 161
9.1.1 露天开采爆破事故的预防 …… 161
9.1.2 露天开采区运输安全 …… 163
9.1.3 露天开采机械运行安全 …… 164
9.1.4 露天开采触电的预防措施 …… 165

9.2　露天开采通风 …… 166
9.2.1　露天开采大气的污染与危害 …… 166
9.2.2　露天开采的自然通风 …… 167
9.2.3　露天开采的人工通风 …… 168
9.3　露天开采除尘 …… 169
9.3.1　露天开采尘源分析 …… 169
9.3.2　露天开采的生产过程除尘 …… 170
9.3.3　露天开采运输过程除尘 …… 170
9.3.4　露天开采除尘注意事项 …… 171
复习思考题 …… 172

10　露天矿防水 …… 173
10.1　露天矿床疏干 …… 173
10.1.1　降水孔疏干法 …… 173
10.1.2　巷道疏干法 …… 174
10.1.3　水平钻孔疏干法 …… 176
10.1.4　明沟疏干法 …… 177
10.1.5　联合疏干法 …… 180
10.1.6　疏干方案的选择 …… 180
10.2　露天矿防水 …… 180
10.2.1　地表水的防治 …… 180
10.2.2　防渗堵水 …… 181
10.3　露天矿排水 …… 184
10.3.1　涌水量的预测 …… 184
10.3.2　露天矿排水方式 …… 184
复习思考题 …… 187

11　露天采场破碎 …… 188
11.1　破碎在露天开采中的应用 …… 188
11.1.1　二次破碎作业 …… 188
11.1.2　斜坡运输机开拓 …… 189
11.1.3　平硐溜井开拓 …… 189
11.1.4　井筒提升开拓 …… 190
11.2　露天开采破碎工艺 …… 190
11.2.1　露天开采破碎方式 …… 190
11.2.2　破碎设备 …… 190
11.2.3　影响破碎机工作指标的因素 …… 193
11.3　露天采场破碎工作 …… 195
11.3.1　二次破碎工作 …… 195
11.3.2　破碎装矿工作 …… 195

11.3.3 露天破碎工作 …… 195
11.3.4 破碎卸矿工作 …… 196
11.3.5 破碎工作注意事项 …… 196
复习思考题 …… 196

12 露天开采供配电系统 …… 197
12.1 供配电系统及高压开关设备 …… 197
12.1.1 供配电系统 …… 197
12.1.2 高压开关设备 …… 201
12.2 露天开采的防雷与接地保护 …… 202
12.2.1 过电压与防雷 …… 202
12.2.2 电气装置的接地保护 …… 204
12.3 露天开采的配电设备(装置)安装和线路施工 …… 206
12.3.1 电气安装施工应具备的条件 …… 206
12.3.2 露天开采的配电设备(装置)安装 …… 206
12.3.3 露天开采的线路施工 …… 207
12.3.4 露天开采的照明 …… 207
复习思考题 …… 208

13 露天开采设备修理 …… 209
13.1 保养与修理工作 …… 209
13.1.1 设备的维护保养 …… 209
13.1.2 设备的检查与修理 …… 209
13.1.3 设备维修制度 …… 210
13.1.4 设备修理计划 …… 211
13.2 设备保养与修理制度 …… 212
13.2.1 设备检修制度与检修方法 …… 212
13.2.2 穿孔、采装设备修理制度 …… 213
13.2.3 铁路运输设备修理制度 …… 213
13.2.4 辅助运输设备修理制度 …… 214
13.2.5 公路运输设备保养和修理制度 …… 214
13.3 常用保养与修理设备 …… 216
13.3.1 修理穿孔、采装设备常用维修设备 …… 216
13.3.2 修理铁路运输设备维修设备 …… 217
13.3.3 修理运输辅助设备常用维修设备 …… 217
13.3.4 修理电动轮自卸汽车车间的配置 …… 218
13.4 设备保养与修理工作 …… 219
13.4.1 设备起吊运输工作 …… 219
13.4.2 设备修理工作 …… 221
复习思考题 …… 230

14　砂矿床开采 …… 231
14.1　砂矿床水力开采 …… 231
14.1.1　水枪 …… 231
14.1.2　开拓工作 …… 233
14.1.3　冲采方法 …… 234
14.1.4　开采顺序及工作面布置 …… 234
14.1.5　残矿回采 …… 235
14.1.6　土岩预先松动 …… 235
14.1.7　自流水力运输 …… 236
14.2　砂矿床机械开采 …… 236
14.2.1　单斗挖掘机开采 …… 237
14.2.2　推土机开采 …… 237
14.2.3　机械铲开采 …… 239
14.2.4　前装机开采 …… 240
14.2.5　索斗铲开采 …… 240
14.3　砂矿床采砂船开采 …… 242
14.3.1　采砂船分类 …… 242
14.3.2　链斗式采砂船工作原理 …… 243
14.3.3　采砂船开采应用条件 …… 244
14.3.4　开拓与供水 …… 245
14.3.5　采前准备工作 …… 245
14.3.6　挖掘土岩方法 …… 247
14.3.7　开采方法 …… 248
14.3.8　排土与复田 …… 250
14.3.9　提高采砂船挖掘生产能力措施 …… 251
14.3.10　开采中损失和贫化 …… 251
14.3.11　钢绳式采砂船的应用 …… 252
复习思考题 …… 255

参考文献 …… 256

1　露天开采的基础知识

1.1　矿石和矿床的基本特征

1.1.1　矿石、废石等概念

地壳中的矿物自然聚合体，在现代技术经济水平条件下，能以工业规模从中提取国民经济所必需的金属或矿物产品的，叫做矿石。以矿石为主体的自然聚集体叫做矿体。矿床是矿体的总称，一个矿床可由一个或多个矿体所组成。矿体周围的岩石称为围岩，根据其与矿体的相对位置的不同，有上盘围岩、下盘围岩与侧翼围岩之分。缓倾斜及水平矿体的上盘围岩也称为顶板，下盘围岩称为底板。矿体的围岩及矿体中的岩石（夹石），不含有用成分或含量过少，从经济角度出发无开采价值的，称为废石。

矿石中有用成分的含量，称为品位。品位常用百分数表示。黄金、金刚石、宝石等贵重矿石，常分别用 1 t（或 1 m^3）矿石中含多少克或克拉有用成分来表示，如某矿的金矿品位为 5 g/t 等。矿床内的矿石品位分布很少是均匀的。对各种不同种类的矿床，许多国家都有统一规定的边界品位。边界品位是划分矿石与废石（围岩或夹石）的有用组分最低含量的标准。矿山计算矿石储量分为表内储量与表外储量。表内外储量划分的标准是按最低可采平均品位，又名最低工业品位，统称工业品位。按工业品位圈定的矿体称为工业矿体。显然，工业品位高于或等于边界品位。

矿石与废石，工业矿床与非工业矿床，划分的概念是相对的。它是随着国家资源情况，国民经济对矿石的需求，经济地理条件，矿石开采及加工技术水平的提高，以及生产成本升降和市场价格的变化而变化。例如，我国锡矿石的边界品位高于一些国家的规定 5 倍以上；随着硫化铜矿石选矿技术提高等原因，铜矿石边界品位已由 0.6%降到 0.3%；有的交通条件好的缺磷肥地区，所开采的磷矿石品位，甚至低于交通不便的边疆富磷地区的废石品位。

1.1.2　矿床的开采方法

冶金工业是国民经济的重要组成部分，金属矿石是冶金工业的重要原材料，目前我国大约有露天矿 1200 多个，采出的矿石量占总采出矿石量的 2/3。

根据矿床的埋藏条件，开采方法可以分为三种：

（1）露天开采。矿床埋藏较浅，甚至露出地表。矿床规模较大，需要以较大的生产能力来开采。露天开采只要将矿体上部覆土及两盘围岩剥离，不需要大量的井巷工程，就可以开采有用矿石，且露天开采作业条件方便、安全程度高、环境好、生产安全可靠、生产空间不受限制，为大型机械设备的应用，能够实行机械化作业创造了良好的条件，开采强度大、劳动生产率高、经济效益好。

（2）地下开采。矿床地下开采适用于矿床规模不大，埋藏较深的矿体，是通过开挖大量的井巷工程接触矿体，通过一定的工艺采出有用矿石。由于作业空间狭窄，大型机械应用困难，生产能力受到限制，作业环境恶劣，需要通风、排水等系统，劳动生产率低，损失贫化较大。

（3）其他方法开采。对于赋存条件特殊的矿床如砂矿、海洋矿床等，可以用水力开采、采砂船开采，也可以海洋采矿、化学采矿等。

和地下开采相比，露天开采具有下列优点：

(1) 建设速度快。露天矿由于作业条件好，能够采用大型机械化设备，生产效率高，生产工艺相对简单。建设一个大型露天矿一般需要1～2年时间。建设一个相同规模的地下矿需要增加一倍的时间。

(2) 劳动生产率高。金属露天矿能采用大型、特大型高效率的机械化采挖机械，作业条件好，生产安全可靠，劳动生产率一般能达到地下开采的3～5倍。

(3) 开采成本低。由于露天矿作业区范围大，大型、特大型机械设备的使用，劳动生产率的提高，使露天开采的成本较低，只为地下开采的一半，但随开采深度的增加，剥离量的增大，作业区范围的减小，成本会逐渐增大。

(4) 矿石损失与贫化小。露天开采由于作业条件的改善，开采工艺简单，使露天开采的损失与贫化小，一般为3%～9%。而地下开采一般为5%～10%，甚至更高。由于损失与贫化的减少，使国家资源得到了充分利用，减少了选矿的处理量，相应地提高了经济效益。

(5) 作业条件好，生产安全可靠。露天开采由于在阳光下作业，工作环境、温度、湿度易于控制，通风良好，安全性比地下开采有很大程度的提高，水灾、火灾、塌方的危险减小，特别是对涌水量大、有自燃条件的矿床，露天开采比较安全。

与地下开采相比，露天开采的缺点是：

(1) 初期投资大。露天开采占地面积大，应用大型机械化设备，这两项的初期投资比较大。对于埋藏稍深的矿体，由于初期需要剥离大量的岩土，剥离费比较高。这也增加了初期的投资。

(2) 环保能力差。由于露天开采的矿坑面积大，剥离的大量岩土需找地方堆放。因此，露天开采需要占用大面积土地，造成大面积土地植被遭到破坏，特别是剥离的岩土复垦绿化比较困难，长期裸露对环境的破坏较大；剥离的岩土渗出的雨水污染比较严重，治理费用比较高。

(3) 工作条件受气候影响较大。由于是露天作业，工作环境受气候的影响比较大。如暴雨、飓风、严寒等恶劣气候条件，无论对人还是设备都会造成巨大的影响。

总体而言，露天开采无论从技术上还是经济上都有明显的优越性，决定了它在开采方法选择上的优势。无论从我国还是世界上来看，大部分矿石都是由露天开采方法获得的，特别是澳大利亚、美国、巴西、俄罗斯这些国家，露天开采的比例更大，占到80%以上。我国铁矿石、化工原料矿石80%都是露天开采获得的，有色金属矿石的露天开采比例约占50%。

1.1.3 矿石的种类

地球外部的一层坚硬外壳称为地壳。地壳是由天然的矿物元素组成的，这些元素包括非金属元素（如氧、硅等）和金属元素（如铁、铜、铅等）。

金属矿石一般分为四种：

(1) 自然金属矿石。如金、银、铜、铂等。这些金属矿石金属以单一元素存在于矿石中。在自然界中除上述四种矿石，其他金属能达到工业开采品位的自然金属矿石较少。

(2) 氧化矿石。如赤铁矿、磁铁矿、软锰矿、赤铜矿、红锌矿、白铅矿，这些矿石的成分为氧化物、碳酸盐、硫酸盐。

(3) 硫化矿石。如黄铜矿、方铅矿、闪锌矿、辉钼矿，这里矿石的成分为硫化物。

(4) 混合矿石。矿石是由前面两种及两种以上矿石混合而成。

矿石按金属种类分为四种：

(1) 黑色金属矿石。如铁、锰、铬等。这些金属矿石的金属颗粒是黑色的。

(2) 有色金属矿石。如铜、锌、铅、锡、钼、锌、钨这些矿石的金属颗粒的颜色是非黑色的。

(3) 贵重金属的矿石。如金、银、铂等。这些矿石的金属稳定性好，价格昂贵。

(4) 稀有金属矿石。如铌、钽、铍等。这些矿石的金属在自然界比较少，当然也比较昂贵。

矿石按品位分为贫矿和富矿。

1.1.4 矿岩的性质

由于露天开采工作的对象是矿石和岩石，因此，矿、岩的性质对采矿工作有很大影响。矿、岩的性质包括很多内容，其中对开采有直接影响的主要是：

(1) 结块性。爆破下来的矿、岩，如含有黏土、滑石及其他黏性微粒时，受湿及受压后，在一定时间内就能结成整块。这种使碎矿岩结成整块的性质就是结块性。它对装运、排卸工作都有较大的影响。

(2) 氧化性。硫化矿石受水和空气的作用变为氧化矿石而降低选矿回收指标的性能。

(3) 含水性。矿、岩吸入和保持水分的性能。含水的岩石容易造成排土场边坡的滑落，对排土工作影响较大。

(4) 松胀系数。采下矿、岩的体积与其原来的整体体积之比。

(5) 容重。单位体积矿、岩的重量，单位为 N/m^3。

(6) 硬度。矿、岩的坚硬程度。它直接影响穿爆工作。

(7) 稳固性。矿、岩在一定的暴露面下和一定时间内不塌落的性能。矿、岩的节理发育程度、含水性对稳固性有很大的影响，在设计露天矿边坡时要切实加以考虑。

1.1.5 矿体埋藏条件

由于受某种地质作用的影响，由一种或数种有用矿物形成的堆积体称为矿体。与矿体四周接触的岩石称为围岩。在矿体上方的围岩称上盘，反之则称下盘。

相邻的一系列矿体或一个矿体组成矿床。其质与量适于工业应用并在一定的经济和技术条件下能够开采的，称为工业矿床，否则叫做非工业矿床。影响露天开采的矿床埋藏特征主要有形状、产状和大小。

1.1.5.1 金属矿床的形状

(1) 脉状。主要是热液作用和气化作用将矿物质充填于地壳裂缝而成。其特点是埋藏不定和有用成分含量不均，大多数为长度较大、埋藏较深的矿体。

(2) 层状。多数是由沉积生成。其特点是长度和宽度都较大，形状和埋藏条件稳定，有用成分的组成和含量比较均匀。

(3) 块状。此形状矿体在空间上三个方向大小比例大致相等，其大小和形状不规则，常呈透镜状、矿巢和矿株，一般和围岩无明显界限。有色金属矿床多为此类形状。

1.1.5.2 矿床的产状要素

(1) 走向。矿体层面与水平面所成交线的方向。

(2) 倾向。矿体层面倾斜的方向。

(3) 倾角。矿体层面与水平面的夹角。

据倾角大小不同，矿体可分为：近水平、缓倾斜、倾斜、急倾斜矿体。对露天开采而言，可作如下划分：

近水平矿体倾角在 0°～10° 之间。

缓倾斜矿体倾角在 10°～25°之间。

倾斜矿体倾角为 25 °～40°之间。

急倾斜矿体倾角大于 40°。

1.1.5.3　矿体的大小

表示矿体大小的主要参数是走向长度、厚度、宽度(对水平矿体而言)或下延深度(对倾斜矿体而言)。矿体厚度又有水平厚度和垂直厚度之分。矿体上下盘边界间的水平距离称为矿体水平厚度;而矿体上下盘边界间的垂直距离则为矿体垂直厚度。一般来说,水平的和缓倾斜矿床只用垂直厚度表示。

矿体按其厚度可分为薄矿体、中厚矿体和厚矿体。对于露天开采可作如下划分:

薄矿体厚度在 0.3～3 m 之间,对这种矿体很难进行选择开采。

中厚矿体厚度为 3～10 m,选择开采较易,对于水平矿体,一般用一个台阶即可开采全厚。

厚矿体厚度为 10～30 m 或更大,选择开采容易,对于水平矿体,一般需要几个台阶才能开采全厚。

1.2　露天开采的基本概念

1.2.1　常用名词

露天坑:采用露天开采方法开采矿石的露天采场。

露天采场:采用露天开采的方法开采矿石,在空间上形成的矿坑,露天开采、采装运输设备、人员工作的场所。

山坡露天矿:矿体赋存于地平面以上或部分赋存于地平面以上,露天采场没有形成封闭的矿坑,位于地平面以上部分的露天采场称为山坡露天矿,见图 1-1。

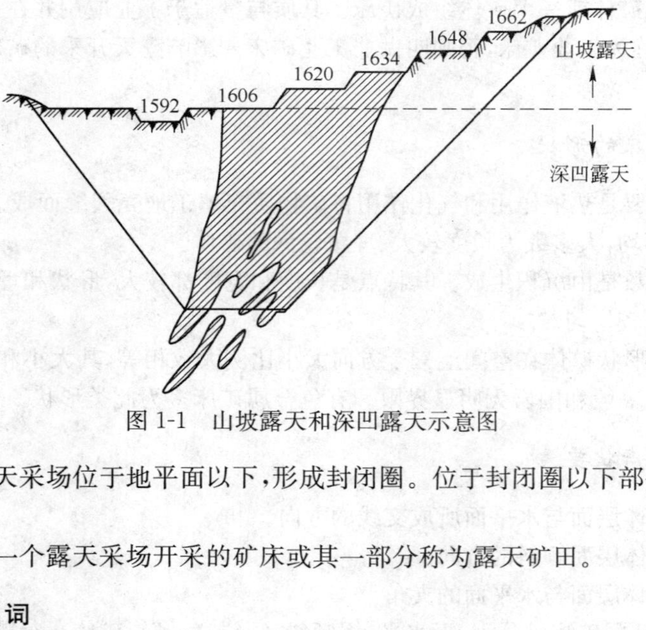

图 1-1　山坡露天和深凹露天示意图

深凹露天矿:露天采场位于地平面以下,形成封闭圈。位于封闭圈以下部分的露天采场称为深凹露天矿。

露天矿田:划归一个露天采场开采的矿床或其一部分称为露天矿田。

1.2.2　境界方面名词

露天矿开采终了时一般形成一个以一定的底平面、倾斜边帮为界的一个斗形矿坑,即露天坑，如图 1-2 所示。

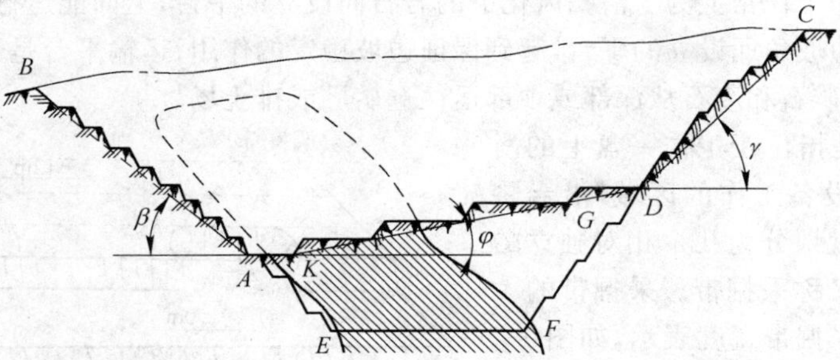

图 1-2 露天矿场构成要素

AD—露天矿场工作帮；AB，CD—露天矿场非工作帮；KG—工作帮坡面；

φ—工作帮坡角；β，γ—露天矿最终边坡角

露天开采境界：是指露天采场开采终了时或某一时期形成的露天矿场。

露天矿场边帮：是指露天开采境界四周表面部分，露天矿场边帮由台阶组成，位于开采矿体上盘的边帮称为顶帮或上盘边帮，位于开采矿体下盘的边帮称为底帮或下盘边帮，位于两端的称端帮，有工作设备在上作业进行穿爆、采装工作的边帮称为工作帮，否则称为非工作帮，全面完成工作的边帮称为最终边帮。

露天开采境界线：露天矿场边帮与地表平面形成的闭合交线称为地表境界线。露天矿场边帮与底平面形成的交线叫底部界线或叫底部周界。

露天矿场的底：露天矿场开采终了在深部形成的底部平面。

帮坡面：边帮是由台阶组成的，帮坡面分为工作帮坡面和非工作帮坡面，工作帮坡面是指露天矿场最上一个工作台阶和最下一个工作台阶坡底线形成的假想平面。非工作帮坡面是指露天矿场最上一个台阶的坡顶线到最下一个台阶坡底线形成的假想平面。

最终帮坡角：是最终边帮形成的坡面与水平面的夹角，也叫最终废止角，分为上盘帮坡角和下盘帮坡角。

工作帮坡角：是指工作帮形成的坡面与水平面的夹角。

开采深度：是指开采水平的最高点到露天矿场的底平面的垂直距离。

1.2.3 生产方面名词

台阶：露天开采过程中，露天矿场被划分为若干具有一定高度的水平分层，这些分层称为台阶，分层的垂直高度为台阶高度，如图 1-3 所示。台阶通常以下部水平的海拔标高来标称，如台阶的上平面称为上部平台，相对其上的工作平面称为工作平盘。也以其海拔高度标称。台阶的下平面称为下部平台，上下平台间的坡面称为台阶坡面，其与水平面的夹角称为坡面角。台阶坡面与上部平台的交线称为坡顶线，台阶坡面与下部平台的交线称为坡底线。

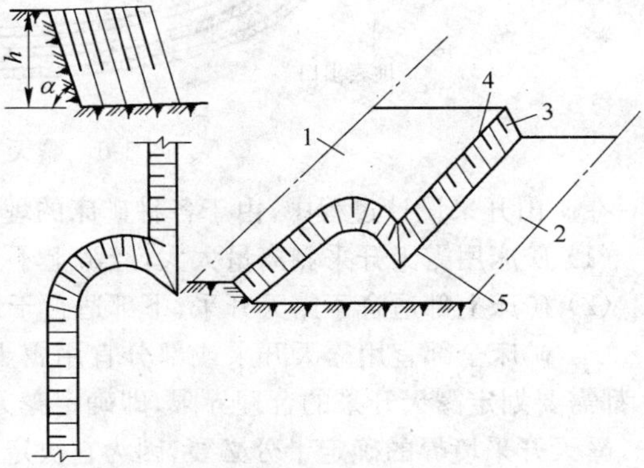

图 1-3 台阶要素图

1—上部平盘；2—下部平盘；3—台阶坡面；4—台阶坡顶线；

5—台阶坡底线；h—台阶高度；α—台阶坡面角

非工作平台：组成非工作帮面上的台阶

上的平盘叫非工作平盘，也叫非工作平台。非工作平台按用途分为清扫平台、安全平台和运输平台。清扫平台是非工作帮上为了清扫风化下的岩石而设立的平台，上面能运行清扫设备；安全平台是为降低最终边坡角而设立的平台，起到保证边坡稳定的作用；运输平台是为行走运输设备而设立的平台，保持矿石和废石从深部或顶部运往选矿厂或排土场。

采区：采区是指位于工作平盘上的凿岩、采装、运输等设备工作的区域，沿台阶走向将某工作平盘划分为几个相对独立的采区。每个采区又称采掘带。采掘带的大小由采区长度和采掘带宽度表示，如图 1-4 所示。

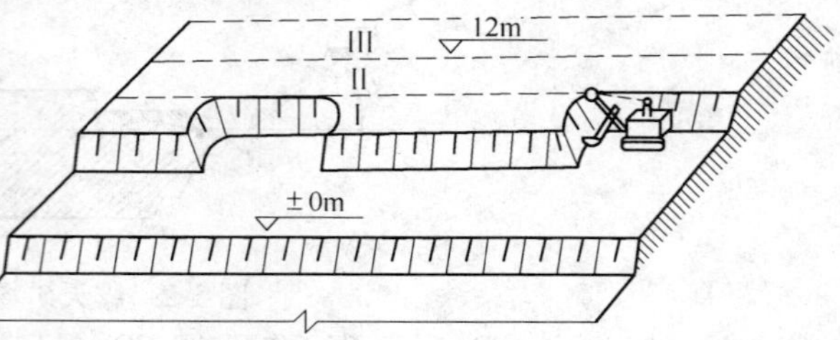

图 1-4　采掘带、采区示意图

新水平准备：露天开采由高向低（深）发展过程中，需开辟新的水平形成新的台阶，这项工作叫新水平准备。新水平准备首先向下开挖一段倾斜的梯形沟段，称为出入沟，到达一定深度（台阶高度）再开挖一定长度的梯形段沟叫开段沟。深凹露天矿形成完整的梯形开段沟，山坡露天矿形成不完整的梯形开段沟。

随着开段沟的形成，接下来开始扩帮，矿山工程逐渐发展直至形成完整的露天坑，如图 1-5 所示，决定露天坑大小和形状的要素称为境界三要素。

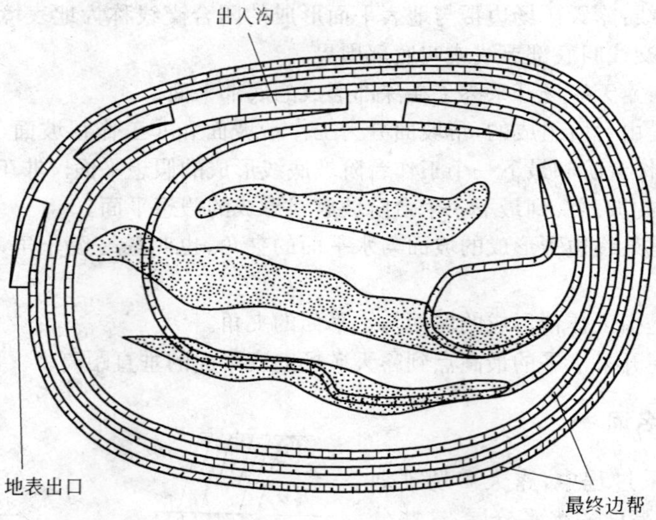

图 1-5　露天开采的露天坑

在矿山开采设计过程中，由于各种矿床的埋藏条件不同，可能遇到下列三种情况：

(1) 矿床用露天开采剥离量太大，经济上不合理，而只能全部采用地下开采；

(2) 矿床上部适合于露天开采，下部适合于地下开采；

(3) 矿床全部宜用露天开采或部分宜用露天开采，另一部分目前不宜开采。对于后两种情况，都需要划定露天开采的合理界限，即确定露天开采境界。

露天开采境界的确定十分必要，因为它决定着露天矿的工业矿量、剥离总量、生产能力及开采年限，而且影响着矿床开拓方法的选择和出入沟、地面总平面布置以及运输干线的设置等，从而直接影响整个矿床开采的经济效果。因此，正确地确定露天开采境界，是露天开采设计的重要一环。

露天开采境界是由露天采矿场的底平面、露天矿边坡和开采深度三个要素组成的。因此，露天开采境界应包括：确定合理的开采深度、确定露天矿底平面周界和露天矿最终边坡角。在上述三项内容中，对于埋藏条件不同的矿床，确定境界的重点内容也不同。对水平或近水平矿床来说，合理确定露天采矿场底平面周界是最主要的，对于倾斜和急倾斜矿床来说，主要是确定合理的开采深度，对于地质条件复杂、岩层破碎、水文地质条件较差的矿床，则如何确定露天矿的最终边坡角，以保证露天矿安全、经济地生产，就将成为主要问题。由此可见，在确定露天开采境界时，应针对具体的矿床条件，找出关键问题，综合研究各方面的影响因素，合理地加以解决。

1.3　露天开采的步骤

1.3.1　准备阶段

金属矿床露天开采经过地质勘探部门确定储量后，对矿床首先要进行开采的可行性研究，可行性研究要解决此矿床有没有利用价值，能否达到工业化开采要求。在可行性研究中要涉及到矿石的品位、储量、埋藏条件、矿石综合处理难易程度、市场需求状况、开采方法。经过初步的可行性研究，完全可行性论证报告，确定开采方法。开采方法一般来说有三种：完全地下开采；完全露天开采；上部露天开采，下部地下开采。对后面两种情况都要进行露天开采的初步设计，初步设计在必备的地质资料基础上，要完成下列工作：确定露天开采境界，验证露天矿生产能力，确定露天开采的开拓方法，矿石废石的运输方法、线路布置，选择穿孔、爆破、采装、运输、排土等机械的类型、数量。布置地面工业场地，确定购地范围和时间，道路土建工程的数量、工期，计算人员及电力、水源和主要材料的用量。编制矿山基本建设进度计划，计算矿山总工程量，总投资等技术经济指标。初步设计经投资方通过后还要进行各项工程的施工设计，然后可以开采。

1.3.2　基本建设阶段

基本建设阶段，首先必须排除开采范围内的建筑物、障碍物，砍伐树木，改道河流，疏干湖泊，拆迁房屋，处理文物，道路改线，对于地下水大的矿山要预先排除开采范围内的地下水，处理地表水、修建水坝和挡水沟隔绝地表水，防止其流入露天采场。这些准备工作完成后进行矿山的前期建设。电力建设包括输电线、变电所；工业场地建设包括机修车间、材料仓库、生活办公用房；生产建设包括选矿厂、排土场、矿石、废石、人员、材料的运输线路；生产辅助建设包括照明、通讯等。最后进行表土剥离，挖掘出入沟和开段沟准备新水平。随着工程的发展，矿山由基建期向投产期以致达产期发展。

1.3.3　正常生产阶段

露天矿正常生产是按一定生产程序和生产进程来完成的。在垂直延伸方向上是准备新水平过程，首先掘进出入沟，然后开挖开段沟。在水平方向上是由开段沟向两侧或一侧扩帮（剥离和采矿），扩帮是按一定的生产方式完成的，其生产过程分为穿孔爆破、采装、运输、排土四个环节。穿孔爆破是采用大型潜孔钻机或牙轮钻机钻凿炮孔，爆破岩石，将矿岩从母岩上分离下来。采装是采用电铲挖掘机将矿岩装上运输工具，一般为汽车或火车。运输是采用汽车、火车或其他运输工具将矿石运往选矿厂，将废石运往排土场。排土是采用各种排土工具（电铲、推土机、推土犁）在排土场上的废石及表土按合理工艺排弃，以保持排土场持续均衡使用。

1.3.4　生态恢复阶段

随着矿山开采的终了，占地面积也达到了最大，为了保护环境，促进生态平衡，必须进行必要的生态恢复工作，覆土造田，绿化裸露的场地，处理排土场渗水，保证露天采场的安全。

露天开采要遵循“采剥并举，剥离先行”的原则，要按生产能力和三级矿量保有的要求超前完成剥离工作，使矿山持续、稳定、均衡的生产，避免采剥失调，剥离欠量，掘沟落后，生产失衡的局面。

1.4 露天开采采剥程序

1.4.1 台阶的推进方式

简单地讲，露天开采是从地表开始逐层向下进行的，每一水平分层称为一个台阶。一个台阶的开采使其下面的台阶被揭露出来，当揭露面积足够大时，就可开始下一个台阶的开采即掘沟。掘沟为一个新台阶的开采提供了运输通道和初始作业空间，完成掘沟后即可开始台阶的侧向推进。随着开采的进行，采场不断向外扩展和向下延伸，直至达到设计的最终境界。刚完成出入沟和开段沟掘进时，沟内的作业空间非常有限，汽车需在沟口外进行调车，倒入沟内装车(见图 1-6a)；当在沟底采出足够的空间时，汽车可直接开到工作面进行调车(见图 1-6b)；随着工作面的不断推进，作业空间不断扩大，从新水平掘沟开始，到新工作台阶形成预定的生产能力的过程，叫做新水平准备。

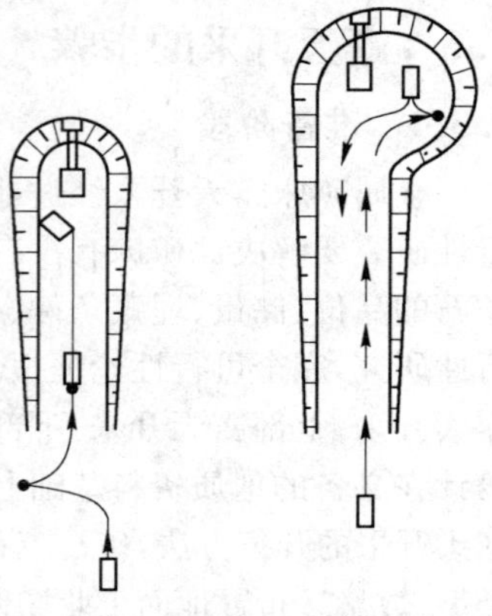

图 1-6 台阶推进示意图

1.4.1.1 台阶水平推进

工作台阶的推进有垂直推进方式和平行推进方式。

A 垂直推进采掘

垂直采掘时，电铲的采掘方向垂直于台阶工作线走向(即采区走向)，与台阶的推进方向平行(见图 1-7)。开始时，在台阶坡面掘出一个小缺口，而后向前、左、右三个方向采掘。图 1-7 所示是双点装车的情形。电铲先采掘其左前侧的爆堆，装入位于其左后侧的汽车；装满后，电铲转向其右前侧采掘，装入位于其右后侧的汽车。这种采装方式的优点是电铲装载回转角度小，装载效率高；缺点是汽车在电铲周围调车对位需要较大的空间，要求较宽的工作平盘。当采掘到电铲的回转中心位于采掘前的台阶坡底线时，电铲沿工作线移动到下一个位置，开始下一轮采掘。

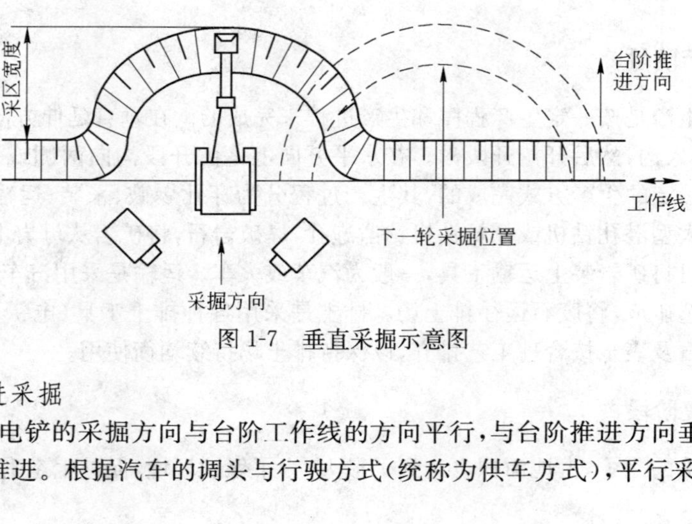

图 1-7 垂直采掘示意图

B 平行推进采掘

平行采掘时，电铲的采掘方向与台阶工作线的方向平行，与台阶推进方向垂直。如图 1-8 所示即为平行采掘推进。根据汽车的调头与行驶方式(统称为供车方式)，平行采掘可进一步细分为许多不同的类型。分为单向行车不调头和双向行车折返调头等。

(1) 单向行车不调头平行采掘，如图1-9所示，汽车沿工作面直接驶到装车位置，装满后沿同一方向驶离工作面。这种供车方式的优点是调车简单，工作平盘只需设单车道。缺点是电铲回转角度大，在工作平盘的两端都需出口(即双出入沟)，因而增加了掘沟工作量。

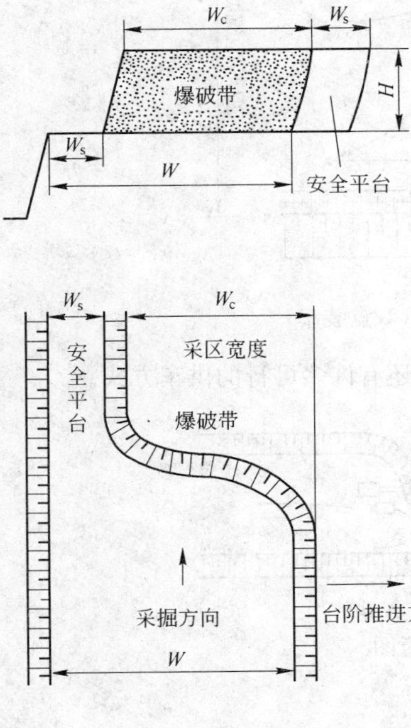

图1-8 平行采掘推进

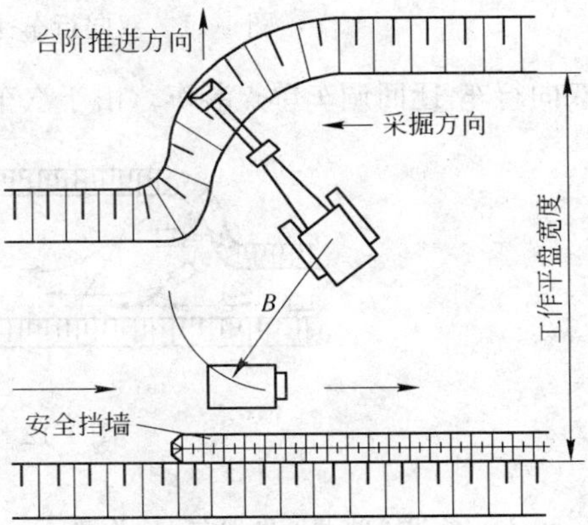

图1-9 单向行车不调头平行采掘

B—最大卸载半径

(2) 双向行车折返调车平行采掘，如图1-10所示，空载汽车从电铲尾部接近电铲，在电铲附近停车、调头，倒退到装车位置，装载后汽车沿原路驶离工作面。这种供车方式只需在工作平盘一端设有出入沟，但需要双车道。图1-10所示是单点装车的情形。空车到来时，常常需等待上一辆车装满驶离后，才能开始调头对位；而在汽车调车时，电铲也处于等待状态。为减少等待时间，可采用双点装车。

如图1-11所示，汽车1正在电铲右侧装车。汽车2驶入工作面时，不需等待即可调头、对位，停在电铲左侧的装车位置。装满汽车1后，电铲可立即为汽车2装载。当下一辆汽车(汽车3)驶入时，汽车1已驶离工作面，汽车3可立即调车到电铲右侧的装车位置。这样左右交替供车、装车，大大减少了车、铲的等待时间，提高了作业效率。

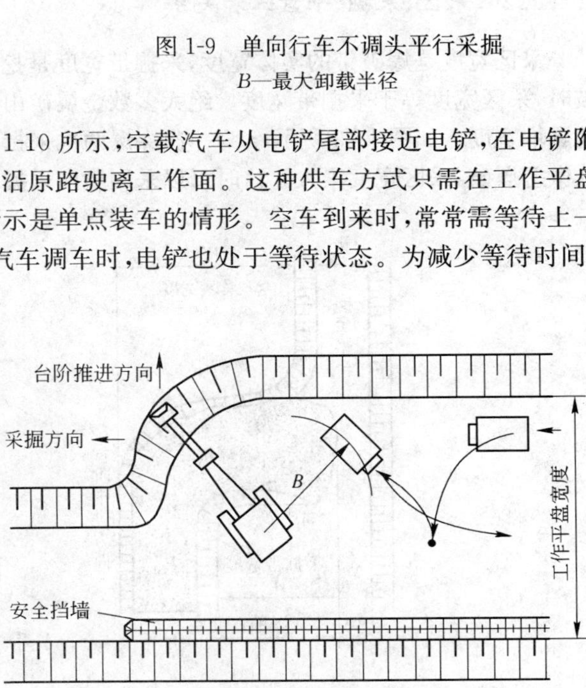

图1-10 双向行车-折返调车平行采掘(单点装车)

其他两种供车方式如图1-12所示。图中a为单向行车-折返调车双点装车，b

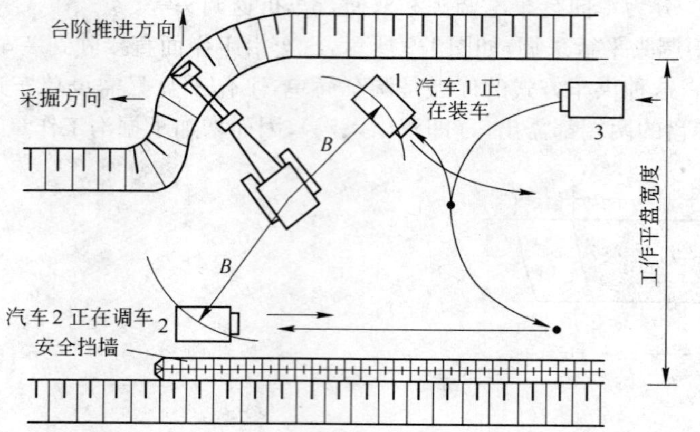

图 1-11　双向行车-折返调车平行采掘(双点装车)

为双向行车-迂回调车单点装车。由于汽车运输的灵活性,还有许多可行的供车方式。

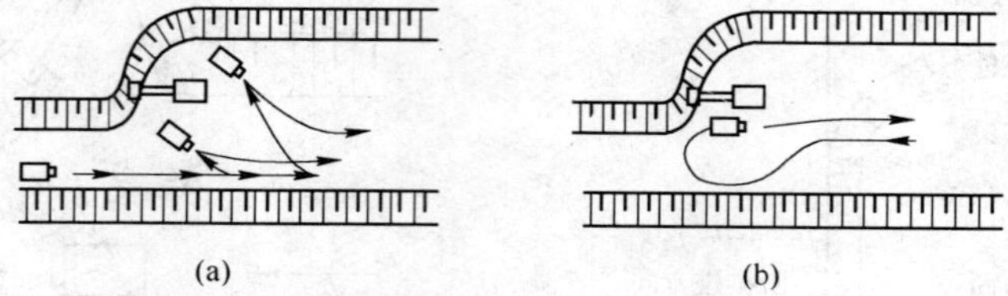

图 1-12　其他供车方式示意图

1.4.1.2　采区、采掘、平盘三者关系

采区宽度是爆破带的实体宽度,采掘带宽度是挖掘机一次采掘的宽度。当矿岩松软无需爆破时,采区宽度等于采掘带宽度。绝大多数金属矿山都需要爆破,故采掘带宽度一般指一次采掘的爆堆宽度。如图 1-13 所示,a 为一次穿爆两次采掘,b 为一次穿爆一次采掘。有的矿山采用大区微差爆破,采区宽度很大。这时可以采用横向采掘(图 1-14)。

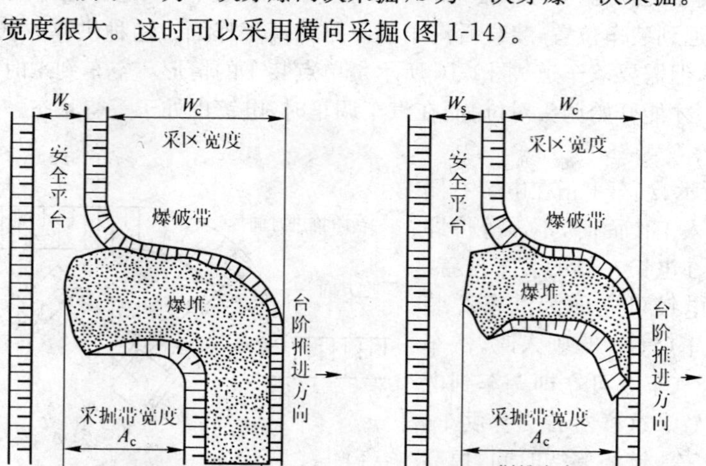

图 1-13　采区与采掘带示意图

最小工作平盘宽度是刚好满足采运设备正常作业要求的工作平盘宽度，其取值需依据采运设备的作业技术规格、采掘方式和供车方式确定。采用单向行车、不调头供车的平行采掘方式时，最小工作平盘宽度可根据装车条件确定(见图 1-15)。当采用折返调车，单点装车时，装车位置一般在电铲的右后侧，远离工作面外缘，最小工作平盘宽度主要取决于调车所需空间的大小，如图 1-10 所示。若采用双点装车，当汽车位于电铲右后侧时，所需的最小平盘宽度与上述单点装车相同。但当汽车向电铲左侧(靠近工作平盘外缘)的装车位置调车对位时，为节省调车时间，汽车一般回转近 180°后退到装车位置(见图 1-16)。

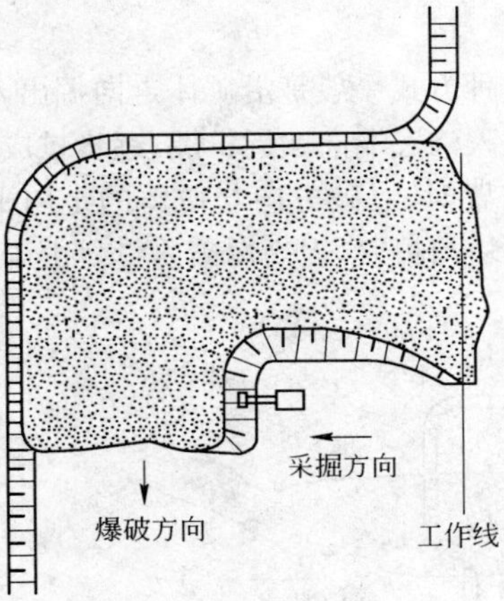

图 1-14 垂直工作线横向采掘

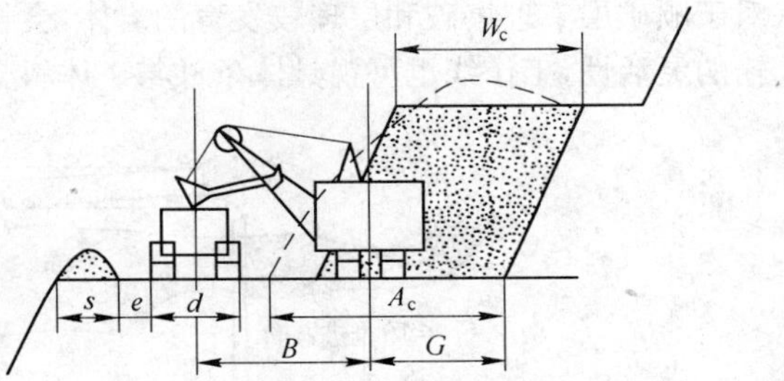

图 1-15 按铲装条件确定最小工作平盘宽度

G—挖掘机站立水平挖掘半径；B—最大卸载高度时的卸载半径；d—汽车车体宽度；e—汽车到安全挡墙距离；s—安全挡墙宽度

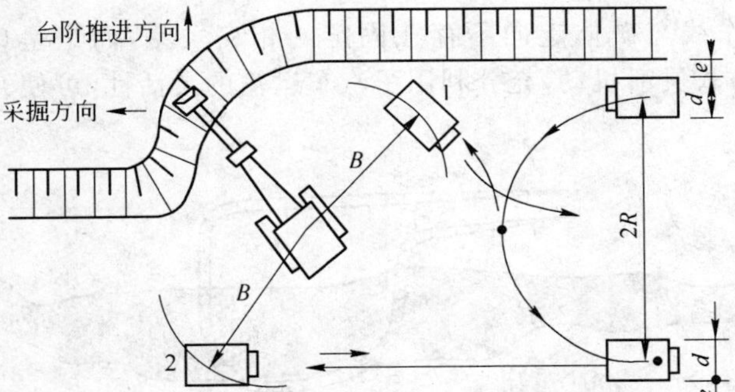

图 1-16 折返调车双点装车时最小工作平盘宽度

1.4.1.3 工作线的布置与扩展

依据工作线的方向与台阶走向的关系，工作线的布置方式可分为纵向、横向和扇形三种。

纵向布置时，工作线的方向与矿体走向平行(见图 1-17)。这种方式一般是沿矿体走向掘出入沟，并按采场全长开段沟形成初始工作面，之后依据沟的位置(上盘最终边帮、下盘最终边帮或中间开沟)，自上盘向下盘、自下盘向上盘或从中间向上、下盘推进。

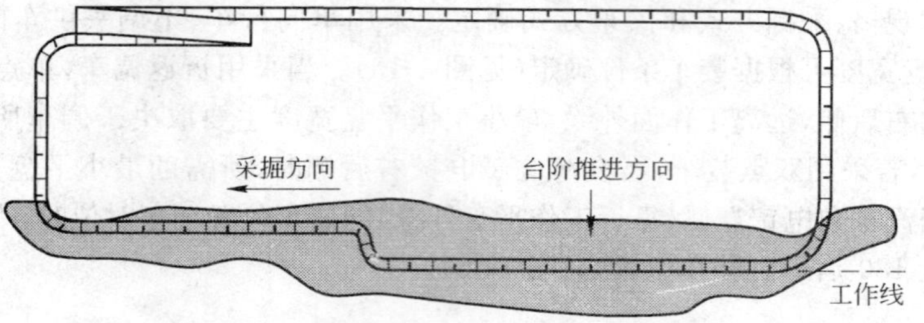

图 1-17　纵向工作面布置示意图

横向布置时，工作线与矿体走向垂直(见图 1-18)。这种方式一般是沿矿体走向掘出入沟，垂直于矿体掘短段沟形成初始工作面，或不掘段沟直接在出入沟底端向四周扩展，逐步扩成垂直矿体的工作面，沿矿体走向向一端或两端推进。由于横向布置时，爆破方向与矿体的走向平行，故对于顺矿层节理爆破和层理较发育的岩体，会显著降低大块与根底，提高爆破质量。由于汽车运输的灵活性，工作线也可视具体条件与矿体斜交布置。

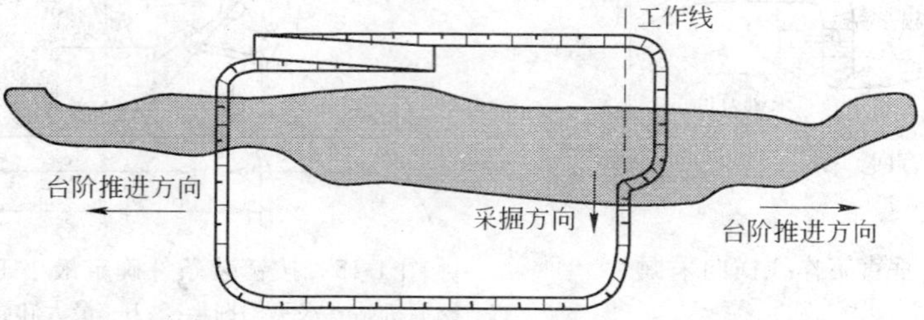

图 1-18　横向工作面布置示意图

扇形布置时，工作线与矿体走向不存在固定的相交关系，而是呈扇形向四周推进(见图 1-19)。这种布置方式灵活机动，充分利用了汽车运输的灵活性，可使开采工作面尽快到达矿体。

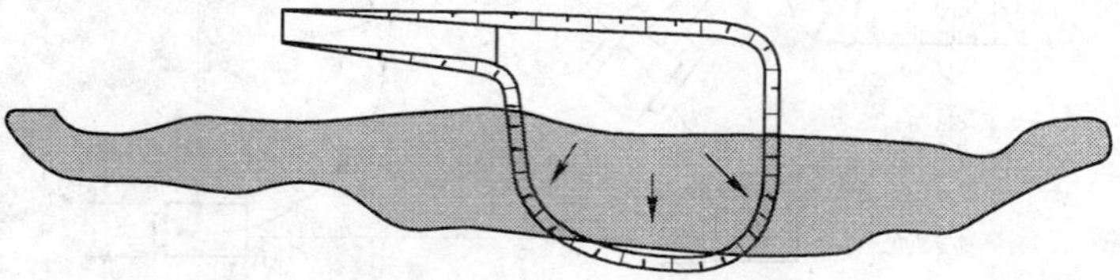

图 1-19　扇形工作面布置示意图

一个台阶的水平推进，使其所在水平的采场不断扩大，并为其下面台阶的开采创造条件；新台阶工作面的拉开，使采场得以延深。台阶的水平推进和新水平的拉开，构成了露天采场的扩展与延深。

图 1-20 所示的采场扩延过程是，新水平的掘沟位置选在最终边帮上，出入沟固定在最终边帮上不再改变位置。这种布线方式称为固定式布线。由于矿体一般位于采场中部(缓倾斜矿体除外)，固定布线时的掘沟位置离矿体远，开采工作线需较长时间才能到达矿体。为尽快采出矿石，可将掘沟位置选在采场中间(一般为上盘或下盘矿岩接触带)，在台阶推进过程中，出入沟始终保留在工作帮上，随工作帮的推进而移动，直至到达最终边帮位置才固定下来。这种方式称为

移动式布线。采用移动式布线时，台阶向两侧推进或呈扇形推进(图 1-21)。无论是固定式布线还是移动式布线，新水平准备的掘沟位置都受到一定的限制。

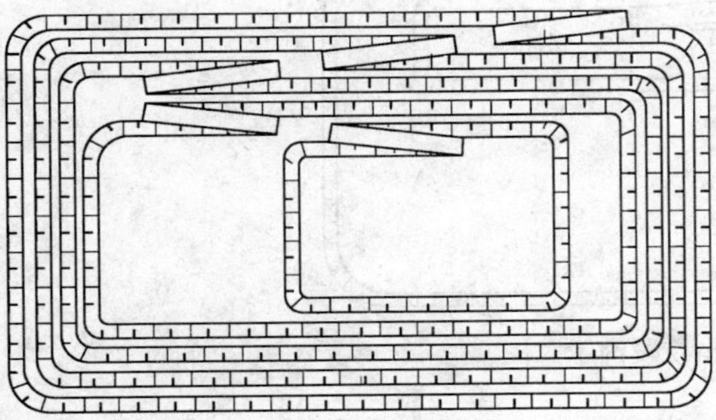

图 1-20　直进-回(折)返式固定布线示意图

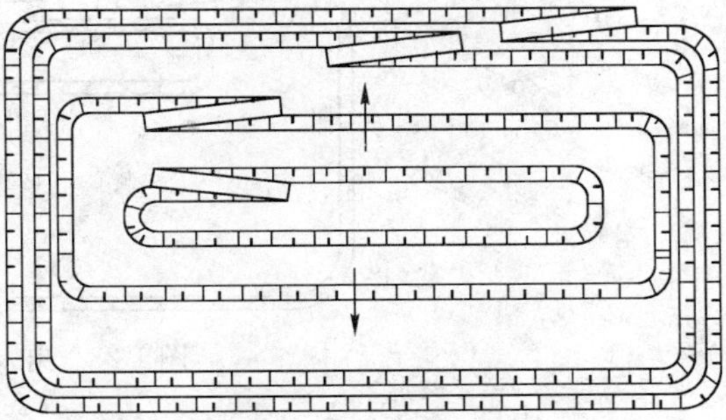

图 1-21　直进-回(折)返式移动式布线示意图

图 1-22 所示的采场扩延过程的一个特点是，新水平的掘沟位置选在最终边帮上，台阶的出入沟沿最终边帮呈螺旋状布置故称为螺旋布线。

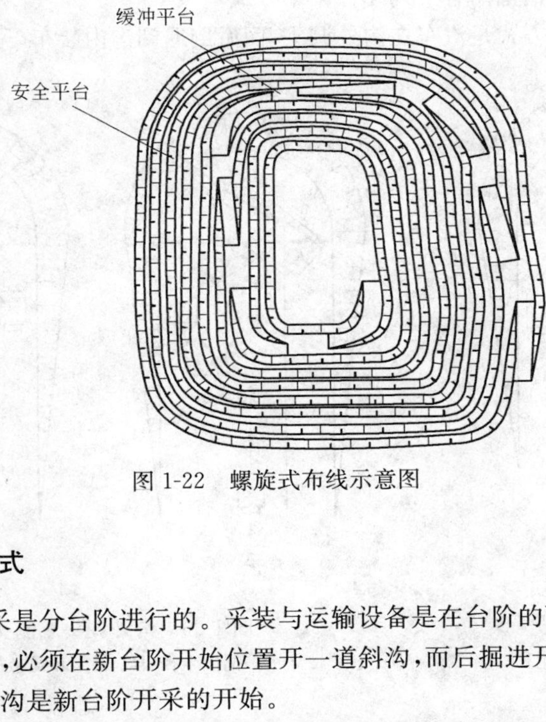

图 1-22　螺旋式布线示意图

1.4.2　新水平准备方式

如前所述，露天开采是分台阶进行的。采装与运输设备是在台阶的下部平面水平作业，为使采运设备到达作业水平，必须在新台阶开始位置开一道斜沟，而后掘进开段沟形成初始工作面向前、向外推进。因此，掘沟是新台阶开采的开始。

按运输方式的不同，掘沟方法可分为不同的类型，如汽车运输掘沟、铁路运输掘沟、无运输掘沟等。现在大部分露天矿掘沟都采用汽车运输，山坡露天矿与深凹露天矿的掘沟方式有所不同。

1.4.2.1　深凹露天矿掘沟

如图 1-23 所示，假设 152 m 水平已被揭露出足够的面积，根据采掘计划，现需要在被揭露区域的一侧开挖通达 140 m 水平的出入沟，以便开采 140～152 m 台阶。掘沟工作一般分为两阶段进行：首先挖掘出入沟，以建立起上、下两个台阶水平的运输联系；然后开掘段沟，为新台阶的开采推进提供初始作业空间。

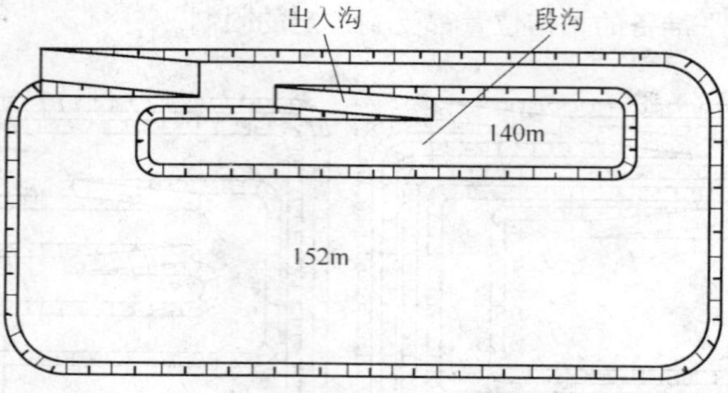

图 1-23　出入沟与段沟示意图

出入沟的坡度取决于汽车的爬坡能力和运输安全要求。现代大型露天矿多采用载重 100 t 以上的大吨位矿用汽车，出入沟的坡度一般在 8%～10%。出入沟的长度等于台阶高度除以出入沟的坡度。

出入沟由于工作面倾斜，工作空间狭窄，推进台阶深度变化给穿孔、爆破、采装、运输均带来很大困难。采用汽车运输掘沟有下列几种调车方式。

最节省空间的调车方式是汽车在沟外调头，而后倒退到沟内装车(见图 1-24 和图 1-25)。

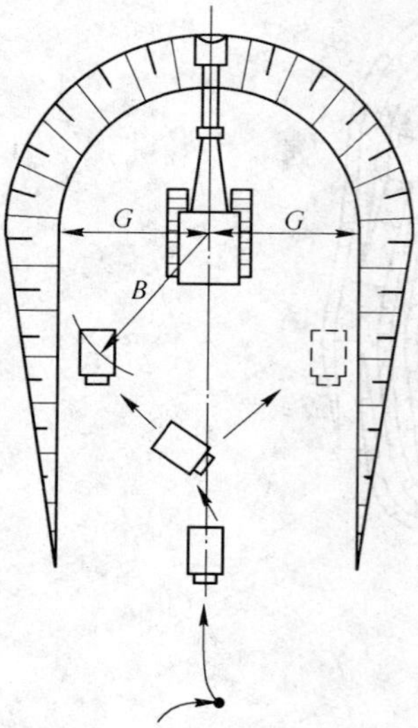

图 1-24　沟外调头中线采装

G—电铲站立水平挖掘半径；*B*—最大卸载半径

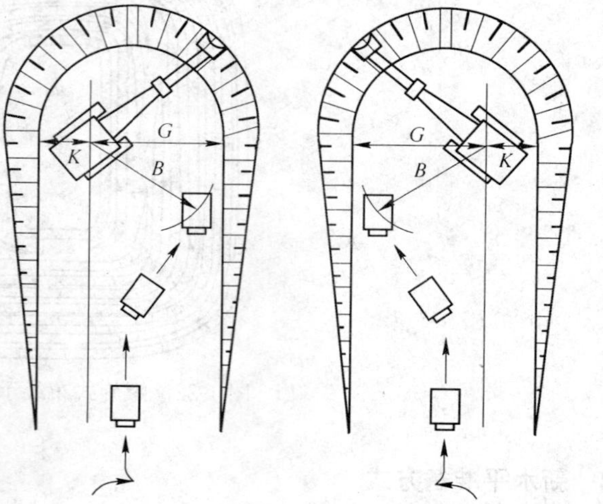

图 1-25　沟外调头双侧交替采装

G—电铲站立水平挖掘半径；*B*—最大卸载半径；*K*—电铲尾部回转半径

最常用的采装方式是中线采装，即电铲沿沟的中线移动，向左、右、前三方挖掘(见图 1-24)。这种采装方式下的最小沟底宽度是电铲在左、右两侧采掘时清底所需要的空间。

另一种更节省空间的采装方式是双侧交替采装(见图 1-25)。电铲沿左右两条线前进，当电铲位于左侧时，采掘右前方的岩石，装入停在右侧的汽车；而后电铲移到右侧，采装左前方的岩石，装入停在左侧的汽车。

采用沟外调头、倒车入沟的调车方式虽然节省空间，但影响行车的速度与安全，因此有的矿山采用沟内调车的方式，包括沟内折返和环形调车(见图 1-26 和图 1-27)。

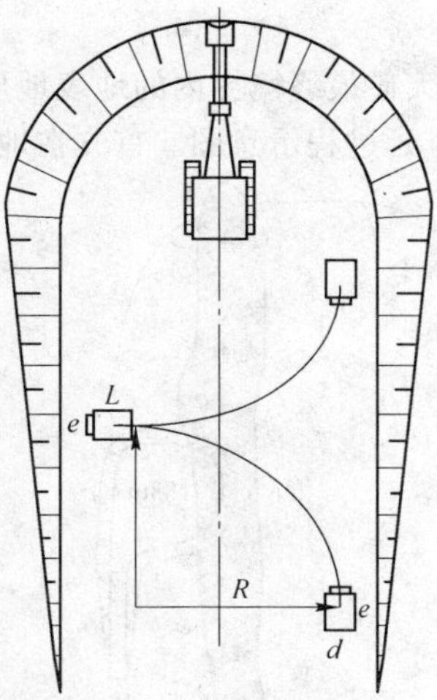

图 1-26 沟内折返调车
R—汽车最小转弯半径；L—汽车车身长度；
d—汽车车身宽度；e—安全距离

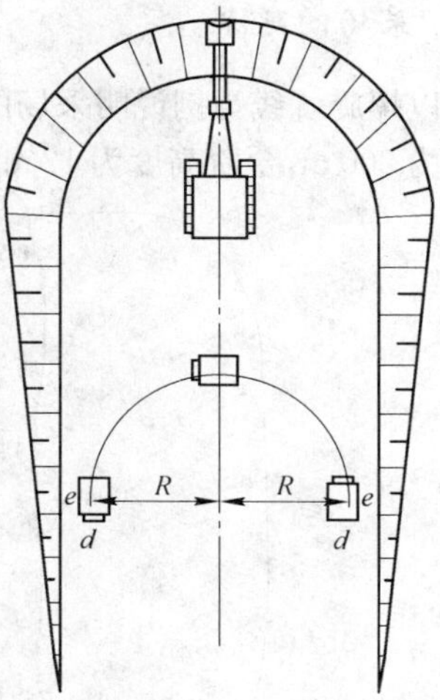

图 1-27 沟内环形调车

1.4.2.2 山坡露天矿掘沟

在许多矿山，最终开采境界范围内的地表是山坡或山包（见图 1-28），在山坡地带的开采也是分台阶逐层向下进行的。与深凹开采不同的是，不需要在平地向下掘沟以到达下一水平，只需要在山坡适当位置拉开初始工作面就可进行新台阶的推进。初始工作面的拉开称之为掘沟。山坡上掘出的“沟”是仅在向山坡的一面有沟壁的单壁沟。

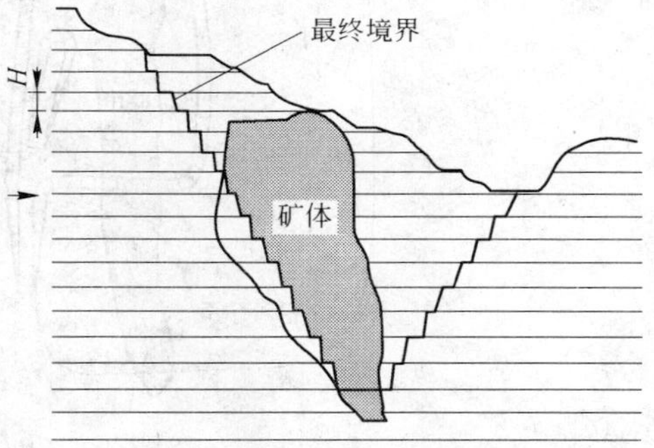

图 1-28 山坡露天矿剖面示意图

如果山坡为较为松散的表土或风化的岩石覆盖层，可直接用推土机在选定的水平推出开采所需的工作平台（见图 1-29）。如果山坡为硬岩或坡度较陡。则需要先进行穿孔爆破，然后再进行推平。山坡单壁沟也可用电铲掘出（见图 1-30），电铲将沟内的岩石直接倒在沟外的山坡堆置，不再装车运走。

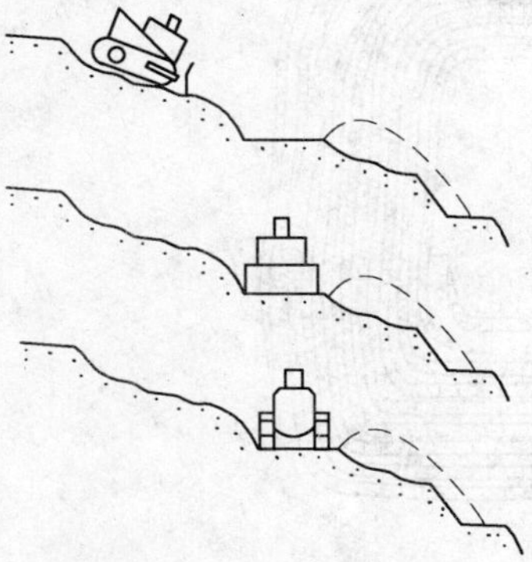

图 1-29 推土机开掘单壁沟

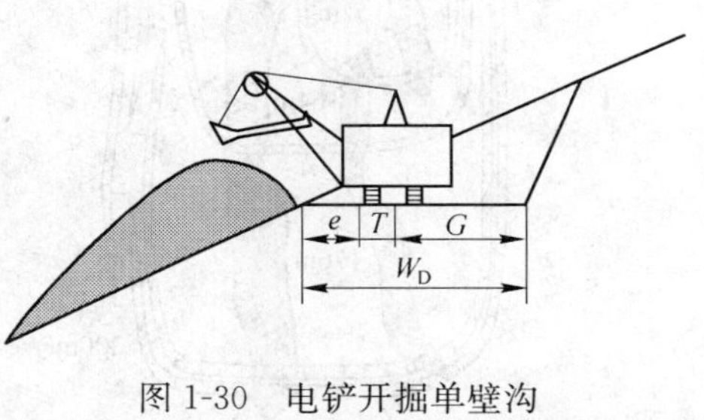

图 1-30 电铲开掘单壁沟
G—电铲站立水平挖掘半径；T—电铲回转中心到履带外援距离；
e—安全距离；W_D—沟底宽度

1.4.2.3　采场的延深

现在以螺旋坑线为例说明采场的延深方法，假设一露天矿最终境界内的地表地形较为平坦，地表标高为200 m，台阶高度为12 m，图1-31是该露天矿扩延过程示意图。首先在地表境界线的

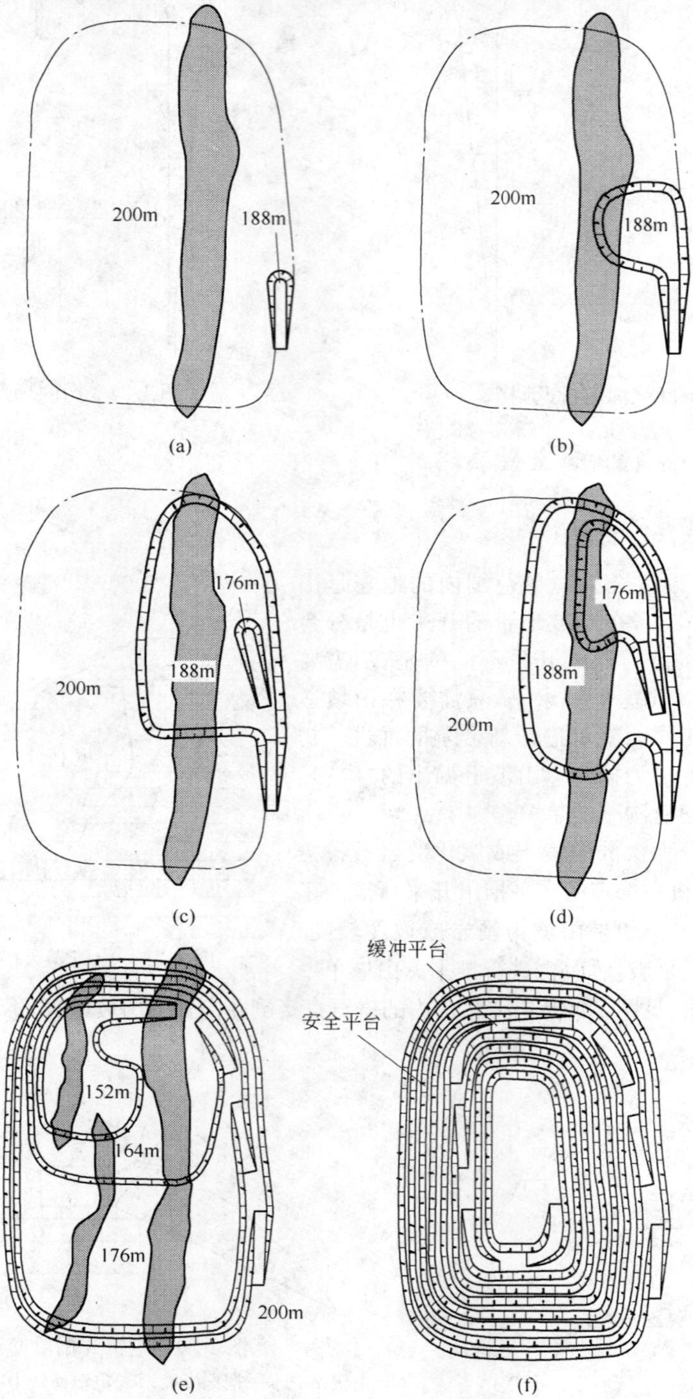

图1-31　采场延深过程示意图

一端沿矿体走向掘沟到 188 m 水平(见图 1-31a)。出入沟掘完后在沟底以扇形工作面推进(见图 1-31b)。当 188 m 水平被揭露出足够面积时,向 176 m 水平掘沟,掘沟位置仍在右侧最终边帮(见图 1-31c)。之后,形成了 188～200 m 台阶和 176～188 m 台阶同时推进的局面(见图 1-31d)。随着开采的进行,新的工作台阶不断投入生产,上部一些台阶推进到最终边帮(即已靠帮)。若干年后,采场现状变为如图 1-31e 所示。当整个矿山开采完毕时便形成了如图 1-31f 所示的最终境界。从图 1-31 可以看出,在斜坡道之间留有一段水平(或坡度很缓的)道路,称为缓冲平台。

无论是固定式布线还是移动式布线,以及螺旋坑线开拓,新水平准备的掘沟位置都受到一定的限制,这在固定螺旋式布线时尤为明显。这种限制会使新水平准备延缓,影响开采强度。在实践中,可充分利用汽车运输灵活机动的特点,以掘进临时出入沟的方式,尽早进行新水平准备。临时出入沟一般布置在既有足够的空间又急需开采的区段(见图 1-32a)。临时出入沟到达新水平标高后,以短段沟或无段沟扇形扩展(见图 1-32b)。临时出入沟一般不随工作线的推进而移动。当固定出入沟掘进到新水平并与工作面贯通后,汽车改用固定出入沟,临时出入沟随工作线

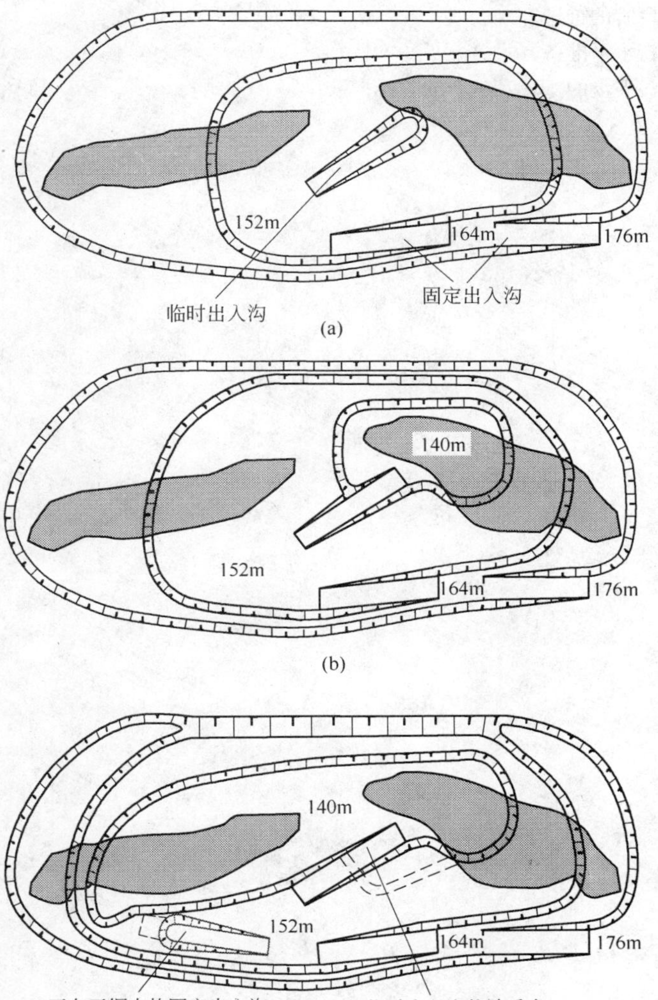

图 1-32　采用临时出入沟的采场扩延过程示意图

的推进而被采掉(见图1-32c)。在采场扩延过程中,每一台阶推进到最终边帮时,均与上部台阶之间留有安全平台。在实际生产中,常常在最终边帮上每隔两个或三个台阶留一个安全平台,将安全平台之间的台阶合并为一个"高台阶",称为并段。图1-32c中,152～164 m台阶与164～176 m台阶。

复习思考题

1-1 简述矿石、废石的概念。

1-2 简述矿石、废石的关系。

1-3 简述露天开采境界、露天采场的概念。

1-4 简述台阶的概念及其构成要素。

1-5 简述露天开采的步骤及主要工作。

1-6 简述露天开采台阶的推进方式。

1-7 简述露天开采新水平准备方式。

1-8 简述采区、采掘、平盘的概念及三者的关系。

2 露天矿床开拓

2.1 概述

2.1.1 开拓

开拓就是建立地面与露天采场内各工作水平以及各工作水平之间的矿岩运输通路。

开拓的任务是将采出的矿石运输到选矿厂，剥离的废石运往排土场，生产设备、工具、材料、人员从工业场地运到采场各工作地点。开拓的另一项重要任务是准备新水平，即开挖出入沟和开段沟。

露天矿床开拓是矿山生产建设中的一个重要问题，所选择的开拓方法和运输设备是否合理，直接关系到矿山的基建投资、建设时间、生产成本，直接关系到矿山能否稳定均衡持续地生产。

露天矿床开拓与运输方式和矿山工程的发展密切相关，运输方式与矿床埋藏条件、矿床地质、地形条件、露天开采境界排土场位置等因素有关。因此说研究露天矿床开拓问题就是研究整个矿山工程的发展程序、确定采场的主要参数、工作线推进方向、矿山延深方向、新水平准备方法等工作。

露天矿床开拓是通过在境界内外开挖各种坑道来实现的，开挖坑道的类型与采用的运输设备密切相关，所以开拓坑道类型和运输方式往往共同讨论。

2.1.2 常用运输设备

露天矿床开采常用的运输设备有火车、汽车、胶带、箕斗、串车、溜井等。

火车运输也叫铁路运输，是采用机头牵引矿车行走在轨道上的一种运输方法，其特点是运量大，爬坡能力小，调车困难。

汽车运输也叫公路运输，是采用自卸汽车来运输矿石和岩石，特点是运输灵活，爬坡能力大。

胶带运输也叫皮带运输，是皮带行走在固定的滚轮上来传送矿岩的一种方法，其特点是运输连续但爬坡能力小，矿岩需破碎，还需要其他转载设备。

箕斗和串车是在露天开采境界边帮上开掘斜坡陡沟，在其上采用箕斗或串车提升矿岩，其特点是运输距离短，需要其他转载设备和破碎矿岩。

溜井（溜槽）是开采山坡露天矿使用的一种方法，常用来运输矿石，是将采场内的矿石通过溜井（溜槽）溜放到地表水平，然后用平硐运输到选矿厂，其特点是需要转载。

2.1.3 常用运输方式

2.1.3.1 按坑道类型分类

按坑道类型将开拓方法分为直进式、折返式、回返式、螺旋式、直进-回返式、直进-折返式等。

直进式是运输设备不调头，从露天开采境界的地表直达露天采场的工作平台，一般应用在山坡平缓的露天矿或开采范围较大、深度较浅的深凹露天矿。一般来说单独应用得较少。

回返式是指采用汽车运输，汽车从地表工业场地经多次回返调头到达露天采场，应用范围较广，一般是同直进式联合使用，形成直进-回返式，即汽车直进几个台阶回返一次。

折返式是指采用铁路运输，火车从地表工业场地经过多次折返调头到露天采场，开采境界比较小的露天矿坑采用。一般开采境界大的露天矿多与直进式联合使用。形成直进-折返式即火车直进几个台阶折返调头一次。

螺旋式是指运输设备沿境界边帮螺旋前进从地表工业场地直达露天采场，一般应用在椭圆形露天矿，运输设备汽车、火车均可以。但汽车应用较多。

除以上介绍的坑道类型外，还有斜坡提升的陡沟、溜井等其他坑道类型。

2.1.3.2 按运输方式分类

开拓方法按运输方式分为铁路运输开拓法、汽车运输开拓法、斜坡卷扬开拓法、平硐溜井开拓法等联合开拓法。

铁路运输开拓法是牵引机车，牵引6～8节自卸矿车的运输方式，由于铁路的转弯半径在100～120 m，一般露天矿坑很难实现，所以铁路运输多采用折返式或直进-折返式。

汽车运输开拓法是矿山采用自卸汽车运输矿岩的一种方法，是露天矿常用的运输方式。常用的坑线布置形式为回返式、螺旋式或者联合式。

斜坡卷扬开拓法是在露天开采境界边帮上开挖斜坡陡沟，其上采用箕斗或串车来运输矿岩。

联合开拓法是采用几种运输设备联合运输矿岩，像斜坡卷扬开拓法、平硐溜井开拓法采场内外均需其他设备转动，铁路运输汽车掘沟等均为联合开拓法。

表 2-1　开拓方法分类表

开拓方法名称	类　别	开拓坑道类型	适用坡度	运输方式
斜坡铁路开拓法	铁路固定坑线开拓 铁路移动坑线开拓	折返式 直进-折返式	2°	电机车
斜坡公路开拓法	直进公路开拓 回返公路开拓 螺旋公路开拓	直进式 回返式 螺旋式	6°	自卸汽车
斜坡运输开拓法	皮带运输开拓法 胶轮运输开拓法	直进陡沟	18°	胶带运输机 胶轮运输机
斜坡卷扬开拓法	箕斗提升开拓法 串车提升开拓法	直进陡沟	90° 30°	箕斗 矿车
平硐溜井开拓法	铁路运输 汽车运输	平硐溜井或溜槽	90°	溜放
斜坡提升开拓法	皮带运输开拓法 箕斗斜井开拓法 串车斜井开拓法	斜井	18° 90° 30°	胶带 箕斗 矿车
竖井提升开拓法	箕斗竖井开拓法 罐笼竖井开拓法	竖井	90°	箕斗 罐笼
联合开拓法	以上两种及两种以上方法联合应用			

2.1.3.3 按运输设备分类

如前所述，露天开采常使用的运输设备有汽车、火车、皮带、箕斗和串车。相应地将其开拓方法分为汽车运输开拓法、铁路运输开拓法、胶带运输开拓法、箕斗或串车提升开拓法。

2.2 铁路运输开拓法

斜坡铁路开拓是露天矿床开拓的主要方法之一。20世纪40～50年代,单一斜坡铁路开拓曾经盛行一时,占据着世界露天矿床开拓的统治地位。近数十年来,由于其他开拓方式的发展,铁路开拓法在露天矿的应用已大大减少。但是,我国目前仍有很多的露天矿采用这种开拓方法。

采用斜坡铁路开拓时,开拓坑道是一些铺设铁路干线的露天沟道。这些沟道在平面上的布线形式有:直进式、折返式和螺旋式三种。直进式干线是沟道设置在采矿场的一帮或一翼,列车在干线上运行不必改变运行方向;折返式干线也是把沟道设置在采矿场的一帮,但列车在干线上运行时,需经折返站停车换向开至各工作水平;螺旋式干线则是围绕着采矿场四周边帮布置开拓沟道,呈空间螺旋状。上述三种布线形式的采用,主要取决于线路纵断面的限制坡度、地形、露天采矿场的平面尺寸和采矿场相对于工业场地的空间位置。

由于铁路干线的限制坡度较缓,曲线半径很大,而大多数金属露天矿的平面尺寸都有限,而且地形较陡、高差较大,因而采用铁路开拓的矿山,铁路干线的布置多呈折返式或折返直进的联合方式。

按铁路干线在开采期间的固定性划分,可以有固定干线和移动干线两种。这两种方式各有不同的特点。目前,在国内外采用斜坡铁路开拓的金属露天矿中,多以固定干线开拓为主。但为了某些特殊的目的,铁路移动干线也有所应用。

根据矿床埋藏条件,露天矿有山坡和深凹之分。斜坡铁路开拓在山坡露天矿和深凹露天矿的应用情况不同。

2.2.1 铁路运输开拓法在山坡露天矿的应用

在金属矿山中,一开始就从深凹露天矿进行开采是少有的,基本上都是山坡露天矿开采,而后转为深凹露天矿开采。目前,我国仍有部分露天矿处于山坡开采状态,而这些山坡露天矿又有不少采用斜坡铁路开拓法。

山坡露天矿的铁路干线开拓程序是,从地表向采矿场最高开采水平铺设铁路,形成全矿的运输干线,然后自上而下开采。运输干线随上部台阶开采结束而逐步缩短。因此,研究干线的合理布线形式,以建立有效的开拓运输系统,是解决斜坡铁路开拓法在山坡露天矿应用的首要问题。

2.2.1.1 布线方式

干线的布线形式主要取决于露天矿的地形条件。其设置的位置应保证在同时开采多个台阶的情况下,不因下部台阶的推进而切断上部台阶的运输联系。同时还要考虑到总平面布置的合理性和以后向深凹露天矿的过渡。在具体定线时,应能减少填、挖方工程量,并要具有良好的线路技术条件。

总结斜坡铁路开拓在我国山坡露天矿的使用情况,铁路干线可有以下几种基本布线形式。

根据出车方向,其折返站的形式分为单侧出车和双侧出车;根据干线数量,有单干线和双干线之分(见图2-1～图2-3)。

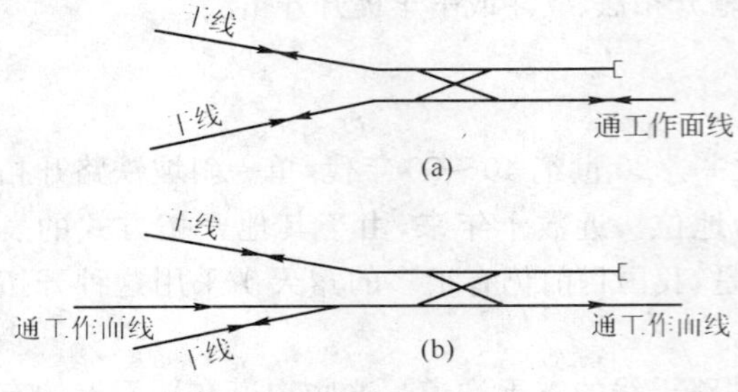

图 2-1 铁路单干线布置

(a) 单干线单侧出车；(b) 单干线双侧出车

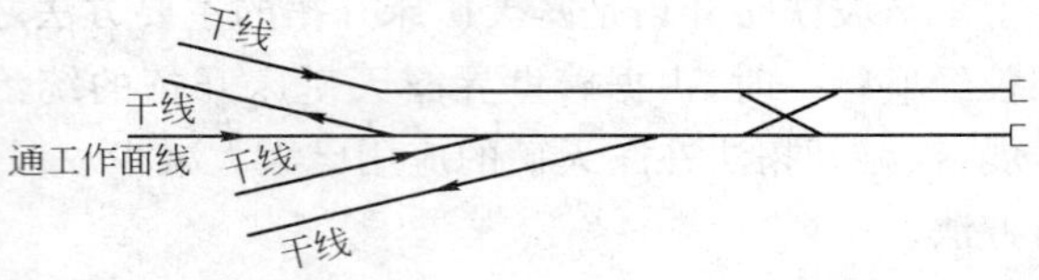

图 2-2 铁路双干线单侧出车布置

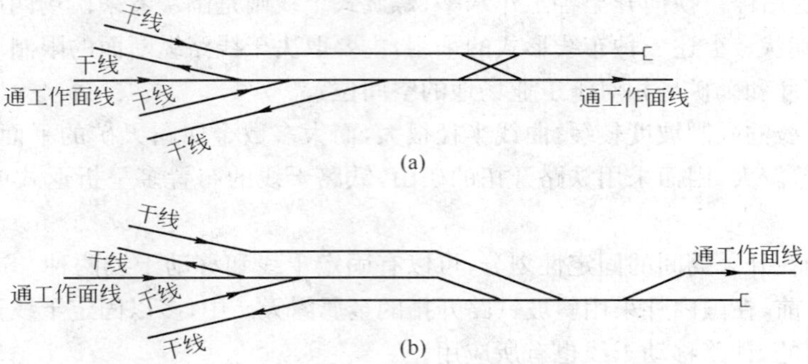

图 2-3 铁路双干线双侧出车布置

(a) 燕尾式；(b) 套袖式

2.2.1.2 孤立山峰

当采场处于孤立山峰地形时，铁路干线通常呈折返式或直进-折返式布置在不进行矿山工程的非工作山坡上。台阶的进车方式则根据山峰两侧的地形条件，采用单线环形、双侧交替进车或单侧进车的方式(见图 2-4)。

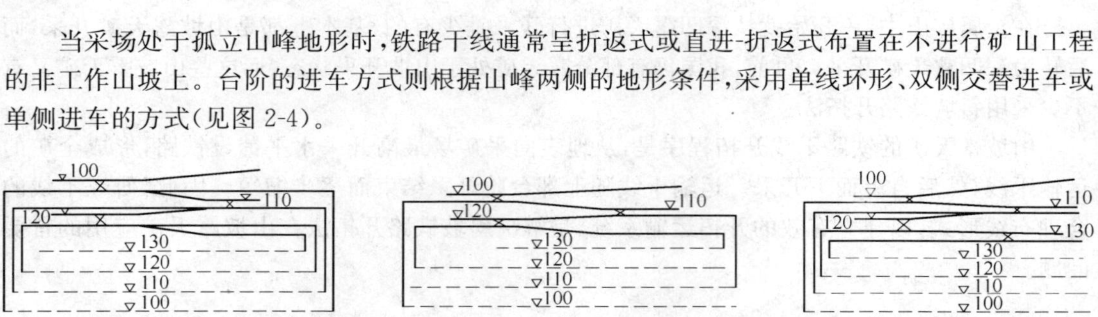

图 2-4 孤立山峰折返干线开拓的布线方式

(a) 单线折返环行；(b) 单线双侧交替进车；(c) 单线单侧进车

某矿属大型露天铁矿，采用准轨铁路运输，矿体出露于较大的孤立山包，山顶最高标高为 385 m，与一般地表相对高差 100 多米。根据矿区地形，矿山站和破碎站分别设在矿体端帮和下盘，标高为 190 m 左右。铁路干线铺设在下盘山坡上，由破碎站经 10 次折返修筑至 335 m 水平。各台阶由干线单侧迂回入车，自上盘向下盘推进。其开拓系统如图 2-5所示。

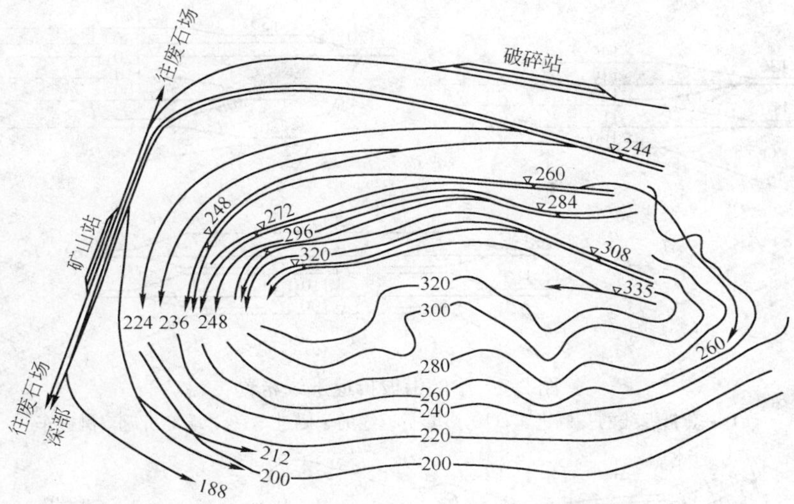

图 2-5　某铁矿上部开拓系统示意图

2.2.1.3　丘陵地形

对于矿体埋藏在比高不大的丘陵山坡露天矿，铁路干线也可设置在非工作山坡上呈折返式。图 2-6 是某露天矿上部开拓系统图。该矿为中型露天铁矿，矿区地处丘陵地带，矿体与山脊平行出露于山包上，高差 80 余米。采场全长 2800 m，但山头部分仅长几百米。该矿山采用电机车运输，折返干线布置在下盘山坡上。工作线从上盘向下盘方向推进，各工作台阶采用双侧交替入车方式。

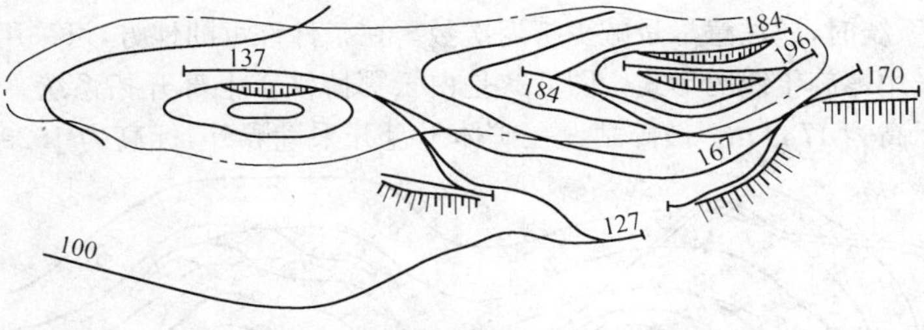

图 2-6　某露天矿上部开拓系统示意图

2.2.1.4　连续山峰

当采场附近为单侧山坡时，运输干线多设在露天开采境界以外的端部。根据地形条件，采用端部两侧或一侧入车(见图 2-7)。某露天铁矿就是采用这种布线形式的(见图 2-8)。该矿区地形较为复杂，山顶最高标高为 300 m，破碎站标高 75 m。180 m 标高以下采用斜坡铁路开拓。运输干线设在开采境界以外的两侧山坡上，开采的各个台阶都有独立的出口与干线联系，构成两侧环形入车。工作线从下盘向上盘推进。矿山站设在矿体下盘，干线从露天矿最终境界内穿过，但该部分矿岩是在上部台阶结束后再进行开采的，因此并不影响矿山工程的发展。

上述布线形式表明，铁路干线的布置受地形条件影响很大。鉴于铁路线路要求的纵坡较缓，曲线半径较大，为了避免过大的线路工程量，其干线在平面上通常不得不呈折返式或直进与折返的联合形式，从而使列车运行经折返站时须停车换向，延长列车运行周期，降低机车效率。因此，

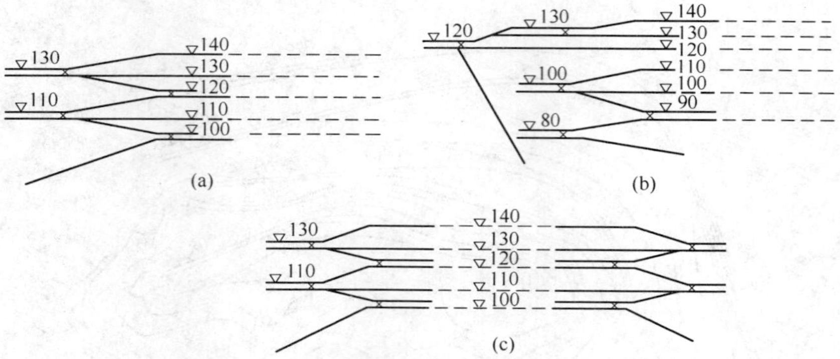

图 2-7　单侧山坡折返干线布置

(a) 一套折返线的一侧进车；(b) 多套折返线的一侧进车；(c) 端部折返双侧进车

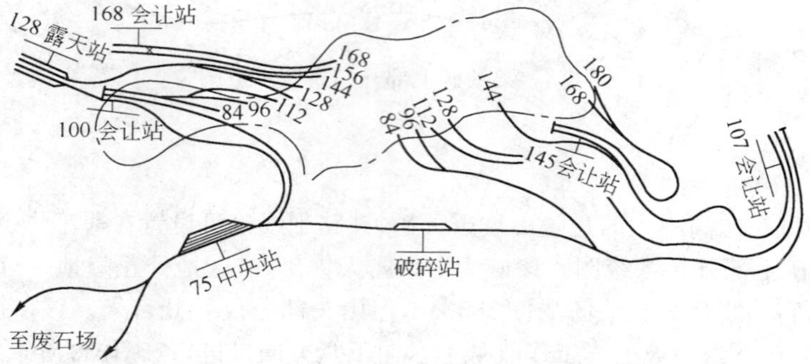

图 2-8　某露天矿上部开拓系统示意图

在设计铁路开拓系统时，应注意尽量减少折返次数。在条件许可的地方，可采用回头弯道代替折返站线，或直接采用螺旋干线的形式。图 2-9 是白云鄂博铁矿上部开拓系统。该矿矿体出露于孤立山峰，最高标高为 1783 m。破碎站设在矿体上盘开采境界外，标高为 1629 m。铁路干线绕

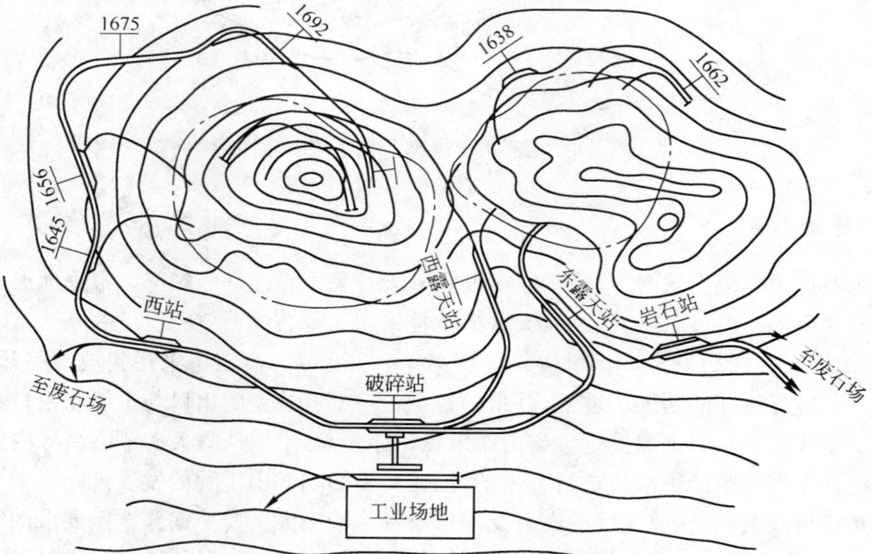

图 2-9　白云鄂博铁矿上部开拓系统图

山而上，呈螺旋状，从各会让站用联络线路通往各个开采水平。由于干线设置在开采境界以外，与工作线的推进互不影响。这种干线布置系统使列车可以顺利通过各会让站，从而消除了折返干线的缺点。

综上所述，充分地利用矿区地形合理布线，是解决斜坡铁路开拓法在山坡露天矿应用的关键。在确定开拓系统时，应保证铁路干线固定，力求减少基建工程量和达到良好的运输条件，以充分发挥铁路运输的作用。

2.2.2 铁路运输开拓法在深凹露天矿的应用

随着露天开采的不断延深发展，山坡露天矿开采必然逐步转为深凹露天矿开采。目前我国大多数矿山已转入深凹露天矿开采。

深凹露天矿是从地表开始向下开采的。采用斜坡铁路开拓时，首先要从地表向深部开采的第一个水平开掘露天沟道以铺设铁路运输干线。以后随着矿山工程的发展，铁路干线再逐步延深加长。露天矿开采终了时，运输干线才全部形成。因此，深凹露天矿铁路开拓系统的形成与矿山工程的发展有着紧密的联系。开拓坑线的位置随矿山工程的发展有固定和移动之分，下面分别介绍其开拓特点和程序。

2.2.2.1 固定坑线

深凹露天矿的铁路干线一般都设置在露天矿边帮上，其布线方式因受露天矿平面尺寸的限制而常呈折返式。当折返坑线沿着露天开采境界内的最终边帮(非工作帮)设置时，则运输干线除向深部不断延深外，不作任何移动，故称为固定坑线。图 2-10 为固定折返坑线开拓的矿山工程发展程序示意图。其发展程序如下：

(1) 按所确定的沟线位置、坡度和方向，从地表向下一水平掘进出入沟，自出入沟末端向采场两端掘进开段沟，以建立开采台阶的最初工作线；

(2) 开段沟掘成后，即可进行扩帮和剥采工作；

(3) 当该水平扩帮达到一定宽度，即新水平的沟顶至该扩帮台阶坡底线的距离不小于最小工作平盘宽度后，在该水平进行剥采工作的同时，开始按设计预定的沟位，向下一新水平开掘出入沟和开段沟；

(4) 新水平的开段沟完成后即可进行扩帮工作，以下各水平均按此发展顺序进行。

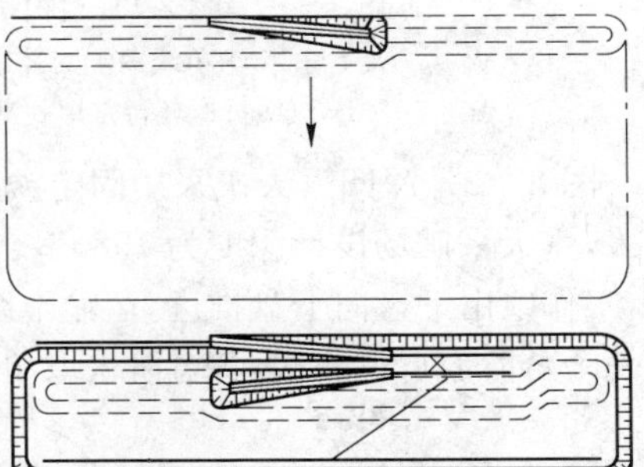

图 2-10 固定折返坑线开拓的矿山工程发展程序

由图 2-10 可见，固定折返坑线开拓的特点是铁路干线设于露天矿不进行矿山工程的一帮，在开采过程中，各台阶工作线向一方平行推进。从沟线至工作线需经端帮绕行，这就要求从非工作帮至剥采工作线的宽度不小于最小曲率半径的 2 倍。当小于该值时，为保证列车出入工作面，可用临时渡线连接工作线。从折返干线向工作面配线的方式，通常有单侧进车、双侧交替进车和双侧环行三种。生产能力大的露天矿，当每个台阶工作的电铲数达到两台或两台以上时，多采用双侧进车的环行线路。生产能力不大的露天矿，为了减少联络线路和扩帮工程量，多采用单侧或双侧交替进车线。常用的折返站及干线的布设形式如

图 2-11 所示。

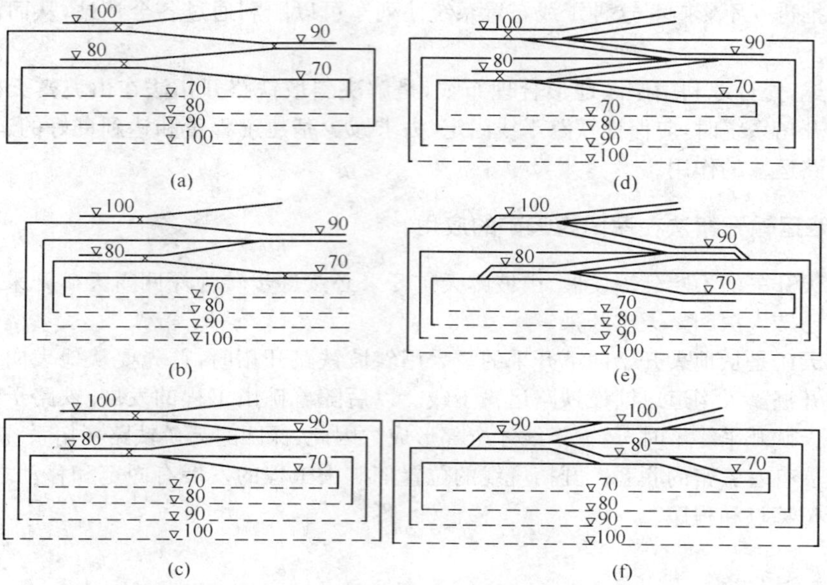

图 2-11　深凹露天矿折返站及铁路干线布设形式

(a) 单线双侧交替进车；(b) 单线单侧进车；(c) 单线折返环行；
(d) 双线折返环行燕尾式站；(e) 双线折返环行套袖式站；(f) 双线直进式环行

图 2-12 是深凹露天矿采用固定铁路折返坑线开拓示意图，该矿从 69 m 水平开始转入深凹开采，露天采矿场设计深度为 198 m，台阶高度为 12 m，采用准轨铁路运输。固定坑线布设在底帮，工作线由下盘向上盘推进，运输干线坡度 30‰。由于受干线坡度和采场长度的限制，干线每下一个台阶需折返一次，各台阶采取单侧进车形式。

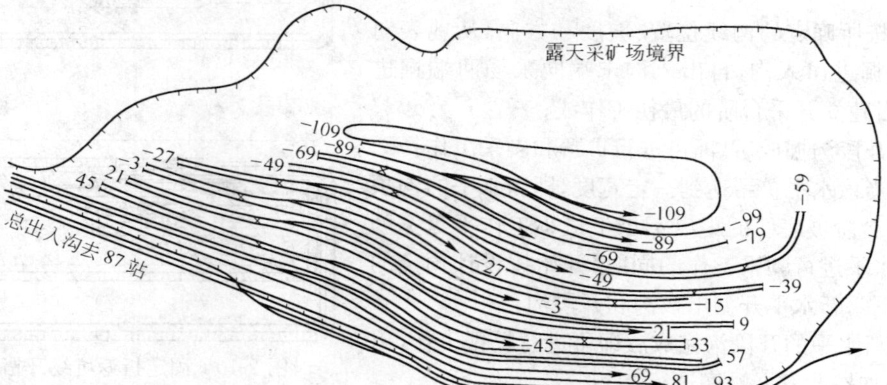

图 2-12　某铁矿固定铁路折返干线开拓示意图

固定折返坑线开拓的主要优点是：

(1) 全部折返沟均设在露天矿场的一帮，故开拓剥岩量少；

(2) 在开采过程中，各水平的工作线长度基本固定，并且推进方向一致，生产工艺和生产管理都比较简单；

(3) 可多水平同时工作，有利于均衡和调节生产剥采比。

这种开拓方式的主要缺点是：

(1) 列车需在折返站停车换向或会让，故运行速度降低，使线路通过能力下降；

(2) 必须设置一定长度的折返站，造成端帮剥岩量过多，而端帮剥岩又比较困难。

为了克服上述缺点，在条件允许的情况下，尽量减少折返站的数目，亦即根据采矿场的走向长度，使每个折返站尽可能多服务几个台阶，采取直进与折返的联合方式。这种方式的开拓特点与固定折返坑线开拓相同，在此不再重述。

2.2.2.2 移动坑线

前述固定坑线开拓时，是沿着露天矿最终开采境界掘进出入沟和开段沟。扩帮以后，出入沟内的运输干线就固定在矿场的边帮上。但是，在生产实践中常因特殊的需要，出入沟不是从设计境界的最终位置上掘进，而是在采矿场内其他地点掘进。这时，掘完沟扩帮时，工作台阶上要保留出入沟，以保证上、下水平的运输联系。随着台阶的推进，出入沟向前移动，运输干线也向前移动，一直推进到开采境界边缘，出入沟才固定下来。这种开拓方式称为移动坑线开拓。图 2-13 是某铁矿移动坑线开拓示意图。图中表示 18 m 水平正在用上装车法掘沟，30 m、41 m 和 53 m 水平设有下盘移动坑线，分别有两个工作帮同时向上、下盘推进。

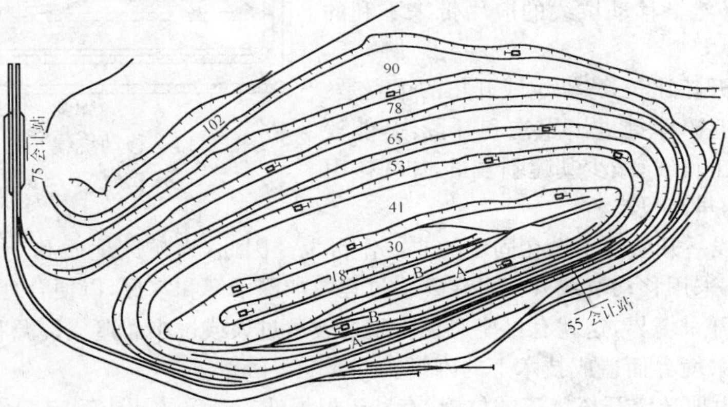

图 2-13 某铁矿移动坑线开拓示意图

从图中可以看出，移动坑线开拓具有以下特点：

(1) 开拓沟道设置在露天矿工作帮上，掘完沟后，通常有两个工作帮同时向上盘和下盘方向推进；

(2) 在开采过程中，为了保持上、下水平的运输联系，随着工作帮的推进，开拓沟道需要不断改变其位置；

(3) 由于沟道穿过工作台阶，因此在移动坑线区内，其工作台阶高度是不恒定的。

为了进一步揭示移动坑线开拓的基本规律，下面以图 2-14 为例说明移动坑线的开拓程序。移动坑线的开拓程序如下：

(1) 靠近矿体从采矿场中部按设计的位置掘进出入沟和开段沟，掘沟后，扩帮工程从中间向两帮推进(图 2-14a)；

(2) 在向下盘方向推进的工作台阶上，设有出入沟，台阶被出入沟分割成两个倾斜的分台阶，称为“上、下三角掌子”(图 2-14b)。为了保护出入沟内的运输干线不被切断，进行开采时，应先推进出入沟侧帮，即开采“上三角掌子”，扩大出入沟的宽度。出入沟宽度达到一定程度，把运输干线移过去后，再进行原来被运输干线压住的部分，即开采“下三角掌子”；

(3) 当露天矿底部平盘宽度扩大到两倍最小平盘宽度以后，才能开掘下一个水平的出入沟和开段沟，并保证当下部台阶开段沟结束后，上部台阶还能保持正常的运输联系。上部各台阶继续按箭头指示方向推进，移动坑线随着台阶推移到设计的最终境界时，出入沟及运输干线就固定在最终边帮上，从而变成固定坑线(图 2-14c)。各台阶的开拓均按上述程序类推进行。

从上述开拓程序中可以看出，移动坑线区域内的工作台阶是被分成两个分台阶分别进行开采的，这就使之具有与正常台阶开采不同的作业特点。即在三角掌子区段内，开采的台阶高度是变化的；在开采上三角掌子时，电铲需要站在斜坡道上装载高度不等的爆堆，列车需在大坡道上启动和制动；同时，出入沟内干线需要经常移设，并在沟内增设装车线。这些作业特点，必然给移动坑线的应用带来不利的影响。

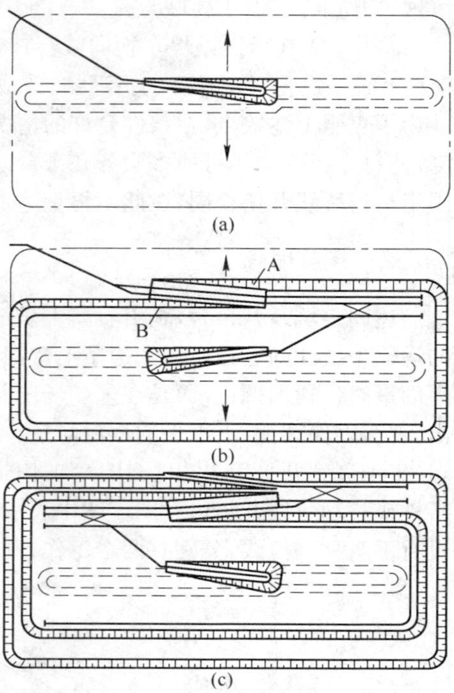

图 2-14 移动坑线开拓程序示意图

A—上三角掌子；B—下三角掌子

与固定坑线开拓比较，移动坑线开拓的优点是：

(1) 可以靠近矿体掘进出入沟和开段沟，能较快地建立起采矿工作线，减少基建剥岩量，加快矿山建设速度，使矿山早日投产。

(2) 移动坑线一开始并不设在固定的非工作帮上。因此，当矿床地质和工程水文地质情况尚未完全探清时，采用移动坑线开拓可在开采过程中加深了解和掌握，以便合理地确定露天采场的最终边坡角和开采境界，这就有可能避免由于边坡角过大或过小而造成资源和经济上的损失，以及由于改变开采境界而造成技术上的困难。

(3) 可以自由地选定开拓坑道的位置，有利于根据选择开采的要求确定工作线推进方向，以减少开采过程中的矿石损失和贫化。

(4) 由于移动坑线铺设在工作帮上，当露天矿场底部平盘宽度较小时，采用移动坑线能够避免为露天矿场底保持 2 倍最小曲率半径而引起的扩帮量。并且可以省掉两端帮的联络线路工程量，缩短运输距离。

当然，由于移动坑线的作业特点也带来了一些不利的因素，其缺点是：

(1) 在设有移动坑线的工作台阶上，生产作业比较困难，从而使设备效率、劳动生产率、采剥成本等生产技术指标比用固定坑线开拓都要差些。具体反映在穿孔爆破工程量增加，据研究，三角掌子穿孔工作量大约增加 2 倍左右，钻机生产能力下降约 10%，而炸药消耗量约增加 4%～10%，电铲装车效率降低，一般约低 4%，线路质量较差，列车重量减少，通过能力降低。

(2) 移动坑线占用的台阶工作平盘较大。在移动坑线上，除要铺设运输干线外，还要有铺设装车线和堆置爆堆的宽度。为了使干线移设不影响生产，尚应预先铺上备用线路，然后才拆除旧有线路，特别是要减少干线移设次数，就要增大一次移设距离，更需加大平盘宽度。其结果使设有移动坑线一帮的台阶数减少，工作帮坡角相对地大为减缓，增加了超前剥离工程量。

(3) 由于干线经常移设，线路维修和移设的工程量很大，一般移道工作量增加 1～1.4 倍。同时，运输干线和站场是分段移设的，台阶工作线也要相应地分区推进，产生干线和站场移设与各台阶开采之间的配合问题，使工作组织复杂化。

对于走向长度小的露天矿采用移动坑线，上述缺点更显突出。

2.3　公路运输开拓法

斜坡公路开拓是现代露天矿广为应用的一种开拓方式，特别是有色金属露天矿均以这种开拓为主要方式。

采用斜坡公路开拓时，开拓坑道的布置形式与斜坡铁路开拓类似，可分为直进、回返和螺旋三种基本形式，如图 2-15 所示。其中以回返式（或直进-回返的联合形式）应用最广泛。

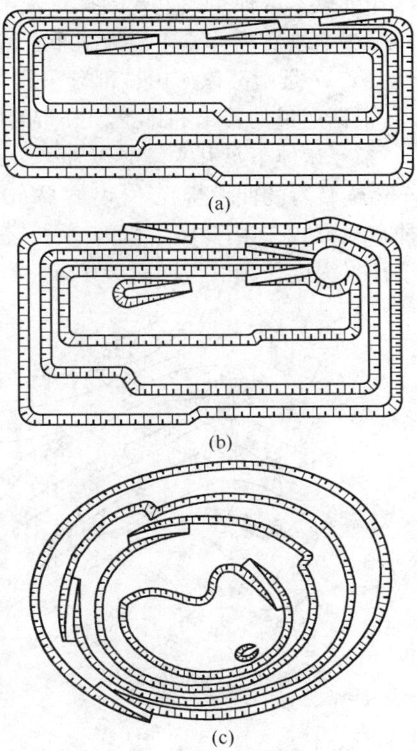

图 2-15　斜坡公路开拓坑线布置基本形式

(a) 直进式；(b) 回返式；(c) 螺旋式

2.3.1　直进式坑线开拓

在用斜坡公路开拓山坡露天矿床时，如果矿区地形比较简单，高差不大，则可把运输干线布置在山坡的一侧，并使之不回弯便开拓全部矿体，运输干线在空间呈直线形，故称为直进式坑线开拓。

图 2-16 是山坡露天矿直进式公路开拓示意图。从图中可以看出，运输干线布置在露天矿场的一侧，工作面单侧进车，空重车对向运行、汽车在干线上运行不必改变方向。

对于深凹露天矿，当矿床埋藏较浅而又有足够的走向长度时，也可采用这种开拓方式。此时，运输干线设置在露天矿场的一帮，公路不必回弯便可下到露天矿场底部。南芬露天矿深部矿体的开采用这种开拓方式。该矿在 +290 m 以下深凹部分开采深度为 90 m，露天矿底长达 2000 余米，因此设计选用了两条直进式公路干线开拓露天矿地表以下部分。两条公路干线都设置在上盘边帮上，根据排土场和选矿厂布置的条件，采场南北两端各有一个出口，沟道到采场中间便下到露天矿底。

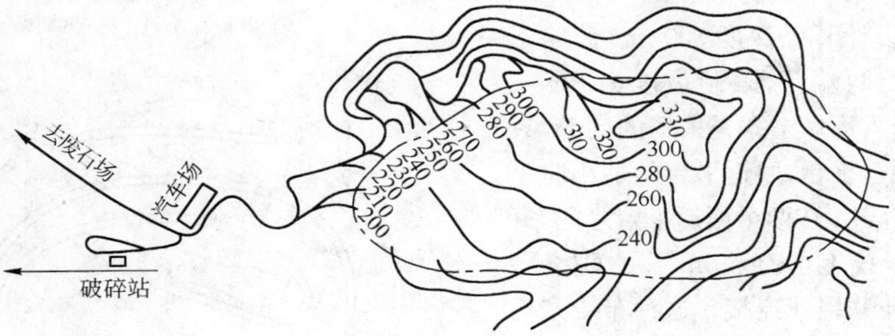

图 2-16　直进式公路开拓系统示意图

直进式公路开拓的优点是布线简单、沟道展线最短、汽车运行不回弯、行车方便、运行速度及运输效率高。因此，在条件允许的地方，应优先考虑使用。

2.3.2　回返式坑线开拓

当开采深度较大的深凹露天矿或比高较大的山坡露天矿时，为了使公路开拓坑线达到所要开采的深度或高度，需要使坑线改变方向布置，通常是每隔一个或几个水平回返一次，从而形成回返式坑线。这种布线方式的特点是，开拓坑线布置在露天矿的一帮，汽车在具有一定曲率半径的回返线上改变运行方向。为了布置回返线段，需修建回返平台。

图 2-17 是南芬铁矿山坡部分采用斜坡公路回返坑线开拓的方案。该矿地形较为复杂，高差很大，根据产量的要求和排土场分布的情况，设计了两条回返干线，一条在矿体上盘开采境界以内，一条在矿体下盘开采境界以外。公路限制坡度为 8%，回返平台最小曲率半径为 15 m。由于汽车运输转弯的曲率半径不大，容易布线，修建回返平台并不困难，所需土方工程量很少。因此，这种布线方式在生产中应用很广。它不仅适用于山高、坡陡、地形崎岖的山坡露天矿，而且也适用于开采深度较大的深凹露天矿。

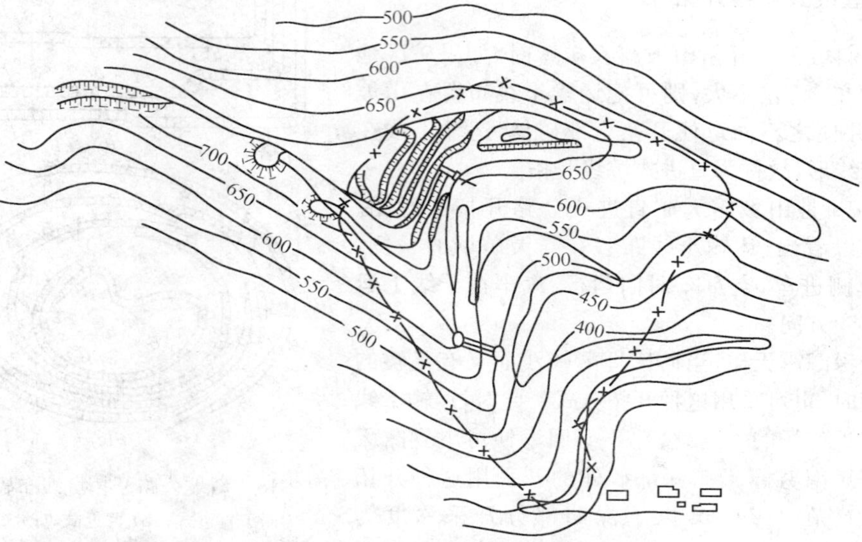

图 2-17　山坡露天矿斜坡公路回返坑线开拓

图 2-18 是白银厂 1 号露天矿场采用斜坡公路回返坑线开拓的示意图。该矿系深凹露天矿，矿体走向长为 1200 m，厚 100～200 m，中间有很多夹层，倾角 45°～70°。露天开采范围长 1200 余米，宽 600 余米，设计开采深度 300 m。公路干线设在上盘及两端帮，限制坡度为 8%～10%。从总出入沟口至露天采场的底部，只需设置两个回返平台，回返平台的最小曲率半径为 15～25 m。在两个回返平台之间，每个台阶公路干线上留有 40 m 长的联络平台，以便与台阶联络线连接。这种布线方式实际上是直进与回返联合的一种形式。

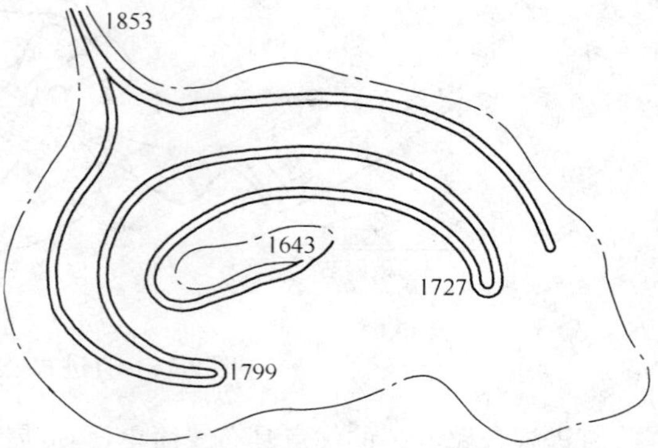

图 2-18　深凹露天矿公路回返坑线开拓示意图

回返式公路开拓程序和铁路折返坑线开拓相似。这种开拓方式的主要优点是容易布线，适用范围广，矿山工程发展简便，同时工作台阶数目较多。其缺点是，当汽车经过曲率半径很小的回返平台时，需减速运行，并要求司机十分谨慎，从而降低了运输效率。因此，在实际布线的过程中，都力求减少线路的回返次数，以便减少修建回返平台所引起的扩帮工程量，并改善汽车的运行条件。

2.3.3　螺旋式坑线开拓

当开采深凹露天矿时，为了避免采用困难的曲率半径，可使坑线从采矿场的一帮绕到另一帮，在空间呈螺旋状，故称螺旋坑线。这种坑线开拓的特点是坑线设在露天矿场的四周边帮上，汽车在坑线内直进运行。

图 2-19 是弓长岭铁矿独木采区设计的开拓系统图。该采区采用自卸汽车运输，采矿场的平面为 800 m×600 m，近似圆形，而开采深度为 180～200 m，围岩比较稳定。若采用回返坑线开拓，回返次数很多，势必增加扩帮工程量，并使运行条件恶化，故选用螺旋坑线开拓。干线限制坡度为 8%，台阶高度 12 m，坑线绕边帮三周便下到矿场底部。

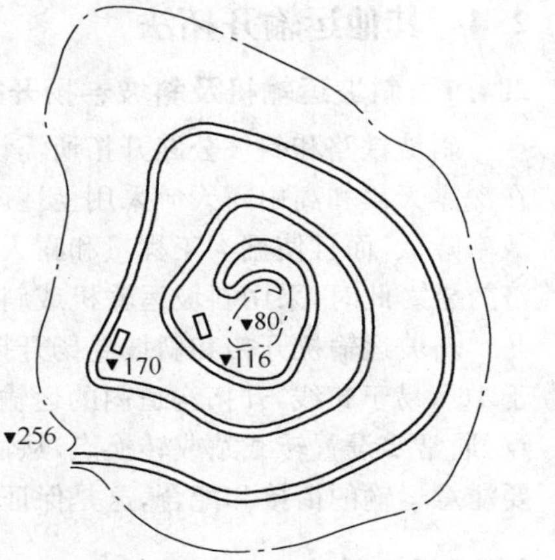

图 2-19　弓长岭铁矿独木采区公路螺旋坑线开拓

螺旋坑线开拓程序如图 2-20 所示。首先，沿着开采境界按设计的位置掘进倾斜的出入沟，掘到 −10 m 标高以后，再掘进开段沟。为了给下一个台阶的开拓创造条件，开段沟应沿着出入沟前进的方向，继续向前掘进。开段沟掘到足够的长度，即开始扩帮，扩帮到一定宽度后，再在扩帮的同时，沿 −10 m 水平的出入沟末端，向前掘进 −20 m 水平的出入沟和开段沟。−20 m 水平的开段沟掘到足够的长度，并扩帮到一定宽度后，再沿 −20 m 水平出入沟的末端，掘进 −30 m 水平的出入沟，开拓新水平，依此类推。

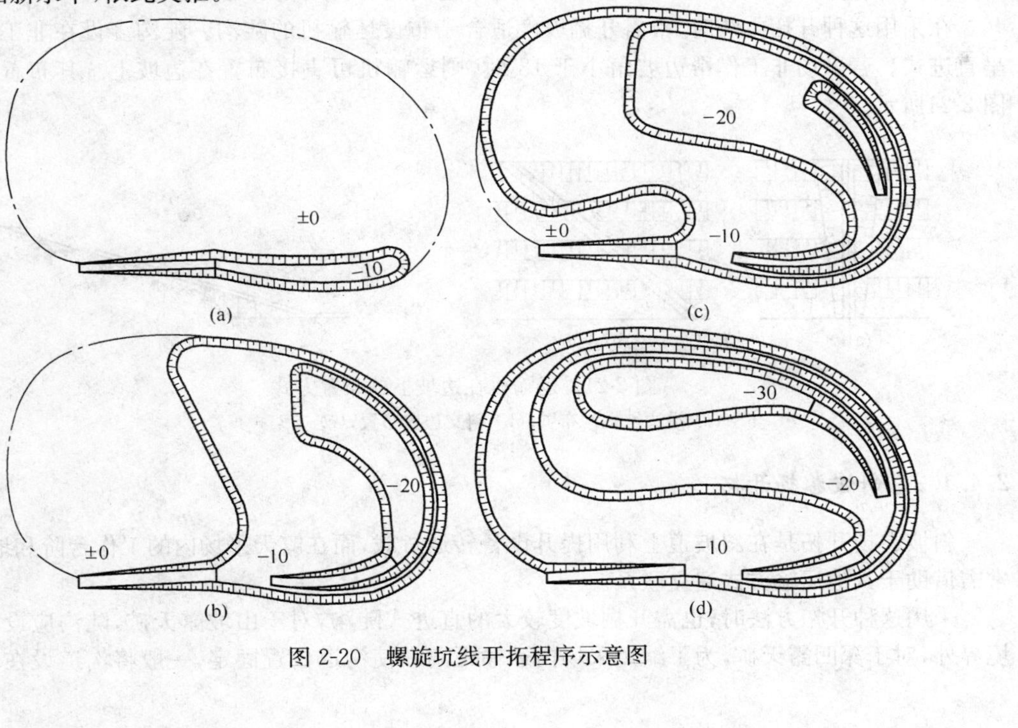

图 2-20　螺旋坑线开拓程序示意图

应该指出，斜坡公路开拓也可以把坑线布置在工作帮上而成为移动坑线开拓方式，其开拓程序及特点与铁路移动坑线开拓相同。但由于公路开拓不需要复杂的铁路工程，出入沟坡度较陡，长度也小，所以在新水平准备和生产组织上较简单。为了缩短运距，减少基建剥岩量和新水平准备工作量，常可采用移动斜坡公路开拓法。

斜坡公路开拓法所采用的运输方式主要是汽车运输。它具有机动灵活、调运方便、爬坡能力大、要求的线路技术条件较低等优点，从而使开拓坑线较短，可减少开拓工程量和基建投资，缩短基建期限，有利于加速新水平准备。它特别适用于地形复杂、矿床赋存形状不规则或采场平面尺寸较小而开采深度较大的露天矿。

2.4 其他运输开拓法

2.4.1 斜坡运输机及斜坡卷扬开拓

斜坡铁路和斜坡公路开拓所需设置的开拓坑道都是缓沟，其坡度一般只能在6°以下，因此，在深露天矿和高山露天矿采用上述两种开拓方式时，线路的展线都很长，不但使运距增大，运输效率降低，而且使掘沟工程量和露天矿边坡的补充扩帮量增加，从而影响着矿山基建和生产的经济效果。此时，采用斜坡运输机或斜坡卷扬开拓能解决这一问题。

斜坡运输机开拓和斜坡卷扬开拓的共同特点是，运输堑沟为纵坡较大的陡沟，其坡度一般大于16°，易于布线，开拓沟道内的运输只是整个露天矿运输系统的中间环节，在陡沟的起点和终点，通常要设置转载站或转换点，从而使露天矿运输系统的统一性和连贯性受到破坏。因此必须要注意运输的衔接和配合，这是保证这类开拓方法可靠而有效的重要前提。

2.4.1.1 斜坡运输机开拓

斜坡运输机开拓采用的运输方式为胶带运输和胶轮驱动运输，但以前者为主，后者应用不多。带式运输机是一种连续运输设备，有很高的运输能力。其设备简单、制造容易、重量轻，可以自动化。从长远的观点看，它是实现露天矿生产连续化和自动化的可行办法。

在采用这种开拓方法时，常需开掘坡度适合于布设运输机的陡沟。陡沟多设在非工作帮上呈直进式。若采场非工作帮边坡角小于18°时，则运输机可直接布置在边坡上。其布置方式如图2-21所示。

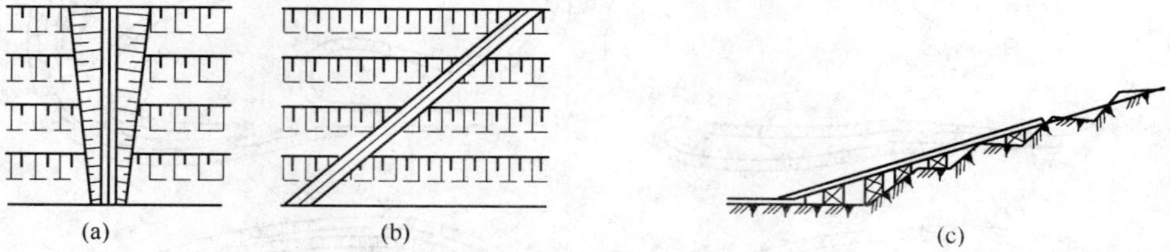

图2-21 运输机在边坡上的布置方式
(a) 沿边坡掘沟布置；(b) 斜交边坡布置；(c) 支架式布置

2.4.1.2 斜坡卷扬开拓

斜坡卷扬开拓是在斜坡道上利用提升设备转运货载，而在露天采场内的工作台阶和地表，则常需借助于其他运输方式建立联系。

采用这种开拓方法时，也需开掘坡度较大的直进式陡沟，对于山坡露天矿，陡沟应设在开采境界外，对于深凹露天矿，为了缩短采场内运输距离和使沟道位置固定，一般将沟道设在端帮或非工作帮的两侧较为适宜。

当露天矿最终边帮的坡度小于提升设备所允许的坡度时，沟道可以垂直边帮布置。反之，为减少由于设置斜坡卷扬机道而引起的扩帮量，则应与边帮呈斜交布置。

斜坡卷扬开拓的主要运输方式是钢绳提升。根据提升容器不同，提升方式又可分为串车提升、箕斗提升和台车提升三种。其中以前两者在露天矿应用较为广泛。

斜坡串车提升是在坡度小于30°的沟道内直接提升或下放矿车的，在卷扬机道两端不需转载设备，只设甩车道。在采矿场内，用机车将重载矿车牵引至甩车道，然后由斜坡卷扬提升（或下放）至地面甩车道，再用机车牵引至卸载地点。

斜坡箕斗提升是用专门的提升容器——箕斗将汇集于出入沟内的矿岩提升或下放至地面。矿岩在露天采矿场内和地表需经两次转载，工作面和地面需用其他运输方式与之配合。

采用斜坡箕斗提升的露天矿，工作面运输常用汽车，也可用机车。在露天矿场内需设箕斗装载站，以便把矿岩从汽车转载到箕斗中。在地表则要有箕斗卸载站，使矿岩通过矿仓向自卸汽车或矿车转载。

2.4.2 平硐溜井及井筒提升开拓

平硐溜井开拓和井筒提升开拓所用的开拓巷道均为地下井巷，但前者的运输方式为自重溜放，后者常为卷扬提升或胶带运输。

2.4.2.1 平硐溜井开拓

平硐溜井开拓是借助开掘溜井和平硐来建立采矿场与地面间的运输联系的。矿岩的运输不需任何动力，而只靠自重沿溜井溜下至平硐再转运到卸载地点。因此，它也不能独立完成露天矿的运输任务，需与其他运输方式配合应用。在采矿场常采用汽车或铁路运输，在平硐内一般可采用准轨或窄轨铁路运输。当平硐不长，运距和运量不大时，还可采用大型水平箕斗运输，直接将矿石卸至粗破碎的贮矿槽中。

平硐溜井开拓主要适用于山坡露天矿。采用这种开拓方式的矿山，常只用溜井溜放矿石，而岩石则直接运至山坡排土场排弃，只有不能在山坡排土时，才用溜井溜放岩石。为了减少溜井的掘进工程量，在有利的山坡地形条件下，上部可采用明溜槽与溜井相接。

2.4.2.2 井筒提升开拓

在深露天矿采用斜坡卷扬或斜坡运输机开拓时，需要设置移动的转载破碎站，转载站的移设和斜坡道的延深，以及采场内运输与提升作业的互相干扰，都会给生产带来不利的影响，而且设置斜坡道的露天边帮也常常存在边坡稳定的问题。此时，可考虑采用井筒提升开拓，以克服上述缺点。

井筒提升开拓是借助开掘地下井筒来建立采矿场与地表之间的运输联系的。按井筒倾角大小的不同，它又可分为斜井提升开拓和竖井提升开拓。

露天矿用斜井提升开拓时，斜井的位置可根据矿床地质地形条件，布置在采场的上、下盘或两端帮岩石内。斜井与采矿场的连接形式有斜井石门和斜井溜井两种。

斜井的倾角主要取决于所用的提升运输方式。主要的运输方式有胶带运输、箕斗提升和串车提升。当斜井的倾角小于露天矿边坡角并采用阶段石门连接时，为了缩短石门的长度，可以使斜井伪倾斜布置。

对于运输机斜井和箕斗斜井，可用溜井与采场连接。这种方式取消了石门水平运输的环节，而代之以利用自重运输的溜井系统。为了减少溜井的数目和使破碎转载站得以固定设置，常采用集中卸矿溜井。溜井在采场内的布置及其本身结构与平硐溜井开拓中的溜井相同。

竖井提升开拓常用的提升方式有罐笼提升和箕斗提升，其中以后者为主。

在采用竖井罐笼提升开拓时，竖井与采场之间常用阶段石门连接。矿车从工作水平经石门到井底车场，然后用罐笼提升，如瑞典基鲁纳铁矿的废石提升就曾采用这种方式。该矿上部用露天开采，采场尺寸为 3200 m×480 m，最终开采深度为 230 m。采场内用宽轨铁路运输岩石，矿车沿运输巷道驶抵竖井井底车场，继而用罐笼提升到隧道所在水平，再编组列车运往排土场。

对于箕斗提升竖井，常用石门和一定数量的溜井与采场连接。各水平采出的矿石用溜井下放到集运水平，经石门运往井底车场提升。这种开拓方式应用较多。

竖井提升开拓虽然能以最短的提升距离克服最大的高差，但其运输环节过多，提升能力较低，且需要的地下井巷工程量最大。因此，这种开拓方式常用于有旧井巷可利用或将来要向地下开采过渡的露天矿。

2.4.3 联合开拓法

联合开拓法是指在同一个露天矿中，采用两种或两种以上的开拓方式共同建立地表与采矿场各工作水平之间运输联系的方法。其特点是，采矿场内的矿岩采用不同的运输方式接力式地运至地面，而由一种方式转为另一种方式时，需要经过转载。在实践中，此种开拓方法应用甚广，因为它能充分发挥各种运输方式的特长，适应不同类型矿床开拓的需要。

联合开拓法兼有它所联合的各种开拓方法的优点，而避免其缺点。而且随着开采深度的增加，其优越性更为突出。因此，在开采深度或高差很大的露天矿采用联合开拓法更具重要的意义。

联合开拓法多种多样，但常用的主要有斜坡铁路-公路、斜坡公路-平硐溜井、斜坡公路（或铁路）-箕斗、斜坡公路-运输机、斜坡公路-井筒提升等几种联合形式。

对于原用斜坡铁路开拓的深凹露天矿，常考虑采用斜坡铁路-公路联合开拓法开拓其深部露天矿床。此时，浅部仍用斜坡铁路开拓，深部用斜坡公路开拓，在它们之间设有转载站，以建立汽车与铁路车辆之间的转运联系，组成完整的开拓运输系统。

斜坡铁路-公路联合开拓法，既能充分发挥铁路运输成本低和充分利用汽车运输的机动灵活性，加速露天矿深部的下降速度和新水平准备，保证矿山有较高的开采强度。它适用于地表运输距离长、底部狭窄不能铺设铁路线和矿体赋存条件复杂、形状不规则的大型深凹露天矿，其合理开采深度在 80～300 m，若超过这一深度，则应改用其他联合开拓方法。

在许多深露天矿中，除采用上述的联合开拓方式外，近年来由于钢芯胶带运输和大型汽车运输的发展，使斜坡公路-运输机、斜坡公路-斜井运输机等联合开拓方法的应用也日益增多。

复习思考题

2-1　简述露天开采开拓的概念。

2-2　简述露天开采常用运输设备。

2-3　简述露天开采常用运输方式。

2-4 简述铁路运输开拓法的特点。
2-5 简述公路运输开拓法的特点。
2-6 简述固定坑线开拓法与移动坑线开拓法的优缺点。
2-7 简述铁路运输开拓法常用坑线的布置形式。
2-8 简述公路运输开拓法常用坑线的布置形式。
2-9 简述平硐溜井开拓法的适用条件及优点。
2-10 简述井筒提升开拓法在露天矿的应用条件。

3 穿 孔 工 作

穿孔工作是露天矿生产工艺的重要环节之一，穿孔速度和炮孔质量对爆破、采装以及破碎等各项作业都有影响。根据矿岩性质和所采用钻机的不同，生产能力和穿孔费用差别很大。一般情况下，在中硬和坚硬矿岩中，穿孔费用约占矿岩开采成本的10%～20%，在软岩和煤矿中约占5%～8%。

目前露天矿应用的穿孔方法，除火钻为热力破碎外，其他钻机均属于机械破碎，在机械破碎中，根据破岩原理不同，可分为滚压破碎、冲击破碎和切削破碎。其分类如下：

- 穿孔方法
  - 机械破碎
    - 滚压破碎——牙轮钻机
    - 冲击破碎
      - 手持凿岩机
      - 凿岩台车
      - 吊绳冲击式钻机
      - 潜孔钻机
    - 切削破碎——旋转式钻机
  - 热力破碎——火钻

露天矿穿孔设备的选择，主要取决于矿岩性质、开采规模和炮孔直径。各种钻机的合理孔径和使用范围如表 3-1 所示。

表 3-1 各种钻机可钻孔径和使用条件

钻机种类	可钻孔径/mm			用　途
	一　般	最　大	最　小	
手持凿岩机	38～42		23～25	浅孔凿岩和二次破碎等辅助作业
凿岩台车	56～76	100～140	38～42	小型矿山主要穿孔作业或大型矿山辅助作业
潜孔钻机	150～250	508～762	65～80	主要用于中小型矿山中硬以上矿岩
牙轮钻机	250～310	380～445	90～100	大中型露天矿山中硬至坚硬矿岩
吊绳钻机	200～250	300	150	大中型露天矿山各种硬度矿岩
旋转钻机	45～160			软至中硬矿岩
火　　钻	200～250	380～580	100～150	含石英高的极硬矿岩

20 世纪 50 年代我国广泛采用吊绳冲击式钻机，以后逐渐被潜孔钻机和牙轮钻机所代替。目前潜孔钻机的比重约占 60%。按在册台数计算牙轮钻机的比重虽然不大，但由于它的穿孔效率高，孔径大，按矿（岩）量计算的比重是较高的。以冶金露天矿山为例，牙轮钻机台数占12.2%，而爆破矿岩量约占 50%。

我国露天矿山各种穿孔设备数量和比重如表 3-2 所示。

表 3-2 我国露天矿各种穿孔设备数量和比重

序 号	矿山类型	潜孔钻机/%	牙轮钻机/%	其他/%	备 注
1	金属矿山	34	59	7	
2	化工矿山	26	62	12	
3	煤 矿	23	14	63	
4	其他矿山	24	35	41	

3.1 潜孔钻机穿孔

潜孔钻机的工作方式也属于风动冲击式凿岩,但它在穿孔过程中风动冲击器跟随钻头一起潜入孔内,称为潜孔凿岩。

潜孔钻机广泛用于矿山、采石场、水电建设、道路和其他建筑工地,以及工、农业用抽水井开凿等工程中。目前我国冶金露天矿山中,潜孔钻机的比重约占 60%,化工和建筑材料矿山占 90%左右。

3.1.1 潜孔钻机穿孔的优缺点及使用范围

3.1.1.1 潜孔钻机穿孔的主要优点

(1) 重型凿岩机工作时,当接上 5～6 根钻杆和连接套后,穿孔速度降低 50%左右,而潜孔冲击器的活塞直接撞击在钻头上,能量损失少,穿孔速度受孔深影响小,因此能穿凿直径较大和较深的炮孔。

(2) 冲击器潜入孔内工作,噪声较小。钻孔愈深,噪声愈小。

(3) 潜孔冲击器排出的废气可用来排碴,特别是对于下向炮孔,可节省动力。

(4) 由于冲击力的传递不经过钻杆和连接套,钻杆使用寿命长,可达 1 万～1.5 万 m。

(5) 与牙轮钻机穿孔比较,潜孔穿孔轴压小、钻机轻、设备购置费用低,由于轴压小,钻孔不易偏斜,因此更适用于穿凿深孔。

3.1.1.2 潜孔钻机穿孔的主要缺点

(1) 冲击器的汽缸直径受到钻孔直径限制,孔径愈小,穿孔速度愈低。所以常用潜孔冲击器的钻孔孔径在 80 mm 以上。

(2) 当孔径在 200 mm 以上时,穿孔速度没有牙轮钻机快,而动力约多消耗 30%～40%,作业成本高。

3.1.1.3 潜孔钻机的使用范围

潜孔钻机可用于各种硬度的矿岩,但一般适合于硬岩或坚硬矿岩,钻孔直径一般为 100～200 mm、孔深 30 m 以内。在特殊要求情况下,最小孔径可达 70 mm。目前国外潜孔钻机可钻孔径达到 762 mm。由于潜孔钻机钻进时轴压小,钻杆不易弯曲,钻孔偏斜能控制在 1%以内,特别适合于穿凿深孔,因此广泛用于工、农业中穿凿深水井,深度可达 800～500 m。此外,还用于地下矿山垂直漏斗后退采矿法中穿孔爆破深孔,以及穿凿通风、排水孔、天井掘进中心孔和电缆管道通孔等。

3.1.2 潜孔钻机的分类

3.1.2.1 轻型钻机

CLQ-80 型潜孔钻机，适用于小型矿山、采石场、水电和建筑工地，可穿凿直径 80～130 mm、深 20 m 的钻孔。回转、推进都采用风马达为动力，履带行走由两台风马达驱动，滑架起落靠两个油缸，油泵压力 65 kg/cm^2，流量 12 L/min，油泵由一台风马达驱动。

3.1.2.2 中型钻机

（1）YQ-150A 型潜孔钻机如图 3-1所示，为中型履带自行式钻机。该钻机可穿凿直径 150～160 mm、深 17.5 m 的钻孔，采用槽钢导轨式滑架。回转、提升、行走均采用交流电动机，功率分别为 7.5 kW、5 kW、22 kW。采用干式旋流除尘、电动机功率为 5.5 kW，钻机不带压风设备。另外有一种 YQ-150B 型潜孔钻机，它与 YQ-150A 的区别在于采用了湿式除尘，钻机自带水箱。

随着大冲击功低频率的冲击器和柱齿钻头的采用，这种钻机的刚性显得不足，尚且钻杆转速也偏高，已逐渐被 KQ-150 型潜孔钻机代替。

（2）KQ-150 型钻机。履带行走，可钻孔径 150～170 mm、深 17.5 m 的钻孔。钻架由方钢焊成的桁架结构，刚性好，回转采用三速电动机，钻具转速分别为 21.7 r/min、29.2 r/min、42.9 r/min。推进机构由设在钻架上的推压汽缸和电动卷扬组成，通过钢绳和滑轮组来实现推压和提升，采用湿式除尘。

图 3-1　YQ-150A 型潜孔钻机

3.1.2.3 重型钻机

（1）KQ-200 潜孔钻机。如图 3-2 所示，该钻机主要用于大、中型露天矿山穿凿直径 200～220 mm、深 19 m 的炮孔。

钻架由无缝钢管焊接成箱形桁架结构，刚性好，重量轻。钻具的推进与提升系统由电动机—蜗轮减速箱与双联封闭传动链轮组组成，如图 3-3 所示。

当用一节钻杆时，钻具总质重为 1.8 t，用两节钻杆时，钻具总质重为 2.5 t。但钻杆正常工作时孔底轴压仅需 10～15 kN。过高的轴压会降低钻头寿命，所以在系统中增加减压缸。一般情况，采用一根钻杆工作时，控制进入减压缸的风压为0.3 MPa，两根钻杆时风压为 0.5 MPa。采用回转摆式送杆器，由 1.5 kW 电动机带动两级蜗轮组减速。采用双电动机单独驱动的履带式行

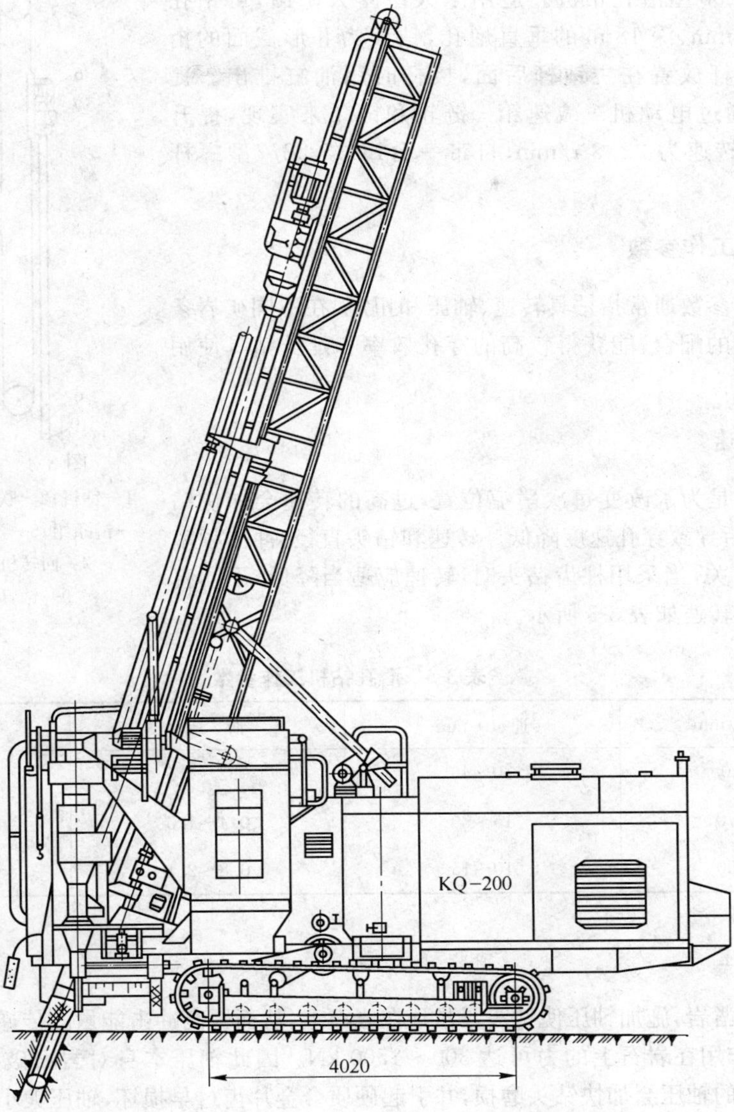

图 3-2 KQ-200 型潜孔钻机

走机构，可遥控操作。钻架起落采用电动两级蜗轮组减速，由两根大齿条推拉钻架起落。司机室的空气经两级净化处理，室内保持正压，达到防尘和隔音效果，冬季吸入的空气经过电热器加热，室内温度保持在 20 ℃以上。

KQ-200 型潜孔钻机有两套除尘系统：

1）干式除尘系统。由捕尘罩、沉降箱、旁室旋风筒和脉冲布袋除尘器、高压离心通风机组成。捕尘率可达 99.9%以上，放碴口均采用自动放碴机构。

2）湿式除尘系统，在钻机上装有水箱，由水泵把水压入主风管，风与水混合成雾状进入钻杆。

钻机自带一台 LG25-22/7 型螺杆式空气压缩机，排风量为 22 m^3/min，风压为 0.7 MPa。

(2) KQ-250 型潜孔钻机。适用于大型露天矿山，可钻孔径 230～250 mm、深 18 m 的垂直炮孔，钻架为Ⅱ形截面的桁架结构，副钻杆放置在主钻杆后面，接杆时用油缸推出。提升和推压是通过电动机—减速箱—链轮和链条来实现，提升能力为 10 t，转速为 22.3 r/min，自带一台 LG25-22/7 型螺杆空气压缩机。

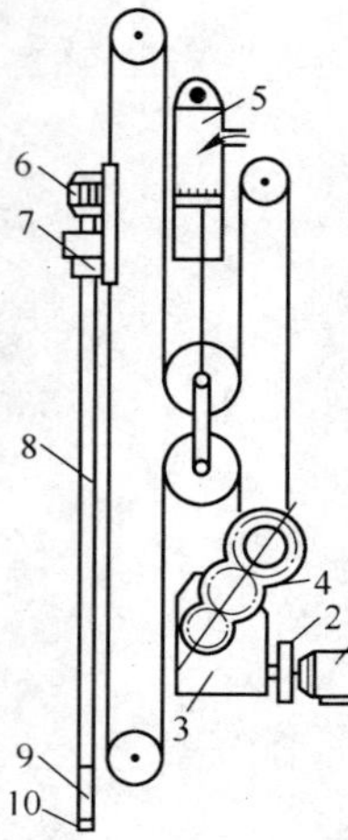

图 3-3　推进原理图

1—钻机；2—联轴器；3—减速器；4—链条组；5—汽缸；6—回转电机；7—回转机构；8—钻杆；9—钻具；10—钻头

3.1.3　钻机工作参数

钻机工作参数通常指钻具转速、轴压和扭矩，在不同矿岩条件下三者合理的配合，能获得较高的穿孔效率和延长钻具使用寿命。

3.1.3.1　转速

钻具回转是为了改变每次凿痕位置，过高的转速会加快钻头的磨损，最后导致穿孔速度降低。转速和钻头直径、冲击频率和岩石性质有关，当采用柱齿钻头时，转速应适当降低，不同直径的合理钻具转速如表 3-3 所示。

表 3-3　潜孔钻机工作参数

钻头直径/mm	转速/r·min^{-1}	轴　压/t	扭矩/kg·m
80～110	30～40	0.2～0.5	70～100
150～170	15～30	0.4～1.5	150～250
200～250	10～15	0.8～2.1	400～600

3.1.3.2　轴压

对于冲击凿岩，施加轴压使钻头紧紧顶在岩石上，从而提高冲击能量的传递效率。活塞每冲击一次，钻头作用在岩石上的力可达 300～1500 kN。因此轴压本身对岩石破碎的效果作用不大，相反，过高的轴压会加快钻头磨损，并引起硬质合金片齿过早损坏，轴压大小取决于钻头直径和岩石硬度。

3.1.3.3　扭矩

潜孔凿岩需要的扭矩要比各种旋转式钻机小得多，但是在选择回转马达功率时，必须考虑克服卡钻的能力。

3.1.4　潜孔钻机生产技术经济指标

3.1.4.1　钻机生产能力

钻机生产能力主要取决于矿岩性质和工作风压。在风压为 0.5 MPa 条件下，几种钻机生产能力见表 3-4。

表 3-4 潜孔钻机生产能力

钻机型号	冲击器型号	钻头直径/mm	岩石硬度	穿孔硬度/m·h^{-1}	台班效率/m·(台·班)$^{-1}$
CLQ-80			6～8	8～12	40～50
	J-100	110	10～12	5～7	30～40
	QC-100		12～14	3～4	20～30
			16～18	2～3	12～16
YQ-150A	J-150	155	6～8	10～15	60～70
	QC-150B	165	10～12	6～8	35～45
	J-170	175	12～14	4～5	25～35
	W-170		16～18	2.5～3.5	18～22
KQ-200	J-200	210	6～8	12～18	70～80
			10～12	7～9	40～50
	W-200	210	12～14	4.5～6	30～40
KQ-250	QC-250	250	16～18	3～4	20～25

从表中可以看出，大直径钻机的效率要比小直径钻机高，这是因为大型冲击器的活塞面积与钻头直径的比值比小型冲击器的比值大，大直径钻头上每个硬质合金齿分摊到的平均冲击功要比小钻头高。

3.1.4.2 钻具寿命

钻具寿命主要取决于矿岩的性质，并与风压、钻机工作参数密切相关，大直径潜孔钻头的寿命要比小直径钻头高，当风压为 0.5 MPa，钻头直径为 150～200 mm 时，各种矿岩的潜孔钻具寿命见表 3-5。

直径小于 120 mm，转速过高，钻具寿命一般要降低 30%～50%，风压过低也会降低钻具寿命。

表 3-5 潜孔钻机生产能力和钻具寿命

指标名称	冲击器型号			
	J-100	J-150	J-170	J-200B
钻头直径(D)/mm	110	155	175	210
活塞面积(A)/mm^2	2938	6032	7852	11750
A/D	26.7	38.9	44.9	55.9
冲击功/J	117.6	215.6	274.4	509.6
单齿平均冲击功/J·单齿$^{-1}$	8.92	12.7	14.5	18.7
穿孔速度/%	100	130	140	165

3.1.4.3 穿孔成本

（1）设备费。设备费包括设备的基本折旧费和大、中修和日常维修费。基本折旧费目前国内还没有统一标准，根据现场调查，设备折旧费如表 3-6 所示。

表 3-6 钻机设备折旧费用和维护费用

项目名称	YQ-150 型	KQ-200 型
价格/元·台$^{-1}$	60000	320000
服务年限/a	15	20
基本折旧率/%	6.66	5
基本折旧费/元·a^{-1}	3900	16000
大修周期/a	2	3
大修一次费/元·(台·次)$^{-1}$	15000	75000
台年大修费/元·(台·a)$^{-1}$	7500	25000
中修周期/a	2	2
中修一次费/元·(台·次)$^{-1}$	7000	25000
台年中修费/元·(台·a)$^{-1}$	3500	16660
日常维修费/元·(台·a)$^{-1}$	2000	20000
合计/元·(台·a)$^{-1}$	16900	77600
总年折旧率/%	28.1	24.2

（2）钻机辅助材料消耗。

（3）潜孔钻机穿孔成本计算。潜孔钻机作业成本主要取决于炮孔直径、岩石性质和动力价格等。

3.1.5 提高潜孔钻机穿孔效率的途径

潜孔钻机的台班生产能力可按下式计算：

$$A=0.6vT\eta \tag{3-1}$$

式中 A——钻机的生产能力，m/(台·班)；

v——机械钻速，cm/min；

T——班工作时间，h；

η——工作时间利用系数。

上式中机械钻速 v，可近似用下式表示：

$$v=\frac{4ank}{\pi D^2 E} \tag{3-2}$$

式中 a——冲击功，J；

n——冲击频率，次/min；

D——钻孔直径,cm;

E——岩石凿碎功比耗,J/cm^3;

k——冲击能利用系数,0.6～0.8。

下面详细分析提高潜孔钻机效率的途径。

3.1.5.1 冲击功(a)与冲击频率(n)

从式(3-2)中可以看出,为了提高机械钻速 v,希望同时增加冲击功 a 和冲击频率 n。然而,在潜孔钻进的风动冲击器中,冲击功 a 和冲击频率 n 是两个相互制约的工作参数。欲增大冲击功,就需要增加活塞重量和活塞行程,相应地就使冲击频率减少。反之亦然。

对待这两个参数,过去存在着两种不同的技术观点:一种是大冲击功(8～10 J/cm)低频率(850～1300 次/min)。另一种是小冲击功(5.5～7 J/cm)高频率(1900～2500 次/min)。时间证明,前一种技术观点比较合理,因为岩石只有在足够大的冲击力下才能有效地进行体积破碎,若冲击功不足,单纯提高冲击频率无非使岩石疲劳破碎而已。我国大孔径的冲击器(J-200、W-200、FC 系列等)都是按照大冲击功、低频率的要求设计的。在选用冲击器时,首先就要注意这两个技术参数。

3.1.5.2 风压

潜孔钻机的冲击器是一种风动工具,为了达到额定的冲击功 a 和冲击频率 n,风压是一个重要因素。随着风压的增大,穿孔速度和钻头寿命都有不同程度的提高。正是由于这个原因,目前大孔径潜孔钻机都自带空压机,以减少管路压降。

为了进一步提高潜孔钻机的效率,国内外正着手把风压提高到 1.4 MPa,还有的高达 1.7～2.1 MPa。英国霍尔曼公司生产的 VR 型潜孔钻机和冲击器,大多高风压作业,风压达 1.4 MPa。当然,高压冲击器要求其零部件的强度和质量也很高。

3.1.5.3 钻孔直径(D)

随着钻孔直径的增大,冲击器的活塞直径也可增大,相应地冲击功 a、冲击频率 n 也可提高,从而使钻速 v 并不是单纯地和 D 成反比关系。另外,当增大钻孔直径时,爆破孔网间距可加大,相应提高钻孔的延米爆破量和钻机台年穿爆量。表 3-18 是南芬铁矿两种孔径的潜孔钻机和钢绳冲击钻机的比较结果。从表中可以看出,尽管 YQ-150A 型钻机的台班穿孔米数超过BC-1冲击钻机,但由于前者孔径只有 150 mm,延米爆破量小,最终的效果反而不如钢绳冲击钻机。在南芬铁矿的条件下,潜孔钻机的优越性只有当采用孔径为 200 mm 或更大的钻机时才显示出来。国产 QZ-250 型潜孔钻机,就是针对大型露天矿的需要,钻凿 250 mm 的大直径钻孔,使其延米爆破量接近钢绳冲击钻机,从而把潜孔钻机的台年穿爆量大大提高。

3.1.5.4 轴压(P)和转速(n)

潜孔钻机的轴压,主要是克服冲击器的后坐力,因而压力一般都不大,远小于牙轮钻机的轴压,轴压过大,既妨碍钻具回转,也容易损坏钻头。对于大孔径(200 mm 以上)的重型潜孔钻机来说,由于钻具重量较大,一般都采用减压钻进,即钻机的提升推进机构应起减小轴压的作用。相反,小孔径的中、轻型潜孔钻机钻具重量小,常用提升推进机构作增压钻进。

潜孔钻具的回转,既是为了改变钻头每一次凿痕的位置,也是用以使钻头切削岩石。转速过低，会降低穿孔速度，但转速过高，过分磨损钻头，也会使穿孔速度下降。目前，在硬岩钻进中有趋于采用低转速的倾向，使转速保持在15～20 r/min之间。

3.1.6 穿孔机司机安全操作规程

(1) 穿孔机在开车前，应检查各机械电气部位零件是否完好，并佩戴好劳动防护用品，方准开车。

(2) 穿孔机稳车时，千斤顶距阶段坡线的最小距离为2.5 m，穿第一排孔时，穿孔机的水平纵轴线与顶线的最小夹角为45°，禁止在千斤顶下面垫石块。

(3) 穿孔机顺阶段坡线行走时，应检查行走线路是否安全，其外侧突出部分距分阶段坡顶线距离为3 m。

(4) 起落穿孔机架时，禁止非操作人员在钻机上危险范围停留。

(5) 挖掘每个阶段的爆堆的最后一个采掘带时，上阶段正对挖掘作业范围内第一排孔位上，不得有穿孔机作业或停留。

(6) 运转时，设备的转动部分禁止人员检修、注油和清扫。

(7) 设备作业时，禁止人员上下；在危及人身安全的范围内，任何人不得停留或通过。

(8) 终止作业时，必须切断动力电源，关闭水、气阀门。

(9) 检修设备应在关闭启动装置、切断动力电源和安全停止运转后，在安全地点进行，并应对紧靠设备的运动部件和带电器件设置护栏。

(10) 设备的走台、梯子、地板以及人员通行的操作场所，应保证通行安全，保持清洁。不准在设备的顶棚存放杂物，要及时清除上面的石块。

(11) 供电电缆，必须保持绝缘良好；不得与金属管(线)和导电材料接触；横过公路、铁路时，必须采取防护措施。

(12) 钻机车内，必须备有完好的绝缘手套、绝缘靴、绝缘工具和器材等。停、送电和移动电缆时，必须使用绝缘防护用品和工具。

3.2 牙轮钻机穿孔

牙轮钻机于20世纪50年代开始在美国露天矿山应用。60年代以来由于牙轮钻机结构的改进和牙轮钻头设计和制造水平的不断提高，牙轮钻机不仅在中、软岩石，而且在坚硬矿岩中，如花岗岩、磁铁石英岩穿孔技术经济指标也优于冲击钻和潜孔钻。目前美国、加拿大的金属露天矿山，牙轮钻机的比重已占80%以上。牙轮钻机的穿孔直径一般为250～910 mm，少数为380 mm，并有使用420 mm的趋势。

我国大型金属露天矿采用牙轮钻机以来，迅速改变了穿孔落后的局面。实践证明，牙轮钻机是高效率的穿孔设备。目前，大型露天矿山都已大量采用牙轮钻机。

3.2.1 牙轮钻机穿孔的优、缺点及使用范围

3.2.1.1 牙轮钻机的优点

(1) 与钢绳冲击钻机相比，穿孔效率高3～5倍，穿孔成本低10%～30%。

(2) 在坚硬以下岩石中钻直径大于150 mm的炮孔，牙轮钻机优于潜孔钻机，穿孔效率高2～3倍，每1 m炮孔穿孔费用低15%。

3.2.1.2 牙轮钻机的缺点

(1) 牙轮钻机钻压高,钻机重,设备购置费用高。

(2) 在极坚硬岩石中或炮孔直径小于 150 mm 时,由于牙轮钻头轴承尺寸受到炮孔直径的限制,钻头使用寿命较低,每 1 m 炮孔凿岩成本比潜孔钻机成本高。

3.2.1.3 牙轮钻机的使用范围

牙轮钻机能用于各种硬度的矿岩。在软至中硬岩层中,钻头直径为 100～120 mm。大型露天矿钻头直径可达到 380 mm。牙轮钻机还广泛用于地质勘探和水井开凿工程中,以及井下矿井用爆破法掘进天井和垂直漏斗后退式采矿方法中穿凿炮孔。

3.2.2 牙轮钻机的分类

牙轮钻机的穿孔,是通过推压和回转机构给钻头以高钻压和扭矩,将岩石在静压、少量冲击和剪切作用下破碎。这种破碎形式称为滚压破碎,岩碴被压缩空气吹出孔外。按钻机大小分为以下几类。

3.2.2.1 轻型牙轮钻机

(1) ZX-150 型牙轮钻机。适用于 $f \leqslant 11$ 的岩层。加压方式为油缸—钢绳—滑轮组。双电动机驱动履带行走,滑片式空压机供风,三级干式除尘,液压千斤顶调平车体。

(2) KY-150 型牙轮钻机。适用于在 $f \leqslant 11$ 的岩层中钻进。采用顶部回转,封闭链条连续加压,根据不同的矿岩条件选择钻进速度及转速。钻杆接卸、钻架起落和钻进采用气电联合控制。采用三级净化干式除尘装置。钻机还配备湿式除尘系统。

3.2.2.2 中型牙轮钻机

这类钻机穿孔直径一般为 170～270 mm。国内黑色金属矿山使用较多。

(1) KY-250 型牙轮钻机。适用于在 $f=6\sim18$ 的矿岩中穿孔。采用顶部回转,封闭链—齿条滑架连续加压钻进机构,回转为无级调速。卸杆、送杆、钻架起落、千斤顶稳车、离合的控制等采用电力、液压、气动联合控制,采用风水混合湿式除尘。机房及司机室装有空气净化装置。

(2) YZ-35 型牙轮钻机。该机主要用于在中硬到坚硬的矿岩中穿孔。采用顶部回转可控硅直流无级调速,封闭—齿条连续加压。钻架、平台、履带架、主机架等结构采用高强度结构钢,钻机刚性好,有减震装置和炮孔深度指示仪。

(3) 45-R 型牙轮钻机。美国 BE 公司生产的 45-R 型牙轮钻机。该机用于中硬至坚硬的矿岩。钻机钻孔直径为 170～270 mm,孔深达 17.5 m。主要特点是顶部回转、直流电动机驱动磁放大器调速。钻机有干、湿两种除尘系统。

3.2.2.3 重型牙轮钻机

(1) KY-310 型牙轮钻机。该机主要用于坚硬矿岩,可钻孔径 250～310 mm,深度 17.5 m。钻机有低钻架和高钻架两种。钻压在交流驱动时为 500 kN,直流驱动时为 310 kN。钻机的回转、提升、行走全部采用电动、封闭链条、齿轮、齿条加压。有干式及湿式两种除尘系统。KY-310 型牙轮钻机外形如图 3-4 所示。

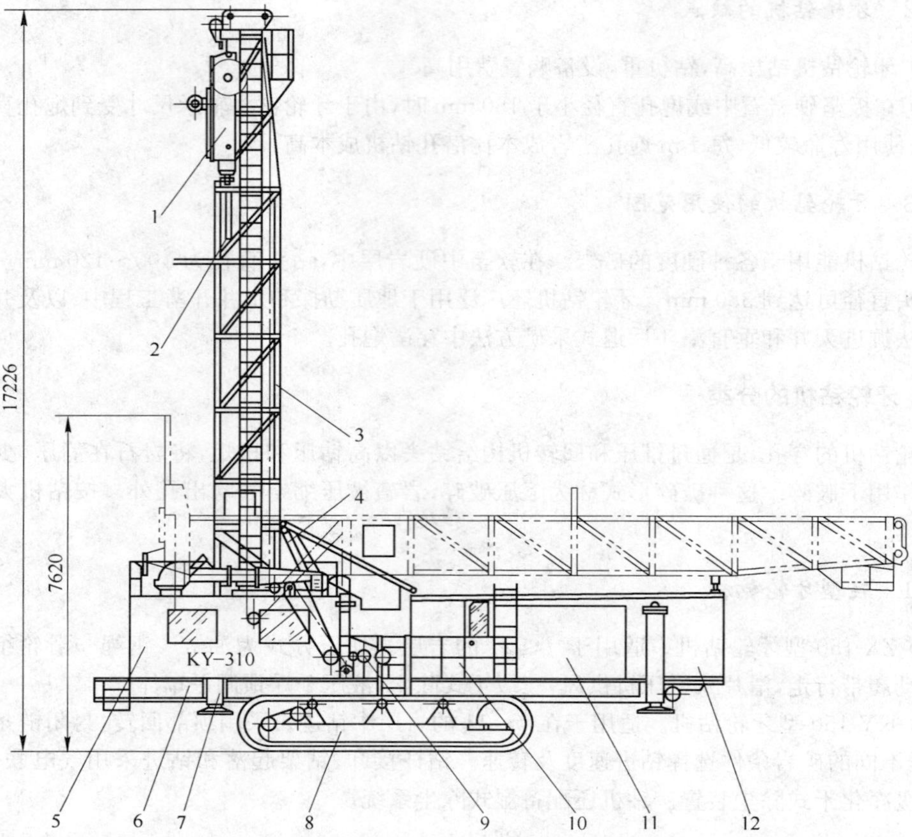

图 3-4　KY-310 型牙轮钻机外形

KY-310 型牙轮钻机的特点如下：

1）回转可根据岩石硬度无级调速。

2）提升和行走采用同一电动机。

3）直流驱动系统运行可靠，调速和反向操作方便，超载能力强，对处理卡钻特别有利。

4）该机在中硬以下岩层中钻进时，推进速度显得不足。

(2) YZ-55 型牙轮钻机。该机钻压为 550 kN，最大穿孔直径达 380 mm。顶部回转，可控硅无级调速，封闭链条连续加压。高钻架不换钻杆一次可穿凿 16.5 m。

(3) 60-R(Ⅲ)及 61-R(Ⅲ)型牙轮钻机。60-R(Ⅲ)型钻机适于穿凿各种硬度岩层。穿孔直径为 310～380 mm。最大钻压 500 kN。顶部回转，无级调速封闭链连续加压。不接钻杆一次可钻 19.8 m 深炮孔。由于钻机钻压大，当穿凿直径为 250 mm 炮孔时，钻头寿命将降低 30%～40%。

3.2.3　牙轮钻机工作参数

钻机工作参数通常指钻具提升高度、冲击次数、钻具悬吊高度、岩浆高度和浓度等，参数见表 3-7。

表 3-7 钻机参数

指标名称 \ 矿岩硬度系数	<1	2～4	5～8	10～14	17～20
钻具提升高度/m	0.78	0.92	0.92	1.1	1.1
冲击次数/次·min^{-1}	58	53	53	48	48
钻刃角度/(°)	100～110	100～110	115～120	115～120	130
钻具悬吊高度/cm	0.25～0.5	1～2	1.5～2.5	4～6	5～7
单位耗水量/L·dm^{-3}	2.0	1.7～1.5	1.25	1.0	0.75
岩浆最大高度/m	3.3	2.5	2～1.8	1.8～1.6	1.6～1.3
岩浆浓度/g·cm^{-3}	1.3～1.5	1.5～1.7	1.7～2.1	1.9～2.2	2.0～2.4
工序时间:穿孔/min	3～4	6～9	10～15	15～25	25～45
取碴/min	2～3	3～4	4～5	4～5	5～6

3.2.4 牙轮钻机生产技术经济指标

3.2.4.1 牙轮钻机生产能力

牙轮钻机生产能力主要取决于矿岩性质和钻机工作参数。几种钻机的生产能力见表 3-8。

表 3-8 牙轮钻机生产能力表

岩石名称	岩石硬度系数	钻机型号	钻头直径/mm	穿孔速度/m·h^{-1}	台年生产力/万m·台$^{-1}$·a^{-1}	每米爆破量/t·m^{-1}	爆破量/万t·台$^{-1}$·a^{-1}
软到中硬：玢岩，蚀变千枚岩，石灰岩，风化闪长岩，混合岩，绿泥片岩，页岩	5～8	KY-150 KY-250 45-R	150 220 250	30 26～45 26～45	5 5 7.5	140 140	700 900～1100
中硬到坚硬：矽化灰岩，花岗岩，白云岩，赤铁矿，安山岩，花岗片麻岩，辉绿岩	10～14	KY-150 KY-250 45-R 60-R(Ⅲ)	150 250 250 310	15 18～25 25～30 25～30	3.5 4 5 6	100 100～110 100～110	400 500～550 600～660
坚硬岩石：灰色磁铁矿，细粒闪长岩，细晶花岗岩，致密含铜砂岩等	14～16	45-R KY-310 60-R(Ⅲ)	250 310 310	10～16 10～16 10～16	3 3.6 4.5	80 125 125	240 450 563
极坚硬岩石：致密磁铁矿，致密磁铁石英岩，透闪石，钒钛磁铁	16～18	KY-310 60-R(Ⅲ)	310 310	6～8 8～10	2.5 3	80～90 80～90	210 250

3.2.4.2 牙轮钻具费及钻机油脂消耗

牙轮钻具费及油脂消耗如表 3-9 所示。

表 3-9 油脂消耗表

岩石硬度系数	单位消耗/kg·台$^{-1}$·m^{-1}			
	透平油	空压机油	压延基脂	机油
8～14	0.0138～0.0155	0.0121	0.0052～0.0069	0.0086
10～12	0.045	0.0213	0.0107	0.0213～0.024
14～18	0.065	0.0327	0.0182	0.0436

3.2.4.3 牙轮钻机穿孔成本

牙轮钻机穿孔成本主要取决于岩石性质、牙轮钻头寿命、电能消耗量等，现以 KY-310 型及 45-R 和 60-R(Ⅲ)型牙轮钻机为例，在中硬、坚硬和极坚硬矿岩中的穿孔成本如表 3-10 所示。

表 3-10 穿孔成本

项目	炮孔直径 250 mm	炮孔直径 310 mm
钻机折旧费/元·d^{-1}	177	177
钻头费/元·d^{-1}	596.7	440
维修费(大、中、小修)/元·d^{-1}	287	287
动力费/元·d^{-1}	237.6	285.12
工资/元·d^{-1}	17.5	17.5
润滑油及油脂/元·d^{-1}	39.37	43.31
水/元·d^{-1}	0.108	0.119
车间经费(5%)/元·d^{-1}	67.76	62.5
总计	1423.04	1312.5
进尺/m·d^{-1}	118.2	150.3
每 1 m 炮孔钻进成本/元	12.04	8.73
每 1 t 矿岩成本/元	0.10	0.07

3.2.5 提高牙轮钻机穿孔效率的途径

牙轮钻机的台班生产能力，可按下式近似计算：

$$A=0.6vT\eta \tag{3-3}$$

式中 A——牙轮钻机的生产能力，m/(台·班)；

v——牙轮钻机的机械钻速，cm/min；

T——班工作时间，h；

η——工作时间利用系数。

机械钻速 v 也可近似用下式表示：

$$v=3.75\frac{Pn}{Df} \tag{3-4}$$

式中 P——轴压，t；

n——钻头转速，r/min；

D——钻头直径，cm；

f——岩石坚固性系数。

虽然上式的计算结果和实际有一定的差距，但是我们可以利用上述两个公式，在选定钻机，钻头的前提下，探讨提高牙轮钻机穿孔效率的途径。

3.2.5.1 轴压(P)

轴压 P 与钻速 v 成正比，但却不是严格的直线关系，具体取决于钻头单位面积上的作用力 P/F(F 为钻头与岩石的接触面积)和岩石抗压强度 σ 之间的关系，有图 3-5 所示的四种情况：

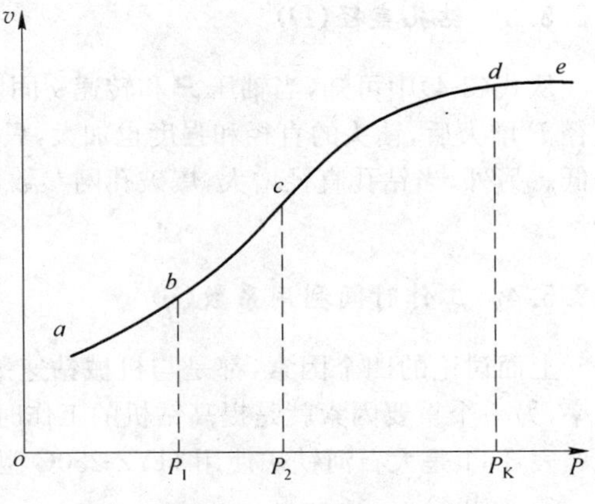

图 3-5 轴压与钻速的关系

(1) 当轴压 P 很小，P/F 小于 σ 时，岩石仅以表面磨蚀的方式进行破碎。此时，轴压 P 与钻速 v 呈直线关系(图 ab 段)。

(2) 随着轴压 P 的增加，虽然 P/F 还小于 σ，但因钻头轮齿多次频繁冲击岩石，使岩石产生疲劳破坏，出现局部的体积破碎。此时，钻速 v 随轴压 P 的 m 次方而变化，硬岩时 $1.25 \leqslant m \leqslant 2$，软岩时 $m<3$(图中 bc 段)。

(3) 当轴压 P 增大到 $P/F=\sigma$ 后，钻头轮齿对岩石每冲击一次就产生有效的体积破碎，此时破碎效果最好，能量消耗最低(图中 cd 段)。

(4) 当轴压 P 达到极限轴压 P_K 后，钻头轮齿整个被压入岩石，牙轮体与岩石表面接触，即使再增加轴压 P 也不会提高钻速 v 了(图中 de 段)。

从上面分析可知，轴压 P 不能太小，也不宜过高，大小要适宜。合理的轴压，可参照下式计算：

$$P=fK\frac{D}{D_9} \tag{3-5}$$

式中 f——岩石坚固性系数；

K——系数，取值为 1.4；

D_9——9 号钻头直径，取值为 214 mm；

D——使用的钻头直径，mm。

3.2.5.2 转速(n)

从式(3-4)中可以看出，转速 n 和机械钻速 v 之间成正比关系。其实，它们之间也不是一个简单的线性关系，具体关系如图 3-6 所示。图中直线 1 表示当轴压 P 较小时转速 n 与钻速 v 的关系。这时，岩石以“表面磨蚀”的方式破碎，随着转速 n 的增加，钻速 v 也相应加大，两者呈直线关系。

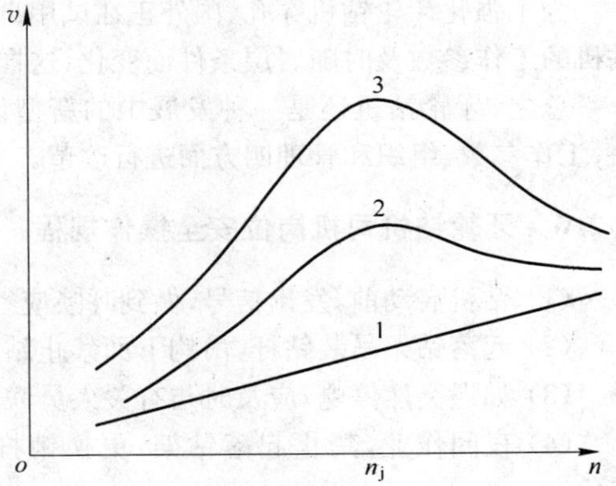

图 3-6 转速对钻速的影响

图中曲线 2 表示轴压力 P 增大后，转速 n 与钻速 v 的关系。此时，岩石呈体积破碎，初始时随着转速 n 的增大钻速 v 也提高，但当超过极限转速 n_j 后，钻速 v 却随转速 n 的增加而降低。这是因为转速 n 太大，轮齿与孔底岩石的作用时间太短(小于 0.02～0.03 s)，未能充分发挥轮齿对岩石的压碎作用。此外，由于转速 n 过大，也加速了钻头的磨损和钻机的振动，给穿孔带来不良的影响。实际生产中，对于软岩常选用 70～120 r/min 的转速，中硬岩石用 60～100 r/min，硬岩用 40～70 r/min。

图中曲线 3 表示轴压力 P 继续增大后转速 n 对钻速 v 的影响，其情况和曲线 2 差不多。从曲线 1、2、3 之间的关系可以看出，钻速 v 受轴压 P 及转速 n 两者的综合影响，需要统筹兼顾。

3.2.5.3　钻孔直径(D)

从式(3-4)中可知，当轴压 P 和转速 n 固定时，钻孔直径 P 与钻速 v 成反比。实际上，当钻孔直径 P 增大后，钻头的直径和强度也加大，只要相应采用更大的轴压和转速，钻孔速度 v 并不会降低。另外，当钻孔直径增大，爆破孔网参数也可扩大，从而提高延米爆破量和钻机台年穿爆矿岩量。

3.2.5.4　工作时间利用系数(η)

上面讨论的四个因素，都是与机械钻速 v 有关。从式(3-3)可以看出，为了提高牙轮钻机的效率，另一个重要因素就是提高钻机的工作时间利用系数 η。

表 3-11 是大石河铁矿使用 HYZ-250C 型牙轮钻机的标定结果。

表 3-11　大石河铁矿使用 HYZ-250C 型牙轮钻机情况

<table>
<tr><th>停电</th><th>待孔位</th><th>待水</th><th>避炮</th><th>待钻具</th><th>计划检修</th><th>其他</th><th>待修</th><th>维修</th><th>事故检修</th><th>交接班</th><th rowspan="2">台时利用系数</th><th rowspan="2">不计外因停歇的台时利用系数</th><th rowspan="2">台日利用系数</th></tr>
<tr><td>11%</td><td>10%</td><td>8%</td><td>3%</td><td>23%</td><td>17%</td><td>27%</td><td>—</td><td>—</td><td>100%</td><td>—</td></tr>
<tr><td colspan="7">外因停歇占总停歇的 47.8%</td><td colspan="4">内因停歇占总停歇的 52.2%</td><td>46%</td><td>62%</td><td>71.6%</td></tr>
</table>

从表中可以看出，国内牙轮钻机的工作时间利用系数是不高的，台日工作时间利用系数仅 71.6%，而国外可达 85%～90%，这说明大有潜力可挖。影响工作时间利用系数的因素主要有两方面：一是组织管理缺陷所带来的外因停歇；二是钻机本身故障所引起的内因停歇。

为了强化牙轮钻机穿孔，国外正在试用自动控制技术，借各种传感器配合操作程序控制，使钻机的工作参数及时随岩层条件而变化，这样既保护了设备，也提高了钻机的效率。

总之，牙轮钻机还是一种发展中的新型设备。为了提高它的穿孔效率，今后应该继续在钻头、工作参数、组织和管理四方面进行改革。

3.2.6　牙轮钻机司机岗位安全操作规程

(1) 钻机启动前，发出信号，做到呼唤应答，否则不准启动。

(2) 起落钻架吊装钻杆，吊钩下面禁止站人，牵引钻杆时，应用麻绳远距离拉线。

(3) 如遇突然停电，应及时与有关人员联系，拉下所有电源开关，否则不准做其他工作。

(4) 夜间作业，禁止起落钻架，更换销杆。没有充足的照明不准上钻架。严禁连接加压链条。

(5) 工作中如发现不安全因素，应立即停机停电处理。

(6) 人员站在小车上为齿条刷油时,不准用力提升。

(7) 上钻架处理故障时,要带好安全带,将安全带大绳拴在作业点上方,六级以上大风或雷雨天禁止上钻架。

(8) 一切安全防护装置不准随意拆卸和移动。

(9) 检查和移动电缆时,要用电缆钩子。处理电气故障时,要拉下电源开关。

(10) 禁止在高压线及电缆附近停留或休息。

(11) 配电盘及控制柜里禁止放任何物品。

(12) 用易燃物擦车时,要注意防火。

(13) 岗位必须常备灭火器和一切安全防护用品。

(14) 钻机结束作业或无人值班时,必须切断所有电源开关,门上锁。

(15) 钻机稳车时,千斤顶到阶段边缘线的最小距离为 2.5 m。禁止千斤顶下垫石头。

复习思考题

3-1 阐述穿孔工作在露天开采的重要性。

3-2 简述露天开采常用穿孔设备。

3-3 简述我国露天开采穿孔设备的先进程度。

3-4 简述潜孔钻机的凿岩原理及在露天开采中的应用。

3-5 简述牙轮钻机的凿岩原理及在露天开采中的应用。

3-6 如何提高潜孔钻机的效率?

3-7 如何提高牙轮潜孔钻机的效率?

3-8 简述露天开采穿孔机械的发展方向。

4 露天深孔爆破

4.1 露天深孔布置及爆破参数的确定

4.1.1 露天深孔布置

目前在露天矿山常用潜孔钻机和牙轮钻机进行穿孔。露天深孔的布置方式有垂直深孔与倾斜深孔两种，如图 4-1 所示。

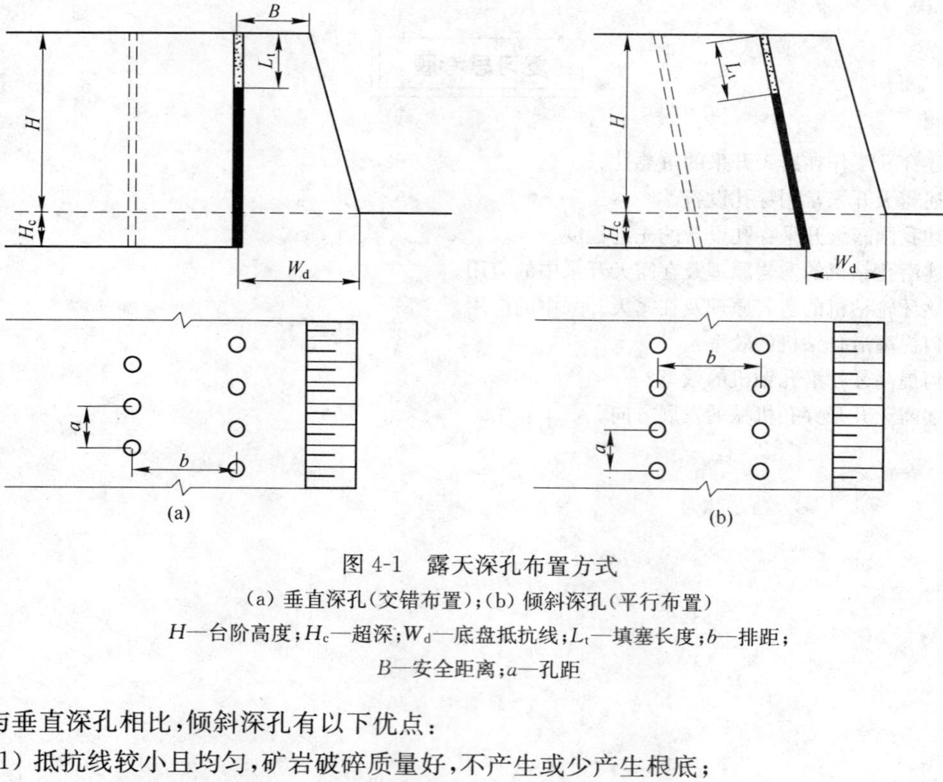

图 4-1 露天深孔布置方式

(a) 垂直深孔(交错布置)；(b) 倾斜深孔(平行布置)

H—台阶高度；H_c—超深；W_d—底盘抵抗线；L_t—填塞长度；b—排距；

B—安全距离；a—孔距

与垂直深孔相比，倾斜深孔有以下优点：

(1) 抵抗线较小且均匀，矿岩破碎质量好，不产生或少产生根底；

(2) 易于控制爆堆的高度，有利于提高采装效率；

(3) 易于保持台阶坡面角和坡面的平整，减少突悬部分和裂缝；

(4) 穿孔设备与台阶坡顶线之间的距离较大，设备与人员比较安全。

在生产中一般采用倾斜深孔。由于微差爆破技术的应用，为提高生产能力和经济效益，一般采用多排孔一次爆破，并采用交错布置的方式。

4.1.2 参数的确定

(1) 炮孔直径 d。炮孔直径往往由所采用的穿孔设备的规格所决定。过去的穿孔设备的钻孔直径多为 150～200 mm，现在露天深孔爆破一般趋向于大孔径，大型矿山一般采用 250～310 mm

或更大。孔径越大,装药直径相应也越大,这样有利于炸药稳定传爆,可充分利用炸药能量,从而提高延米爆破量。随着露天开采技术的发展和开采规模逐渐加大,深孔直径有逐渐增大的趋势。但深孔直径增大后,孔网参数也随着增大,装药相对集中,必然会增大爆破下来的矿岩块度。

(2) 孔深和超深。对于垂直孔,炮孔深度 $L=H+H_c$。台阶高度 H 在矿山设计确定之后是个定值,是指相邻的上下平台之间的垂直高度;超深 H_c 是指深孔超出台阶高度。超深的作用一是多装药,二是可以降低装药高度或降低药中心,以便克服台阶底部阻力,避免和减少根底。超深值 H_c(m)一般由经验确定。

$$H_c=(0.15\sim0.30)W_d \tag{4-1}$$

式中 W_d——底盘抵抗线,m。

$$H_c=(10\sim15)d \tag{4-2}$$

式中 d——孔径,mm。

矿岩坚固时取大值;矿岩松软、节理发育时取小值。矿岩特别松软或底部裂隙发育时,可不用超深甚至超深取负值。

(3) 底盘抵抗线 W_d。底盘抵抗线是指炮孔中心至台阶坡底线的水平距离,它与最小抵抗线 W 不同。用底盘抵抗线而不用最小抵抗线作为爆破参数的目的,一是计算方便,二是为了避免或减少根底。它选择得是否合理,将会影响爆破质量和经济效果。底盘抵抗线的值过大,则残留根底将会增多,也将增加后冲;过小,则不仅增加了穿孔工作量,浪费炸药,而且还会使穿孔设备距台阶坡顶线过近,作业不安全。底盘抵抗线 W(m)可按以下方法确定:

1) 根据穿孔机安全作业条件

$$W\geqslant H\cot\alpha+B \tag{4-3}$$

式中 H——台阶高度,m;

α——台阶坡面角,(°);

B——从炮孔中心至坡顶线的安全距离,$B\geqslant2.5$ m。

2) 按每个炮孔的装药条件计算

$$W_d=d\sqrt{\frac{7.85\Delta\Psi}{mq}} \tag{4-4}$$

式中 d——孔径,m;

Δ——装药密度;

Ψ——装药系数;

m——炮孔密集系数;

q——炸药单耗。

3) 按经验公式计算

$$W_d=(0.6\sim0.9)H \tag{4-5}$$

我国一些冶金矿山采用的底盘抵抗线如表 4-1 所示。在压碴爆破时,考虑到台阶坡面前留有岩石堆且钻机作业较为安全,底盘抵抗线可适当减小。

表 4-1 深孔爆破底盘抵抗线

爆破方式	炮孔直径/mm	底盘抵抗线/m	爆破方式	炮孔直径/mm	底盘抵抗线/m
清碴爆破	200	6～10	压碴爆破	200	4.5～7.5
	250	7～12		250	5～11
	310	11～13		310	7～12

(4) 孔距 a 与排距 b。孔距 a 是指同排的相邻两炮孔中心线间的距离；排距 b 是指多排孔爆破时，相邻两排炮孔间的距离。两者确定得合理与否，会对爆破效果产生重要的影响。W 和 b 确定后，$a=mW$ 或 $a=mb$。很显然，孔距的大小与孔径有关。根据一些难爆矿岩的爆破经验，保证最优爆破效果的孔网面积 $a\times b$ 是孔径断面积 $\frac{\pi d^2}{4}$ 的函数，两者之比值又是一个常数，其数值为1300～1350。

在露天台阶深孔爆破中，炮孔密集系数 m 是一个很重要的参数。过去传统的看法，m 值应为0.8～1.4。然而近些年来，随着岩石爆破机理的不断完善和实践经验不断丰富，在孔网面积不变的情况下，适当减小底盘抵抗线或排距而增大孔距，可以改善爆破效果。在国内，m 值已增大到4～6或更大；在国外，m 值甚至提高到8以上。实践证明，$m\leqslant 0.6$ 时，爆破效果变差。

(5) 填塞长度 L_t。填塞长度关系到填塞工作量的大小、炸药能量利用率、爆破质量、空气冲击波和个别飞石的危害程度。工程实践中一般取 $L_t=(16\sim32)d$。

(6) 每个炮孔装药量 Q。每孔装药量 Q(kg)按每孔爆破矿岩的体积计算为

$$Q=qaHW_d \quad 或 \quad Q=qmHW_d^2 \tag{4-6}$$

当台阶坡面角 $\alpha<55°$ 时，应将上式中的 W_d 换成 W，以免因装药量过大造成爆堆分散、炸药浪费、产生强烈空气冲击波及飞石过远等危害。

每孔装药量按其所能容纳的药量计算为

$$Q=L_BP=(L-L_t)P \tag{4-7}$$

式中　L_B——炮孔装药长度，m；

L_t——炮孔填塞长度，m；

P——每米炮孔装药量，kg/m。

多排孔逐排爆破时，由于后排受夹制作用，在计算时，通常从第二排起，各排装药量应有所增加。

倾斜深孔每孔装药量为

$$Q=qWaL \tag{4-8}$$

式中，L 为倾斜深孔的长度，不包括超深。

(7) 单位炸药消耗量 q。正确地确定单位炸药消耗量非常重要。q 值的大小不仅影响爆破效果，而且直接关系到生产成本和作业安全。q 值的大小不仅取决于矿岩的可爆性，同时也取决于炸药的威力和爆破技术等因素。实践证明，q 值的大小还受其他爆破参数的影响。由于影响因素较多，至今尚未研究出简便而准确的确定方法。传统的单位炸药消耗量的确定方法是试验加经验，缺点是无法全面考虑各方面的因素。表4-2所列 q 值可作为选择时的参考。

表4-2　露天台阶深孔爆破的 q 值

岩石坚固性系数 f	2～3	4	5～6	8	10	15	20
$q/\mathrm{kg\cdot m^{-3}}$	0.29	0.45.	0.50	0.56	0.62～0.68	0.73	0.79

注：表中所列为2号岩石炸药。

4.1.3　露天深孔爆破装药

进行露天深孔爆破所需炸药量大，一般均在几吨乃至几十吨以上，现场装药工作量相当大。20世纪80年代以来，我国一些大型露天矿山（如本钢南芬露天矿、首钢水厂铁矿等）先后引进了混装炸药车，其中有美国埃列克公司生产的SMS型和3T(即TTT)型车。国内一些厂家与国外

合资也生产了一些型号的混装炸药车。多年的生产实践表明，技术经济效果良好，促进了露天矿爆破工艺的改革，降低了装药的劳动强度，提高了露天矿机械化水平。特别是3T型车（载重15 t），能在车上混制三种炸药，即粒状铵油炸药、重铵油炸药和乳化炸药。一个需装400～500 kg炸药的深孔，只需1～1.5 min即可装完。这种混装炸药车，对我国中小型露天矿尤其适用。使用混装炸药车主要有以下几个优点：

(1) 生产工艺简单，现场使用方便，装药效率高；

(2) 同一台混装炸药车可以生产几种类型的炸药，其密度又可以随意调节，以满足不同矿岩、不同爆破的要求；

(3) 生产安全可靠，炸药性能稳定。不论是地面设施或在混装车内，炸药的各组分均分装在各自的料仓内，且均为非爆炸性材料，进入炮孔内才形成炸药；

(4) 生产成本低；

(5) 大区爆破可以预装炸药；

(6) 由于可以在车上混制炸药，可以大大节省加工厂和库房的占地面积。

4.1.4 露天矿高台阶爆破技术简介

由于深孔钻孔技术的发展和微差挤压爆破技术的应用，国外一些露天矿采用了高台阶挤压爆破的方法。高台阶爆破，就是将约等于目前使用的两个台阶高度（20～30 m）并在一起作为一个台阶进行穿孔爆破工作，爆破后再分成两个台阶依次铲装。这种爆破方法效果好，充分实现了穿爆、采装、运输工序的平行作业，有利于提高设备的效率，能大幅度提高生产能力。当设备的穿孔能力达到要求时，应尽量采用这种方法。

4.2 多排孔微差爆破

多排孔微差爆破一般是指多排孔各排之间以毫秒级微差间隔时间起爆的爆破。与过去普遍使用的单排孔齐发爆破相比，多排孔微差爆破有以下优点：

(1) 提高爆破质量，改善爆破效果，如大块率低、爆堆集中、根底减少、后冲减少；

(2) 可扩大孔网参数，降低炸药单耗，提高每米炮孔崩矿量；

(3) 一次爆破量大，故可减少爆破次数，提高装运工作效率；

(4) 可降低地震效应，减少爆破对边坡和附近建筑物等的危害。

下面就设计施工中的三个问题加以论述。

4.2.1 微差间隔时间的确定

微差间隔时间 Δt 以ms为单位。Δt 值的大小与爆破方法、矿岩性质、孔网参数、起爆方式及爆破条件等因素有关。确定 Δt 值的大小是微差爆破技术的关键，国内外对此进行许多试验研究工作。由于观点不同，提出了多种计算公式和方法。

根据我国鞍山本溪矿区的爆破经验，在采用排间微差爆破时，$\Delta t=25\sim75$ ms为宜。若矿岩坚固，采用松动爆破、孔间微差且自由面暴露充分、孔网参数小时，取较小值，反之，取较大值。

4.2.2 微差爆破的起端方式及起爆程序

爆区多排孔布置时，孔间多呈三角形、方形和矩形。布孔排列虽然比较简单，但利用不同的起爆顺序对这些炮孔进行组合，就可获得多种多样的起爆形式：

(1) 排间顺序起爆（见图4-2）。这是最简单、应用最广泛的一种起爆形式，一般呈三角形布孔。在大区爆破时，由于同排(同段)药量过大、容易造成爆破地震危害。

(2) 横向起爆(见图 4-3)。这种起爆方式没有向外抛掷作用，多用于掘沟爆破和挤压爆破。

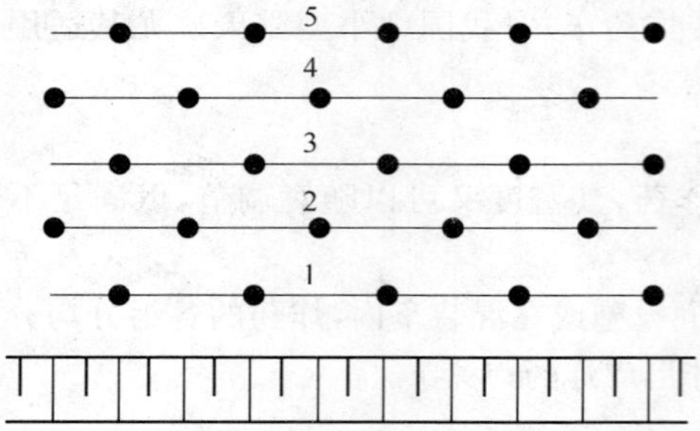

图 4-2　排间顺序起爆

1～5—起爆顺序

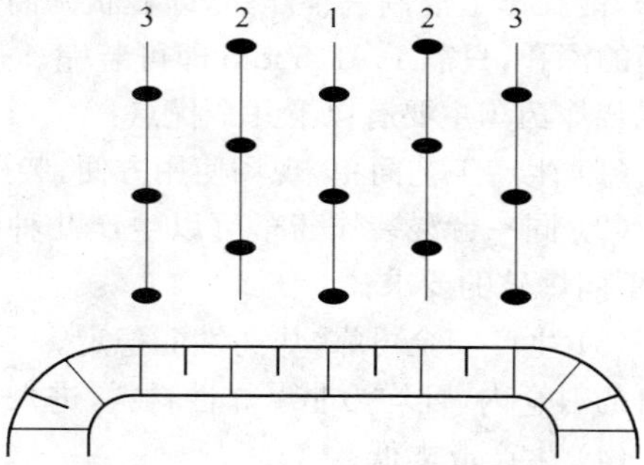

图 4-3　横向起爆

1～3—起爆顺序

(3) 斜线起爆(见图 4-4)。分段炮孔的连线与台阶坡顶线呈斜交的起爆方式称为斜线起爆。图 4-4a 为对角线起爆，常在台阶有双向自由面的条件下采用。利用这种起爆形式时，前段爆破能为后段爆破创造较多的自由面，如图中的连线。图 4-4b 为楔形或 V 形起爆方式，多用于掘沟工作面。图 4-4c 为台阶工作面采用 V 形或梯形起爆方式。

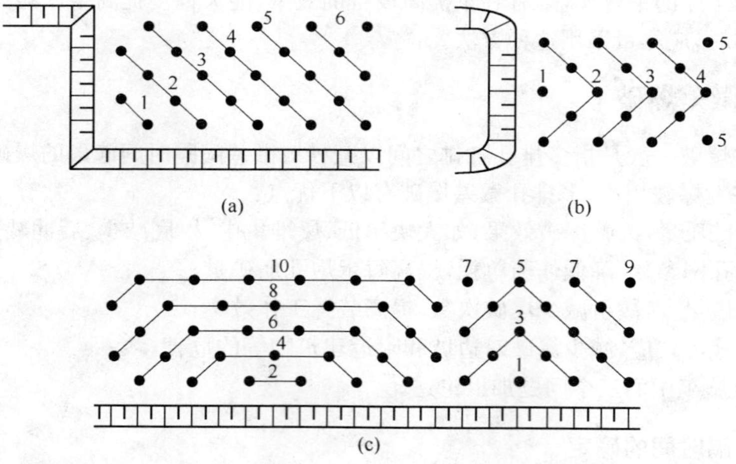

图 4-4　斜线起爆

1～10—起爆顺序

斜线起爆的优点：

1) 可正方形、矩形布孔，便于穿孔、装药、填塞机械的作业；斜线起爆又可加大炮孔的密集系数；

2) 由于分段多，每段药量少且分散，可降低爆破地震的破坏作用，后冲力小，可减轻对岩体的直接破坏；

3) 由于炮孔的密集系数加大，岩块在爆破过程中相互碰撞和挤压的作用大，有利于改善爆破效果，而且爆堆集中，可减少清道工作量，提高采装效率；

4) 起爆网路的变异形式较多，机动灵活，可按各种条件进行变化，能满足各种爆破的要求。

斜线起爆的缺点是：由于分段较多，后排孔爆破时的夹制性较大，崩落线不明显，影响爆破效果；分段网路施工及检查均较繁杂，容易出错；要求微差起爆器材段数较多，起爆材料的消耗量也大。

（4）孔间微差起爆。孔间微差起爆是指同一排孔按奇、偶数分组顺序起爆的方式，如图 4-5 所示。图 4-5a 为波浪形方式，它与排间顺序起爆比较，前段爆破为后段爆破创造了较大的自由面，因而可改善爆破效果。图 4-5b 为阶梯形方式，爆破过程中岩体不仅受到来自多方面的爆破作用，而且作用时间也较长，可大大提高爆破效果。

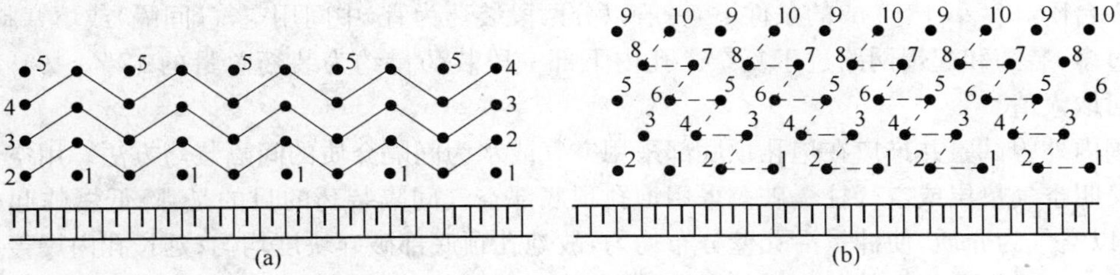

图 4-5　孔间微差起爆

（a）波浪形；（b）阶梯形

1～10—起爆顺序

（5）孔内微差起爆。随着爆破技术的发展，孔内微差爆破技术得到了广泛应用。孔内微差起爆，是指在同一炮孔内进行分段装药，并在各分段装药间实行微差间隔起爆的方法。图 4-6 是孔内微差起爆结构示意图。实践证明，孔内微差起爆具有微差爆破和分段装药的双重优点。孔内微差的起爆网路可以采用非电导爆管网路、导爆索网路，也可以采用电爆网路。就我国当前的技术条件而言，孔内一般分为两段装药。就同一炮孔而言，起爆顺序有上部装药先爆和下部装药先爆两种，即有自上而下孔内微差起爆和自下而上孔内微差起爆两种方式。

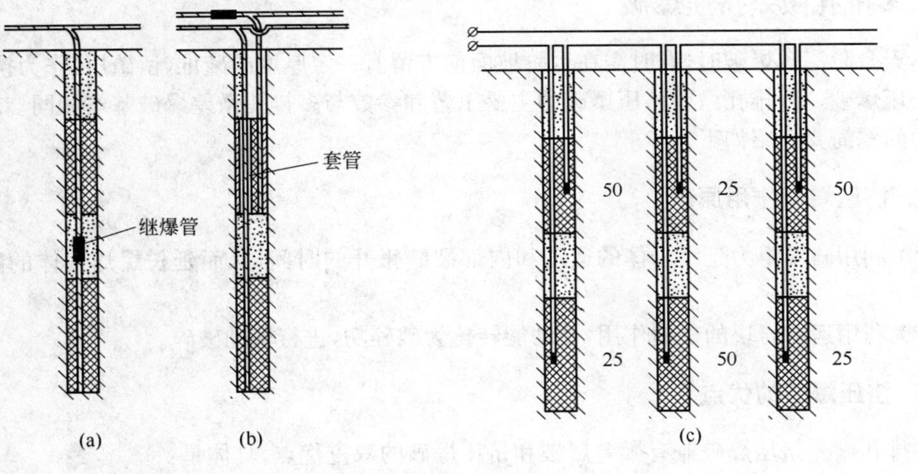

图 4-6　孔内微差起爆结构

（a）导爆索孔内自上而下；（b）导爆索孔内自下而上；（c）电雷管孔内微差

25，50—微差间隔时间，ms

对于相邻两排炮孔来说，孔内微差的起爆顺序有多种排列方式，它不仅在水平面内，而且在垂直面内也有起爆时间间隔，矿岩将受到多次反复的爆破作用，从而可以大大提高爆破效果。

采用普通导爆索自下而上孔内微差起爆时，上部装药必须用套管将导爆索隔开。为了施工方便，在国外，使用低能导爆索。这种导爆索药量小，仅为 0.4 g/m，它只能传播爆轰波，而不能引爆炸药。

4.2.3　分段间隔装药

如上所述，分段间隔装药常常用于孔内微差爆破。为了使炸药不过分地集中于台阶下部，使台阶中部、上部都能在一定程度上受到炸药的直接作用，减少台阶上部大块产出率，分段间隔装药也用于普通的爆破方法。

在台阶高度小于 15 m 的条件下，一般以分两段装药为宜，中间用空气（间隔）或填塞料隔开。分段过多，装药和起爆网路过于复杂。孔内下部一段装药量约为装药总量的 17％～35％，矿岩坚固时取大值。

国内外曾试验并推广在炮孔顶底部采用空气或水为间隔介质的间隔装药方法。用空气为介质时又叫空气垫层或空气柱爆破。采用炮孔顶底部空气间隔装药的目的是：降低爆炸起始压力峰值，以空气为介质，使冲量沿孔壁分布均匀，故炮孔顶底部破碎块度均匀；延长孔内爆轰压力作用时间。由于炮孔顶底部空气柱的存在，爆轰波以冲击波的形式向孔壁、孔顶底部入射，必然引起多次反射，加之紧跟着产生的爆炸气体向空气柱高速膨胀飞射，可延长炮孔顶底部压力作用时间和获得较大的爆破能量，从而加强对炮孔顶底部矿岩的破碎。

炮孔底部以水为介质间隔装药所利用的原理是：水具有各向均匀压缩，即均匀传递爆炸压力的特征。在爆炸初始阶段，充水腔壁和装药腔壁同样受到动载作用而且峰压下降缓慢；到了爆炸的后期爆炸气体膨胀作功时，水中积蓄的能量随之释放，故可加强对矿岩的破碎作用。

另外，以空气或水为介质孔底间隔装药，可提高药柱重心，加强对台阶顶部矿岩的破碎。

不难看出，水间隔和空气间隔作用原理虽然不同，但都能提高爆炸能量的利用率。水间隔还具有破碎硬岩的功能。

4.3　多排孔微差挤压爆破

露天台阶深孔爆破时，有时需在台阶坡面前方留有一定厚度的碴堆（留碴层）作为挤压材料，进行挤压爆破。多排孔微差挤压爆破的主要工艺和参数与多排孔微差爆破基本相同。现将几个特殊的问题简要介绍如下。

4.3.1　挤压爆破作用原理

（1）利用碴堆阻力延缓岩体的运动和内部裂缝张开的时间，从而延长爆炸气体的静压作用时间；

（2）利用运动岩块的碰撞作用，使动能转化为破碎功，进行辅助破碎。

4.3.2　挤压爆破的优点

多排孔微差挤压爆破兼有微差爆破和挤压爆破的双重优点，具体是：

（1）爆堆集中整齐，根底很少；

（2）块度较小，爆破质量好；

（3）个别飞石飞散距离小；

（4）能贮存大量已爆矿岩，有利于均衡生产，尤其对工作线较短的露天矿更有意义。

4.3.3　挤压参数

（1）留碴厚度。由于矿岩的具体条件不同，加之影响的因素较多，目前尚无一个公认的实际计算留碴厚度的公式。根据实践经验，单纯从不埋道的观点出发，在减少炸药单耗的前提下，留碴厚度为2～4 m即可；若同时为减少第一排孔的大块率，则应增大至4～6 m；为全面提高技术经济效果，留碴厚度以10～20 m为宜。理论研究与实践表明，留碴厚度与松散系数、台阶高度、抵抗线、炸药单耗、矿岩坚固性以及波阻抗等因素有关。一般应在现场做实验以确定合理的留碴厚度。

(2) 一次爆破的排数。一次爆破的排数一般以不少于3或4排，不大于7排为宜，排数过多，势必增大炸药单耗，爆破效果变差。

(3) 第一排炮孔的抵抗线。第一排炮孔的抵抗线应适当减小，并相应增大超深值，以装入较多药量。实践证明，由于留碴的存在，第一排炮孔爆破效果的好坏很关键。

(4) 微差间隔时间。挤压爆破的微差间隔时间一般要比自由空间爆破(清碴爆破)的微差间隔时间增加30%～60%。

(5) 各排孔药量递增系数的问题。由于前面留碴的存在，爆炸应力波入射后将有一部分能量被碴堆吸收而损耗，因此必然用增加药量加以弥补。有些矿山采用第一排以后各排炮孔依次递增药量的方法。如果一次爆破4～6排，则最后一排炮孔的药量将增加30%～50%。药量偏高，必将影响爆破的技术经济效果。通常，第一排炮孔对比普通微差爆破可增加药量10%～20%，起到将留碴向前推移，为后排炮孔创造新自由面的作用。中间各排可不必依次增加药量，最后一排可增加药量10%～20%。因为最后一排炮孔爆破必须为下次爆破创造一个自由面，即最后一排炮孔的被爆矿岩必须与岩体脱离，至少应有一个贯穿裂隙面(槽缝)，如图4-7所示。

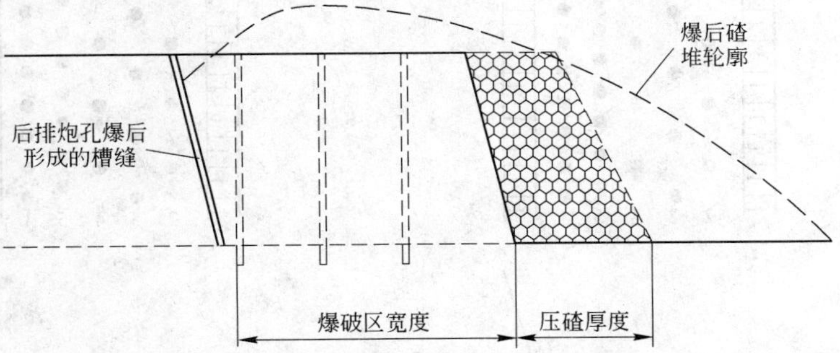

图4-7　露天台阶挤压爆破示意图

目前对微差挤压爆破的机理及其爆破参数的研究尚不充分，有待于进一步完善。从广义上讲，多排孔微差清碴爆破第一排以后的各排炮孔的爆破也是挤压爆破，只是挤压的程度不同而已。

4.4　预裂爆破、光面爆破和缓冲爆破

露天矿开采至最终境界时，爆破工作涉及到保护边坡稳定的问题。预裂爆破就是沿设计开挖轮廓打一排小孔距的平行深孔，减少装药量，采用不耦合装药结构，在开挖区主爆炮孔爆破之前同时起爆，在这一排预裂孔间连线的方向上形成一条平整的预裂缝(宽度可达1～2 cm)。预裂缝形成后，再起爆主爆炮孔和缓冲炮孔，预裂缝能在一定范围内减轻开挖区主爆炮孔爆破时对边坡所产生的震动和破坏作用。预裂爆破也广泛地应用在水利电力、交通运输、旧建筑物基础拆除、船坞码头等工程之中。

4.4.1　预裂爆破参数

(1) 炮孔直径。预裂爆破的炮孔直径大小对于在孔壁上留下预裂孔痕率有较大的影响，而

孔痕率的多少是反映预裂爆破效果的一个重要指标。一般孔径越小，孔痕率就越高。故一些大中型露天矿专门使用潜孔钻机凿预裂炮孔，孔径为 110～150 mm。使用牙轮钻机时，孔径为 250 mm。

(2) 不耦合系数。预裂爆破不耦合系数以 2～5 为宜。在允许的线装药密度的情况下，不耦合系数可随孔距的减小而适当增大。岩石抗压强度大时，应取较小的不耦合系数值。

(3) 线装药系数 Δ。线装药系数是指炮孔装药量对不包括填塞部分的炮孔长度之比，也叫线装药密度，单位是 kg/m。采用合适的线装药系数可以控制爆炸能对岩体的破坏。该值可通过试验方法确定，也可用下列经验公式确定：

$$\Delta = 2.75[\delta_y]^{0.53r^{0.38}}$$

或

$$\Delta = 0.36[\delta_Y]^{0.63a^{0.67}}$$

(4) 孔距。预裂爆破的孔距与孔径有关，一般为孔径的 10～14 倍，岩石坚固时取小值。

(5) 预裂孔孔深。确定预裂孔孔深的原则是不留根底和不破坏台阶底部岩体的完整性。因此，要根据爆破工程的实际情况来选取孔深，即主要根据孔底爆破效果来确定超深值。

(6) 预裂孔排列。预裂孔钻凿方向与台阶坡面倾斜方向一致时叫做平行排列(见图 4-8a)。采用这种排列时平台要宽，以满足钻机钻孔的要求。有时由于受平台宽的限制或只有牙轮钻机，需将预裂孔垂直布置(见图 4-8b)。

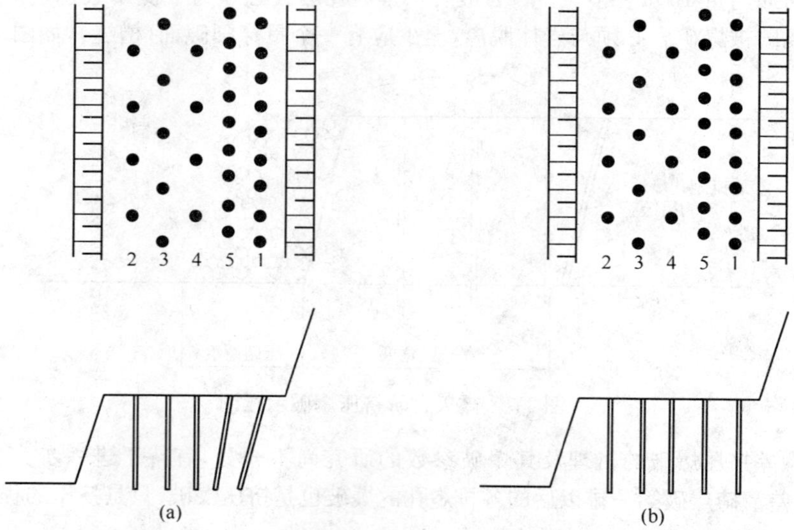

图 4-8　预裂孔排列

(a) 倾斜孔预裂；(b) 垂直孔预裂

1—预裂孔；2～4—主爆炮孔；5—缓冲孔

(1～5 也表示起爆顺序)

(7) 装药结构。预裂爆破要求炸药在炮孔内均匀分布，故通常采用分段间隔不耦合装药。许多矿山的分段间隔不耦合装药采用了用导爆索捆绑的药卷组成药包串的办法，非常适用。由于炮孔底部挟制性较大，易产生要求的裂缝，应将孔底一段装药的密度加大，一般可增大 2～3 倍。

(8) 填塞长度。良好的孔口填塞是保持孔内高压爆炸气体所必需的。填塞过短而装药过高，有造成孔口炸成漏斗状的危险；过长的填塞会使装药重心过低，则难以使顶部形成完整的预裂缝。填塞长度与炮孔直径有关，通常可取炮孔直径的 12～20 倍。

(9) 预裂孔超前主爆炮孔起爆的间隔时间。为了确保降震作用，形成发育完整的预裂缝，必须将预裂孔超前主爆炮孔起爆，超前时间不能少于 100 ms。

4.4.2 爆破效果及其评价

一般根据预裂缝的宽度、新壁面的平整程度、孔痕率以及减震效果等项指标来衡量预裂爆破的效果。具体是：

(1) 岩体在预裂面上形成贯通裂缝。其地表裂缝宽度不应小于 1 cm；

(2) 预裂面保持平整，孔壁不平度小于 1.5 cm；

(3) 孔痕率在硬岩中不少于 80%，在软岩中不少于 50%；

(4) 减震效果应达到设计要求的百分率。

4.4.3 光面爆破及缓冲爆破

光面爆破与预裂爆破比较相似，也是采用在轮廓线处多打眼密集布孔、少装药（不耦合装药）、同时起爆的爆破方式，其目的是在开挖的轮廓线处形成光滑平整的壁面，以减少超挖和欠挖。

缓冲爆破与预裂爆破都叫减震爆破，两者不同的是，预裂爆破于主爆炮孔之前起爆，在主爆与被保护岩体之间预先炸出一条裂缝。缓冲爆破则与主爆炮孔同时起爆（两者之间也有微差间隔时间），以达到减震的目的。

表 4-3 为国内多排孔微差挤压爆破参数表，表 4-4 为国内部分矿山预裂爆破参数表。

表 4-3 多排微差挤压爆破参数表

矿名	矿岩 f	孔径 /mm	台阶高度/m	孔距 /m	底盘抵抗线排距前排/后排/m	邻近系数 前排/后排	超深 /m	炸药单耗 /$kg \cdot m^{-3}$	药量增加前/后 /%	堵塞长度 /m	布孔方式	起爆形式	间隔时间/ms
南芬铁矿	8～12	200	12	4/5.5	6～7/5.5	0.62/1.0	1.5	0.22	10～15	4～5	三角形 矩　形	楔形 斜线	25～50
	8～12	250		4.5/7	6.5～8/6.5	0.62/1.07	1.5	0.205	10～15	5～6			
	8～12	310		5.5/8	7～9/7.5	0.67/1.07	1.5	0.255	10～15	6～7			
	16～20	200		3/5	4.5～5.5/4.5	0.6/1.11	3.0	0.29	10～15	4～5			
	16～20	250		4/5.5	5～6.5/5.5	0.7/1.0	3.0	0.31	10～15	5～6			
	16～20	310		5/6.5	6～7.5/6.5	0.74/1.0	3.0	0.365	10～15	6～7			
水厂铁矿	<8	250	12	8～9	6.5～6.5/5.5	1.36	1.5	(0.42)	20/20	5.5～7.5	正方形 三角形	梯形 排间	50～75
	8～10			7～8	6～6.5/5.5	1.20	1.75	(0.52)	20/20				25～50
	10～12			6.5～7.5	5.5～5/5.5	1.22	2.2	(0.54)	20/20				25～50
	12～14			6～6.5	5/5.5	1.19	2.5	(0.66)	20/20				25

表 4-4 国内部分矿山预裂爆破参数表

类别 矿山名称	岩石类别	坚固性系数 f	钻孔直径 /mm	炸药类型	线装药密度 /$g \cdot m^{-1}$	钻孔间距 /mm
南山铁矿	辉长闪长岩	8～12	150	铵油炸药	1000～1200	160～190
	粗面岩	4～8	150	铵油炸药	700～1000	140～160
	风化闪长岩	2～4	150	铵油炸药	600～800	120～150

续表 4-4

类别 矿山名称	岩石类别	坚固性系数 f	钻孔直径 /mm	炸药类型	线装药密度 /g·m^{-1}	钻孔间距 /mm
南芬铁矿	绿泥长岩	12～14	200	2号岩石	2320	250
	混合岩	10～12	200	2号岩石	2250	250
大孤山铁矿	千山花岗岩	12～16	250	铵油炸药	3500	250
	磁铁矿	14～16	250	铵油炸药	3500	250
	绿泥石	14～16	250	铵油炸药	3500	250
	千枚岩	2～4	250	铵油炸药	2400	250
甘井子石灰石矿	石灰石	6～8	240～250	铵油炸药	3000	250～300
大冶铁矿	闪长岩	10～14	170	2号岩石	1385～1615	170

4.5 露天深孔爆破效果的评价

露天深孔爆破的效果，应当从以下几个方面来加以评价：

(1) 矿岩破碎后的块度应当适合于采装运机械设备工作的要求，要求大块率应低于 5%，以保证提高采装效率；

(2) 爆下岩堆的高度和爆堆宽度应当适应采装机械的回转性能，使穿爆工作与采装工作协调，防止产生铲装死角和降低效率；

(3) 台阶规整，不留根底和伞檐，铁路运输时不埋道，爆破后冲小；

(4) 人员、设备和建筑物的安全不受威胁；

(5) 节省炸药及其他材料，爆破成本低，延米炮孔崩岩量高。

为了达到良好的爆破效果，就应正确选择爆破参数，选用合适的炸药和装药结构；正确确定起爆方法和起爆顺序，并加强施工管理。但在实际生产中，由于矿岩性质和赋存条件不同，以及受设备条件的限制和爆破设计与施工不周全等因素影响，仍有可能出现爆破后冲、根底、大块、伞檐以及爆堆形状不合要求等现象。下面分别讨论这些不良爆破现象产生的原因及处理方法。

4.5.1 爆破后冲现象

爆破后冲现象是指爆破后矿岩在向工作面后方的冲力作用下，产生矿岩向最小抵抗线相反的后方翻起并使后方未爆岩体产生裂隙的现象，如图 4-9 所示。在爆破施工中，后冲是常常遇到的现象，尤其在多排孔齐发爆破时更为多见。后翻的矿岩堆积在台阶上和由于后冲在未爆台阶上造成的裂隙，都会给下一次穿孔工作带来很大的困难。

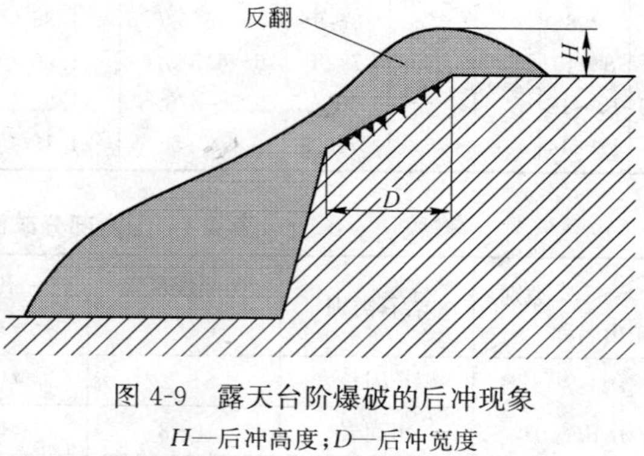

图 4-9 露天台阶爆破的后冲现象
H—后冲高度；D—后冲宽度

产生爆破后冲的主要原因是：多排孔爆破时，前排孔底盘抵抗线过大，装药时充填高度过小或充填质量差，炸药单耗过大，一次爆破的排数过多等。

采取下列措施基本上可避免后冲的产生：

(1) 加强爆破前的清底（又叫拉底）工作，减少第一排孔的根部阻力，使底盘抵抗线不超过台阶高度；

(2) 合理布孔，控制装药结构和后排孔装药高度，保证足够的填塞高度和良好的填塞质量；

(3) 采用微差爆破时，针对不同岩石，选择最优排间微差间隔时间；

(4) 采用倾斜深孔爆破。

4.5.2 爆破根底现象

如图 4-10 所示，根底的产生，不仅使工作面凸凹不平，而且处理根底时会增大炸药消耗量，增加工人的劳动强度。产生根底的主要原因是：底盘抵抗线过大，超深不足，台阶坡面角太小（如仅为 50°～60°或更小），工作线沿岩层倾斜方向推进等。

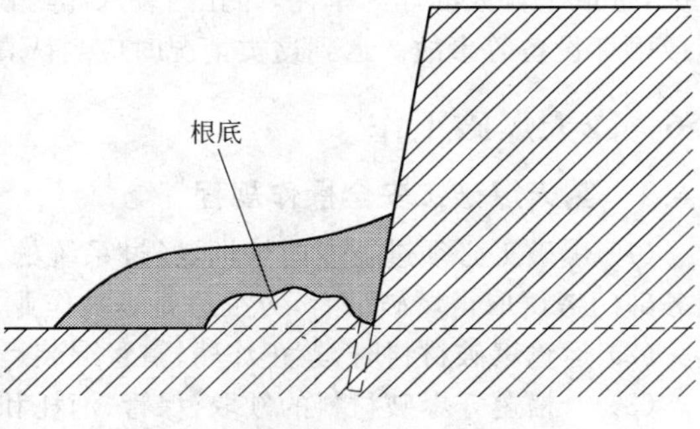

图 4-10 露天台阶爆破的根底现象

为了克服爆后留根底的不良现象，主要可采取以下措施：

(1) 适当增加钻孔的超深值或深孔底部装入威力较高的炸药；

(2) 控制台阶坡面角，使其保持 60°～75°。若边坡角小于 50°～55°时，台阶底部可用浅眼法或药壶法进行拉根底处理，以加大坡面角，减小前排孔底盘抵抗线。

4.5.3 爆破大块及伞檐

大块的增加，使大块率比例增大，二次破碎的用药量增大；也增大了二次破碎的工作量，降低了装运效率。

产生大块的主要原因是，由于炸药在岩体内分布不均匀，炸药集中在台阶底部，爆破后往往使台阶上部矿岩破碎不良，块度较大。尤其是当炮孔穿过不同岩层而上部岩层较坚硬时，更易出现大块或伞檐现象，如图 4-11 所示。

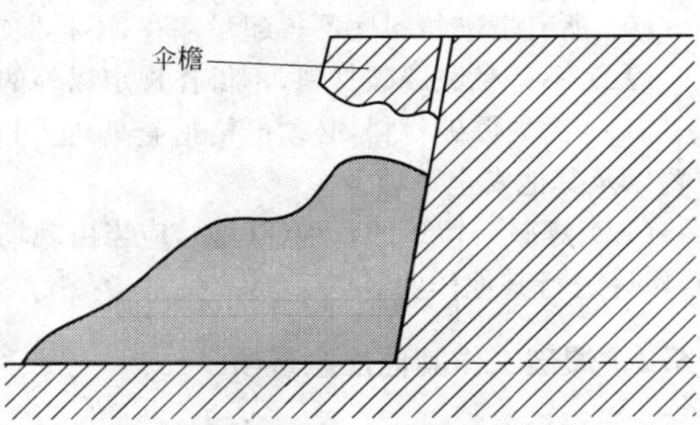

图 4-11 伞檐现象

为了减少大块和防止伞檐，通常采用分段装药的方法，使炸药在炮孔内分布较均匀，充分利用每一分段炸药的能量。这种分段装药的方法，施工、操作都比较复杂，需要分段计算炸药量和充填量。根据台阶高度和岩层赋存情况的不同，通常分为两段或三段装药，每分段的装药中心应位于该分段最小抵抗线水平上。最上部分段的装药不能距孔口太近，以保证有足够的堵塞长度。各分段之间可用砂、碎石等充填，或采用空气间隔装药。各分段均应装有起爆药包，并尽量采用微差间隔起爆。

4.5.4 爆堆形状

爆堆形状是很重要的一个爆破效果指标。在露天深孔爆破时，爆堆高度和宽度对于人员、设备和建筑的安全有重要影响，而且，良好的爆堆形状还能有效提高采装运设备的效率。

爆堆尺寸和形状主要取决于爆破参数、台阶高度、矿岩性质以及起爆方法等因素。

单排孔齐发爆破的正常爆堆高度一般为台阶高度的 0.5～0.55 倍，爆堆宽度为台阶高度的 1.5～1.8 倍。

值得注意的是，当采用多排孔齐发爆破时，由于第二排孔爆破时受第一排孔爆破底板处的阻力，常常出现根底。第二排孔爆破时，因受剧烈的夹制作用，有一部分爆力向上作用面形成爆破漏斗，底板处可能出现“硬墙”。还应注意，某些较脆或节理很发育的岩石，虽然普氏坚固性系数较大，选取了较大的炸药单耗，即孔内装入炸药较多，但因爆破易使爆堆过于分散，甚至会发生埋道或砸坏设备等事故。遇到这类情况时应当认真考虑并选择适当的参数。

4.6 露天爆破工作

4.6.1 露天爆破工安全操作规程

(1) 爆破工必须进行专门培训，经过系统的安全知识学习，熟练掌握爆破器材性能，经有关业务部门考试取得爆破证者，方准进行爆破作业。

(2) 运输爆破材料时，禁止炸药、雷管混装运输。

(3) 严格遵守爆破材料的领取、保管、消耗和运输等项制度。

(4) 爆破前必须抓好岗哨，加强警戒，点燃后立即退到安全地带。

(5) 加工导爆索时，必须用刀切割，禁止用钳子和其他物品切割。

(6) 采区放大炮时，其填塞物必须用沙土，不许用碎石充填。

(7) 无论放大炮、小炮，必须在炮响 5 min 后方准进入爆破现场，如有盲炮时，要及时采取安全措施处理。

(8) 剩余的爆破材料，必须做退库处理，不准私存乱放。

(9) 所有爆破材料库不得超量储存，不得发放、使用变质失效或外部破损的爆破材料。

(10) 不得私藏爆破材料，不得在规定以外的地点存放爆破材料。

(11) 丢失爆破材料，必须严格追查处理。进行爆破作业，必须明确规定警戒区范围和岗哨位置以及其他安全事项。

(12) 爆破后留下的盲炮(瞎炮)，应当由现场作业指挥人员和爆破工组织处理。未妥善处理前，不许进行其他作业。

4.6.2 爆破工作其他注意事项

(1) 领用爆破器材，要持有效证件、爆破器材领用单及规定的运输工具，要仔细核对品种、数量、规格。

(2) 装卸爆破器材要轻拿轻放，严禁抛掷、摩擦、撞击。

(3) 作业前要仔细核对所用爆破器材是否正确，数量是否与设计相符，核对无误后方可作业。

(4) 装卸、运输爆破器材时及作业危险区内，严禁吸烟、动火。

(5) 操作过程中，严禁使用铁器。

(6) 爆破危险区禁止无关人员、机动车辆进入。

(7) 多处爆破作业时,要设专人统一指挥,每个作业点必须两人以上方可作业。

(8) 严禁私自缩短或延长导火索的长度。

(9) 炸药和雷管不得一起装运,不能放在同一地点。

(10) 爆破前,应确认点炮人员的撤离路线和躲炮地点。采场内通风不畅时,禁止留人。

4.6.3 二爆工岗位安全操作规程

(1) 作业前,必须详细检查作业点及上部浮石情况,确认安全后方可作业。

(2) 不准打残眼,打底根部位发现附近有残炮时,要在技术人员指导下并采取有效的安全措施方可作业。

(3) 风水绳要连接可靠,连接前要吹净内部杂物。

(4) 凿岩时,除开门把钎外,机器前面不准站人及通行。

(5) 把钎人员不准戴手套,衣袖要绑紧。

(6) 开动机器时,不准用扳手转动钎杆,不准骑在气腿上作业。

(7) 参加爆破作业时,要遵守爆破工安全操作规程。

4.6.4 二次破碎凿岩工安全操作规程

(1) 凿岩作业前,先用低压风将风管吹干净,以免异物进入机内损坏机器,同时认真检查各连接部件是否牢固,避免机件脱落伤人。

(2) 接通气前,应将操纵阀回复零位。

(3) 凿岩作业前要检查好脚下的大块是否稳固,禁止登上过高的大块堆进行作业。

(4) 凿岩过程中,要注意突发的钎杆折断现象,以防伤人。

(5) 要穿戴好必要的劳动保护用品,不准穿塑料底鞋及拖鞋进行作业。

(6) 严禁雨雪天气进行凿岩作业,防止跌落摔伤。

复习思考题

4-1 简述露天开采爆破的特点。

4-2 简述露天开采爆破炮孔的常用布置方式。

4-3 简述露天开采常用爆破方法。

4-4 简述混装炸药车在露天开采爆破中的作用。

4-5 简述常用提高爆破质量的方法。

4-6 简述临近边坡常用的爆破方法。

4-7 简述挤压爆破原理及特点。

4-8 如何提高爆破效果?

4-9 简述露天开采爆破常见不良现象及避免措施。

5 露天矿采装技术

采装工作是指用装载机械将矿、岩从其实体中或爆堆中挖掘出来，并装入运输容器内或直接倒卸至一定地点的工作。它是露天开采全部生产过程的中心环节。采装工作的好坏，直接影响到矿床的开采强度、露天矿生产能力和最终的经济效果。因此，如何正确选择采装设备，采用良好的采装方法，以提高采装工作效率，对搞好露天矿生产具有极其重要的意义。

采装工作所用的设备包括各种挖掘机和土方工程机械。一些小型露天矿还用装岩机、电耙等设备装载。然而，目前在国内外金属露天矿中，均以使用单斗挖掘机为主，虽然，近几年来前端式装载机和轮斗式挖掘机有了较大的发展，但仍然没有改变单斗挖掘机采装在露天矿的统治地位。

5.1 常用采装设备

挖掘机是露天矿主要的挖掘设备。其种类较多，以电力为动力的挖掘机称为电铲，以柴油为动力的挖掘机称为柴油铲，采用液压传动控制机构运行的称为液压铲。

按照工作装置的支持方法不同，有挠性和刚性之分。挠性支持的有索斗铲、抓斗铲等；刚性支持的有正铲、反铲和刨铲等。

目前，大多数矿山使用的是刚性支持的单斗正向电铲和单斗反向液压铲。

挖掘机是用铲斗挖掘物料，并装入运输车辆或卸至堆料场链斗式挖掘机的土方机械。挖掘的物料主要是土壤、煤、泥沙及经过预松后的岩石和矿石。

露天矿山80%的剥离量和采掘量是用挖掘机械完成的。挖掘机械分为单斗挖掘机和多斗挖掘机两类，单斗挖掘机的作业是周期性的，多斗挖掘机的作业是连续性的。

挖掘机械一般由动力装置、传动装置、行走装置和工作装置等组成。单斗挖掘机和斗轮挖掘机还有转台，多斗挖掘机还有物料输送装置。

动力装置有柴油机、电动机、柴油发电机组或外电源变流机组。柴油机和电动机大多用于中、小型挖掘机械，用一台原动机集中驱动，两者可互换。柴油发电机组和外电源变流机组用于大、中型挖掘机械，用多台电动机分散驱动。

行走装置主要用来支承机器、使机器变换工作位置和转移作业场地；另外，链斗式挖掘机和环轮式挖掘机的铲斗，随着行走装置的连续行走而切削土壤。行走装置有履带式、轮胎式、步行式、轨行式、浮游式和拖挂式等几种。

作业场地固定时用履带式；作业场地多变时用轮胎式；因施工条件特殊而必须架设专用轨道时用轨行式；挖掘水下泥土用浮游式；小型单斗挖掘机的行走装置无动力源时用拖挂式；作业场地固定、机器质量大时用步行式。步行式行走装置大多用于单斗挖掘机中的大、中型拉铲挖掘机和斗轮挖掘机。

5.1.1 单斗挖掘机

现代露天矿生产中，电铲担负着极其繁重的任务。在穿孔爆破、铲装、运输和排土四大环节中，铲装这一主要环节就主要是由电铲完成的。

在生产作业的过程中，电铲的主要动作有：挖掘、回转、卸载、铲斗返回工作面和车体行走等。电铲的机械机构必须能完成以上动作，为此，电铲在结构上大致可分为工作装置、传动机构和控制系统三个部分。

现代矿山的各个生产环节之间需相互协调。运输方面，国内外已广泛使用汽车运输。矿用载重汽车的载重量小则 20 t，大型矿山则在 100 t 以上。因此，目前铲斗容量在 4～10 m^3 的中型电铲在中小型矿山广泛使用，而大型矿山的电铲铲斗容积则更大。

目前，国内露天矿使用较为广泛的是 WK-4 型及 WD-800 型电铲。

5.1.1.1 WK-4 型单斗正向电铲

WK-4 型单斗正向电铲是我国露天矿使用最为广泛的电铲，其结构示意图如图 5-1 所示，外形见图 5-2。电铲下部的履带行走装置负责电铲的行走，其上的回转平台可绕回转轴 360°回转，主要工作机构为电铲前端的动臂、斗柄以及铲斗，负责挖掘及卸载。电铲回转平台上各种设备的布置如图 5-3 所示。司机室位于电铲最前端，方便司机观察铲斗的工作状况。

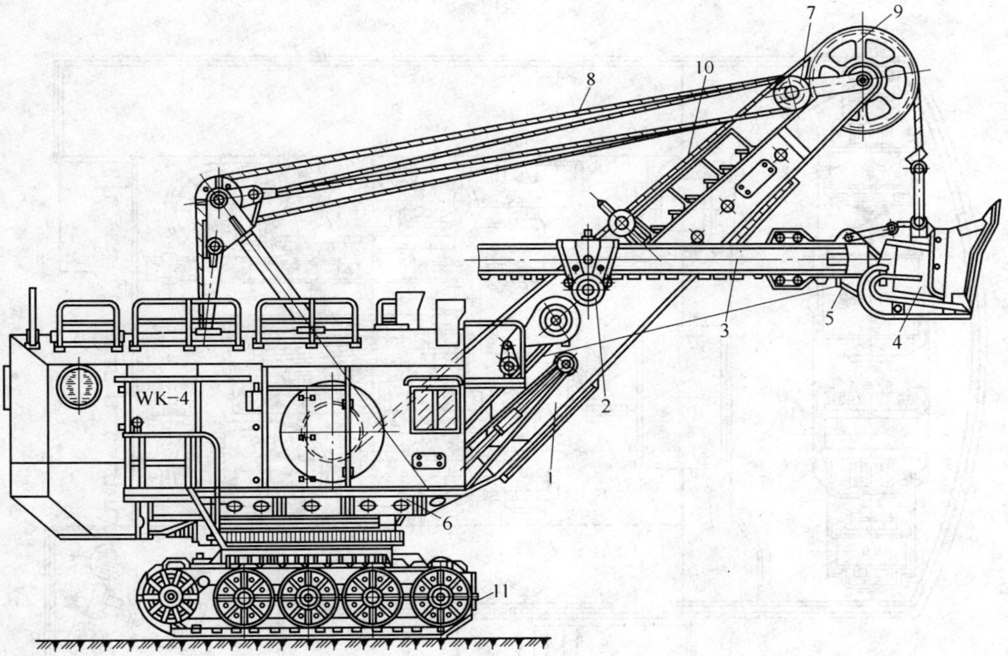

图 5-1 WK-4 型单斗正向电铲示意图

1—动臂；2—推压机构；3—斗柄；4—铲斗；5—开斗机构；6—回转平台；7—绷绳轮；8—绷绳；9—天轮；10—提升钢绳；11—履带行走机构

A 回转、行走机构

WK-4 型单斗正向电铲的回转、行走机构图如图 5-4 所示。行走电动机通过多级齿轮传动驱动轴 11 回转，轴 11 通过牙嵌式离合器分别与左右驱动轮相连。这样，除可完成履带行走装置的前后运动之外，还可以通过断开一侧离合实现机身的转弯。

齿圈 3 与支承架 1 相连，回转平台通过左右两小齿轮及回转轴与行走机构相连。当回转电动机通过齿轮传动驱动小齿轮围绕大齿圈转动时，回转平台即可绕大齿圈中心的回转轴完成 360°回转。

图 5-2　电铲外形图

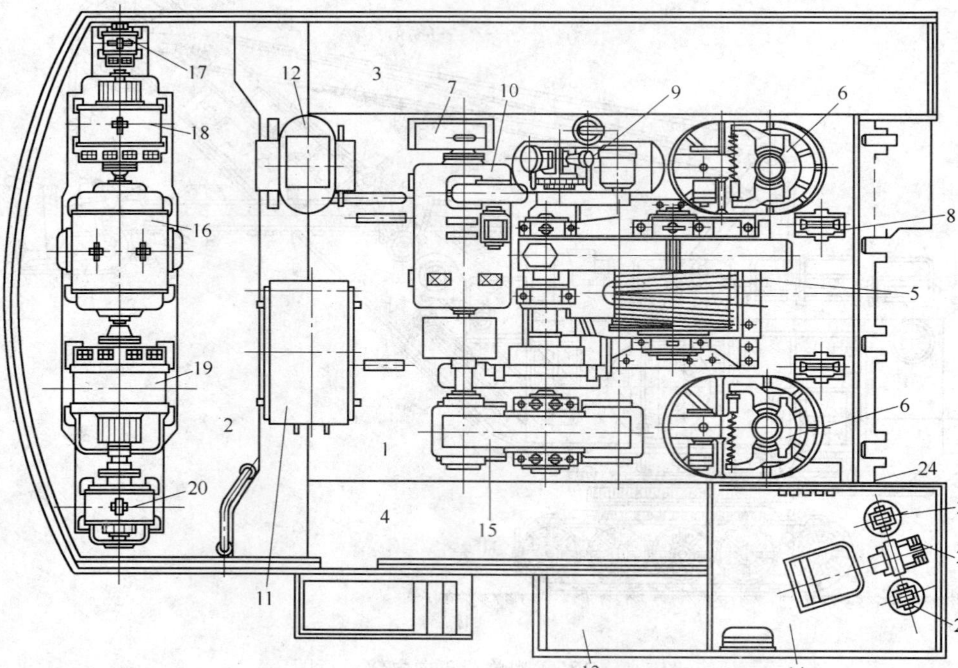

图 5-3　WK-4 型单斗正向电铲平面图

1—回转平台；2—配重箱；3—左行走台；4—右行走台；5—铲斗提升卷筒；6—回转电动机；7—动臂提升卷筒；8—双腿架支座；9—压气机；10—提升电动机；11—高压开关柜；12—主变压器；13—直流配电盘；14—司机室；15—提升变速箱；16—主电动机；17～20—直流发电机；21—提升控制器；22—推压控制器；23—回转、行走控制器；24—开关配电盘

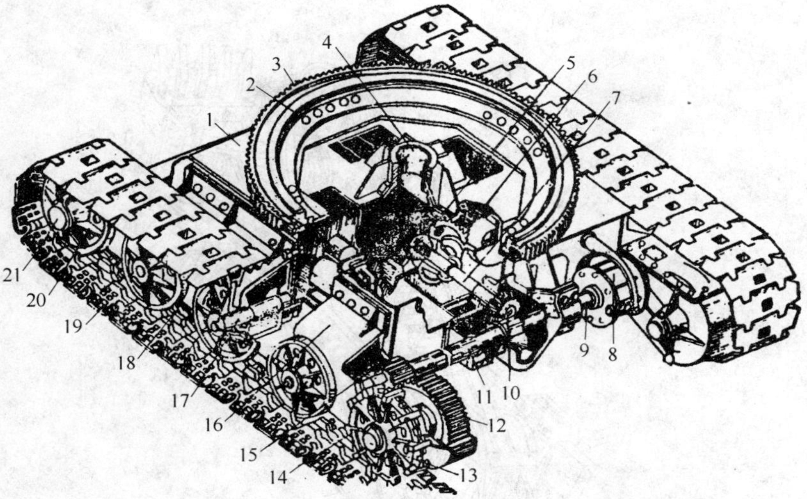

图 5-4 回转、行走机构图

1—支承架；2—滚道；3—齿圈；4—中心轴；5，6，12，15—圆柱齿轮；7，9，11—传动轴；8—牙嵌离合器；10—锥形齿轮；13—驱动轮轴；14—驱动轮；16—履带架；17—支重轮轴；18—支重轮；19—履带板；20—引导轮；21—引导轮轴

B 装载挖掘机构

装载挖掘机构的结构如图 5-5 所示，由动臂、斗柄、铲斗及相应的传动装置组成。当提升电动机转动时，动臂上的绷绳轮 29 被钢绳牵引，使动臂围绕其末端转动，实现动臂角度的调节。

动臂通过推压提升装置与斗柄相连。斗柄前端刚性固定挖掘机铲斗，铲斗后部钢绳绕过动臂前端的天轮连接在铲斗提升卷筒上。当提升电动机驱动铲斗提升卷筒卷绳时，斗柄即绕其后部扶套下转动轴完成提升与放下。

铲斗底板与铲斗后部铰接，可通过钢绳牵引斗底的插销使斗底打开，完成卸载。放下斗柄时，斗柄受重力作用与铲斗合拢，放开钢绳，插销插入，斗底再次与铲斗固定，即可再次挖掘。

C 挖掘提升机构

提升机构传动系统图如图 5-6 所示，提升电动机同时连接动臂提升卷筒与斗柄提升卷筒。正常工作时，断开左侧连接，电动机驱动斗柄升降；特殊情况下（如检修动臂）断开右侧连接，电动机驱动动臂升降。

由于有时要使铲斗的斗齿切入岩堆，WK-4 型单斗正向电铲还设计了推压提升装置，如图 5-7 所示。推压电动机通过两级齿轮减速驱动齿轮 8 转动，斗柄上的齿条 9 即完成前后运动，实现斗柄相对动臂的推压和提升。

铲斗提升装置、推压提升装置均有相应制动装置。此外，WK-4 型单斗正向电铲还设计了过载保护装置，如图 5-8 所示，以免电动机发生过载。

D 挖掘机工作参数

挖掘机的工作范围取决于其工作参数。机械铲的主要工作参数如图 5-9 所示。

挖掘半径（R_W）：挖掘时从机械铲回转中心线至铲齿切割边缘的水平距离。最大挖掘半径（R_{Wm}）是铲杆最大水平伸出时的挖掘半径；站立水平上的挖掘半径（R_{Wf}）是铲斗平放在机械铲站立水平时的最大挖掘半径。

挖掘高度（H_W）：挖掘时机械铲站立水平到铲齿切割边缘的垂直距离。最大挖掘高度（H_{Wm}）是铲杆最大伸出并提到最高位置时的挖掘高度。

图 5-5

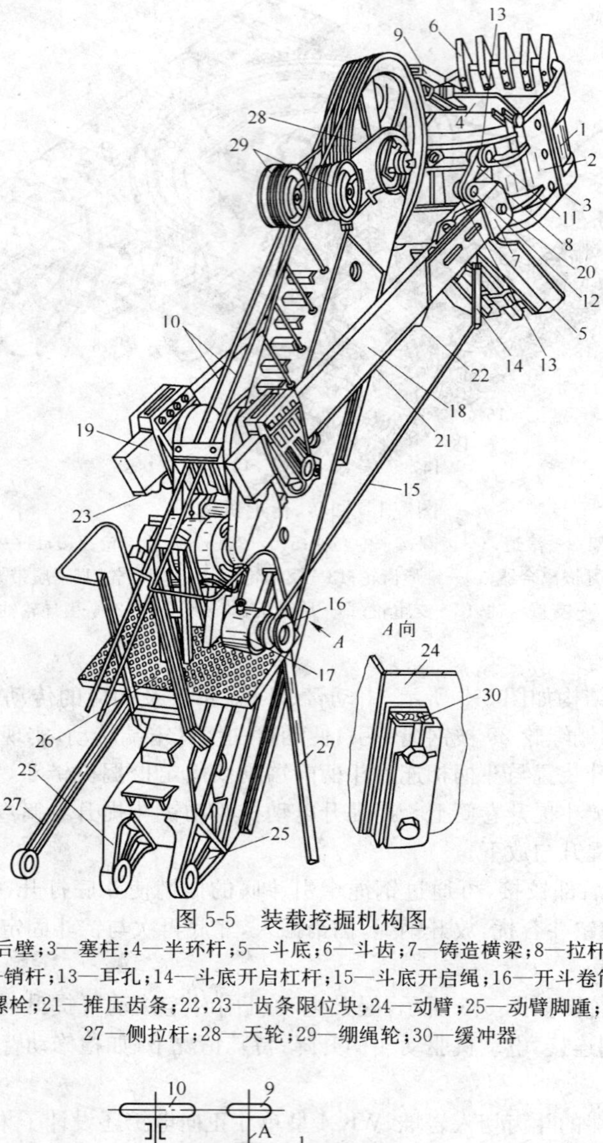

图 5-5　装载挖掘机构图

1—斗前壁；2—斗后壁；3—塞柱；4—半环杆；5—斗底；6—斗齿；7—铸造横梁；8—拉杆；9—斗滑轮夹套；10—提升绳；11，12—销杆；13—耳孔；14—斗底开启杠杆；15—斗底开启绳；16—开斗卷筒；17—开斗电动机；18，19—斗柄；20—螺栓；21—推压齿条；22，23—齿条限位块；24—动臂；25—动臂脚踵；26—动臂中部平台；27—侧拉杆；28—天轮；29—绷绳轮；30—缓冲器

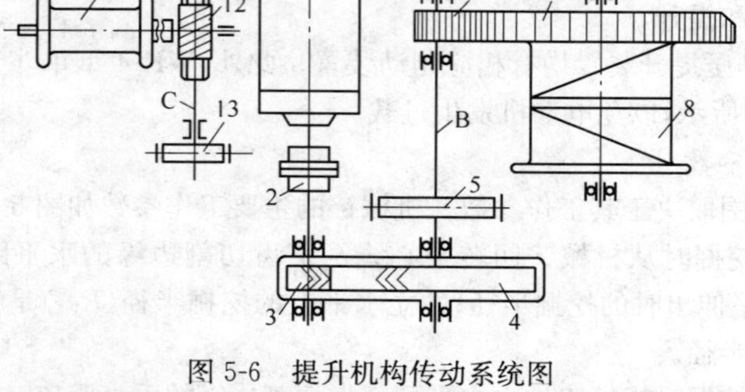

图 5-6　提升机构传动系统图

1—提升电动机；2—联轴器；3，4—人字齿轮；5—铲斗提升制动轮；6，7—正齿轮；8—铲斗提升卷筒；9，10—链轮；11—蜗轮；12—蜗杆；13—动臂提升制动轮；14—动臂提升卷筒；A，B，C—轴

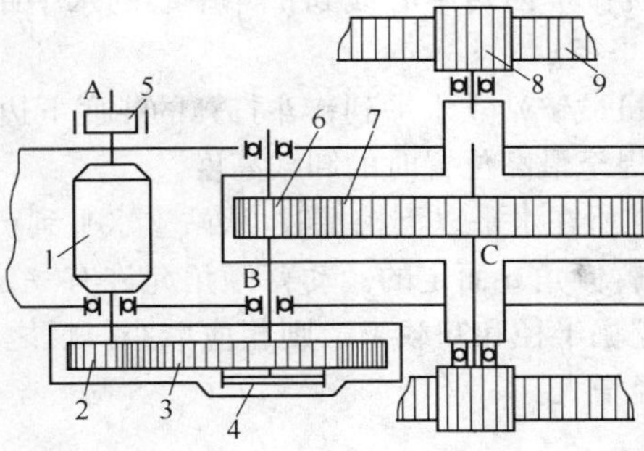

图 5-7 推压机构传动示意图

1—推压电动机；2，3—正齿轮；4—过负荷保险闸；5—推压制动轮；

6～8—正齿轮；9—齿条；A，B，C—轴

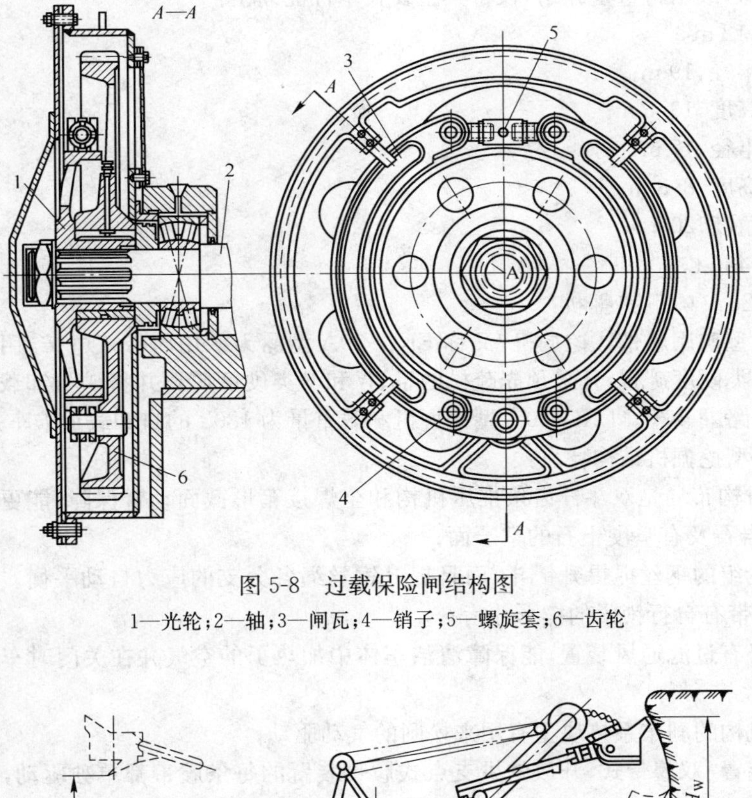

图 5-8 过载保险闸结构图

1—光轮；2—轴；3—闸瓦；4—销子；5—螺旋套；6—齿轮

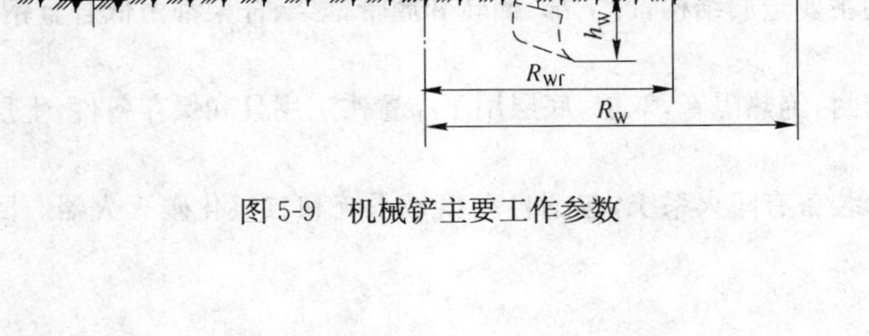

图 5-9 机械铲主要工作参数

卸载半径(R_X):卸载时从机械铲回转中心线到铲斗中心的水平距离。最大卸载半径(R_{Xm})是铲杆最大水平伸出时的卸载半径。

卸载高度(H_X):卸载时从机械铲站立水平到铲斗打开的斗底下边缘的垂直距离。最大卸载高度(H_{XM})是铲杆最大伸出并提至最高位置时的卸载高度。

下挖深度(h_W):在向机械铲所在水平以下挖掘时,从站立水平到铲齿切割边缘的垂直距离。

机械铲的工作参数是依动臂倾角 a 而定的。动臂倾角允许有一定的改变,较陡的动臂可使挖掘高度和卸载高度加大,但挖掘半径和卸载半径则相应减小。反之,动臂较缓时,则挖掘和卸载高度减小,而挖掘和卸载半径增大。

5.1.1.2 其他挖掘机简介

A WD1200 型单斗挖掘机

WD1200 型单斗挖掘机为抚顺挖掘机厂生产的中型单斗正向挖掘机,其结构与 WK-4 型单斗正向电铲相似,故不再重复介绍,仅将其主要技术性能列出:

铲斗容量,12 m^3;

最大挖掘半径,19 m;

最大挖掘高度,13.5 m;

最大卸载半径,17 m;

最大卸载高度,8.3 m;

最大爬坡角度,20°;

工作质量,465 t。

B EKG-20A 矿用挖掘机

EKG-20A 型矿用履带式挖掘机,又称 EKG-20A 型露天矿用履带式电铲,用于开采无需预先疏松的Ⅰ、Ⅱ类硬度矿石,开采预先疏松的Ⅲ、Ⅳ和Ⅴ类硬度矿石并将矿石卸载到堆放场或运输工具,包括铁路翻斗车。EKG-20A 型挖掘机和载重量为 180 t 的自卸载重卡车是最佳的组合。

EKG-20A 型挖掘机结构特点:

(1) 工作机构布局是双斗杆齿条推压机构和全焊接箱形截面动臂保障,能更好地处理大块和没有爆破好岩石及有坚硬土石的掌子面;

(2) 无滑轮组的钢丝绳提升铲斗,而且提升钢丝绳各分支的应力自动平衡。双层后壁的铸焊结构的铲斗,带有自行锁紧的楔形斗齿;

(3) 挖掘机有过滤通风装置,能保障清洁车体中加热了的空气并在关门时车内创造高些的大气压;

(4) 主要机构的刹车系垫块型有用来松闸的气动驱动;

(5) 行驶装置-双履带式,开放的少支点式履带装置的每条履带都单独驱动,便于检查和维修。主动轮(星轮)抬起且去掉了支承力的作用。行驶装置配备有容量不低于 250 m 的供电电缆滚筒。借助位于摇杆轴线上的液压缸实现轨链的张紧。行驶电动机采用强制通风。驱动轮上的凸爪块是可更换的;

(6) 挖掘机的主要金属结构,即下部、回转和履带框架、杆架都由低合金钢制造,动臂和斗杆由高合金钢制造;

(7) 驾驶室密封,绝热隔音,双层,底层用于布置钳工用具和保存备件,上层由工作间和休息间构成;

(8) 回转平台装备有防火系统,包括自动信号系统和二氧化碳灭火器。回转装置包括紧固在底架上的中间轴颈、整体的齿环和滚柱圈，滚柱环的支架在中间轴颈上对准，滚柱圈有在悬臂轴上旋转的一些锥形单边滚柱；

(9) 挖掘机的主要机构具有单独可调节按可控硅变流器-电动机(可控硅变流器-电动机)系统的直流电驱动，电动机用半导体励磁；

(10) 主要机构的驱动控制由两个手动无接触的单配位和双配位主令控制器(单配位用于推压-行程，双配位用于回转和提升-行程)。

EKG-20A 型挖掘机的主要技术性能：

铲斗容量，20 m^3；

最大挖掘半径，23.4 m；

最大挖掘高度，17 m；

最大卸载半径，20.9 m；

最大卸载高度，11.5 m；

最大爬坡角度，12°；

供电电压，6000 V；

工作质量，1075 t。

C WK-20 电铲

WK-20 电铲，是太原重工最新研制的大型矿山采装设备。它汇集了 4 m^3、8 m^3、10 m^3 挖掘机的成功经验，同时采用了多项国内外新技术、新工艺，可适用于 2000 万 t 级的大型露天矿的剥离和采装作业。配套设备有 170～190 t 矿用汽车。WK-20 电铲外形见图 5-10，主要性能参数见表 5-1。

图 5-10 WK-20 电铲外形图

表 5-1 WK-20 电铲的主要性能参数

标准斗容	20 m^3	主电动机功率	2×560 kW/690 VAC
斗容范围	16～34 m^3	最大挖掘半径	21.20 m
提升速度	0.96 m/s	最大挖掘高度	14.40 m
推压速度	0.47 m/s	最大卸载半径	18.70 m
行走速度	1.08 km/h	最大卸载高度	9.10 m
最大提升力	2028 kN	挖掘深度	5.51 m
最大推压力	1120 kN	工作质量	731 t
最大爬坡角度	13°	理论生产率	2400 m^3/h

5.1.2　液压挖掘机

单斗液压挖掘机(外形见图 5-11)是在机械传动式正铲挖掘机的基础上发展起来的高效率装载设备。它们都由工作机构、回转机构和运行机构三大部分组成,而且工作过程也基本相同。两者的主要区别在于动力装置和工作装置上的不同。液压挖掘机在动力装置与工作装置之间采用了容积式液压传动,直接控制各机构的运动,进行挖掘动作。

图 5-11　液压挖掘机外形图

同机械式挖掘机相比,液压挖掘机的特点是:结构紧凑、质量轻,能在较大的范围内实现无级调速,传动平稳,操作简单,易于实现标准化、系列化和通用化。液压挖掘机是一种性能和结构比较先进的挖掘机,中小型机械式挖掘机正在逐步被液压挖掘机所取代,随着液压技术的发展,大中型液压挖掘机也正在迅速地发展起来。

液压挖掘机根据其液压系统的不同,可分为全液压传动和非全液压传动两种;根据挖掘机工作装置的结构,又可分为铰接式和伸缩臂式两种;根据其行走装置结构的不同,又可分为履带式、轮胎式、汽车式和悬挂式等;根据其铲斗方向的不同,又有正铲和反铲之分。目前使用最为广泛的是全液压传动铰接式履带行走单斗反向液压铲。

5.1.2.1　液压挖掘机的组成和工作原理

图 5-12 为 WY-100 型液压反铲挖掘机的结构示意图。可以看出,与电铲基本相同,液压挖掘机的结构也是由履带行走装置 1、上部回转装置 2 与前部工作装置组成。其前两部分与电铲几乎完全相同,其不同就在于液压铲的工作装置是由若干油缸控制关节状动臂的运动实现工作的。图 5-13 为液压反铲工作示意图,图 5-14 为液压正铲工作示意图。为扩大使用范围,也可将正铲和反铲互相改装使用。

5.1.2.2　WY-100 型单斗反向液压铲

WY-100 型单斗反向液压铲是我国使用较多的液压铲,如图 5-12 所示。其工作机构由下动臂 3 及其控制油缸 4、上动臂 5 及其调整油缸 11、斗柄 8 及斗柄油缸 6 以及铲斗 10 和转斗油缸 7 组成。通过控制液压控制阀，可使各构件在相应油缸的驱动下，产生所需的各种运动状态。图 5-13～图 5-16 分别为用单斗反向液压铲挖沟、液压正铲挖沟、平整边坡以及挖掘巷道示意图。

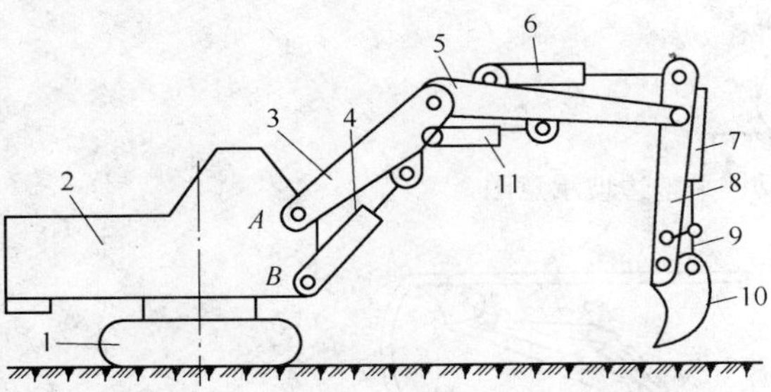

图 5-12　WY-100 型液压反铲挖掘机示意图

1—履带装置；2—上部回转装置；3—下动臂；4—控制油缸；5—上动臂；6—斗柄油缸；7—转斗油缸；8—斗柄；9—连杆；10—反铲斗；11—调整油缸

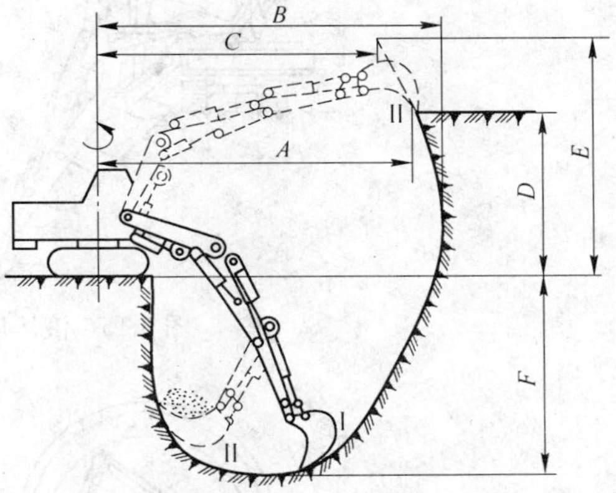

图 5-13　液压反铲挖沟示意图

A—标准挖掘高度的工作半径；*B*—最大挖掘半径；*C*—最大挖掘高度的工作半径；*D*—标准最大挖掘高度；*E*—最大挖掘高度；*F*—最大挖掘深度

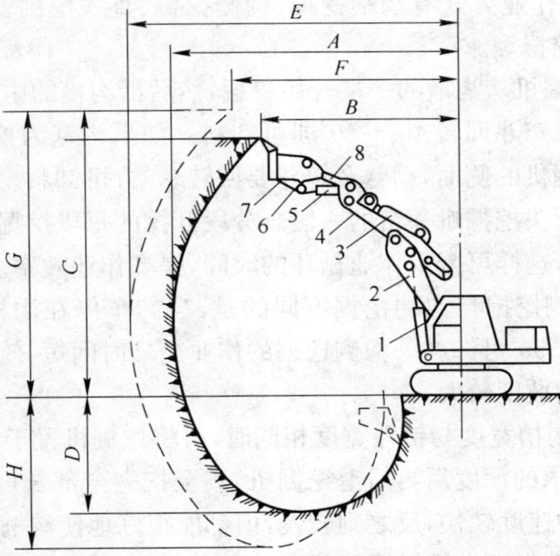

图 5-14　液压正铲挖沟示意图

1—动臂油缸；2—下动臂；3—斗柄油缸；4—上动臂；5—铲斗油缸；6—斗门；7—铲斗；8—斗柄；*A*—最大挖掘半径；*B*—最大挖掘高度时的工作半径；*C*—最大挖掘高度；*D*—在停机面以下作业时的挖掘深度；*E*～*H*—动臂长度增大时的工作尺寸

反铲挖掘机每一作业循环包括挖掘、回转、卸料和返回四个过程。挖掘时先将铲斗向前伸出，动臂带着铲斗落在工作面上，然后，铲斗向着挖掘机方向拉转，铲斗在工作面上挖出一条弧形挖掘带并装满土壤。随后将铲斗连同动臂一起升起，上部转台带动铲斗及动臂回转到卸土处。将铲斗向前推出，使斗口朝下进行卸土。卸土后将动臂及铲斗回转并下放至工作面，准备下一循环的挖掘作业。

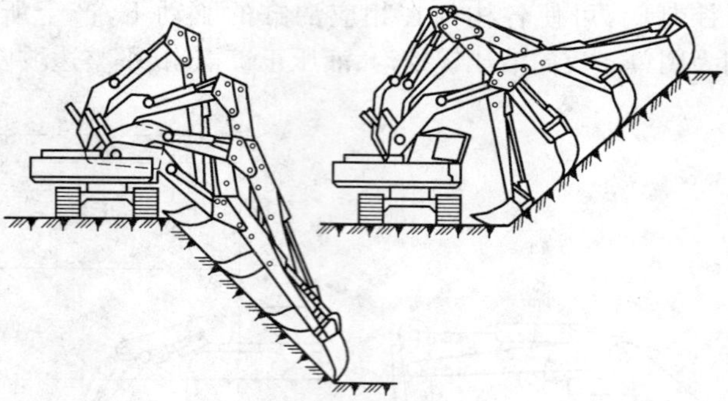

图 5-15　液压反铲平整边坡示意图

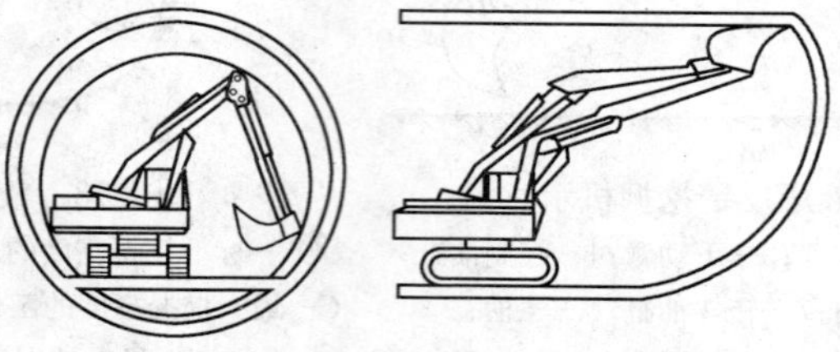

图 5-16　液压反铲挖掘巷道示意图

反铲挖掘机的基本作业方式有沟端挖掘、沟侧挖掘、直线挖掘、曲线挖掘、保持一定角度挖掘、超深沟挖掘和沟坡挖掘等。

(1) 沟端挖掘。挖掘机从沟槽的一端开始挖掘，然后沿沟槽的中心线倒退挖掘，自卸车停在沟槽一侧，挖掘机动臂及铲斗回转 40°～45°即可卸料。如果沟宽为挖掘机最大回转半径的 2 倍时，自卸车只能停在挖掘机的侧面，动臂及铲斗要回转 90°方可卸料。若挖掘的沟槽较宽，可分段挖掘，待挖掘到尽头时调头挖掘毗邻帮的一段。分段开挖的每段挖掘宽度不宜过大，以自卸车能在沟槽一侧行驶为原则，这样可减少作业循环的时间，提高作业效率。

(2) 沟侧挖掘。沟侧挖掘与沟端挖掘不同的是，自卸车停在沟槽端部，挖掘机停在沟槽一侧，动臂及铲斗回转小于 90°可卸料。沟侧挖掘的作业循环时间短、效率高，但挖掘机始终沿沟侧行驶，因此挖掘过的沟边坡度较大。

(3) 直线挖掘。当沟槽宽度与铲斗宽度相同时，可将挖掘机置于沟槽的中心线上，从正面进行直线挖掘。挖到所要求的深度后再后退挖掘机，直至挖完全部长度。利用这种挖掘方法挖掘浅沟槽时，挖掘机移动的速度较快，反之则较慢，但都能很好地使沟槽底部挖得符合要求。

(4) 曲线挖掘。挖掘曲线沟槽时可用短的直线挖掘相继连接而成。为使沟廓有圆滑的曲线，需要将挖掘机中心线稍微向外偏斜，同时挖掘机缓慢地向后移动。

(5) 保持一定角度的挖掘。保持一定角度的挖掘方法通常用于铺设管道的沟槽挖掘，多数情况下挖掘机与直线沟槽保持一定的角度，而曲线部分很小。

(6) 超深沟挖掘。当需要挖掘面积很大、深度也很大的沟槽时，可采用分层挖掘方法或正、反铲双机联合作业。

(7) 沟坡挖掘。挖掘沟坡时将挖掘机置于沟槽一侧，最好用可调的加长斗杆进行挖掘，这样可以使挖出的沟坡不需要作任何修整。

由以上图中可以看出，液压铲的各项工作尺寸取决于各液压缸的状态，故操作时只需根据需要调整各液压缸的状态即可。

5.1.3 前端式装载机

5.1.3.1 挖掘装载机分类

挖掘装载机俗称“两头忙”，同时具备装载、挖掘两种功能。挖掘装载机分类如下：

(1) 从结构上来分，挖掘装载机有两种形式：一种是带侧移架，另一种不带侧移架。前者的最大特点是挖掘工作装置可以侧移，便于在特殊场地作业，它在运输状态时重心较低，有利于装载和运输。缺点是：由于结构上的限制，支腿多为直腿，支撑点在车轮边缘以内，两支撑点距离较小，挖掘时整机稳定性差(特别是挖掘工作装置侧移到一侧时)。这种形式的挖掘装载机功能重点在装载方面，在欧洲生产得较多；后者的挖掘工作装置不能侧移，整个挖掘工作装置可通过回转支承绕车架后部中心作180°回转，支腿为蛙腿式支撑，支撑点可伸到车轮外侧偏后，挖掘时稳定性好，有利于挖掘能力的提高。由于没有侧移架，整机造价相应降低。缺点是收斗时铲斗悬挂在车后部，外型尺寸长，机车处于运输和装载状态时，稳定性差，对装载和运输有一定影响，此种机型功能重点在挖掘方面，以美国生产居多。

(2) 从动力分配上来分，挖掘装载机有两轮(后轮)驱动和四轮(全轮)驱动两种形式。前者不能完全利用附着质量，使机车与地面的附着力以及牵引力比后者下降，但造价比后者低得多。

(3) 从底盘上来分，小型多功能工程机械常用的三种底盘中，微型挖掘机的动力大多在20 kW以下，整机质量1000～3000 kg，采用履带行走机构，行走速度不足5 km/h，多用于农场、园林等小规模的土方作业。由于其机型偏小，造价较高，目前在国内尚难以普及；挖掘装载机的动力多在30～60 kW，机重较大，质量约在5000～8000 kg之间，挖掘能力较强，多采用轮式行走机构，全轮驱动，利用转向驱动桥或铰接转向，车速较高，达20 km/h以上，国外大量用于农场、基建、道路维修等工程的土石方作业和大型施工现场的辅助性作业。该机型外形较大，灵活性较差，一般难以适应狭小场地的作业。

5.1.3.2 前端式装载机简介

以铲斗在装载机前端进行铲装和向前卸载的装载机，称为前端式装载机，其外形见图5-17。井下矿山用的是一种低车身、铰接转向、轮胎行走的前端装载机。

图 5-17 前端式装载机外形图

近年来，由于液力变矩器和铰接转向等新技术的应用，使前端式装载机得到迅速发展且日益趋向于大型化。国外已经生产了功率为 295～934 kW、斗容为 7.6～23 m^3 的露天矿用前端式装载机。井下用的铲运机斗容亦达到 9～10 m^3，最大功率达 220 kW。

通常情况下，在露天矿山，前端式装载机是一种重要的辅助设备，用以清理岩堆，从工作面搬移大块矿岩，建筑和搬运重型机器部件及材料等。在一定的条件下，如开采相距不远而又分散的矿体或多品种矿石分采的矿山，以及在中小型露天矿山，前端式装载机可代替挖掘机作为主要的生产设备。在无轨作业的井下矿山，井下铲运机适用于阶段崩落法、分段崩落法、空场法、房柱法等采矿方法的回采出矿和巷道出碴。在中、短距离运输条件下(小于 200 m)，可单人单机独立进行装运卸作业。在长距离运输条件下(大于 200 m)，可作为装载设备，配合井下自行汽车进行工作。

前端式装载机一般多采用柴油机作动力，在井下也有采用电作为动力的。前端式装载机多数采用液压-机械传动方式，也有采用静液传动方式和柴油-电力传动方式。前端式装载机是一种灵活机动、生产费用低的高效能装载设备。

图 5-18 为我国生产的 ZL 型地面用前端式装载机，它主要由柴油发动机 1、液力变矩器 2、变速箱 3、驾驶室 4、车架 5、前后桥 6、转向铰接装置 7、车轮 8 和工作机构 9 等部件组成。

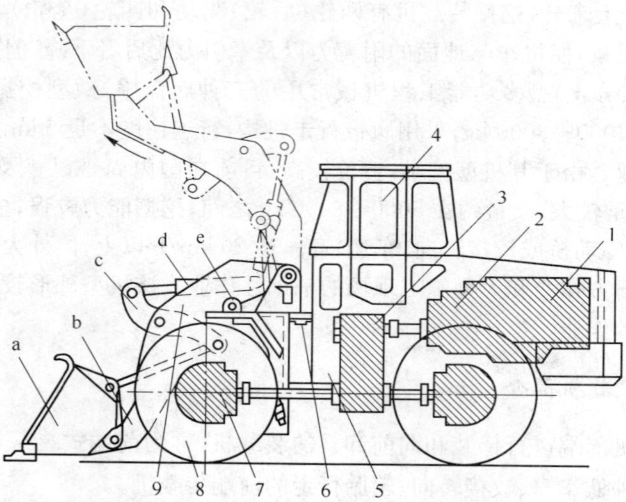

图 5-18 前端式装载机示意图

1—发动机；2—变矩器；3—变速箱；4—驾驶室；5—车架；6—前后桥；
7—转向铰接装置；8—车轮；9—工作机构；a—铲斗；b—动臂；
c—举升油缸；d—转斗油缸；e—转斗摇臂

(1) 铲斗。前端式装载机的铲斗除作装卸工作外，运输时还兼作车厢，所以容积较大。我国的 ZL 系列前端式装载机铲斗容积有 1 m^3、2 m^3、3 m^3 和 5 m^3 等数种。铲斗由钢板焊成，斗底和斗唇采用耐磨合金钢。斗唇有带齿的和不带齿的两种，前者适于装载大块坚硬的矿岩；后者适于装载比重较轻的物料，如卵石、煤炭等。铲斗的几何尺寸应有一定比例关系，铲斗的宽度应比两轮之间的外宽大 50～100 mm，以便清道和保护轮胎。

(2) 动臂。动臂是铲斗的支承和升降机构，一般有左右两个(小型装载机可设一个)。动臂的一端铰接在车架上，另一端铰接在铲斗上。动臂多做成曲线形状，使铲斗尽量靠近前轴，降低倾覆力矩。动臂断面形状有单板、工字形、双板和箱形四种。箱形断面的动臂受力情况较好，多用于大、中型前端式装载机上。

(3) 举升油缸和转斗油缸。举升油缸的动作是使动臂连同铲斗实现升降以满足铲装和卸载的要求。举升油缸活塞杆铰接于动臂上，另一端油缸则铰接于机架上。一般是一个动臂配置一个举升油缸。

转斗油缸的作用是使铲斗绕其与动臂的铰接点上下翻转，以满足铲装和卸料的要求。转斗油缸一般配置 1 个或 2 个。

(4) 转斗杆件。转斗杆件连接于转斗油缸与铲斗之间，其作用是将转斗油缸的动力传给铲斗。转斗杆件有连杆、摇臂等，其数量依配置方式而定。常用的转斗杆件的配置方式有反转连杆式、平行四边形式。

反转连杆式配置见图 5-18，其转斗油缸一端铰接于车架上，另一端铰接于摇臂上。摇臂的另一端经连杆铰接于铲斗。摇臂的中间回转点铰接于动臂上。转斗油缸活塞杆伸出时铲斗铲取矿岩，活塞收缩时卸载。在相同的油缸直径和油压条件下，活塞伸出时铲取矿岩比活塞杆收缩时铲取矿岩的配置方式能使铲斗获得较大的铲取力，因此应用较多。但是，反转连杆式配置杆件数较多，如果配置不当会使铲斗在举升过程中产生前后摆动而撒落矿岩。

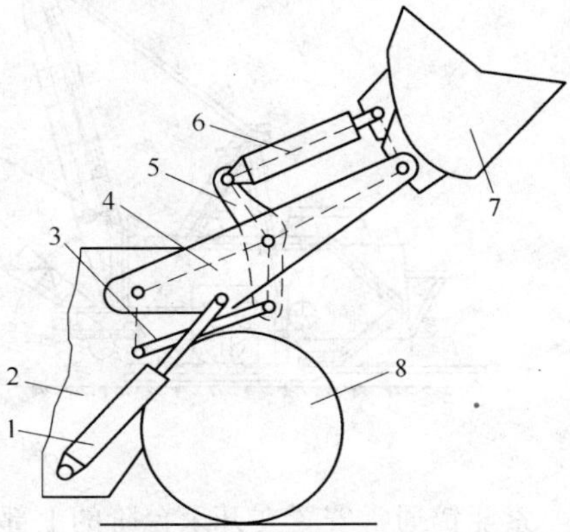

图 5-19 转斗运行配置

1—举升油缸；2—前车架；3—连杆；4—动臂；5—摇臂；6—转斗油缸；7—铲斗；8—车轮

平行四边形配置的转斗杆件(见图 5-19)，在动臂举升的过程中，铲斗上口始终保持水平位置而不发生摆动，铲斗中的矿岩不致因举升而撒落，从而有利于提高装载效率。

(5) 行走机构。前端式装载机大部分采用轮胎行走机构，只有少数采用履带式行走机构。

轮胎式行走机构包括：车架、发动机、液力变矩器、驱动桥、行走轮、转向装置和制动装置等。

5.1.4 其他采装设备

5.1.4.1 索斗铲

索斗铲(见图 5-20、图 5-21)在露天矿主要用于土方工程和剥离工作。索斗铲的工作装置与机械铲完全不同，它的铲斗是由一条提升钢绳吊挂在悬臂上，由牵引钢绳和提升钢绳相配合控制其铲装和卸载。挖掘时，使提升和牵引钢绳松开，用抛掷的方法将铲斗降到工作面上，然后紧拉

图 5-20 索斗铲外形图

牵引钢绳,铲斗沿工作面向机身方向移动,铲取岩石,再紧拉提升钢绳,将装满货载的铲斗向悬架顶部提起。卸载时,松开牵引钢绳和卸载钢绳,使铲斗重心移动,铲斗向前倾翻而卸载。

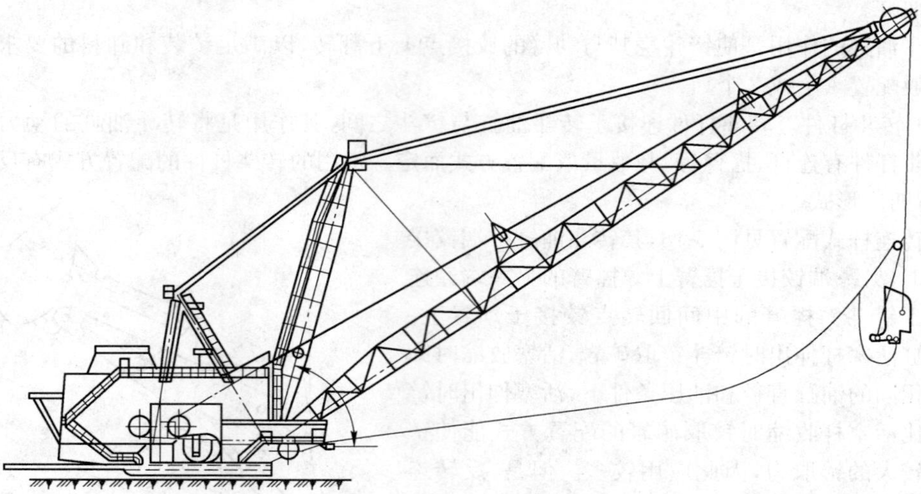

图 5-21　大型剥离索斗铲

索斗铲通常安置在开采台阶的上部平盘上,挖掘它站立水平以下的矿岩。大型剥离索斗铲也能挖掘它站立水平以上的岩石。大型索斗铲具有很大的工作参数和铲斗容积,它在矿山广泛地用于开采水平矿体时向采空区排弃废石的剥离工作。美国俄亥俄州的曼其奈露天矿使用4250-W 型索斗铲,其斗容量达 168 m^3,年挖掘能力为 3400 万 m^3,为世界上投入使用的最大索斗铲。据称,美国有一台斗容量为 230 m^3 的索斗铲投入生产。但一般常用的索斗铲斗容均在 15 m^3 左右。这类大型设备最初应用在煤矿为多,当前已逐步地由煤矿扩大到金属矿,由软岩扩大到较硬岩石的剥离。

中小型索斗铲也可用于装载工作,但它与装载机械铲相比,不适于采装致密和爆破不良的岩石,工作循环时间长,向运输车辆或受矿漏斗中卸载时对车能力差,生产能力比较低。然而,索斗铲具有深挖的特性,并且由于它大多采用步行式行走机构,其对地单位压力较低,故可用于软质岩石、沼泽泥土、含水砂砾岩石的开采和排土场的捣卸,也可用于窄工作面的掘沟、挖水窝、回收露天矿柱等工作。

索斗铲的主要工作参数如图 5-22 所示。

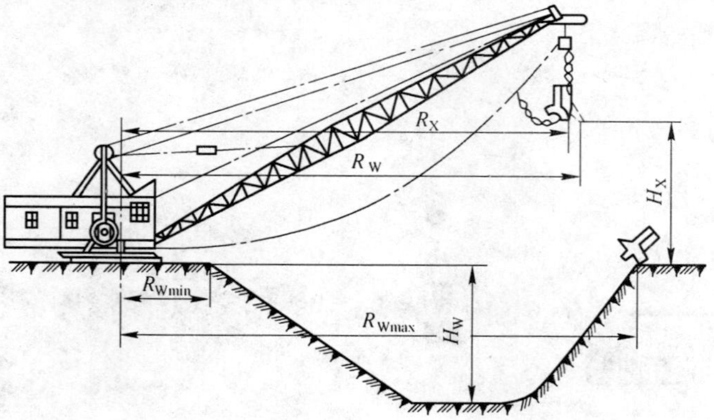

图 5-22　索斗铲主要工作参数图

挖掘半径(R_W):挖掘时从索斗铲回转中心线到切割边缘的水平距离。它分为不抛掷铲斗的挖掘半径和抛掷铲斗的挖掘半径。抛掷值可达悬臂长度的1/3。

挖掘深度(H_W):从索斗铲安置水平到开采坑道底的垂直距离。

卸载半径(R_X):卸载时从索斗铲回转中心线到铲斗中心线的水平距离。

卸载高度(H_X):卸载时从索斗铲安置水平到铲斗切割齿缘的垂直距离。

5.1.4.2 多斗挖掘机

多斗挖掘机(见图5-23)是用若干铲斗连续运转同时进行挖掘、运送和卸料的挖掘机械。它用于运河开挖、沟槽挖掘、边坡修整及矿山剥离和采掘等作业。

图 5-23 多斗挖掘机外形图

(1) 分类。多斗挖掘机分链斗式和轮斗式两种。链斗式挖掘机的铲斗装在挠性件(链条)上,轮斗式挖掘机的铲斗装在刚性件(转轮)上。链斗式挖掘机又可分为纵向挖掘和横向挖掘两种(见图5-24)。当环形链条所构成的平面与挖掘机行走方向平行时,为纵向挖掘的链斗挖掘机,它能挖一定截面的凹沟,又称链斗挖沟机;当环形链条所构成的平面与挖掘机行走方向垂直时,为横向挖掘的链斗挖掘机,它可挖掘高于或低于承机面(机器停立和行走的地面)的物料,用于水利工程和矿山剥离,也可用于挖沟。轮斗式挖掘机按结构不同可分为环轮挖掘机和斗轮挖掘机。

多斗挖掘机主要技术参数是铲斗宽度、挖掘深(高)度和小时生产率。环轮挖掘机的最大挖掘深度一般不大于2.5 m。链斗挖沟机的最大挖掘深度一般不大于3.5 m。挖掘的沟底宽度一般小于1.2 m。

(2) 结构和工作原理。多斗挖掘机一般由5个部分组成。

1) 动力装置。链斗式挖掘机和环轮挖掘机都用柴油机或柴油发电机组,斗轮挖掘机用柴油发电机组或外电源变流机组,横向挖掘的链斗挖掘机用柴油机、电动机、柴油发电机组或外电源变流机组。

2) 传动装置。除某些斗轮挖掘机用液压传动外,其他都为机械传动。

3) 行走装置。中、小型多斗挖掘机一般采用轮胎式和履带式,大型的采用多履带式和轨行式。大型斗轮挖掘机还采用步行式行走装置。

4) 输送装置。包括料斗和输送带。

5) 工作装置。包括铲斗和支承铲斗的构件。

链斗式挖掘机的工作装置由铲斗、链条和斗架等组成。铲斗装在链条上,链条绕过支承在铲斗架上的主、从动链轮首尾相连,形成闭合环路。横向挖掘式的斗架一端铰接在车架上,另一端用钢丝绳悬吊。纵向挖掘式的斗架一端与机架相连，另一端为悬臂。用升降机构改变斗架位置，可以改变挖掘深(高)度。作业时链条连续运转，机器不断行走，以保证每一个铲斗不重复前一铲斗的轨迹而不断得到新的挖掘作业面。当装满料的铲斗随链条绕过主动链轮时，铲斗开口向下，物料卸到输送带上，再由输送带卸至沟边或转运到卸料场。

环轮挖掘机的工作装置由铲斗、固定铲斗的环轮、轮架、滚子、输送带等组成。环形轮套在轮架上，由轮架上的滚子支承。动力由传动装置传给环形轮，使其转动。转动平面与行走方向平行。轮架一端与机体铰接，另一端上部悬吊或一端沿机体上的导轨上下滑移，另一端用支承轮支于地面。用升降机构改变轮架位置，可以改变挖掘深度。作业时，铲斗随环形轮转动挖掘物料，当转至上方时，将物料卸到横向布置的输送带上。它仅能挖掘一定截面的凹沟，因而又称环轮挖沟机。

斗轮挖掘机的工作装置由斗轮、臂架等组成。斗轮是一个圆周上均布着若干铲斗的转轮，装在臂架的端部。它利用斗轮旋转和臂架回转构成的复合运动挖掘较硬的物料，挖掘时机器不行走，主要用于露天矿的剥离和采掘。

(3) 特点。多斗挖掘机的主要优点是生产率高，机重和能量消耗均低于同等生产能力的单斗挖掘机，所挖掘的作业面整齐、外形准确，操作简单，劳动强度低，因连续作业而动载荷小。缺点是挖掘力小，仅能挖掘没有夹杂大块坚硬物料的土壤和矿物，工作装置通用性差。

图 5-24 是多斗挖掘机的采掘方式。

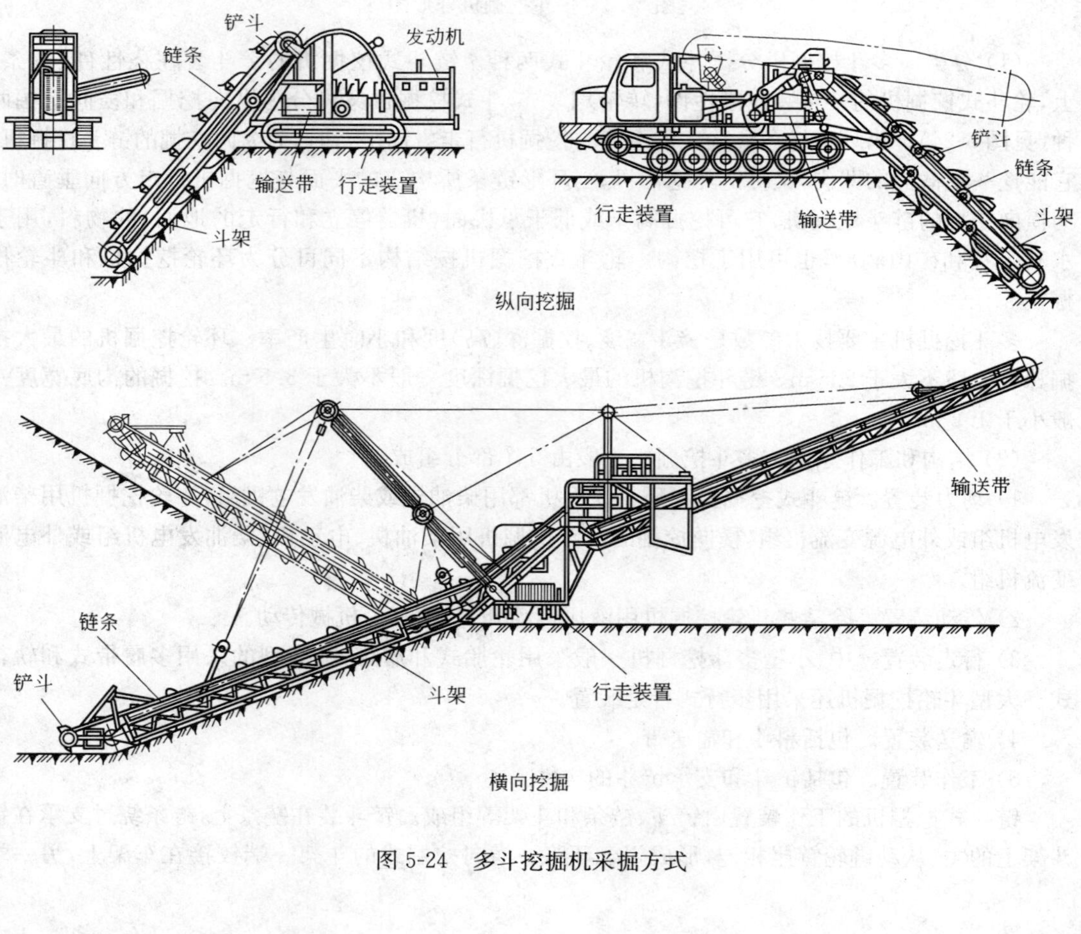

图 5-24　多斗挖掘机采掘方式

5.2 采装工艺

5.2.1 采装工作面参数

机械铲工作水平的采掘要素主要包括:台阶工作面高度、采掘带宽度、采区长度和工作平盘宽度。这些要素确定合理与否,不仅影响挖掘机的采装工作,而且也影响露天矿其他生产工艺过程的顺利进行。

5.2.1.1 工作面高度

机械铲工作面高度直接取决于露天矿场的台阶高度。台阶高度的大小受各方面的因素所限制,如矿床的埋藏条件和矿岩性质、采用的穿爆方法、挖掘机工作参数、损失贫化、矿床的开采强度以及运输条件等。

在确定露天开采境界之前,必须首先确定台阶高度,因为台阶高度对开拓方法、基建工程量和矿山生产能力等都有很大影响,同时,合理的台阶高度对露天开采的技术经济指标和作业的安全都具有重要的意义。

合理的台阶高度首先应保证台阶的稳定性,以便矿山工程能安全进行。台阶高度对工作线推进速度和掘沟速度都有很大的影响,因而也影响到露天矿的开采强度。出入沟和开段沟的掘进工程量分别与台阶高度的立方和平方成正比,这就是说,台阶高度增加,掘沟工程量也急剧增加,因而延长了新水平的准备时间,影响矿山工程的发展速度。所以,在实践中为加速矿山建设,尽快投入生产和达到设计生产能力,在露天矿的初期,最好采用较小的台阶高度,以保证在初期的矿山工程进展较快,而当露天矿转入正常生产后,台阶高度可适当增加。

台阶高度的增加,能提高爆破效率,但往往增加不合格大块的产出率和根底,使挖掘机生产能力降低。另外,台阶的高度还影响穿孔人员和设备的工作安全。装药条件对台阶高度也有一定的限制,即钻孔的容药能力必须大于所需的装药量。

采掘工作的要求是影响台阶高度的重要因素之一。用挖掘机采装矿岩时,它对台阶的高度有一定要求,一般爆堆的高度可能为台阶高度的1.2～1.3倍,采装工作要求爆堆高度不应大于挖掘机最大挖掘高度。采用上装车时,台阶高度应满足挖掘机最大卸载高度的要求,保证矿岩卸入台阶上面的运输设备内。用小型机械化(装岩机、电耙)或人工装矿时,台阶高度的确定,则主要考虑工作的安全性,一般都在10 m以下。

从露天矿场更好地组织运输工作来看,台阶高度较大是有利的,因为这样可以减少露天矿场的台阶数目,简化开拓运输系统,从而能减少铺设和移设线路的工程量,但在露天矿场长度较小的情况下,台阶高度又受运输设备所要求的出入沟长度的限制。

开采矿岩接触带时,由于矿岩混杂而引起矿石的损失贫化。在矿体倾角和工作线推进方向一定的条件下,矿岩混合开采的宽度随台阶高度的增加而增加,矿石的损失贫化也随之增大。

综上所述,影响台阶高度的因素较多,这些因素往往既互相矛盾,又互相联系、互相影响,因此,不能单纯地、片面地以某一个因素来确定台阶高度,应当由技术经济的综合分析来确定。

一般来说,采掘工作方式及其使用的设备规格,往往是确定台阶高度的主要因素。目前,我国大多数露天矿,在采用铲斗容积为1～8 m^3 的挖掘机时,台阶高度一般为10～14 m。对于山坡露天矿,在岩石较稳定的条件下,储量大和有发展前途的矿山,台阶高度应取10～14 m,为今后采用大型设备准备条件。

采用平装车方法挖掘不需爆破的土岩时(见图5-25),台阶高度就是机械铲工作面高度。若台阶高度过大,在挖掘高度以上的土岩容易突然塌落,可能会局部埋住或砸坏挖掘机。为了保证工作安全,便于控制挖掘,台阶高度一般不应大于机械铲的最大挖掘高度。

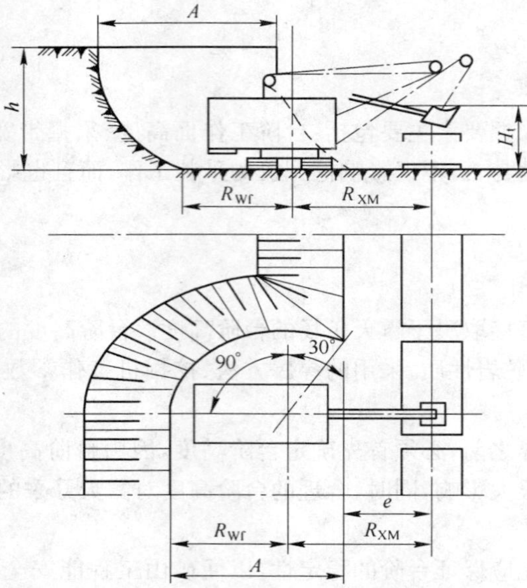

图 5-25　松软土岩的采掘工作面

h—台阶高度；e—道路中心到爆堆距离；R_{Wf}—挖掘机站立水平挖掘半径；
R_{XM}—挖掘机最大卸载半径；A—采掘带宽度；H_1—挖掘机推压轴高度

只有在开采松散的岩土时，工作面随采随塌落，不形成伞檐，不威胁人员和设备安全的条件下，台阶工作面的高度才可以超过最大挖掘高度，但最多不得大于最大挖掘高度的一倍半。

挖掘经爆破的坚硬矿岩爆堆时(图 5-26)，爆堆高度应与挖掘机工作参数相适应，要求爆破后的爆堆高度也不大于最大挖掘高度。

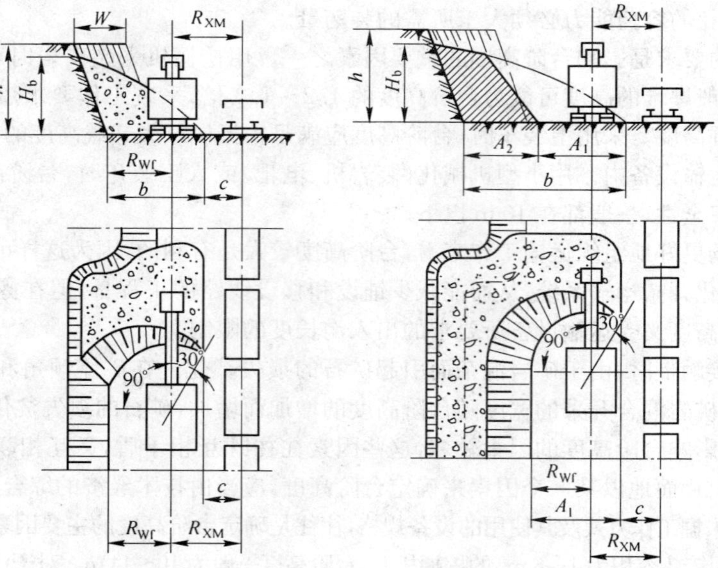

图 5-26　坚硬矿岩的采掘工作面

(a) 一爆一采；(b) 一爆两采

c—道路中心到爆堆距离；W—爆堆实体宽度；b—爆堆宽度；H_b—爆堆高度；
A_2—挖掘机第二采掘带宽度；A_1—挖掘机第一采掘带宽度

台阶高度也不应过低。否则,由于铲斗铲装不满,使挖掘机效率降低,同时使台阶数目增多,铁道及管线等铺设与维护工作量相应增加。因此,松软土岩的台阶高度和坚硬矿岩的爆堆高度都不应低于挖掘机推压轴高度的2/3。

5.2.1.2 采区宽度与采掘带宽度

采区就是爆破带的实体宽度,采区宽度取决于挖掘机的工作参数(见图5-25)。为了保证满斗挖掘,提高挖掘机工作效率,采区宽度应保持使挖掘机向里侧回转角度不大于90°,向外侧回转角度不大于30°。

采掘带宽度就是挖掘机一次采掘的宽度,挖掘不需爆破的松软土岩时,采掘带宽度等于采区宽度,挖掘需要爆破的坚硬矿岩时,采掘带宽度一般是指一次采掘的爆堆的宽度。两者的关系分为一爆一采和一爆两采,如图5-26所示。

采掘带过宽,将有部分土岩不能挖入铲斗内,使清理工作面的辅助作业时间增加。采掘带过窄,挖掘机移动频繁,从而影响挖掘机的采掘效率。当采用铁道运输时,还应考虑装载条件,为了减少移道次数,合理的采掘带宽度更为重要。

在开采需要爆破的坚硬矿岩时,挖掘机挖掘的是爆堆,这就要求爆堆宽度应与挖掘机工作参数相适应。因此,应合理地确定爆破参数、装药量、装药结构以及起爆方法等,以控制爆堆宽度为挖掘机采掘带宽度的整数倍。

在实际工作中,爆堆宽度往往大于采掘带所限制的数值。因此,爆破后常需用挖掘机或推土机清理工作面,然后再进行采装。为了控制爆堆,我国一些露天矿成功地应用了多排孔微差挤压爆破的方法,大大改善了装运条件,提高了装运效率。

5.2.1.3 采区长度

采区是台阶工作线的一部分。采区长度(又称挖掘机工作线长度)就是把工作台阶划归一台挖掘机采掘的那部分长度。采区长度的大小应根据需要和可能来确定。较短的采区使每一台阶可设置较多的挖掘机工作面,从而能加强工作线推进,但采区长度不能过短,应依据穿爆与采装的配合、各水平工作线的长度、矿岩分布及矿石品级变化、台阶的计划开采以及运输方式等条件确定。

为了使穿爆和采装工作密切配合,保证挖掘机的正常作业,根据露天矿生产经验,每爆破一次应保证挖掘机有5～10天的采装爆破量。为此,通常将采区划分为三个作业分区,即采装区、待爆区和穿孔区。

有时,由于台阶长度的限制,只能分成两个作业区或一个作业区。此时就应特别注意加强穿孔能力,以适应短采区作业的需要。

采区长度的确定,除考虑穿爆与采装工作的配合外,还应满足不同运输方式对采区长度的要求。采用铁路运输时,采区长度一般不应小于列车长度的2～3倍,以适应运输调车的需要。若工作水平上为尽头式运输时,则一个水平上同时工作的挖掘机数不得超过两台;若采用环形运输时,则同时工作的挖掘机数不超过3台。汽车运输时,由于各生产工艺之间配合灵活,采区长度可大大缩短,同一水平上的工作挖掘机数可为2～4台。

此外,对于矿石需要分采和质量中和的露天矿,采区长度可适当增大。对于中小型露天矿,开采条件困难,需要加大开采强度时,则采区长度可适当缩短。

5.2.1.4　工作平盘宽度

工作平盘是工作台阶的水平部分，其宽度应按采掘、运输及动力管线等设备的安置和通行等条件加以确定。

铁路运输和汽车运输时的正常台阶工作平盘如图 5-27 所示。

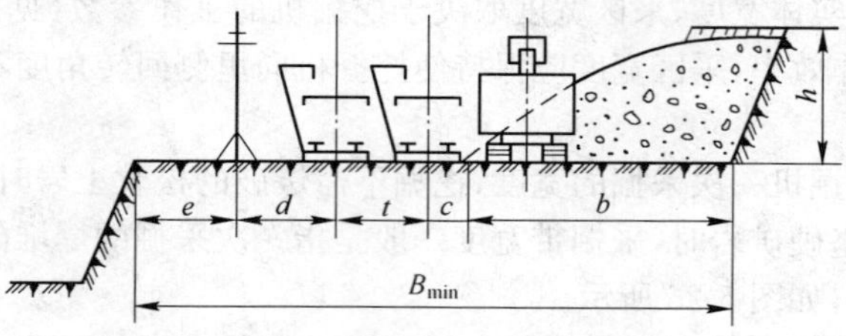

图 5-27　最小工作平盘宽度

b—爆堆宽度；*c*—爆堆与铁路（公路）中心线间距，一般取 $c=3$ m；
d—铁（汽车）路中心线与动力电杆的间距，铁路和公路运输不同，一般取 4～8 m；*t*—两条铁路（公路）中心线间距；
e—动力线杆至台阶坡顶线间距，一般为 3～4 m

根据实际经验，最小工作平盘宽度约为台阶高度的 3～4 倍，如表 5-2 所示。

表 5-2　最小工作平盘宽度

矿岩硬度系数	台阶高度/m			
	10	12	14	16
≥12	39～42	44～48	49～53	54～60
6～12	34～39	38～44	42～49	46～54
≤6	29～34	32～38	35～42	38～46

5.2.2　采装方式

5.2.2.1　单斗挖掘机的采装方式

单斗挖掘机是露天矿最主要的装载机械，其装车方式（见图 5-28）包括：向布置在挖掘机所在

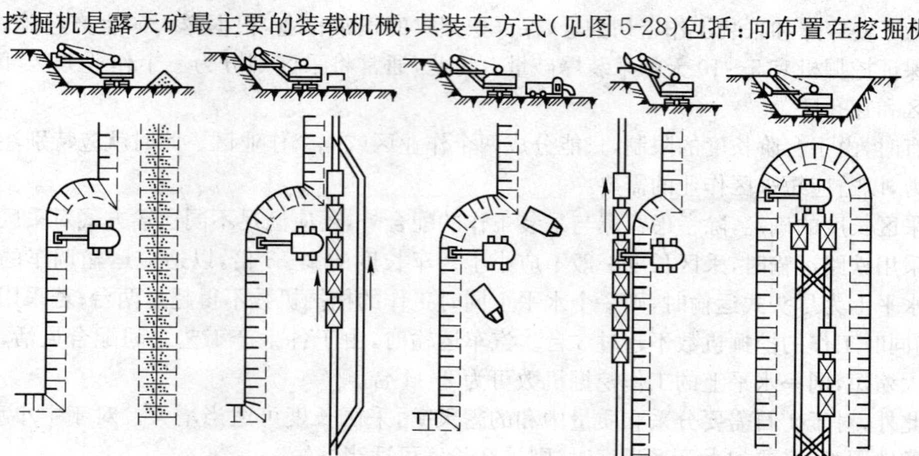

(a)　(b)　(c)　(d)　(e)

图 5-28　装载机械铲的工作方式

水平侧面的铁路车辆或自卸汽车卸载的侧面平装车(图中 b 及 c);向上水平铁路车辆的侧面上装车(图中 d);以及端工作面尽头式平装车(图中 e)。此外,也可以进行捣堆作业(图中 a)。

运输工具与挖掘机布置在同一水平上的侧装车工作方式,是露天矿最常用的采装方法。这种方法采装条件较好,调车方便,挖掘机生产能力较高。上装车与平装车比较,司机操作较困难,挖掘循环时间长,因而挖掘机生产能力要降低一些。然而,在铁路运输条件下,用上装车掘沟可以简化运输组织,加速列车周转,对加强新水平准备具有重要意义。尽头式装车时,装载条件恶化,循环时间加长。挖掘机生产能力低于平装车。仅用于掘沟,复杂成分矿床的选择开采,以及不规则形状矿体和露天矿最后一个水平的开采。

工作平盘上的配线方式和行车组织。合理的工作平盘配线方式,应满足使列车入换时间最短,线路移设方便,移设线路时不影响采掘工作,尽量减少线路数,使线路移设工作量及工作平盘宽度最小。按行车方式,工作平盘配线可分为尽头式(对向行车)和环行式(同向行车)两种(见图 5-29)。

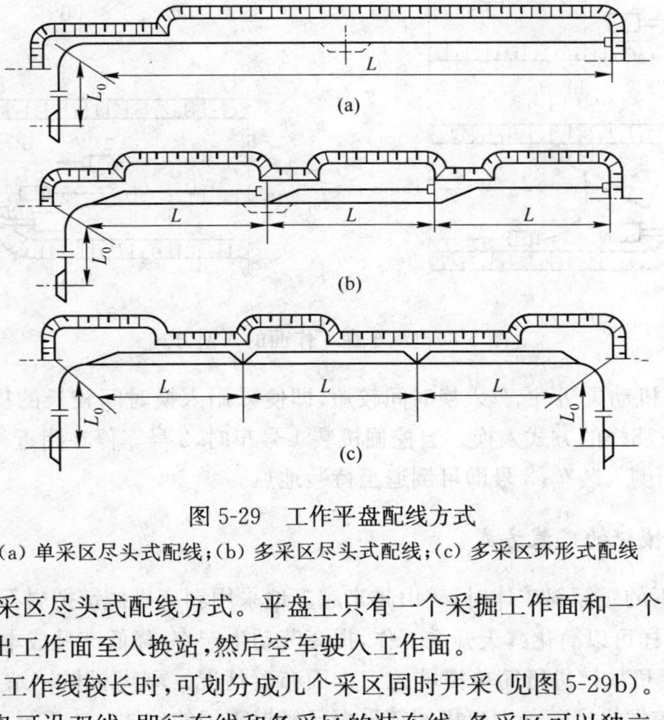

图 5-29 工作平盘配线方式

(a) 单采区尽头式配线;(b) 多采区尽头式配线;(c) 多采区环形式配线

图 5-29a 是单采区尽头式配线方式。平盘上只有一个采掘工作面和一个出入口。列车在工作面装完以后,驶出工作面至入换站,然后空车驶入工作面。

当开采台阶的工作线较长时,可划分成几个采区同时开采(见图 5-29b)。为了提高各采区的装运效率,工作平盘可设双线,即行车线和各采区的装车线,各采区可以独立入换。

当开采台阶的工作线较长、采区较多时,可设置两个运输出入口,采用环行式配线方式(见图 5-29c)。这种配线方式在工作平盘上设有行车线和各采区装车线,列车在行车线上同向运行。这样可以减少列车入换时间及各采区的相互干扰,提高平盘通过能力,从而可提高挖掘机效率。

采用汽车运输与挖掘机配合作业时,由于灵活性高,故汽车在工作面的入换与铁路运输有明显的区别。为发挥挖掘机和汽车的效率,保证汽车司机的安全,汽车在工作面的配置和入换方式有:同向行车、折返式和回返式(图 5-30)。

同向行车(图 5-30a)是汽车在工作平盘上不改变运行方向,这对入换和装车均有利,工作平盘上只需单车道,所占平盘宽度小,但台阶需有两个出入口。

折返式入换(见图 5-30b、c)是汽车在工作面换向倒退至装车地点,而回返式入换(见图 5-30d、e)是汽车在工作面迂回换向。它们都是在台阶只有一个出入口的条件下应用,工作平盘上需设双车道。但由于入换方式不同,入换时间和所占工作平盘宽度也有差异。折返倒车的入换时间较长,而工作平盘宽度较窄;回返行车则与之相反。这两种入换方式要根据生产中实际的工作平盘宽度灵活运用。

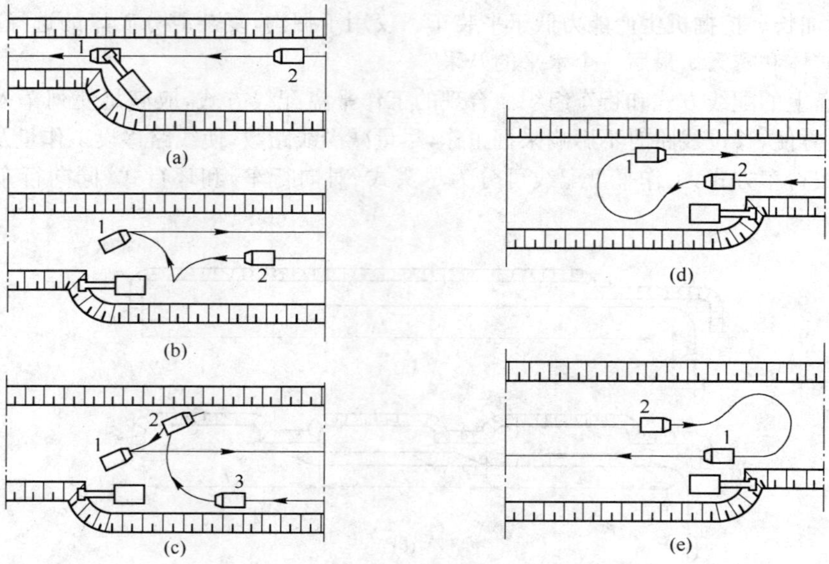

图 5-30　汽车在工作面的入换方式

由于汽车运输机动灵活,汽车入换时间较短,即使采用入换时间较长的折返式,只要车辆充足,便可按图 5-30c 那样的方式入换。当挖掘机装 1 号车时,2 号车停在附近待装,当 1 号车装满开出后,2 号车立即倒入装车,3 号即可倒退至待装地点。

5.2.2.2　剥离机械铲的采装方式

在开采 10°以下的缓倾斜矿体时,矿山越来越多地采用剥离机械铲把岩石直接从剥离工作面排弃到采空区。这样可以简化露天开采工作,提高劳动生产率,降低产品成本。

图 5-31 表示用机械铲进行简单捣堆的工作面布置情况。剥离机械铲站立在矿层顶板上进行剥离捣堆,采矿挖掘机尾随着剥离机械铲采掘已经揭露了的矿体。

5.2.2.3　索斗铲的采装方式

索斗铲也是露天矿常用的采装设备之一。在用索斗铲进行采装工作时,它通常被安设在台阶的上部平盘,并从挖掘机移动方向的后面或旁侧自下而上地采掘工作面。前者称为端工作面采掘,后者称侧工作面采掘。端工作面采掘法常用于台阶的开采,也可用于掘沟。而侧工作面采掘法仅在掘沟时被采用。

端工作面法进行台阶采掘装车时,其工作面结构如图 5-32 所示。

图 5-32 表示在简单情况下索斗铲进行一次剥离捣堆时工作面的布置。剥离索斗铲站立在剥离台阶的顶上进行向下挖掘,挖掘的剥离物直接向采空区捣堆。

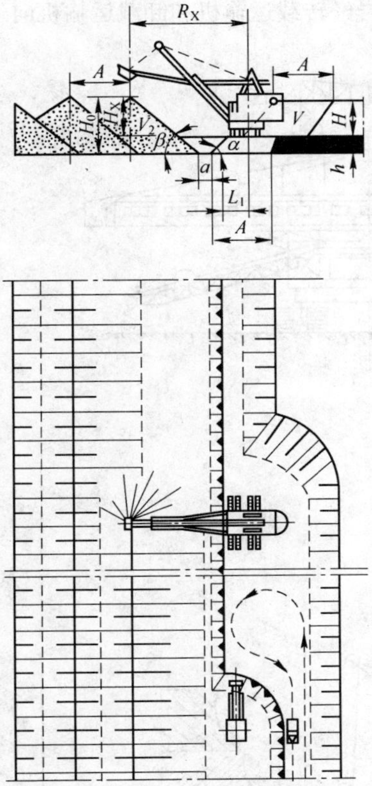

图 5-31　机械铲捣堆开采

R_X—机械铲卸载半径；L_1—机械铲回转中心到台阶坡顶线距离；h—剥离台阶高度；A—采掘带宽度；H_X—机械铲卸载高度；H_0—排土场高度；β—排土场边坡角；a—捣堆安全距离

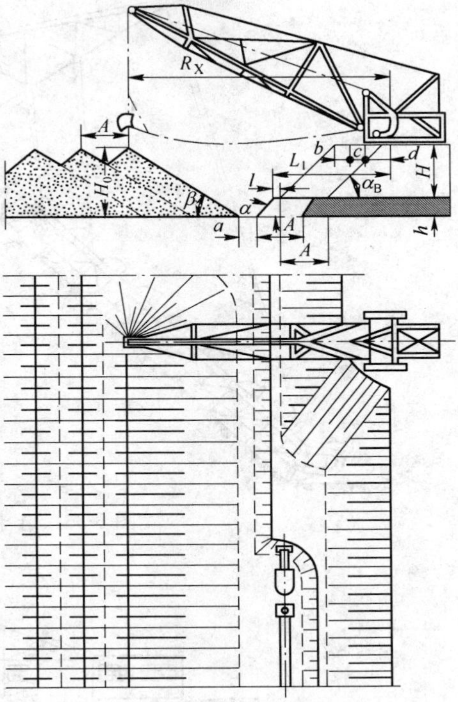

图 5-32　索斗铲捣堆开采

R_X—索斗铲卸载半径；L_1—索斗铲回转中心到台阶坡顶线距离；b—安全崖边宽度；c—索斗铲履带到安全崖边间隙；d—索斗铲回转中心到履带边缘距离；α—下部台阶坡面角；α_B—剥离台阶坡面角；a—捣堆安全距离；A—采掘带宽度；H—上部台阶高度；h—下部台阶高度；H_0—索斗铲卸载高度

5.2.2.4　多斗式挖掘机采装方式

多斗挖掘机是连续作业的挖掘设备。多斗挖掘机按其工作机构可分为链斗式(见图 5-33)和轮斗式(见图 5-34)两种。

轮斗式挖掘机的主要组成部分有：悬挂斗轮悬臂的机架和机体，装有斗轮和转载皮带运输机的悬臂，转载和卸载运输机组，机体的回转机构和走行机构。

斗轮悬臂的一端安装在机体上，而另一端用钢绳悬挂在机架上。斗轮悬臂有伸缩的和非伸缩的两种。伸缩悬臂式轮斗挖掘机的结构比非伸缩悬臂式轮斗挖掘机要复杂些，设备质量也大，但是它在挖掘过程中可通过伸缩悬臂来定位，这就使挖掘机走行的距离减少，从而减少了履带的磨损。

轮斗式挖掘机的工作机构是安装在悬臂末端的回转斗轮。在斗轮上装有 6～12 个铲斗。工作时，斗轮在驱动电动机的带动下连续地在工作面上旋转，而机体的回转机构又带动悬臂和斗轮作侧旋转。因此，安装在斗轮上的铲斗也就不断地挖切工作面上的矿岩，并将矿岩沿斗轮中的转载点向位于斗轮一侧的转载皮带运输机上卸载，然后，矿岩经转载运输机和卸载运输机向运输工具卸载或卸入排土设备中。

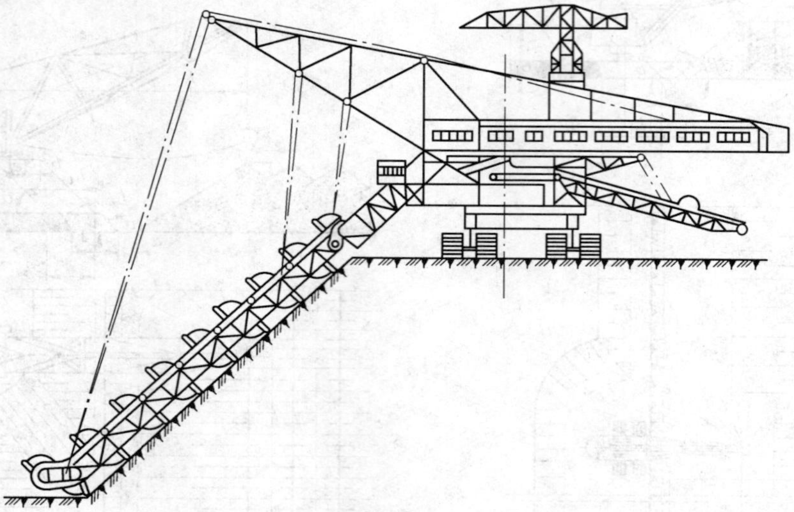

图 5-33　链斗式挖掘机示意图

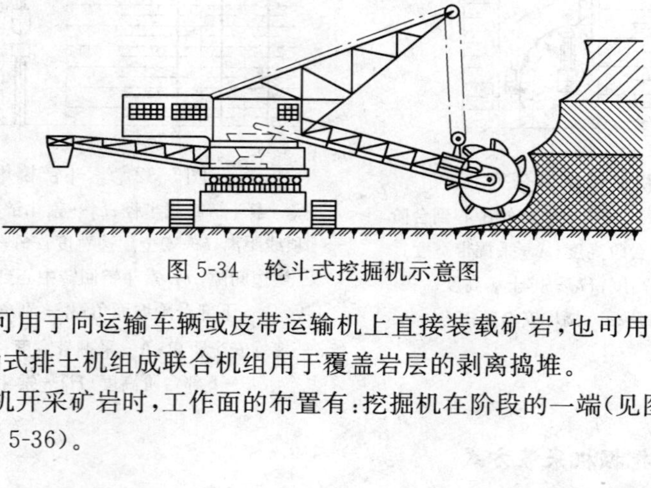

图 5-34　轮斗式挖掘机示意图

轮斗式挖掘机可用于向运输车辆或皮带运输机上直接装载矿岩，也可用于薄覆盖岩层的剥离捣堆，以及与移动式排土机组成联合机组用于覆盖岩层的剥离捣堆。

用轮斗式挖掘机开采矿岩时，工作面的布置有：挖掘机在阶段的一端（见图 5-35）和沿阶段倾斜面一侧布置（见图 5-36）。

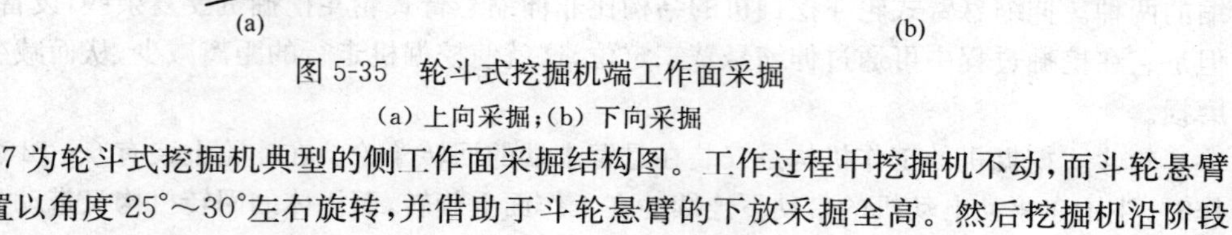

(a)　　(b)

图 5-35　轮斗式挖掘机端工作面采掘

(a) 上向采掘；(b) 下向采掘

图 5-37 为轮斗式挖掘机典型的侧工作面采掘结构图。工作过程中挖掘机不动，而斗轮悬臂从中间位置以角度 25°～30°左右旋转，并借助于斗轮悬臂的下放采掘全高。然后挖掘机沿阶段工作线移动。

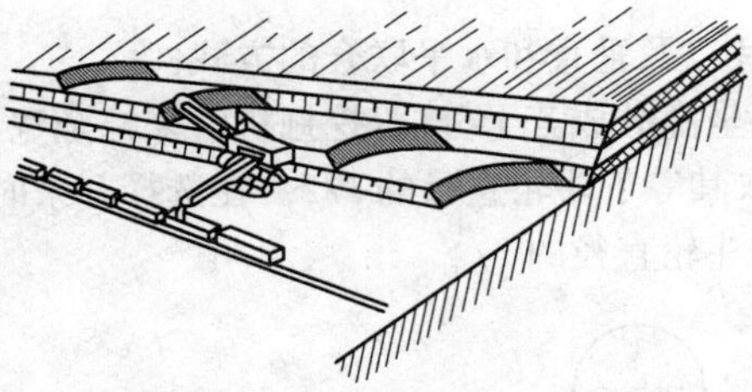

图 5-36 轮斗式挖掘机侧工作面进行选择开采

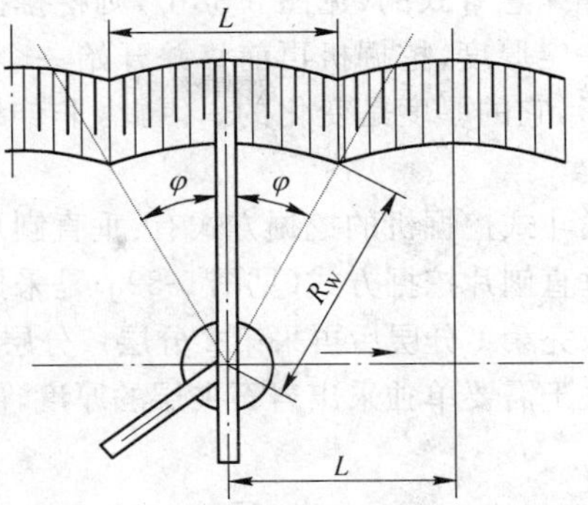

图 5-37 轮斗式挖掘机侧工作面结构图

L—斗轮移动距离；φ—斗轮旋转角度

这种工作面布置方式，设备走行时间较长，挖掘时间较少，生产能力低，只是在挖掘机与运输排土桥组成机组工作时和选择开采时应用。

端工作面开采阶段时，挖掘机可作上向或下向挖掘，其挖掘过程视悬臂结构而异。若挖掘机为伸缩悬臂式的(见图 5-38a)，开始采掘时，斗轮悬臂绕挖掘机回转中心线旋转挖切岩石。沿采幅宽度采完一个刨片后，悬臂下放并收缩一定距离，直至从上到下沿阶段全高采完一定厚度，挖掘机才沿阶段向前移动一段距离，这段距离称作采掘步距。如此循环，使工作面不断向前推进。伸缩式轮斗挖掘机采下的刨片具有同心圆的形状，刨片的厚度几乎固定不变。如挖掘机

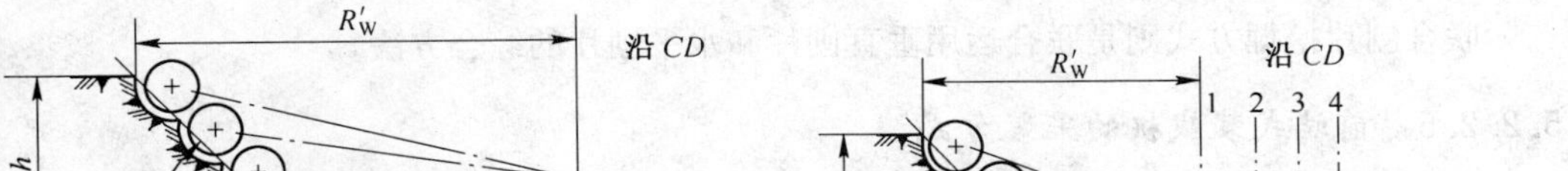

图 5-38 轮斗式挖掘机端工作面结构图

(a) 伸缩悬臂式；(b) 非伸缩悬臂式

R_W—挖掘机挖掘最下一个分层时的挖掘半径；R'_W—挖掘机挖掘最上一个分层时的挖掘半径；

φ_1—挖掘机装载时回转角；φ_2—挖掘机卸载时回转角

为非伸缩悬臂式的(见图 5-38b),则挖掘机每采完一个刨片后,后移一段距离,直至沿阶段全高采完一定厚度,挖掘机再前移并开始一个新的循环。非伸缩悬臂式轮斗挖掘机采下的刨片为镰刀形,它的厚度是变化的。因此,非伸缩悬臂式轮斗挖掘机的生产能力比伸缩悬臂式的要低些。

轮斗式挖掘机的挖掘方式有:垂直刨片、水平刨片以及垂直和水平联合的方式。

垂直刨片挖掘方式(见图 5-39a)是采掘时把阶段全高分成若干分层,挖掘机沿采幅全宽自上而下采完第 1 分层后再采第 2 分层。分层高度一般取其等于斗轮直径的 1/2。在选择开采时,该值取决于需要单独采出岩石夹层的厚度,但不应超过斗轮直径的 3/4。

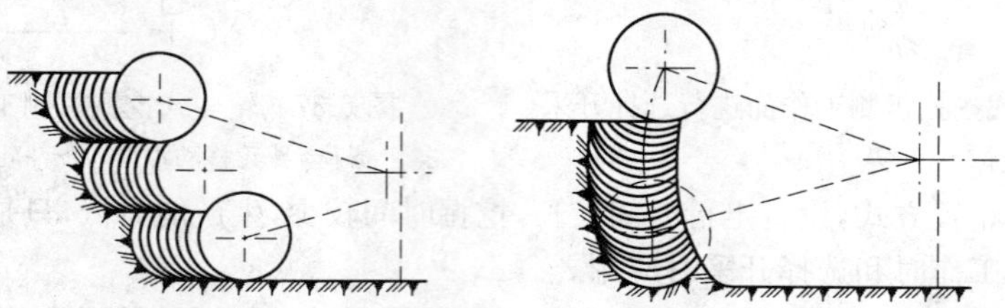

(a) (b)

图 5-39 轮斗式挖掘机的工作面挖掘方式

(a) 垂直刨片式;(b) 水平刨片式

水平刨片挖掘方式(见图 5-39b)是自上而下按阶段全高挖掘。挖掘机先在阶段全高上采下一个扁条,再把斗轮提到阶段上部,挖掘下一个扁条,以后均按此程序沿采幅全宽挖掘。斗轮切进工作面的深度一般为斗轮直径的 1/2～7/10。

联合刨片挖掘方式则是联合运用垂直刨片和水平刨片的综合方法。

5.2.2.5 前端式装载机的采装方式

前端式装载机(简称前装机)是一种用柴油发动机(或柴油发动机-电动轮)驱动和液压操作的一机多能装运设备,除可用作向运输容器装载外,还可以自铲自运、牵引货载。行走部分一般多为轮胎式。主要用于工作面清理、松散物料的堆存、向公路卡车装载以及其他辅助性工作。

轮式前装机与单斗挖掘机一样,都属于间断作业式的采装设备。其操作程序为:铲臂下放,使铲斗处于水平位置;铲斗在装载机推压力的推动下插入矿(岩)堆;铲斗向上提起,铲取矿岩,并把铲臂连同铲斗举起一定高度;前装机驶向卸载地点;铲斗向下翻转卸载;前装机返回装载地点,并将铲斗下放至初始位置,然后重复同样过程。

由于轮胎式前装机具有机动灵活、设备投资少等优点,轮胎式前装机在露天矿主要用于向自卸汽车、铁路车辆、移动式胶带运输机的受矿漏斗装载,将矿石直接运往溜井、铁路车辆的转载平台,以及从储矿场向固定破碎设备运矿或从爆堆中采装矿石运至移动式或半固定式破碎设备。可用前装机将岩石直接运到排土场或排土倒运等。前端式装载机的采装、铲运方式如图 5-40 和图 5-41 所示。

5.2.2.6 小型露天矿采装方式

在生产实践中,我国有许多小型露天矿,根据各自的条件,因地制宜地创造了一些投资少、见效快的采装方式,减轻了工人的劳动强度,提高了劳动生产率和矿山生产能力。下面简要介绍几种采装方式。

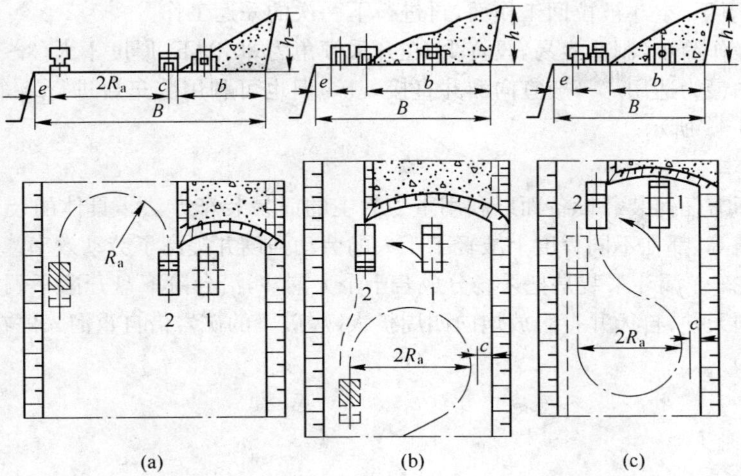

图 5-40 前装机向自卸汽车装载的工作面示意图

1—装载机；2—汽车；R_a—汽车回转半径

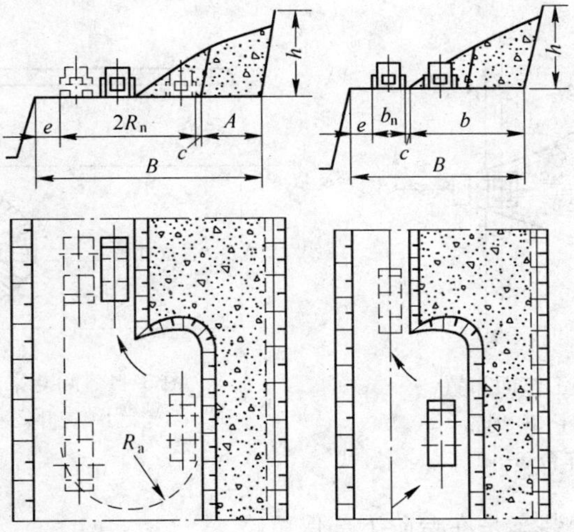

图 5-41 前装机自装自运工作示意图

A 装岩机采装

这种采装方式主要是采用井下用的装岩机与窄轨铁路运输配合。我国不少小型露天矿，使用装岩机代替人工装载行之有效，装岩机的作业方式如图 5-42 所示。装车线路垂直工作面布置，两条装车线路之间的距离为 4～5 m。工作面用人工调车，干线用电机车运输或自溜运输。

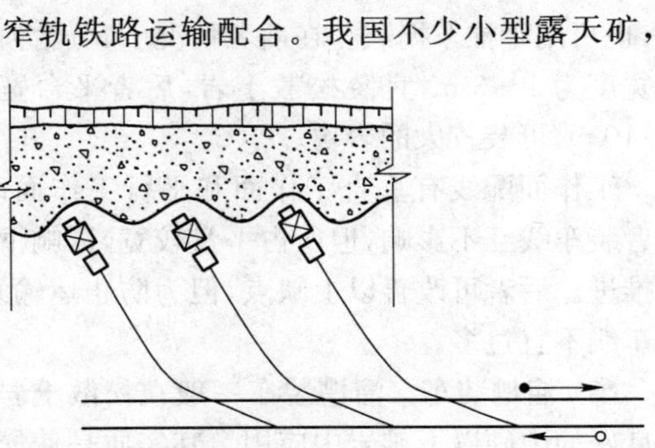

图 5-42 装岩机采装工作面布置

B 电耙装车

电耙是一种小型采运设备，它借耙斗自重切削岩石，在主钢绳的牵引下，沿工作面底板移动而满斗，并运至卸载地点装车。卸载后，在尾绳的牵引下，空斗被拉回工作面，再进行下一次的采运工作。

这种设备操作简单，制造容易，投资少，在开采倾角为30°以下、厚度不大(3～5 m)、矿岩松软的缓倾斜矿床中最为适用。一般宜向溜井直接装矿，但也可利用装车台进行装车。电耙装车工作面布置如图5-43所示。

C　重力装车

这是一种不需任何装载设备而以利用重力为主的简易装车方法。具体的装车方式很多，如漏斗、平台、溜槽等，都在不同程度上减轻了工人的劳动强度并提高了劳动效率。

(1) 漏斗装车。漏斗采装是把采场分成若干个大漏斗，沿台阶下盘开凿平硐，自平硐向上开凿放矿漏斗口和天井，自天井打眼放炮向四周扩大，爆破下的矿岩借自重溜入停在放矿口下的矿车中(见图5-44)。

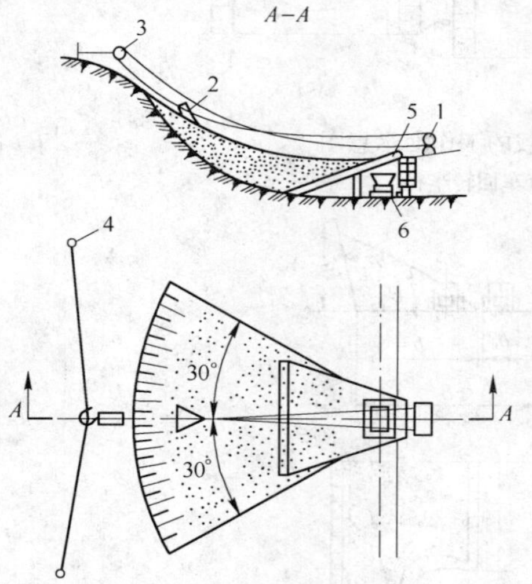

图5-43　电耙装车工作面布置

1—电耙绞车；2—耙斗；3—绳轮；
4—绳轮地锚；5—装车台；6—矿车

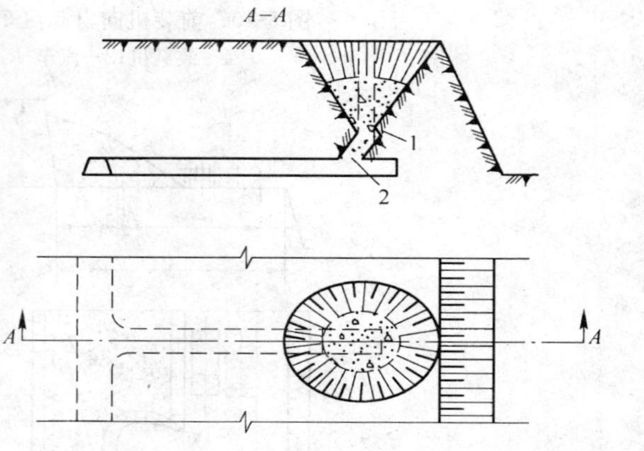

图5-44　漏斗采装工作面布置

1—天井；2—漏斗口

(2) 平台装车。平台装车是在台阶下部保留略高于矿车的分台阶，矿岩经上部分台阶的平台靠自重装入停在轨道上的矿车内(图5-45)。

在上部分台阶的平台上，岩土可用人工直接捣装，也可用小推车捣载。在前者情况下，分台阶的平台宽度为1～3 m，宜装松散土岩，后者平台宽度需6～10 m，可装较大的岩块。

工作面配线有垂直工作面和平行工作面两种。前者装车线互不影响，但所占平盘较宽，影响下部台阶推进。后者可改善以上缺点，但为防止运输复杂，装车线不宜过多。

(3) 溜槽装车。溜槽装车一般在松散土岩或爆破良好的中硬以下矿岩中应用。其实质是使松散土岩借重力作用沿坡面滑落，经下部溜槽口装车(见

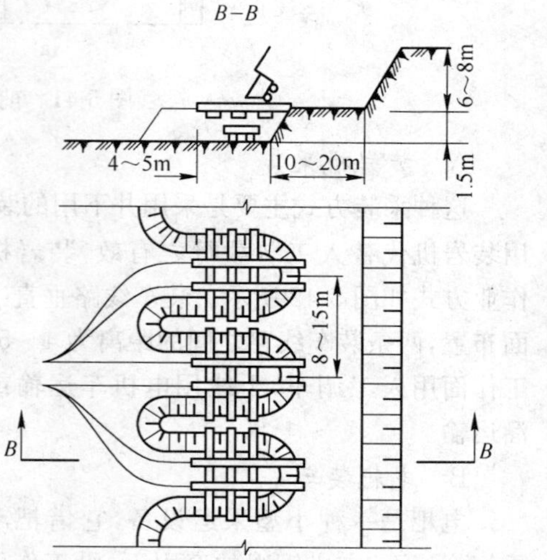

图5-45　平台装车的工作面布置

图 5-46)。

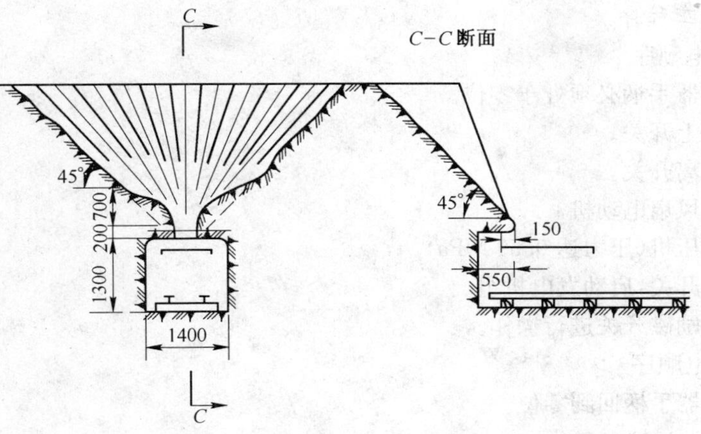

图 5-46 溜槽装车的工作面布置

5.3 采装工作

5.3.1 单斗挖掘机的应用

5.3.1.1 单斗挖掘机的工作程序

单斗挖掘机(俗称电铲)是露天开采重要的采装设备,根据采用的运输设备不同,有纵向采装和横向采装两种方式。

纵向采装既可以应用在汽车运输也可以应用在铁路运输,但是,铁路运输时只能采用纵向采装,纵向采装是指电铲的前进方向与采掘带工作面的推进方向一致。

铁路运输时,铁路线位于爆堆的侧面,一般情况下电铲回转 90°在工作面铲取矿岩,然后在提升的同时向卸载方向旋转,一般,其旋转的角度与工作面的前进方向(铁路线的运输方向)成 30°。这样确定的采掘带宽度比较适宜,如果采掘带过窄,挖掘机移动频繁,作业时间减少,移道次数增加;而采掘带过宽,从铲取到卸载时间增加,采掘带边缘铲取困难,清理工作量增大,电铲采装效率下降。

汽车运输时,电铲可以采用纵向采装,也可以采用横向采装。由于汽车调动机动灵活,采掘带的宽度可大可小,汽车可以位于电铲的一侧或两侧装车,为提高电铲的采装效率,减少电铲卸载的回转角度,汽车应尽量靠近电铲的前端,汽车的调车方式有折返式和回返式以及折返与回返的联合应用等多种方式。

5.3.1.2 单斗挖掘机的操作程序

A 开车前的准备

(1) 检查现场及室内外是否有不利于作业的地方。

(2) 检查各部抱闸是否灵活可靠。

(3) 检查钢绳在卷筒上是否有混绕和脱落。

(4) 检查操纵机构联锁装置是否灵活正常。

(5) 检查各种仪表是否灵敏,指针是否正确,喇叭是否良好。

(6) 检查行走拨轮是否灵活。

(7) 机组启动前必须进行盘车检查。

(8) 更换、包扎、倒电缆时必须作相序试验。

B　开车停车程序

a　开车给电顺序

(1) 各控制器手柄必须处于零位。

(2) 开启柱上开关。

(3) 开启隔离开关。

(4) 启动各风扇电动机。

(5) 启动空压机(压力达 0.59 MPa)。

(6) 开启油开关,启动发电机组。

(7) 开启总励磁开关进行操作。

b　停车断电顺序

(1) 各控制器手柄回到零位。

(2) 关闭各分励磁开关。

(3) 关闭总励磁开关。

(4) 断开油开关,停发电机组。

(5) 停各风扇电动机。

(6) 停空压机电动机。

(7) 切断隔离开关。

(8) 切断柱上开关。

C　正常采装工作

(1) 操作人员应根据采场具体条件,结合作业计划,进行合理采掘,挖平底板,保证装车质量。

(2) 操作中不准扒、砸、压运输车辆。

(3) 开始作业前,必须闸紧行走抱闸使电铲站稳,禁止三角着地。挖矿时不得同时加油回转,铲斗回转要平稳,非紧急情况下不得突然闸住回转。

(4) 不得用摇摆铲斗的方法卸掉斗内矿物。

(5) 不应将装满矿的铲斗悬在车道上方等待装车,车辆未对正铲位、未停稳时不得装车,装车时鸣笛示意,严禁铲斗从车头上空经过。

(6) 严禁向车上采装块度大于 1 m 的矿石。

(7) 卸货时应尽量降低卸货高度,铲斗底门不应高于车厢底板 300 mm。不得触碰车厢。

(8) 作业时不应碰撞前、后保险牙。

(9) 遇死根底时,须扫尽浮石,经二次爆破松散后方可挖掘。挖掘根底、大块时,电动机堵转不许超过 3 s,不得连续堵转。

(10) 直接挖掘不需爆破的矿岩时,挖掘的阶段高度不应超过电铲最大挖掘高度的 20%。

(11) 移动电铲,改变作业方向或检查设备时,操作人员应先与车下人员做到呼唤应答,鸣笛示意。

(12) 移动电铲时,车下必须有人负责看管电缆,注意行程运转情况。掩车和处理电缆时,不许站在履带正前方。

(13) 长距离移动电铲时,必须扫平路基,拉开斗门,并有专人在车下监护和指挥,开动前,负责清除履带滚道内的障碍物。

(14) 电铲上下阶段时，走行抱闸及拨轮必须灵活可靠。上坡时牵引轮在后，下坡时牵引轮在前。铲斗应在下坡方向，放到接近地面的位置。上下坡时，并应做好掩车准备。

(15) 电铲回转时，配重箱圆弧顶点与运输车辆或工作面的安全距离不应小于 500 mm。

(16) 扭车时，地面要平，严禁由下坡向上坡扭车。一次扭车量不准超过 30°角。

(17) 在松软或易滑地点作业行走应事先采取防泥、防滑措施。

(18) 电铲作业位置与工作面边缘，必须保证一定的安全距离。防止电铲偏帮滑下。

(19) 电缆接头必须包扎好。拉电缆时必须使用专用绝缘工具，不得用手拿、用脚踢。雨天应盖、架好电缆接头。

(20) 操作人员必须时刻注意掌子面变化情况，如发现崖塌等危险现象时，应立即停止作业并将电铲开至安全区。同时报告班长和调度，听候处理。

(21) 处理工作面上的大块和崖头时，采取必要的措施，防止电铲被砸。

(22) 电铲出现故障时必须及时排除，不得带病作业。各抱闸及安全装置必须灵活可靠，完整无缺，否则禁止作业。

(23) 严禁无操作证的人员操纵设备，徒工必须在师傅直接监护下方可操作练习。

(24) 不准在电铲作业时上下车，有人上下车时，车梯子应背向掌子面。

(25) 当发生重大人身和设备事故时，应立即停止作业，采取紧急措施抢救或抢修。

(26) 爆破时应将电铲开至安全区，将尾部朝向爆破区。并切断电铲上一切开关。

(27) 严寒季节作业时，要注意操作方法，防止各部齿轮掉牙，铲杆、大架子及各轴断裂。

D 铲运机操作中注意事项

(1) 从电柱上送电时，电铲上的一切开关(空压机、风扇及操纵盘上的各开关)控制器必须放在零位。

(2) 断、送电必须做到呼唤应答。

(3) 交流盘送电时，风扇、空压机按顺序启动，不许同时启动。

(4) 断、送电必须由专人负责，当断开柱上开关进行检查、修理或包扎电缆时，必须挂上标志牌，他人不得送电，以免发生误送电。

(5) 严禁带负荷切断柱上开关和断路器。

(6) 禁止两台或两台以上设备用同一柱上开关。

(7) 更换交流盘高压保险器时，必须先切断隔离开关(区分断路器)，确认处于断开位置并进行对地放电。

(8) 电铲停车时应停在安全地点。

(9) 铲斗落地。卷扬钢丝绳应稍有松弛。

(10) 铲上无人时，必须切断隔离开关和柱上开关。

5.3.1.3 单斗挖掘机操作注意事项

(1) 上铲前必须检查各部销轴是否松动，电线接头是否漏电，作业面上部是否有大块，做到安全确认。

(2) 起车前，正、副司机必须呼唤应答，操作前必须鸣笛示意。

(3) 严禁无证人员操纵设备，徒工必须在师傅监护下方可练习操作。

(4) 装车时，应鸣笛示意，严禁铲斗从车头上方经过。严禁扒、砸、压运输车辆。

(5) 电铲作业回转时，配重箱圆弧顶点与运输车辆和工作面的安全距离不得小于 2 m。

(6) 电铲作业位置,距工作面外沿安全距离不得小于 3 m,防止电铲帮滑下。

(7) 操作人员必须时刻注意掌子面变化情况。如发现崖头、大块等危险情况时,应停止作业,离开危险区。同时报告调度,听候指示。

(8) 移动电铲改变作业方向时,铲下必须有人看管移动,清除履带轨道内的障碍物。

(9) 长距离走铲时,必须有专人在铲下负责监护和指挥,铲下人员不准站在履带正前方。禁止用不带橡胶套的铲牙吊电缆。

(10) 电铲升、降段时,行走抱闸及拨轮必须灵活可靠。上坡时主动轮应在后,下坡时主动轮在前。铲斗应在下坡方向,并接近地面。下坡时铲下人员应做好掩车准备。

(11) 爆破时,应服从警戒人员指挥,按要求将电铲开到安全区,将尾部朝向爆区,并切断铲上开关。

(12) 高压线与电铲上部距离不准小于 4 m,铲上无人时,必须拉下隔离开关。

(13) 在松软、易滑地点作业时,也应事先采取防泥、防滑措施。

(14) 非本机台人员不准随意上铲,作业时严禁无关人员进入机棚、走台及操作室,不准堆放有碍行走的障碍物。

(15) 电铲出现故障时,必须及时排除,严禁带病工作。各部抱闸及安全防护装置必须灵活可靠、完整无缺,否则禁止作业。

5.3.1.4　挖掘机行走注意事项

(1) 挖掘机起步前,应检查环境安全情况,清理道路上的障碍物,无关人员离开挖掘机,然后提升铲斗。

(2) 准备工作结束后,驾驶员应先按喇叭,然后操作挖掘机起步。

(3) 行走杆操作之前,应先检查履带架的方向,尽量争取挖掘机向前行走。如果驱动轮在前,行走杆应向后操作。

(4) 如果行走杆在低速范围内,挖掘机起步时,发动机转速会突然升高,因此,驾驶员要小心操作行走杆。

(5) 挖掘机倒车时要留意车后空间,注意挖掘机后面盲区,必要时请专人指挥,予以协助。

(6) 液压挖掘机行走速度——高速或低速可由驾驶员选择。当选择开关在“0”位置时,挖掘机将低速、大扭矩行走;当选择开关在“1”位置时,挖掘机行走速度将根据液压行走回路工作压力而自动升高或下降。例如,挖掘机在平地上行走可选择高速;上坡行走时可选择低速。如果发动机速度控制盘设定在发动机中速(约 1400 r/min)以下,即使选择开关在“1”位置上,挖掘机仍会以低速行走。

(7) 挖掘机应尽可能在平地上行走,并避免上部转台自行放置或操纵其回转。

(8) 挖掘机在不良地面上行走时,应避免岩石碰坏行走马达和履带架。泥砂、石子进入履带会影响挖掘机正常行走及履带的使用寿命。

(9) 挖掘机在坡道上行走时,应确保履带方向和地面条件,使挖掘机尽可能直线行驶;保持铲斗离地 20～30 cm,如果挖掘机打滑或不稳定,应立即放下铲斗;当发动机在坡道上熄火时,应降低铲斗至地面,将控制杆置于中位,然后重新启动发动机。

(10) 尽量避免挖掘机涉水行走,必须涉水行走时,应先考察水下地面状况,且水面不宜超过支重轮的上边缘。

5.3.1.5 单斗挖掘机的检查与维修

A 机械部分的检查

司机、副司机应分工负责按规定的时间和项目对电铲进行检查,并做好记录。属于自修范围的缺陷应及时处理,自修范围以外的问题应及时汇报。

每班检查一次的项目有:铲具、大架子与推压装置、卷扬机构、旋转机构、行走机构、压气系统。旋转台每月检查一次。起落大架子卷扬机构起落前检查。

B 电铲的润滑

(1) 润滑油脂必须符合规定的牌号,采用代用油时,其性能不得低于本规定油脂的技术性能,并需经主管部门批准。

(2) 油脂必须保持清洁,用专门容器装,不得露天敞口存放。存放地点温度不得超过润滑油规定的储放温度。

(3) 注油前必须将油嘴擦干净,油孔堵塞时需立即处理,处理不了要及时报告。

(4) 润滑装置必须完整齐全。

(5) 冬季雪天向铲杆平面敷油时应事先将油加热并坚持勤敷。

(6) 具体润滑、注油、敷油的地点和位置要按设备说明书进行。

C 电铲的维护

a 机械部分维修范围

更换铲具各连接销轴,挡销及垫(用气割除外)。更换到限的牙尖。调正滑板间隙及更换滑板。更换及紧固鞍型轴承的螺钉。更换推压大轴卡箍丝。更换拉门机钢丝绳。紧固推压二轴瓦座螺钉。更换及紧固铲杆与连接器连接螺钉,小花帽螺钉(气割螺钉除外)。更换铲斗开门插销及开斗杠杆。紧固卷扬机架、卷扬减速机各部螺钉,二轴、大轴端盖螺钉(如有处理不了时由检修处理)。调正各部抱闸间隙。处理风管接头漏风。换卷扬钢丝绳。更换提梁均衡轮销轴。紧固回转减速机箱盖及地脚螺钉。更换履带板销轴及挡轴。更换和紧固各卡箍螺钉。紧固三节轴瓦盖螺钉。紧固楔螺钉。各部注油、各油箱换油(按润滑)。补齐、更换大架子上部的油管。更换补齐各部油嘴油堵。紧固配重箱横螺钉。紧固走台连接螺钉。紧固更换 M30 以下的各处连接螺钉。清洗空压机滤清器。更换空压机皮带。

b 电气部分维修范围

司机、副司机在当班时,必须注意电铲电气设备的运行情况,并做好下列检修工作。

(1) 监视与检查发电机和电动机的运转情况,温升是否超过规定值,整流子的火花是否在允许范围内,声音是否正常;各部导线接头、线有无烧焦气味和变色现象,电刷是否暴动,电动机轴承的温升是否正常,底脚螺钉是否松动。

(2) 检查变压器的运行情况,是否温升过高(温升不得超过 55 ℃),有无漏油和声音不正常现象。

(3) 检查各辅助电动机的运转情况,是否有停转和声音不正常现象。

(4) 检查交、直流配电盘及各接触器的工作情况,注意各接线头有无过热变色现象。紧固松动的接线螺钉,处理更换接触器的触头、线辫和消弧罩。

(5) 按技术要求及时更换到限的发电机电刷;对电动机电刷要经常检查,如发现到限,自己又处理不了,可找电工处理更换。

(6) 检查各电动机振动情况,及时紧固松动的底脚螺丝。对发电机的对轮胶圈和胶块要经常检查及时更换。

(7) 捣、接和包扎高压移动电缆线,处理绝缘损坏部位,严防砸压和硬拉电缆,以免破坏和降低绝缘,避免接地放炮。

(8) 检查高低压保险器,按规定更换熔丝。严禁用铜、铝丝代替。柱上开关的熔丝和电缆接线要接触良好。

(9) 对所有的电动机,电控盘和其他用电设备,要定期吹风清扫(每周两次),使电气设备保持清洁。直流电动机,交、直流配电箱,高低压集电环,半个月检查维护一次。高压油开关、交流电动机、发电机组、磁力站、高压柜一个月检查维修一次,以上设备的检查与维修要严格按电气设备的维护规格进行。

5.3.1.6 提高电铲生产能力

A 缩短挖掘机工作循环时间

挖掘机工作循环时间是从铲斗挖掘矿岩到卸载后再返回工作面准备下一次挖掘所需要的时间。它是由挖掘、重斗向卸载地点回转、下放铲斗对准卸载位置、卸载、空斗转回挖掘地点、下放铲斗准备挖掘等几个工序组成。在生产实践中,通常采取部分操作合并的工作方法,即在挖掘机向卸载和挖掘地点回转的同时,完成下放铲斗对准卸载位置和下放铲斗准备挖掘,这可减少循环时间。

挖掘机工作循环时间的长短主要取决于各操作工序的速度、爆破质量、装载条件及工作面准备程度。据统计,挖掘时间约占循环时间的20%～30%,两次回转时间占60%～70%,卸载时间占10%～20%。减少每一操作时间,是缩短工作循环时间的关键。

矿岩的爆破质量对挖掘时间有很大影响。为了减少挖掘时间,首先要求有足够爆破块度均匀的矿岩,工作面不留根底,不合格大块要少。此外,采用合理的工作面采掘顺序,即由外向内,由下向上地采掘,以便增加自由面,减少采掘阻力,加快挖掘过程。不少先进司机都采用压碴铲取法,即每次铲取矿岩时,铲斗的前壁有20%的宽度重复前一次铲取的轨迹,80%的宽度插入矿堆中,这样就减少了铲取的阻力,增加了铲取力量和提升速度。

回转操作时间一般占整个循环时间的60%以上。旋转角度与回转时间成正比,故减小挖掘机的回转角对缩短循环时间具有很大意义。汽车运输时采取适当的装车位置,铁路运输时尽量缩小铁道中心线到爆堆底边的距离,都有利于小角度回转装车。此外,利用等车时间,进行工作面的矿岩松动和捣置,把位于工作面内侧的矿岩捣至外侧堆置,也能减少挖掘机的回转角度。

减少挖掘机工作循环时间的措施:

(1) 正确进行施工组织设计。与挖掘机配合的自卸车数量及承载能力应满足挖掘机生产能力的要求,且自卸车的容量应为挖掘机铲斗容量的整数倍。同时,尽量采用双放装车法,使挖掘机装满一辆,紧接着又装下一辆,由于两辆自卸车分别停放在挖掘机铲斗卸土所能及的圆弧线上,这样,铲斗顺转装满一车,反转又可装满另一车,从而提高装车效率。

(2) 在施工组织中应事先拟定好自卸车的行驶路线,清除不必要的上坡道。对于挖掘机的各掘进道,必须做到各有一条空车回程道,以免自卸车进出时相互干扰。各运行道应保持良好,以利自卸车运行。

(3) 挖掘机驾驶员应具有熟练的操作技术,并尽量采用复合操作,以缩短挖掘机作业循环时间。

(4) 挖掘机的技术状况对其生产率有较大影响,特别是发动机的动力性。此外,斗齿磨损时铲斗切削阻力将增加60%～90%,因此,磨钝的斗齿应予以更换。

B 提高满斗程度

满斗系数是铲斗挖入松散矿岩的体积与铲斗容积之比。其大小主要取决于矿岩的物理机械性质、爆破质量、工作面高度以及司机操作技术水平。为使挖掘机正常满斗,首先要保证挖掘工作面有足够的高度,一般要求大于挖掘机推压轴高度的2/3。此外,利用等车间隙松动捣置矿岩,及时挑出不合格的大块,也能提高装载时的满斗系数。

综上所述,从挖掘机采装工作本身来说,为缩短工作循环时间,提高满斗程度,可采取下列措施:

(1) 充分发挥挖掘机司机的积极性和创造性,不断提高操作技能,使每项操作工序迅速而准确。

(2) 加强设备的维护保养,保证机器各部性能良好,使之运转快速而稳定。

(3) 采用合理的采装方式和工作面尺寸,使挖掘机和车辆的位置配置适当,保证小角度回转装车。

(4) 充分利用等车间隙时间,做好装车前的准备工作,包括松动、捣置和清理工作面的矿岩、挑选出不合格的大块等。

C 改善爆破质量,保证穿爆储备量

穿爆是采掘硬岩的预备工序。从保证挖掘机充分发挥效率的角度,对穿爆的要求,主要有两方面:一是改善爆破质量,二是保证采装所需的爆破储量。

爆破质量的好坏,对挖掘机生产能力影响很大。为提高作业效率,对爆破质量的要求是:爆破后爆堆的形状和尺寸有利于挖掘机安全高效率作业;矿岩块度均匀,力求减少不合格的大块;保证工作平盘平整,不留根底或根底较少;不产生"伞檐"。

改善爆破质量,大体上可采取以下措施:

(1) 正确确定爆破参数。

(2) 采用高威力的新型炸药。

(3) 采用小直径钻孔加密孔网、微差爆破、挤压爆破等技术措施。

(4) 及时处理大块进行二次破碎,以创造良好的工作面。

足够的采装所需的爆破量,是保证挖掘机发挥最大效率的另一个重要方面。爆破储备量不足,会形成穿孔紧张,爆破频繁,挖掘机避炮次数增加,甚至要停工待爆,使挖掘机工作时间利用系数降低。因此,合理地安排穿爆储量,在生产中是一项经常性的工作。在可能的情况下,可采用高效率的穿孔设备,使用多排孔微差爆破技术,这不仅减少爆破次数,而且能改善爆破质量,使大块、根底以及后冲明显减少,同时又能为采装工作提供足够的爆破储量。

D 及时供应空车,提高挖掘机工时利用率

挖掘机工作班时间利用系数是扣除班内发生的等车、交接班、挖掘机移动、设备维护、事故处理等中断时间后,纯挖掘时间与工作班延续时间的比值。它取决于运输方式、检修工作组织、动力供应、穿爆、采运工艺配合等多方面的因素。

在生产实践中,等车(即入换及欠车)时间往往占挖掘机非工作时间相当大的比重,它是影响挖掘机工作时间利用系数的主要因素,其次为其他因素的影响。因此,要提高空车供应率,就必须缩短列(汽)车入换时间,减少欠车时间,加大车辆载重量,增加装载时间。然而,一个露天矿的列车(或汽车)载重量往往是确定的,因此,减少列(汽)车入换时间和欠车时间对提高挖掘机工作时间利用系数就具有重要意义。下面分别研究铁路运输和汽车运输的空车供应问题。

铁路运输的列车入换时间取决于工作平盘上的配线方式和行车组织。而工作平盘配线方式的确定,则受露天矿开拓运输系统、台阶工作线长度、平盘上同时工作的挖掘机数以及工作线发展方式等具体条件所制约。合理的工作平盘配线方式，不但应满足使列车入换时间最短，还要考虑线路移设方便，移设线路时不影响采掘工作，同时要尽量减少线路数，使线路移设工作量及工作平盘宽度最小。但这些要求往往是互相矛盾的。因此，只有根据具体条件综合分析，在解决主要矛盾的基础上，适当照顾其他要求，才能获得合理解决。

当开采台阶的工作线较长、采区较多时，可设置两个运输出入口，采用环行式配线方式。这样可以减少列车入换时间及各采区的相互干扰，提高平盘通过能力，从而可提高挖掘机效率。

如前所述，欠车时间是影响挖掘机生产能力的一项重要因素，尤其铁路运输更为重要。欠车时间多少，取决于来车的密度，而来车密度的大小，在一定线路系统下，主要与列车出动数量有关，其次也与列车周转时间有关。在生产实际中，往往由于运输设备不足或运输调度不合理而发生欠车现象，使挖掘机工作时间利用系数降低。因此，应合理地配备列车，做到既使挖掘机利用率高又使机车车辆得到充分利用。配备合理的车铲比。

采用汽车运输与挖掘机配合作业时，由于汽车灵活性高，故汽车在工作面的入换与铁路运输有明显的区别。为发挥挖掘机和汽车的效率，保证汽车司机的安全，汽车在工作面的配置和入换应力求：

(1) 汽车停放的位置应尽量减小挖掘机装车时的回转角。

(2) 汽车在工作面的入换时间要短，有条件时可在工作面并列两辆汽车，使挖掘机能不间断地工作。

(3) 装载时，挖掘机铲斗不得从汽车司机室上方经过。

由于入换方式不同，入换时间和所占工作平盘宽度也有差异。折返倒车的入换时间较长，而工作平盘宽度较窄；回返行车则与之相反。这两种入换方式要根据生产中实际的工作平盘宽度灵活运用。

由于汽车运输机动灵活，汽车入换时间较短，即使采用入换时间较长的折返式，但只要车辆充足，汽车完全可以利用挖掘机挖掘时间进行入换，从而减少挖掘机因汽车入换而造成的等车时间。因此，在汽车运输条件下，保证足够的车辆是发挥挖掘机效率的重要一环，为不断地向挖掘机供应空车，应合理配备车铲比。

在生产中，汽车运输一般采用定铲配车制，故合理的车铲比应分采区分别确定。值得注意的是，在生产实际中，因汽车故障较多，出车率较低，为使挖掘机有效作业，车铲比还应考虑足够的备用量。

综上所述，合理地确定车铲比，加强运输工作的组织和调度，加快列(汽)车在工作平盘上的入换，是保证较高的空车供应率，提高挖掘机工时利用系数的重要措施。

E　加强设备维修，提高出勤率

正确处理设备使用与维修的关系，使设备经常保持完好状态，是提高挖掘机工作时间利用系数的一个重要方面。设备的技术状况好坏，关键在于维修。挖掘机的维护检修，包括定期的计划预防检修、日常维护和临时故障修理。其中应以预防为主。平时对设备要勤检查、勤维护和勤调整，认真执行计划预防检修制度。

专业机修队伍和电铲司机分工合作，是搞好维修的好方法。我国许多矿山采用电铲司机组分工保养的方法，各班分别负责保养电铲某一部位，并学会一些维修技能，逐步做到自行小检小修，这对于保持设备完好，提高挖掘机出勤率起着重要作用。

提高检修技术，缩短检修工期，也是提高挖掘机出勤率的一个方面。例如，迁安铁矿采用统筹法组织检修工作，使挖掘机大修工期由 720 h 减至 320 h，即缩短工期 65.6%，从而增加了挖掘机的有效工作时间。

以上叙述了与提高挖掘机生产能力有关的几个主要技术问题，着重分析了穿爆、采掘、运输这几个主要生产环节的影响因素。然而，在实际生产中，还有更多方面的因素，例如，风、水、电线路的移设、工作面的清理以及排土、卸矿能力等，均对挖掘机生产能力有较大影响。

综上所述，挖掘机生产能力是反映露天矿生产的一项综合指标，它受着多方面因素的影响。因此，在设计新矿山时，就要通过对各影响因素的细致分析，才能确定出符合实际情况的先进指标。在组织生产时，需在众多的矛盾中，找出主要矛盾，加以解决，以使露天矿生产效率有较大的提高。

F 提高电铲司机的操作水平

电铲司机要掌握利用入换时间清理大块，堆整爆破，准确铲取，旋转与提斗同时进行，准确卸载，返回与降臂同时进行等方法，降低运转时间。在实际过程中，司机的操作水平、熟练程度更是提高生产能力的重要途径，矿山要注重司机的培养，开展各种劳动竞赛，采用计量工资等方法培养优秀的电铲司机。

5.3.2 前端式装载机的应用

5.3.2.1 前端式装载机的用途

前端式装载机（简称前装机）是一种用柴油发动机驱动（或柴油发动机-电动轮）和液压操作的一机多能装运设备，除可用作向运输容器装载外，还可以自铲自运、牵引货载。行走部分一般多为轮胎式。

轮胎式前装机的主要组成部分包括：工作机构、柴油发动机或柴油发动机-电动机、传动装置、自行胶轮底盘、操纵台等。其车身结构有两种基本形式，即铰接式和整体式。

轮胎式前装机与单斗挖掘机一样，都属于间断作业式的采装设备。其操作程序：铲臂下放，使铲斗处于水平位置；铲斗在装载机推压力的推动下插入矿（岩）堆；铲斗向上提起，铲取矿岩，并把铲臂连同铲斗举起一定高度；前装机驶向卸载地点；铲斗向下翻转卸载；前装机返回装载地点，并将铲斗下放至初始位置，然后重复同样过程。

与单斗挖掘机比较，轮胎式前装机具有以下主要优点：

(1) 质量轻，制造成本低。

(2) 行走速度快，最大运行速度可达 35 km/h。因此，在一定的运距范围内，可用它直接进行装载和运输。

(3) 尺寸小、机动灵活，可在挖掘机不能运行的复杂条件下进行工作；对采装地点分散和复杂矿床的分采适应性强。

(4) 作业效率不受台阶（或爆堆）低的影响。

(5) 爬坡能力大，可在 20°左右的坡道上运行。

(6) 除完成主要采运作业外，还可更换各种工作机构，完成露天矿的各项辅助作业：堆垒爆堆、清雪、修路、运送零件及电缆。

轮胎式前装机的主要缺点是：

(1) 对矿岩块度适应性差，使生产能力受影响。

(2) 工作规格较小，适应的台阶高度有限，一般不超过 10 m。

(3) 轮胎磨损较快，使用寿命短。因此，在挖掘坚硬矿岩时，应采取措施减少轮胎的磨损，如经常清理工作面的矿岩，尽量避免轮胎打滑，在轮胎上加装保护链或采用履带垫轮胎等。

由于轮胎式前装机具有机动灵活、设备投资少等优点，因此，用途的广泛性远远超过其他采装机械。近年来它在一些露天矿山使用已日益增多。

前装机在国内外大型露天矿中，主要作为辅助设备，而在中、小型露天矿，尤其是一些非金属露天矿，一般常用它进行装载作业。轮胎式前装机在露天矿可有以下几种使用情况：

(1) 作为主要采装设备直接向自卸汽车、铁路车辆、移动式胶带运输机的受矿漏斗装载。

(2) 当运距不大时，作为主要采装运输设备取代挖掘机和自卸汽车，将矿石直接运往溜井、铁路车辆的转载平台，以及从储矿场向固定破碎设备运矿或从爆堆中采装矿石运至移动式或半固定式破碎设备。

(3) 当剥离工作面距排土场较近或剥离工作量不大时，可用前装机将岩石直接运到排土场。在大型露天矿中，可作高台阶排土场的倒运设备。

(4) 在大型露天矿可用作辅助设备。如代替推土机堆集爆破后飞散的矿岩，从工作面将不合格的大块运往二次破碎地点，建筑和维护道路，平整排土场，向挖掘机和钻机运送燃料、润滑材料和重型零件，清除积雪等。

(5) 在大型露天矿和多金属矿体、多工作面开采时，可用前装机与挖掘机配合工作，以减少装载时间和降低采装成本。例如，用前装机采装爆堆高度小的部分；用前装机将爆破后飞散的矿岩堆集起来并装入汽车，为大型挖掘机创造良好的工作条件。

(6) 用前装机代替挖掘机和自卸汽车掘进露天堑沟，可减少堑沟宽度和掘沟工程量，提高掘沟速度。

(7) 在电铲移动过程中，可以参加辅助作业，移动电缆，移动电杆。在铁路运输的矿山可以用来移道等辅助作业。

5.3.2.2 前端式装载机操作注意事项

(1) 工作前必须对本机全面检查保养，起步前必须让柴油机水温达到 55 ℃，气压表达到 4.4 MPa后方可起步行驶，不准出带病车。

(2) 起步与操作前应发出信号，必须由操作人员呼唤应答，鸣喇叭，通知有妨碍的人和车辆离开，对周围做好瞭望，确认无误方可进行。

(3) 行驶时，避免高速急转弯。

(4) 驾驶室内不准乘坐驾驶员以外的人员，驾驶室以外的任何部位都不准乘人，更不准坐在铲斗内。

(5) 严禁下坡时熄火滑行。

(6) 随时注意各种仪表、照明和应急机械的工作状态。

(7) 装料时要求铲斗内物料均匀，避免斗内物料偏重，操作中进铲不得过深，提斗不应过急，一次挖土高度一般不得高于 4 m。

(8) 工作时严禁人员在升降臂及铲斗下走动。

(9) 工作场地必须平整，不得在斜坡工作，防止在转运料与卸料时发生倾翻，作业时发动机水温不得超过 80 ℃，变矩器温度不得超过 120 ℃，重载作业超温时，应停车冷却。

(10) 全载行驶转运物料时，铲斗底面与地面距离高于 0.5 m，必须低速行驶。

(11) 不准装满物料后倒退下坡，空载下坡时也必须缓慢行驶。

(12) 向汽车卸土，应待车停稳后进行，禁止铲斗从车辆驾驶室上方越过。

(13) 行驶时，臂杆与履带车体平行，铲斗及斗柄油缸安全伸出，铲斗斗柄和动臂靠紧，上下坡时，坡度不应超过 20°。

(14) 停机时，必须将铲斗平放地面，关闭电源总开关；水箱水放净。

5.3.3 其他装载设备的应用

在露天开采过程中，应用的采装设备还有索斗铲、多斗挖掘机、液压挖掘机、应用于小型矿山的采装设备、机械挖掘机等。

5.3.3.1 机械挖掘机操作注意事项

(1) 司机必须经过安全技术培训，了解本机构造性能，并经考核后方可持证上岗。

(2) 操作人员必须穿好工作服，女同志应将发辫扎在工作帽里。

(3) 启动作业前，检查设备各工作装置行走，安全制动和防护装置，液压部件及电气装置是否完好，确认完好可靠后，方可开始作业。

(4) 机上必须配备灭火器，不准用明火取暖，不准用明火检查燃油，不准用明火烘烤油水分离器等，油水冻结部位、排气管及电动机附近，不准放易燃物品。

(5) 行走时，工作装置放到离地面 0.4～0.5 m 高度，主动轮应在后面，上下道不得超过本机允许坡度，下坡用慢速度，不得将发动机关闭，严禁坡道变速和滑行。

(6) 跨越障碍物时，不得使机器倾斜 10°以上。其允许的涉水深度为托轮中心以下。

(7) 作业区内严禁行人和障碍物品堆放，挖掘前应先鸣铃示警。

(8) 作业时挖掘机必须停放稳固。保持水平位置，避免倾斜状态的装载作业，遇有较大的坚硬石块或障碍物时，需清除后方可开挖，不得用铲斗破碎石块和冻土，不准用单个斗齿硬啃底板。

(9) 挖掘作业时，挖掘机距工作面至少保持 1 m 的安全距离，作业面不准超过本机规定的最大开挖高度及深度。挖掘机任何部分与带电线路间的安全距离为：1 kV 的不得少于 2 m，3 kV 以上的不得少于 4 m。

(10) 作业时铲斗升降不许过猛，下降时不许碰撞车架或履带，铲斗未离开挖掘工作面时，不得回转及行走，回转制动时，应使用回转制动，而不得用反轮控制回转惯性。禁止在机上做修理和调整工作。

(11) 装车时，铲斗应尽量放低，不得碰撞汽车的任何部位，在汽车未停稳时不得装车，严禁铲斗从车头上方经过，严禁扒、砸、压运输车辆，严禁用铲斗吊装人员作业。

(12) 挖掘悬崖时，应采取防护措施，工作面不得留有松动的大石块，如发现塌方征兆应立即处理并撤出挖掘机。

(13) 夜间作业，机上及工作地点必须有足够的照明。

(14) 作业结束后挖掘机应停放在坚实平坦的地带，将铲斗落地，并将安全锁置于锁紧位置，发动机冷却后关闭，关闭电源总开关。

5.3.3.2 液压挖掘机的操作规程

A 作业前的技术准备

(1) 发动机部分，按通用操作规程的有关规定执行。

(2) 发动机启动或操作前应发出信号。

(3) 检查液压系统有无渗漏；轮胎式挖掘机应检查其轮胎是否完好、气压是否符合规定；检查传动装置、制动系统、回转机构及仪器、仪表，并经试运转，确认正常后方允许进入作业状态。

(4) 详细了解施工任务和现场情况。检查挖掘机停机处土壤的坚实性和稳定性，轮胎式挖掘机应加支撑，以保持其平稳、可靠。检查路堑和沟槽边坡的稳定情况，防止挖掘机倾覆。

(5) 严禁任何人员在挖掘机作业区内滞留。禁止无关人员进入驾驶室。

(6) 挖掘机作业现场应有自卸车进出的道路。

B 作业与行驶中的技术要求

(1) 挖掘机作业时禁止任何人上、下挖掘机和传递物品,不准边作业边保养、维修;不要随意调整发动机(调速器)以及液压系统、电控系统;要注意选择和创造合理的作业面,严禁掏洞挖掘。

(2) 挖掘机卸料时应待自卸车停稳后进行;卸料时在不碰撞自卸车任何部位的情况下,应降低铲斗高度;禁止铲斗从自卸车驾驶室上方越过。

(3) 禁止利用铲斗击碎坚固物体;如遇到较大石块或坚硬物体时,应先清除后继续作业;禁止挖掘未经爆破的5级以上的岩石。

(4) 禁止将挖掘机布置在上、下两个挖掘段内同时作业;挖掘机在工作面内移动时应先平整地面,并清除通道内的障碍物。

(5) 禁止用铲斗油缸全伸出方法顶起挖掘机。铲斗没有离开地面时挖掘机不能作横行行驶或回转运动。

(6) 禁止用挖掘机动臂横向拖拉他物;液压挖掘机不能用冲击方法进行挖掘。

(7) 挖掘机在作回转运动时,不能对回转手柄作相反方向的操作。

(8) 驾驶员应时刻注意挖掘机的运转情况,发现异常应立即停车检查,并及时排除故障。

(9) 在挖掘机作业、运行过程中,应经常检查液压油温度是否正常。

(10) 挖掘机运行中遇电线、交叉道、桥涵时,了解情况后再通过,必要时设专人指挥;挖掘机与高压电线的距离不得少于5 m;应尽可能避免倒退行走。

(11) 挖掘机运行时其动臂应与行走机构平行,转台应锁止,铲斗离地面1m左右。下坡运行时应使用低速挡,禁止脱挡滑行。

(12) 挖掘机行走路线应与边坡、沟渠、基坑保持足够距离,以保证安全;越过松软地段时应使用低挡匀速行驶,必要时使用木板、石块等予以铺垫。

C 作业后的技术工作

(1) 挖掘机应停放在平坦、坚实、不妨碍交通的地方,挂上倒挡并实施驻车制动。必要时如坡道上停车,其行走机构的前后垫置楔块。

(2) 转正机身,铲斗落地,工作装置操纵杆置于中位,锁闭窗门后驾驶员方可离开挖掘机。

(3) 按保修规程的规定,对挖掘机进行例行保养。

复习思考题

5-1 简述露天开采常用采装设备。

5-2 说明液压挖掘机的主要优点。

5-3 简述前端式装载机在露天开采中的用途。

5-4 说明单斗挖掘机的采装方式。

5-5 简述单斗挖掘机的工作程序。

5-6 阐述多斗挖掘机在露天开采中的应用。

5-7 简述单斗挖掘机的工作参数。

5-8 简述单斗挖掘机工作面主要参数。

5-9 简述小型露天矿常用采装方式。

5-10 简述如何提高电铲生产能力。

6 露天矿运输

露天开采，其生产的特点还在于不仅要采掘和运输有用矿物，而且要采掘和运输大量的废石。露天矿生产过程是以完成一定量的剥离岩石量和采出矿石量为目的。

露天矿运输工作所担负的任务，是将露天采场内采出的矿石运至选矿厂、破碎厂或储矿场，将剥离的废石运至排土场，以及把材料、设备、人员运送至所需的工作地点。因此，露天矿运输系统是由采场运输、采矿场至地面的堑沟运输和地面运输（指工业场地、排土场、破碎厂或选矿厂之间的运输）所组成。这也叫做露天矿内部运输，而破碎厂或选矿厂、铁路装车站、转运站至精矿粉或矿石的用户之间的运输叫做外部运输。如果选矿厂或破碎厂等距矿山较远，则矿山至它们之间的运输也属于外部运输的范围。本章主要介绍露天矿内部运输的方法。

露天矿运输是一种专业性运输，与一般的运输工作比较，有如下一些特点：

(1) 冶金露天矿运输量较大，剥离岩石量常是采出矿石量的数倍，无论是矿石或岩石，它们的体重大、硬度高、块度不一。

(2) 露天采矿范围不大、运输距离小、运输线路坡度大、行车速度慢、行车密度大。

(3) 露天矿运输与装卸工作有密切联系，采场和排土场中的运输线路需随采掘工作线的推进而经常移设，运输线路质量较低。

(4) 露天矿运输工作复杂，由山坡露天转入深凹露天后，运输工作条件发生很大变化，为了适应各种不同的工作条件，需要采用不同类型的运输设备，也就是说，运输方式的改变，会给运输组织工作带来许多新的问题。

根据以上特点，对露天矿运输应提出下列要求：

(1) 运输线路要简单，避免反向运输，尽量减少分段运输。因此，在决定开拓系统时，必须保证有合理的运输系统。

(2) 运输设备要有足够的坚固性，但不能过分笨重和复杂。要有较高的制造质量，以保证安全可靠的运转。

(3) 运输设备的能力要有一定的备用量，以适应超产的需要。设备数量也应有一定的备用量，特别是易损零件和部件，以便运转中损坏时能及时更换。

(4) 要进行经常和有计划的维护和检修，以确保运输设备技术状态良好。

(5) 要有合理的调度管理和组织工作，使运输工作与矿山生产各工艺过程紧密配合，确保采掘工作正常进行。

露天矿运输方式可分为：铁路运输、汽车运输、带式运输机运输、提升机运输、架空索道运输、无极绳运输、自溜运输和水力运输等。其中以铁路运输、汽车运输和带式运输机运输应用广泛，特别是前两者最多。提升机运输和自溜运输只能在一定条件下作为露天矿整个运输过程的一环，常常需要和其他运输方式相配合。水力运输用于水力冲采细粒软质土岩时，工艺简单，效率很高，但受运输货载条件的严格限制，应用的局限性很大。近年来，露天矿运输除了在上述各类常用的运输方式中向大型和自动化发展外，还创造了一些新的方式，如胶轮驱动运输机等。

铁路运输曾经是我国露天矿应用最广泛的一种运输方式，但近年来，汽车运输的应用已有了较大的增加。目前，绝大多数有色金属露天矿都采用汽车运输，露天铁矿汽车运输量也占到铁矿石总量的30%左右。可以预料，随着我国汽车制造工业和橡胶工业的进一步发展，增大汽车运输比重的趋势必将继续增长下去。

6.1 露天矿铁路运输

铁路运输运输量大，成本低；但允许坡度小，一般只有1.5%～4%，最大6%～8%；曲率半径大，灵活性差；基建速度慢，适用于地形不复杂、矿体走向长、运距长、运量大的露天矿。铁路运输的牵引设备有牵引机组、电动机车、内燃机车。中国生产的标准轨电动机车有100 t和150 t两种；窄轨电动机车有8 t、14 t、20 t、40 t四种。窄轨内燃机车有80马力、120马力、240马力等。矿车种类较多，准轨矿车有60 t、100 t和180 t三种，窄轨矿车有1.2～2.5 m^3、4～10 m^3、20 m^3 等。中国用1435 mm标准轨距，窄轨轨距主要有900 mm、750 mm、762 mm和600 mm四种。

铁路运输是一种通用性较强的运输方式。在运量大、运距长、地形坡度缓、比高不大的矿山，采用铁路运输方式有着明显的优越性。其主要优点是：

(1) 运输能力大，能满足大中型矿山矿岩量运输要求。运输成本较低。

(2) 能和国营铁路直接办理行车业务，简化装卸工作。

(3) 设备结构坚固，备件供应可靠，维修、养护较易。

(4) 线路和设备的通用性强，必要时可拆移至其他地方使用。

但铁路运输也有其致命的缺点：

(1) 基建投资大，建设速度慢，线路工程和辅助工作量大。

(2) 受地形和矿床赋存条件影响较大，对线路坡度、曲线半径要求较严，爬坡能力小，灵活性较差。

(3) 线路系统、运输组织、调度工作较复杂。

(4) 随着露天开采深度的增加，运输效率显著降低，据认为，铁路运输的合理运输深度只在120～150 m以内。

铁路运输工作包括：车务：列车运行组织工作；机务：机车车辆的出乘、维护及检修；工务：指线路的维修和拆铺；电务：信号、架线、供电及通讯联络等。

6.1.1 铁路运输线路建设

铁路线路是机车车辆运行所不可缺少的工程结构体。为确保机车车辆在规定的最大速度下运行安全、平稳和不中断，铁路线路所有部分应有足够的坚固性、稳定性和良好的技术状态。

露天矿铁路与铁道部所属国有铁路相比，具有如下特点：

(1) 线路坡度陡、弯道多、曲率半径小。

(2) 线路区间短、技术标准低、行车速度慢。

(3) 线路级别复杂，大量移动线路。

(4) 运输距离短，运输周期中的装卸时间长。

(5) 行车密度大，不按固定运行图行车。

因此，它与国有铁路在结构标准、技术条件、服务年限、行车密度等方面的要求均有所区别。

根据露天矿生产工艺过程的特点，露天矿铁路线路分为固定线路、半固定线路和移动线路三类：连接露天采矿场、排土场、贮矿场、选矿厂或破碎厂及工业场地之间服务年限在三年以上的矿山内部干线，称之为固定线；采场的移动干线、平盘联络线及使用年限在三年以下的其他线路，称之为半固定线；采场工作面装车线及排土场的翻车线则属于移动线。

(1) 钢轨。钢轨的功用是支持和引导机车车辆的车轮，并直接承受来自车轮的压力传之于轨枕。它的型号用每米长的质量来表示。国产钢轨型号有:50 kg、43 kg、38 kg、24 kg、18 kg 和15 kg等多种。其标准长度一般为 12.5 m 和 25 m。

大型露天矿准轨机车运输时,一般是采用轴荷重为 25 t 的机车车辆,故应选用实际质量为43 kg/m 以上的钢轨。中、小型露天矿采用窄轨机车运输时,在选用范围内,可依其行车速度和年货运量来决定钢轨类型。即行车速度高、年货运量大时,可采用较重的钢轨,否则采用较轻的钢轨。

(2) 钢轨连接零件。钢轨的连接零件按其功用可分为两类:中间连接零件和钢轨接头连接零件。中间连接零件包括道钉和垫板。道钉有普通道钉和螺栓道钉之分。使用木轨枕时常用普通道钉,采用钢筋混凝土轨枕时常用螺栓道钉。垫板的功用是把钢轨传来的压力传递到较大的轨枕支承面上,使行车平稳,并把轨条两侧的道钉联系为一体以增强道钉抵抗钢轨横向移动力。

钢轨接头零件有鱼尾板、螺栓及弹簧垫圈等。鱼尾板的形式很多,我国生产的标准鱼尾板为双头鱼尾板。

(3) 轨枕。轨枕是钢轨的支座,其功用是承受自钢轨通过中间连接零件传来的竖直力和纵横水平力,并将其分布于道床,保持钢轨位置、方向和轨距,以及起弹性缓冲动荷载的作用。铁路线路上轨枕的布置,应根据运量和行车速度等因素考虑。一般运量大、速度高的线路,轨枕应布置得密一些;在露天矿山每 1 km 准轨线路轨枕的根数为 1440、1520、1600、1680、1760、1840 等标准。

(4) 道床。道床是轨枕与路基间传递压力的媒介。其功用是传递并均布压力于路基基面,作缓和冲力的缓冲层;排泄基面地表水;固定轨枕位置以增加线路的稳定性。故要求道碴材料是坚硬、稳定、利于排水的物质。

道碴材料有碎石、砂、砾石、矿碴。一般以就地取材为原则。我国露天矿固定线路上多用剥离岩石破碎为 25～30 mm 的碎块。

道床的断面如图 6-1 所示,由顶面宽、厚度和边坡这三个要素组成,它们的尺寸根据道碴材料、上部建筑类型、线路平面(直线或曲线)、路基土壤性质和线路等级而定。一般准轨道床顶面宽为 2.7～2.9 m,厚度为 0.15～0.35 m;窄轨道床顶面宽为 1.4～1.9 m,厚度为 0.1～0.25 m。轨枕应埋入道碴内,其表面一般高出道碴表面 3 cm。

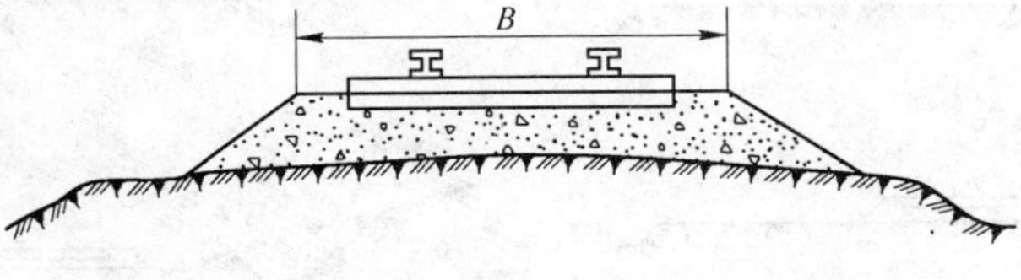

图 6-1 道床断面图

(5) 线路防爬及加强设备。在列车运行时,由于多种因素的影响,例如,轨轮间的摩擦阻力,列车车轮对轨缝的冲击,列车制动时在轨面上的滑动等,都对钢轨产生一种纵向作用力,该力能使钢轨产生纵向移动,有时带动轨枕一起移动。这就是所谓线路爬行。线路爬行是极其有害的,它能引起轨枕歪斜,枕间隔不正,轨缝不匀,增大扣件磨损等恶果。

防止线路爬行的根本措施是加强整个线路的上部建筑,如加强中间连接件,采用碎石道床,增加每公里轨枕数目,安设防爬设备等。

防爬设备主要包括防爬器和防爬撑。我国露天矿铁路线路上常用穿销式防爬器,每对穿销式防爬器配备三对防爬撑。每节钢轨安装防爬器的组数,视线路特征和行车情况,一般为 2～4 对。

线路加强设备有轨距杆和护轮轨。在固定线路曲线半径小于 300 m 的区段以及移动线路，均应装设轨距杆，以维持轨距不变。在曲线半径小于 120～150 m 以下的地段和反向曲线端点间距小于 25 m 的地段之内侧，均设护轮轨，以保证行车安全。

(6) 道岔。连接两条线路或自一条铁路转入另一条铁路时的连接设备称为道岔。道岔的种类很多，露天矿大量而普遍采用的是单式普通道岔，其结构和表示方法如图 6-2 所示。

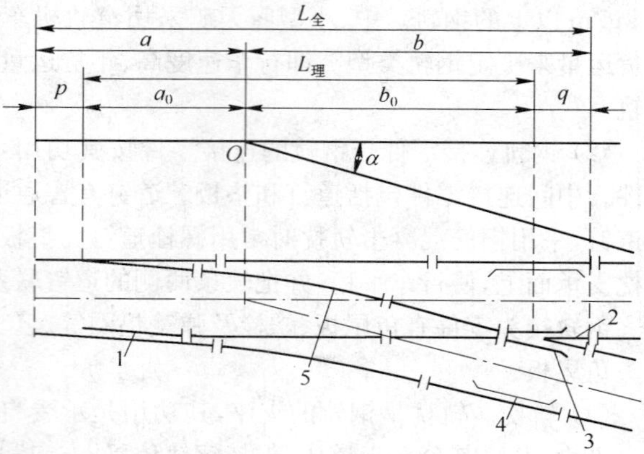

图 6-2　单式道岔构造和表示法

1—尖轨；2—辙叉心；3—翼轨；4—护轮轨；5—曲导轨

单式普通道岔由转辙器、导轨、辙叉三部分组成。转辙器包括一对基轨、一对尖轨、连接杆和整套转辙机械。辙叉由辙叉心（α 为辙叉角）、翼轨和护轨组成。连接部分是两根直轨和曲导轨，它将转辙器和辙叉连成一组完整的道岔。

道岔的型号由辙叉角的正切值决定。设$\frac{1}{N}=\tan\alpha$，则 N 即为道岔号数。N 值愈大，辙叉角愈小，列车通过道岔时也就愈平稳。露天矿常用的道岔为 7、8、9 号。

(7) 路基。路基是铁路线路主要下部建筑，它承受线路上部建筑的重量及机车车辆的荷重，是铁路的基础。它的技术状态如何及完整与否，关系到整个线路的质量。因此建筑路基时应当保证坚固、稳定、可靠而耐久，要有排水和防水设施，以免受水的危害，建筑费用要低，维修要简单。

根据路基面与地面的相对位置和修筑方式不同，路基的横断面可分为路堤、路堑、零位路基、半路堤、半路堑和半堤半堑。各种路基横断面如图 6-3 所示。

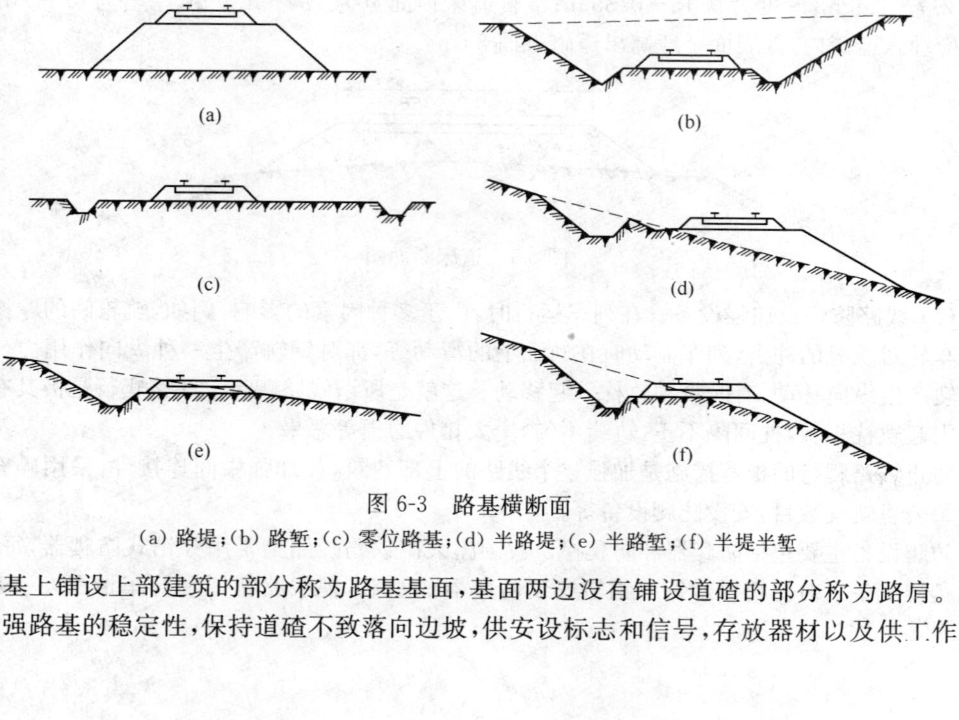

图 6-3　路基横断面

(a) 路堤；(b) 路堑；(c) 零位路基；(d) 半路堤；(e) 半路堑；(f) 半堤半堑

路基上铺设上部建筑的部分称为路基基面，基面两边没有铺设道碴的部分称为路肩。其作用是加强路基的稳定性，保持道碴不致落向边坡，供安设标志和信号，存放器材以及供工作人员通行往来。路肩宽度一般不小于0.6 m，最小不得小于0.4 m。路基边坡是指路基两侧的斜面坡度，用垂直距离与水平距离的比数表示。边坡的坡度取决于构成边坡的土岩性质和路基断面，路堤边坡一般为1∶1.5～1∶1.75，路堑边坡为1∶0.11～1∶1.5。

路基的主要构成要素是它的宽度。路基宽度是指路基基面的宽度，其大小取决于轨距、线路数目、线路间距、路肩宽度以及构成路基的土岩性质和线路级别。在曲线地段，由于外轨抬高，道床呈倾斜状，道床的下宽增大，要求路基也要相应加宽，其值视曲线半径大小而异，一般为0.1～0.3 m。

水是铁路之大害，为保证路基边坡经常处于稳定状态，必须使路基的土体以及接近路基的地基和路堑边坡处于密实干燥状态。因此，路堑基面两侧需设侧沟，用以排泄路堑中的雨水。侧沟的坡度一般与路堑纵坡相同，但不应小于2‰。路堤两侧无取土坑时，需在路堤地形较高的一侧修纵向排水沟，当地面横坡不明显，路堤高小于2 m时，两侧均设纵向排水沟。纵沟与路堤间留护道不小于2 m。水沟断面需根据排水的流量计算确定，但沟底最小宽度不小于0.4 m，深度不小于0.6 m。

(8) 桥隧建筑物。桥隧建筑物也属于铁路的下部建筑，包括桥梁、涵洞、隧道、挡土墙等建筑物。涵洞是铁路跨越小溪流、沟渠时用以排泄地面水的小型建筑物。在露天矿应用混凝土涵管或钢筋混凝土涵管较多。桥梁为跨越江河、洼地和其他路线的大型建筑物。隧道常用于线路穿越高山障碍，它能节省土石方量，缩短线路里程。在填筑路堤和挖掘路堑时，受地形限制或因边坡不稳定，常用挡土墙来保证路基的稳定和预防滑坡，这在我国露天矿铁路线路工程中均很常见。

6.1.2 铁路运输站场建设

6.1.2.1 线路区间的设定

为了保证行车安全和必要的通过能力，露天矿铁路线必须适当地划分为若干个段落，每个段落皆称为区间，以隔离运行列车。区间和区间的分界地点为分界点。

分界点分无配线的和有配线的两种。无配线的分界点包括自动闭塞区段内的通过色灯信号机和非自动闭塞区段内的线路所。有配线的分界点系指各种车站而言。两个分界点之间的距离叫做区间长度。为了行车安全，提高行车速度，一个区间(分区)只能有一列列车占用。从行车方面来看，区间长度愈小，则通过能力愈大，但最小长度不应小于列车全制动距离。无限地缩短区间长度，将会使分界点过多，造成设备、基建投资和运营费用都增大，这是不合理的，应根据通过能力的需要来确定区间长度，一般为800～1000 m之间。

露天矿车站按其用途不同可分为矿山站、排土站、破碎站和工业场地站等。其分布应能满足内外部运输的需要和运营期内通过能力的要求。矿山站一般应设在露天采场附近，靠近运量大的地方，为运送矿石和废石服务。当露天矿规模较大时，也可以单独设立排土站，排土站设在排土场附近。破碎站和工业场地站分别设在破碎车间和工业场地旁边。这些车站除了起配车作用、控制车流外，还可以办理入换作业及其他技术作业，如列车检查、上砂、上油等。

露天矿坑内的车站和山坡采场中的车站，多作会让和列车转换方向之用，故称会让站和折返站，它们只进行会让、折返和向工作面配车等作业。

在采用自动闭塞时，用色灯信号机把站间区间划分为闭塞分区。信号机借助于列车的位置和轨道电路，自动转换显示。闭塞分区的长度应大于列车制动距离。在采用半自动闭塞时，利用线路所将站间区间划分为两个“所间区间”。线路所设置半自动闭塞信号机，列车必须得到线路所值班员的许可，并由他开放信号后，方能由一个所间区间，通往另一个所间区间。当列车尾部进入某一所间区间后，防护该区的信号即自动变为红色，禁止续行列车通过。

区间的划分直接影响线路的通过能力。露天矿内各种分界点的分布，决定着铁路运输的系统。当露天矿规模很大时，应随采掘量的增长而分期增设分界点，以满足行车密度增大的要求。

6.1.2.2 线路站场的确定

站场主要包括：车站股道数目、站线长度、股道间距、道岔配列以及车站的平面及纵断面等。

车站的配线应根据本站车流的特点和技术作业性质。一般车站除越行线（正线）外，还要根据需要配置其他站线及特别用途线，如到发线、调车线、牵出线、装卸线、日检线、杂作业车停留线以及工业广场和车库的联络线等。露天矿车站的站线数目主要是计算到发线的数量。其余的按需要进行配置。到发线数量应根据接发车的车流量和每列列车所占用的时间来确定。因露天矿运输车流单纯、调车作业较少，一般均为直通列车。故各种列车占用到发线时间是等值的。

站线长度分为全长和有效长度。站线全长是指股道两端道岔的基本轨接头间的距离，如尽头线则为道岔的基本轨接头到车挡的距离。有效长度是指股道全长范围内可以停留列车，且不妨碍邻线作业的部分长度，其限制因素为：警冲标、出站或调车信号机、道岔尖轨的起点或基本轨接缝的绝缘节等。

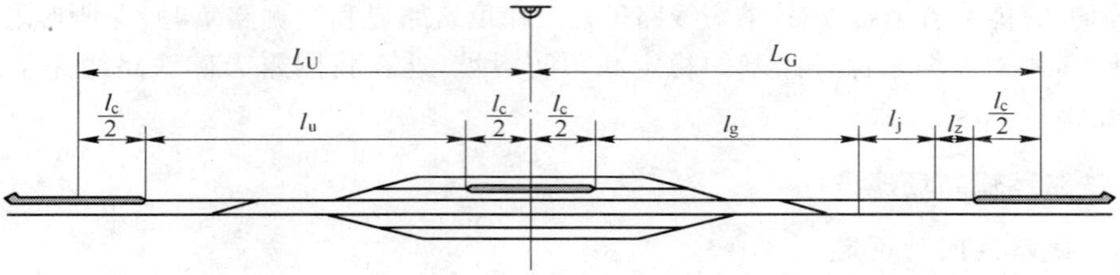

图 6-4　到发车进路长度示意图

l_c—列车全长；l_j—列车制动距离；l_z—司机确认信号时列车运行距离；l_u—列车出站长度；l_g—列车进站长度；L_U—列车出站总长度；L_G—列车进站总长度

站内直线段相邻站线间的中心距视机车车辆类型而定。对于准轨一般站线为 5.0 m，次要站线为 4.6 m；窄轨线间距一般为 4.0 m。其他技术作业线间距根据工作需要来确定。车站处在曲线地段上时，站线间的距离应加宽。

根据运转作业的要求，车站应设置在直线上。但由于矿山地形复杂，线路使用年限不长，为减少基建工程量和满足矿山开拓的要求，在困难条件下，也可将站线设计为曲线，但必须满足一定曲线半径的要求。

到发线的有效长度范围，一般应设计在平道上。在困难条件下，车站才设在坡道上，但其纵断面必须保证列车在最不利的位置时能够启动。

6.1.3 铁路运输常用车辆

6.1.3.1 车辆

露天矿铁路运输用的车辆种类很多，按其用途来说有供运载矿岩的矿车；运送设备、材料的平板车；运送炸药的专用棚车；送水专用的水车；以及职工通勤用的客车、代客车等。其中用量最多的是大载重的自卸矿车（自翻车）。

自翻车由走行部分、车架、车体、车钩及缓冲装置、制动装置和卸车装置等部分组成（见图 6-5），KF60AK 型自翻车见图 6-6。

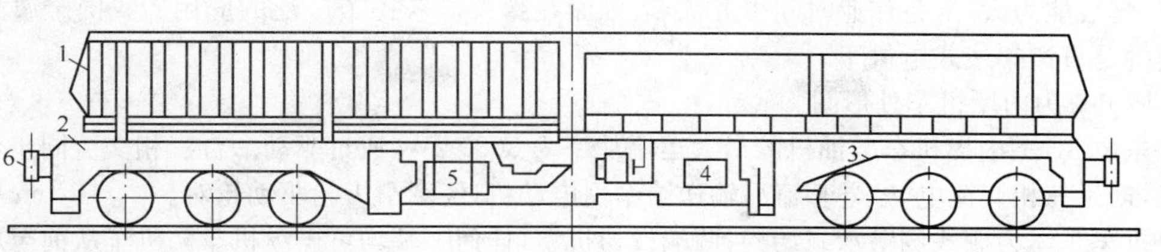

图 6-5 宽轨自翻车示意图

1—车厢;2—车底架;3—转向架;4—倾翻机构;5—制动装置;6—车钩

图 6-6 KF60AK 型自翻车

走行部分包括:轮对、安置轴瓦和润滑用的轴箱、弹簧、转向架。所谓轴距是指轮轴之间的距离。最前轴与最后轴之间的水平距离称为全轴距;转向架前后两轴间的距离称为固定轴距(也称刚距);两轴车的全轴距即为固定轴距。线路最小曲线半径就是由刚距决定的,刚距越大,要求的最小曲线半径也大。

车钩起牵引、连接、缓冲作用。在车辆上设置的缓冲装置,一般为弹簧缓冲器。

制动装置系由制动机和传递制动的传动装置组成。矿用自翻车上装有手制动机和气制动机。气制动机所用压气是由机车的压风机供给。通常为送风缓解,放气制动。

卸载装置主要由卸载(举升)缸及其与车厢和车架相连接的杠杆连接机构等组成。卸载可借助于压气(或液压)来实现。卸载时,压气由机车上的压风机经管路送入同侧的两个卸载缸,而活塞杆将车厢的一侧举起,当举到一定高度时,车厢自动倾翻,货载随即卸出。货载卸完后,排出卸载缸中的压气,车厢靠其自重下落回到原位。卸车的动力除了压气以外,还有用液压的。

矿用自卸车的主要技术指标有:载重、车厢容积、自重和自重系数(自重与标记载重之比)等。

6.1.3.2 机车

露天矿铁路机车,按其所用的动力不同可分为内燃机车、电机车和双能源机车。

内燃机车是以内燃机为发动机,以液体燃料(柴油、汽油等)为能源。它由车体、转向架、内燃发动机及其向主动轴传递动力的传动装置、辅助装置和机车操纵装置所组成。内燃机车依其内燃机向主动轴传动的方式不同,可分为:机械传动的内燃机车、电力传动的内燃机车和液压传动的内燃机车。这种机车牵引性能好,效率最高,不需要架线和牵引变电所,因而机动灵活,很适合露天矿生产的需要。

电机车是以电能为牵引动力。按电能供给方法不同可分为架线式和蓄电池式。按牵引电网采用的电流制不同又可分为直流电机车和交流电机车。电机车机动灵活性较差,但具有牵引性能好，爬坡能力大，准备作业时间少等优点，因而在露天矿获得了广泛的应用。我国金属露天矿常用的是直流架线式电机车。

图 6-7 为内燃机车外形图。

东风 8B 型内燃机车柴油机的最大运用功率为 3680 kW，通过驱动一台三相交流同步牵引发电机，产生三相交流电，经硅整流后输送给牵引电动机，经牵引齿轮驱动轮对。

机车车体为棚式侧壁承载结构，两端设司机室，任何一端均可操纵机车。机车从前至后分为第 1 司机室、电气室、动力室、冷却室、辅助室和第 2 司机室。燃油箱设在主车架中部下方，蓄电池组装在燃油箱两侧。机车走行部为两台可互换的三轴转向架，采用低位四连杆机构牵引和橡胶堆旁承，橡胶堆旁承与轴箱弹簧组成两系悬挂。牵引电动机为轴悬式安装。机车制动系统采用 JZ-7 型制动机，可单独制动机车或整个列车，可在长、大坡道上实施电阻制动。

图 6-8 为电力机车外形图。

图 6-7　内燃机车外形图

图 6-8　电力机车外形图

SS4 改进型电力机车是由各自独立的又互相联系的两节车组成，每一节车均为一个完整的系统。它的电路采用三段不等分半控调压整流电路。采用转向架独立供电方式，且每台转向架有相应独立的相控式主整流器，可提高粘着利用。电制动采用加馈制动，每台车四台牵引电动机主极绕组串联，由一台励磁半桥式整流器供电。机车设有防空转防滑装置。

每节车有两个转向架，采用推挽式牵引方式，固定轴距较短，电动机悬挂为抱轴式半悬挂，一系采用螺旋圆弹簧，二系为橡胶叠层簧。牵引力由牵引梁下部的斜杆直接传递到车体。空气制动机采用 DK-1 型制动机。

主要技术参数：额定功率为 6400 kW；持续牵引力为 450 kN；最大牵引力为 628 kN；持续速度为 50 km/h；最大速度为 100 km/h；悬挂方式为半悬挂式；制动方式为电阻制动和空气制动；电制动功率为 5300 kW；机车总重为 184 t；轴荷重为 23 t；车钩中心距为 2×16416 mm。

电机车的重量分配到动轮上的重量叫电机车的粘着重量，矿山用的电机车所有轮轴一般都是主动轮，即每一轮轴上都装有一台电动机来带动轮轴转动，没有导轮和从轮。所以它的粘着重量即等于电机车的重量。为了增加电机车的粘着重量，准轨电机车广泛使用配重。但配重受牵引电动机的容量限制。大型电机车的配重不得超过机车重量的 20%～25%，小型电机车的配重不得超过机车重量的 30%～40%。

6.1.4 铁路运输工作

6.1.4.1 机车运输工作

A 驾线电机车行驶操作工作

(1) 司机、副司机必须掌握机车构造、性能,熟知线路、信号、场站设施状况。

(2) 司机、副司机上岗前必须佩戴好劳动保护,持证上岗,并熟知机车安全技术操作规程,行车信号、运行线路状态,副司机不准操纵机车。

(3) 出车前必须仔细检查机油、喇叭、气压、水、电气是否符合规定,各部件是否正常,不得开带病车上路作业。

(4) 接班时司机必须检查、确认机车制动良好后方可出车,不得使用制动不良的机车。

(5) 司机操纵列车时,必须按规定速度运行,时刻注意两车两线状态,严禁超速行车。

(6) 运行操作时,司机、副司机必须集中精力,加强前后瞭望,机车在运行中要注意观察操作台上各种仪表、信号的显示,确认信号,严禁臆测行车,禁止他人进入驾驶室内。

(7) 行车启动后,以低速运行,检查手脚制动器是否有效,仪表是否达到规定指数,运行中随时注意发动机及走行部的异常响声,检查仪表是否正常。

(8) 正、副司机要呼唤应答,加强瞭望,注意行人车辆动态。

(9) 作业时要随时观察调车场线路状况及信号显示状态,发现紧急情况和信号不明时必须立即停车。

(10) 集电器升降失灵时,必须用高压操作杆处理,严禁用不绝缘物体操作。

(11) 进入高压室作业时,必须降下受电弓,确认电压表读数为零后,并切断低压电源,设专人监护。

(12) 进入停电接触网路前,必须降下受电弓,并采取紧急制动。

(13) 严禁在有电区段内登车棚维修保养,需要登车棚维修时,必须到安全检修区段内进行,登车棚前要验明无电后,挂好接地线,方可登棚作业,并设一人在车下监护。

(14) 机车入库时,应降下集电器,佩戴好绝缘手套,挂库内电缆进入,严禁降弓滑行。

(15) 列车通过道口、曲线、桥梁、隧道时,必须在 50 m 以外提前鸣笛提示。

(16) 机械室内严禁存放易燃物品,并配备灭火器材,掌握防灭火知识。

(17) 上下机车时应手把牢、脚站稳。登车顶检查作业时应在指定位置上下。

B 内燃机车行驶操作工作

(1) 司机确认机车与第一辆车的车钩、制动软管连接和折角塞门状态(包括区间挂车)。

(2) 上下机车要站稳、抓牢,特别是清扫机车前后挡风玻璃和更换灯泡时要站稳、抓牢,防止滑落、摔伤。

(3) 机车运行中,严禁上下,更不准登上机车顶部,防止高压线及架空线伤人。

(4) 启机前要检查确认水表水位、润滑油位、透平油位等符合规定标准,方可启动柴油机。

(5) 动车前要一取铁鞋,二松手制动机,三缓解自动,四看风压表,五要试闸,六鸣停车时同时采取三道防溜措施。

(6) 运行中按规定鸣笛,副司机一个区间要巡回两次,特别是在上坡关键地段,柴油机最大功率时,可及时发现故障,及时处理。

(7) 检查承受压力的管子、部件、仪表等,不得用手捶,扁铲等敲打、紧固或松缓。

(8) 处理压力部件、漏泄时必须首先切断压力来源,待降温、降压放出余压后方可进行修理。

(9) 副司机在车上、车下工作时，要告知司机，司机不经联系确认不得换向、动车，以防伤人(特别是手动换向时)。

(10) 更换机车闸瓦或调整阀缸行程时，要做好防溜措施，工作完后要及时清除止轮器和开放闸缸塞门。

(11) 安装、维修、更换电器设备，严禁带电操作，必须带电作业时要注意保护，高压电不得手触和短接，防止电火和烧损。

(12) 启机水温不低于 40 ℃，滑油压力不低于 78.4 kPa，加负荷时水温不低于 60 ℃，总风缸压力不低于 784 kPa。

(13) 列车编组摘挂作业时，一定要按调车员、连接员的信号动车，保证调车人员摘接风舌时的安全。

(14) 要严格控制运行速度，区间运行时，正常天气不准超过 40 km/h，雾天、大雪、大雨天行车不准超过 30 km/h。站内调车作业不准超过 20 km/h，推进作业不准超过 15 km/h。

C 机车行驶操作注意事项

(1) 出库前应检查变速、离合、刹车等装置是否良好，经调度准许后方可上道运行。

(2) 运行中，要服从信号指挥，严禁超越调度指挥的运行线路以外行驶。

(3) 运行中，操作者严禁与别人说笑，集中精力，认真瞭望。

(4) 随车运载枕木及较大物件时，要装牢靠，不得超宽超高，严禁人物混载，避免滑线触电。

(5) 在有机车供电网路的区段，严禁登在车顶棚上进行作业。

(6) 操作人员班前严禁饮酒。

(7) 作业前，对各润滑点要按规定注油，作业中注意杆的高度、方向和与建筑物的距离以及电缆状态，以防意外。

(8) 操作室只允许一人操作，无关人员严禁进入操作室。操作时发现异常，应立即停止作业，关闭总电源开关。

(9) 冬季把发动机冷却水放净。

(10) 下坡时不准将发动机熄火溜车，以保证刹车时有足够的压缩空气。

(11) 调车作业信号不清可拒绝作业。司机应与车站值班员保持联系，按规定给停、开车信号。

D 机车出入车库注意事项

(1) 采用直流焊机二次驱动机车作业，必须经培训合格人员操作。

(2) 采用直流焊机二次驱动机车时，必须两人配合作业，一人车上操作，一人车下监护指挥。

(3) 机车出入库时，必须将电机车受电弓落靠挂牢，严禁降弓滑行入库。

(4) 操作时，操作者必须听从监护人的指挥，做好呼唤应答。

(5) 监护人确认环境无障碍后，将焊机电源调至最大后，合上焊机电源。

(6) 操作者接到监护人的动车指令后，用焊把直接碰触 13 号接触器动静触头，机车运行。

(7) 机车行至预定地点后，操作者将焊把脱离接触器动静触头，采取制动措施停车，并做好防溜工作。

(8) 停车后，将机车、焊机恢复原状。

6.1.4.2 车辆运行调度工作

A 行车调度安全职责

(1) 调度员应严格要求，认真完成行车调度组织工作。

(2) 应该掌握接触网供电及配电装置的分布情况，准确掌握柜号、网路上开关号和所在杆位及杆位号。

(3) 在牵引变电所馈电柜二次合闸失败后，应立即通知该变电所供电系统内车站、电务等单位。

(4) 在非电气专业人员办理接触网局部或全部停电施工作业时，必须派电气人员到现场采取安全技术措施及监护，没有电气人员参加不得下达停电及施工命令。

(5) 在下达局部区段停电作业命令时，应同时下达给有关车站，并得到车站值班员认可后，方可下达给施工单位和维修单位。

(6) 在下达牵引变电所对全线停电命令前，必须确认供电区段无电机车运行。

(7) 向牵引变电所下达恢复送电命令前，必须在全线施工和维修工作负责人都亲自办理了工作终结手续或用电话亲自办理终结手续后，方可下达恢复送电命令。

(8) 牵引网路上任何施工和维修工作负责人用电话办理停送电作业或工作终结手续(含局部线路)时，值班调度用规定的格式记录，经复诵确认后，方可下达停送电命令。

(9) 值班调度无权下达牵引变电所一次系统倒闸命令。

B 调度值班安全职责

(1) 在办理行车闭塞时，值班员亲自用电话向邻站办理闭塞。如发车站不能发出时，应通知邻站，取消闭塞。

(2) 站内调车作业时，应注视操作台的显示，遇有故障显示不明确时，应及时通知调度及电务部门处理。

(3) 要亲自办理接发列车手续，接车前要亲自检查接车线路，及时检查站内停留车辆及编组取送情况。

(4) 禁止向有供电网的线路上配置用人工装卸货物的列车，不得将装有超高货物的车辆编入电机车牵引的列车上，也不得编入有供电网的线路上。

(5) 需要内燃机车越过禁止运行的地段或轨道、隧道去救援作业时，必须持有停电调度命令方可进行作业。

(6) 站内供电电路停电时，应立即通知司机、调车员、调度员。

C 信号员安全职责

(1) 班前严禁饮酒，工作时要佩戴好劳动保护用品，使用的工具要合乎绝缘要求。

(2) 在高柱信号机作业，使用的工具和材料应距牵引网路带电体 0.7 m 以上，机柱下方 2 m 范围内不许站人，雷雨天气禁止登杆作业。

(3) 维修信号设备、线路影响行车时，必须与车站或行车调度员联系，经允许后，方可作业。

(4) 更换、维修轨道绝缘前，必须通知车站值班员，待允许并经过确认回流线可靠后，方可作业。

(5) 在更换、维修轨道电路与回流线直接连接的线路及器件，必须戴手套和穿绝缘鞋。

(6) 设备上 36 V 以上电源，禁止带电作业。

6.1.4.3 车辆运行连接操作工作

A 车辆调车连接工作

(1) 班前严禁饮酒，作业前穿好劳动保护用品，戴安全帽、穿绝缘鞋，不许穿硬底或带钉子的鞋，不得带妨碍视听的帽子。

(2) 调车人员在进行调车作业时，准确及时地显示各种调车信号，执行行车作业标准。

(3) 调车作业时备够良好的铁鞋，提前排风，摘管。核对计划，检查确认进路和停留车情况，做好手制动机的选择及试验工作。待装待卸车辆，必须手闸制动和铁鞋双配合使用，做好防溜止轮工作。

(4) 调车作业时，要正确显示信号，要站稳把牢，转身换位要注意手脚动作，不得坐在车帮子上，必须跨车端部进入车厢，严禁非工作人员乘降车辆。

(5) 登车站立的位置严禁超过机车、车辆脚踏板高度，注意电机车供电网高度，防止触电。

(6) 在乘降机车、车辆时，要选好地形及位置，在机车减速后于车辆侧面乘降，不准在副司机一侧上下车，不得迎头抓车。在不得已的情况下，必须停车乘降，严禁飞乘飞降。

(7) 在摘挂车辆时，要认真检查车辆的状态，严禁脚蹬连挂。

(8) 作业时要注意邻线的来往车辆，严禁将身体探出车体外缘，以防碰伤。

(9) 车下作业时，严禁站在线路上显示信号。

(10) 连挂前要认真检查车辆防溜情况，确认无误后方可连挂。连接时，要正确及时地向司机显示车辆距离信号，没有机车司机回示，应立即显示停车信号不准挂车。牵引或推送车辆时，先进行试拉，检查车辆连挂状态，确认连挂好后，车再启动。摘、接风舌前要与司机联系准确，以免动车造成人员伤害。

(11) 执行车辆排风、摘管及提钩的铁路作业标准，准确摘挂车辆。

(12) 在尽头线上调车时，距线路终端应有 10 m 的安全距离，遇特殊情况，应严格控制速度，做好随时可以停车的准备。

(13) 在坡度超过 2.5‰的线路进行调车作业时，应有安全措施。

(14) 线路两旁堆放的货物，危及行车安全时不得进行调车作业。

(15) 调车组人员上车前要提前做好准备，注意车辆的把手，脚梯有无损坏，在安全信号显示后上车作业。

(16) 作业中不能骑车帮或跨越车辆。不能站在装载易于窜动货物空隙之间作业。连挂车辆时不能从车辆中间通过。

B　车辆调车连接注意事项

(1) 作业前，穿戴好劳动保护。

(2) 严禁站立在行驶列车的车厢连接器上，禁止跨越连接器，禁止手拉帆布或坐在车帮及闸盘上。

(3) 机车牵引调车时，应在尾部指挥调车，推进运行应前方引导，正确显示信号和使用标准口语、指令。

(4) 车辆连接后，应先检查大钩是否落锁，确认落锁后，方可连接风管，不得在运行中连接。

(5) 严禁溜放作业，为防止溜车事故，坡道甩车时，应穿好铁鞋，拧好手制动。

(6) 在矿仓作业时，必须严密注意抓斗的运行及矿仓大门的闭合。

(7) 上下车时要选择地形及位置，注意积雪和障碍物，严格执行停稳上、停稳下的原则，严禁飞乘飞降。

(8) 调车作业时严格控制各区段规定速度，不得超速。

(9) 推进作业时应密切注意信号显示状态及线路和行人状况，随时准备停车。

6.1.4.4　线路畅通工作

A　过路道口畅通操作

(1) 道口员对道口辅面、警标、护桩、栏杆、报警设施、通讯照明等设备要保持良好状态，发现不良时要先做防护处理并及时报告有关人员。

(2) 道口员在列车到达道口前5 min放杆。

(3) 严禁其他人员替岗,坚守岗位、精神集中,加强瞭望,不准与他人闲谈。

(4) 应正确使用信号迎车,在接送列车时,要站在钢轨外侧限界以外随时向通过道口的车辆、行人进行安全教育。

(5) 雨雪天要及时清理道口,保障畅通。

(6) 在工作中不得擅离职守或由他人代替工作,要集中精力认真瞭望,安全接送过往列车。

(7) 接送列车时,要手持信号旗,关闭自动栏杆或手动栏杆,列车未全部通过前,禁止解除公路信号或开放栏杆。

(8) 当列车到来前,关闭栏杆要注意公路上的车、马、行人,防止打伤人,严禁将车、马、行人关在栏杆内。

(9) 道口发生妨碍安全行车的意外情况时,要立即向列车显示停车信号,避免发生事故。

(10) 工作中要经常巡视来往车辆,发现车辆货物超过规定高度欲通过道口时,应制止通过,防止触电。

(11) 在视线不清,听到机车提示警笛时,要及时放下栏杆,显示信号。

B 行车道岔畅通操作

(1) 严格执行值班员下达的接发车和调车作业计划,及时、正确、准备进路,并正确显示信号。

(2) 操纵道岔时,认真核对计划,严格执行“一看,二扳,三确认,四显示”的操作规程,并正确显示信号。

(3) 经常保持道岔清洁、使用良好,负责管区内道岔清扫、清雪及涂油工作。

(4) 发现管区道岔技术状态异常时报告值班员,确保行车安全。

(5) 调车作业时,扳道员必须根据调车作业通知单及调车指挥人所显示的信号要求,正确、及时地扳动道岔并认真执行“要道还道”制度。

(6) 认真执行交接班制度,由交班值班员向接班人员交清工作内容及注意事项,交清道岔状态,停留车情况,线路空闲情况及其他设备的完好情况,回到各扳道房要对口交接,做好交接班记录。

C 行车线路养护工作

(1) 作业前要穿戴齐全劳动保护用品,对使用的工器具进行检查,确认作业区间要设标志,用撬棍起道钉时,禁止用脚踩或腹压,手使撬棍时,应将手躲开轨面,防止压伤。

(2) 打道钉时,禁止使用抡锤方式,要使锤在面前举起上下打,并应使之准确,不得两人同时站在一根枕木上打道钉。栽钉时要栽牢,禁止在轨面上修正道钉。

(3) 捣固作业时,两人不得相对站在2 m以内作业。

(4) 换轨前,要在衬换钢轨两端的相邻轨间各安装一条横向连接线,用夹轨钳接到钢轨上,连接线要在换轨完毕后方可拆除。

(5) 抬钢轨时要步调一致,注意脚下障碍物,防止扭伤、碰伤。

(6) 串轨时要在拉开的轨缝间预先装设临时连接线,其连接长度必须满足串动长度。

(7) 搬运铁路器材要放平搬运,不得竖起器材,装运货物高度不得超过2.5 m。

(8) 在休息或来车时,禁止靠近接触网立柱,距离不得少于3 m,工具要放在线路以外。

(9) 在巡视线路时,必须按规定配带信号旗,不得戴妨碍视听的帽子,随时注意来往车辆,发现来车时应立即停止作业,撤出线路。

(10) 在巡视线路时要精神集中，确保人身安全。

D　线路养护工作注意事项

(1) 工区在线路上作业时必须先与车站值班员联系并经同意后持作业票作业，并按规定做好防护工作。

(2) 在线路上休息时不准坐、卧钢轨、枕木头以及道床边坡上。

(3) 捣固作业时，捣固机应与起道工前后保持 5 m 以上的安全距离。

(4) 钉道钉时要稳、准、狠，分组打道钉时，其距离应保持 5 m。

(5) 巡道时必须按路线行走，携带必备的配件和工具，注意前后来车，做到眼看耳听，确保人身安全。

(6) 在区间巡道时，木枕地段走枕木头左侧，混凝土地段走道心。

(7) 迎、送列车应站在距钢轨不少于 2 m 的路肩上，发现危及行车安全的处所，要在距该处 500 m 外拦接列车。

(8) 检查钢轨时，看轨面“白光”有无扩大，“白光”中有无暗光或黑线，轨头是否扩大、是否下垂，轨头侧面有无上锈，轨腰有无裂纹或变形。

6.1.4.5　机车、车辆日常维护工作

A　机车日常维护工作

(1) 工作前，穿戴好劳动保护用品，检查电源、气源是否断开，使用工具设备是否完好，作业场地有无障碍物、易燃易爆物品等。

(2) 检修各种设备，必须将设备垫牢后方可作业，拆装弹性机件时，应注意操作位置，防止机件弹出伤人。

(3) 清洗零部件时，严禁吸烟和进行其他明火作业。

(4) 在机车上部检修作业时，要站稳扶好，工具和物件要放置稳固牢靠，防止落下伤人。

(5) 用人力移动机件时，人员要妥善配备，动作要一致，吊运较大部件时，应严格遵守起重工安全操作规程，注意安全。

(6) 使用各种工具设备时，要严格执行各工具设备安全操作规程。

(7) 刮研工件时，被刮工件必须稳固，不得吊动，两人以上做同一工件时，必须注意刮刀方向，不准对人操作。

(8) 检修人员在修理机车过程中搬运零部件时，严禁跨越地沟。

(9) 在库外检修时，必须进入安全检修区段或请求停电，方可进行检修作业。

(10) 进入高压室处理故障时，必须降下受电弓，设专人监护。

(11) 机车检修落成试运时，必须要有持执照驾驶员驾驶，无证及修理人员不许驾车，并要有关人员参加，无关人员严禁乘车。

(12) 装铆工件时，孔对不准严禁用手操试，必须尖顶穿杆找正，然后穿钉。打冲时冲子穿出的方向不准站人。

(13) 捻钉及捻缝时，必须戴好防护眼镜。打大锤时，不准戴手套，注意锤头甩落范围。

(14) 机器设备上的防护装置未安装好之前不准试车或移交生产。

B　车辆日常维护工作

(1) 工作前，穿戴好劳动保护用品，检查使用工具设备是否完好，作业场地有无障碍物、易燃易爆物品等。

(2) 攀登车辆上部检修时，要站稳抓牢防止坠车摔伤，严禁随意向下抛掷工具、零部件，以免

打伤他人。

(3) 搬运、安装大部件时,要统一指挥协调作业。

(4) 架落车辆时,必须有专人指挥,车辆架起后,要用木马或上部加装木柱的铁马架牢放稳,方可进行检修作业,架起的车辆,在没采取安全措施前,车辆下部严禁有人,或进行作业。

(5) 更换三通阀或清洗制动缸时,要先关闭折断塞门,将副风缸排风。清洗制动缸要先装好安全套,插好安全销并将头部闪开。

(6) 车辆制动试风时,严禁检修制动装置,防止发生挤伤事故。

(7) 使用大锤或进行铲、剁、铆时,要戴好防护眼镜,严禁对面站人,打大锤时,注意周围人员,不准戴手套。

(8) 车厢侧翻换连杆销、洗风缸时,必须用枕木支牢,并有一人监护。

6.2 露天矿公路运输

公路运输主要设备是汽车,爬坡能力大,一般为 8%,最大达 15%。道路曲率半径小,机动灵活,适用于各种条件的露天采场。采用汽车运输的露天矿,投产快,但经营费高,运距不宜过长,一般在 2~3 km 以下。需有良好的道路和完善的维修保养设施,以保证汽车的正常运行。矿山常用自卸汽车的载重量多在 20 t 以上。20 世纪 60 年代发展的电动轮自卸汽车,常用载重量为 109~154 t,最大达 318 t。汽车型号按矿岩运量、装车设备规格和运距等条件选取。车斗和电铲斗容之比,以 3~5 为宜。

与铁路运输相比,汽车运输有如下优点:

(1) 汽车转弯半径小,因而所需通过的曲率半径小,最小可达 10~15 m;爬坡能力大,最大可达 10%~15%。因此,运距可大大缩短,减少基建工程量,加快建设速度。

(2) 机动灵活,有利于开采分散的和不规则的矿体,特别是多品种矿石的分采;能与挖掘机密切配合,使挖掘机效率提高,若用于掘沟可提高掘沟速度,加大矿床开采强度与简化排土工艺。

(3) 生产组织工作及公路修筑、维修简单。

(4) 线路工程和设备投资一般比铁路运输低。

汽车运输的缺点:

(1) 运输成本较高。

(2) 合理的经济运距较小,且与车辆的载重关系甚大,随着运距的增大经营效果显著变化。

(3) 受气候条件影响较大,在风雨、冰雪天行车困难。

(4) 道路和汽车的维修、保养工作量大,所需工人数多、费用高,汽车出勤率较低。

从上述优缺点表明,对于地形复杂的陡峻高山、丘陵地带的孤峰、沟谷纵横地带、走向长度较小、分散和不规则的矿体、多品种矿石分采的矿体以及要求加速矿山建设和开拓准备新水平的露天矿,采用汽车运输较为适宜。此外,它还可用作联合运输系统中的主要运输设备。因此,当前汽车运输在国内外金属露天矿运输中占据着最为重要的地位。汽车运输的经济效果,在很大程度上取决于矿山线路的合理布置、公路的质量和状态、自卸汽车的性能以及维护管理水平。

6.2.1 公路运输线路建设

露天矿的汽车公路与一般公路及工厂道路不同,它的应用特点是运距短、行车密度大、传至路面轴压力大。因此汽车公路应保证:

(1) 道路坚固,能承受较大荷载;

(2) 路面平坦而不滑,以保证与轮胎有足够的粘着力;

(3) 不因降雨、冰冻等而改变质量；

(4) 有合理的坡度和曲率半径，以保证行车安全。

露天矿公路按生产性质可分为：运输干线、运输支线和联络线；按服务年限可分为：固定公路、半固定公路和临时公路。运输干线是指采矿场出入沟和通往卸矿点及废石场的道路，通常都是服务年限在 3 年以上的固定公路。固定公路按行车密度和车速可分为三级，对各级公路有不同的技术要求。

6.2.1.1　公路线路建设

公路的基本结构是路基和路面，它们共同承受行车的作用。路基是路面的基础。行车条件的好坏，不仅取决于路面的质量，而且也取决于路基的强度和稳定性。若路基强度不够，会引起路面沉陷而被破坏，从而影响行车速度和汽车的磨损。因此公路路基应根据使用要求、当地自然条件以及修建公路的材料、施工和养护方法进行设计，使其具有足够的强度和稳定性，并达到经济适用。

路基材料一般是就地取材，根据露天矿有利条件，常采用整体或碎块岩石修筑路基，这种石质路基坚固而稳定，水稳定性也较好。

路基的布置随地形而异，其横断面的基本形式见图 6-9。

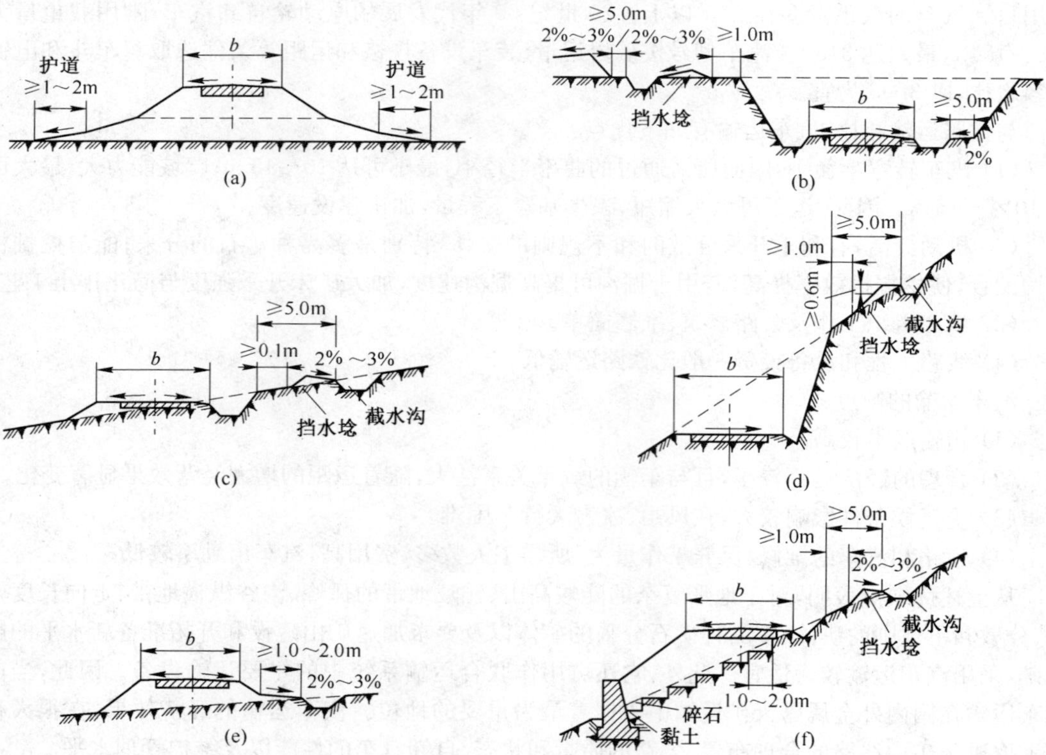

图 6-9　路基横断面

(a) 填方路基；(b) 挖方路基；(c) 半填半挖山坡路基；(d) 挖方山坡路基；(e) 缓坡路堤；(f) 陡坡路堤

为了便于排水，行车部分表面形状通常修筑成路拱，路面和路肩都应有一定横坡。路面横坡值视路面类型而异，一般为 1%～4%，路肩横坡一般比路面横坡大 1%～2%，在少雨地区可减至 0.5%或与路面横坡相同。

路基边坡坡度取决于土壤种类和填挖高度，必要时，应进行边坡稳定性计算。当路堤很高

(大于 6 m)时，下部路基的边坡应减缓为 1∶1.75。为使路基稳固，还应有排水设施，其要求与铁路路基的排水设施相同。

路面是路基上用坚硬材料铺成的结构层，用以加固行车部分，为汽车通行提供坚固而平整的表面。路面条件的好坏直接影响轮胎的磨损、燃料和润滑材料的消耗、行车安全以及汽车的寿命。因此对路面要有以下基本要求：

(1) 要有足够的强度和稳定性；

(2) 具有一定的平整性和粗糙度，能保证在一定行车速度下，不发生冲击和车辆振动，并保证车轮与路面之间具有必要的粘着系数；

(3) 行车过程中产生的灰尘尽量少。

路面由面层、基层和垫层构成。面层又称磨耗层，是路面直接承受车轮和大气因素作用的部分，一般用强度较高的石料和具有结合料的混合料(如沥青混合料)做成。基层又称取重层，主要承受由于行车作用的动垂直力，此层用石料或用掺有结合料的土壤铺筑而成。垫层又称辅助层，其作用是协助基层承受荷载，同时对路面起稳定作用。该层可以用砾石、砂、炉渣等铺筑。

路面按采用的建筑材料不同，可分混凝土路面、沥青路面、碎石路面和石材路面等。矿山公路路面的建筑，应本着就地取材的原则，根据露天矿汽车运输的特点选择。一般说，运量大、汽车载重大、使用时间长的干线公路应选用高级路面，也可以随运输量的增长情况分期建设，即由低级路面过渡到高级路面，而把低级的旧路面作为高级路面的基层。

移动线公路一般多在强度较高的矿岩基础上修筑，可就地采用矿岩碎石做路面，但当移动线公路位于土壤及普氏硬度系数小于 4 的风化岩石上时，可采用装配式预应力混凝土路面，以便根据需要移设。如铜录山铜矿采场底板岩石为风化高岭土，曾使用过装配式钢筋混凝土路面，取得一定效果。

6.2.1.2 公路线路设计

公路线路设计要求与铁路线路设计基本相同，包括平面设计和纵断面设计两部分。平面设计的主要任务就是根据矿山地形、车型以及生产作业的需要，绘制平面图。纵断面设计则是根据公路平面图，沿所定线路绘制公路纵断面图。

(1) 线路平面。公路平面设计参数包括：平曲线、超高、超高缓和长度、曲线加宽、平面视距、两相邻平曲线的连接以及错车道等。

各级公路的平曲线依据车型、行车速度、路面类型而定，原则上应采用较大的半径，当受地形或其他条件限制时，方可采用允许的最小半径。

为了克服汽车在曲线上运行时的横向离心力，公路曲线段在曲率半径小于 100 m 时，一般要设超高。由于直线行车道部分为双斜坡断面而曲线段要设置超高，这就要求从邻近曲线的直线外侧开始逐渐升高，使双面坡过渡到超高所要求的单向坡面，该坡面称为超高横坡，用以表示曲线超高值。超高横坡按设计车速、曲率半径、路面种类及气候条件等因素考虑，一般规定在 2%～6%之间，最大不超过 10%。

当汽车沿曲线运行时，其车轮所占路面的宽度要比在直线段时增大，此增大部分称为加宽。

两相邻同向平曲线均不设超高或设超高相同时，可直接连接，当所设超高值不同时，两曲线间需按超高横坡差设置超高缓和长度，其长度应插入较大半径的平曲线之内。两相邻反向曲线均不设超高时，中间宜设不小于汽车长度的直线段，在困难条件下可不设，但必须减速运行。

(2) 公路纵断面。公路纵断面的主要要素包括最大纵向坡度、竖曲线半径和坡道的限制长度等。

露天矿公路的最大允许纵坡，应根据采掘工艺要求、地形条件、道路等级、汽车类型以及空重车运行方向等因素合理确定。在条件允许时,应尽量采用较缓坡度。干线长度超过 1 km 时,其平均坡度一般不宜大于 5.5%。

当坡度位于平曲线处时,该坡段的最大纵坡应按平曲线半径的大小进行折减。对露天矿公路而言,平曲线半径一般在 50 m 以下时才折减,其折减值可参阅有关资料按规定进行。

为防止汽车在长、大坡段上运行时发动机过热,对坡长应有所限制。当坡长超过限制坡长时,应在限制坡段间,插入坡度不大于 3%的缓和坡段,其最小长度不应小于 40～60 m。

(3) 视距。为了行车安全,汽车司机应能看到前方相当距离的道路,以便能及时采取措施,防止撞上前方的车辆或障碍物。但汽车在遮蔽地段的弯道上或在坡线急剧转折处时,常会发生视距障碍。因此,在设计线路时,必须有视距要求。视距,即汽车司机能看到的前方道路或道路上障碍物的最短距离。确定视距的条件,是以设计车速运行的汽车能在到达障碍物以前完全停住或绕过障碍物。

视距的组成包括:反应距离、制动距离及安全距离。反应距离是从司机看到障碍物到开始刹车经过的反应时间,在该时间内汽车所运行的距离。制动距离是从汽车开始刹车到完全停止时所经过的距离。安全距离是为防止汽车万一到障碍物前不能停住而考虑的距离。

(4) 回头曲线。在山区或深凹露天矿布置线路时,由于地形条件及采场帮坡的限制,迂回修筑公路时必须选用锐角转折,这种弯道称为回头曲线。

回头曲线(见图 6-10a)由主曲线 AB、两条直线 AE 及 BC 和两条辅助曲线 CD 和 EF 组成。在个别情况下,主、辅曲线间可不插入直线。若两条辅助曲线的半径和插入直线段的长度相等时称对称回头曲线(见图 6-10a、b),否则称非对称回头曲线(见图 6-10c、d)。各种形状可根据具体地形条件选用。

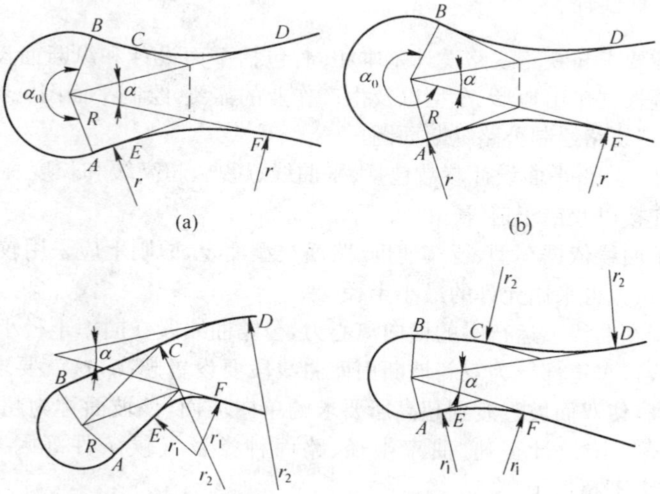

图 6-10　回头曲线平面布线形式

(a) 有插入直线段对称回头曲线;(b) 无插入直线段对称回头曲线;(c),(d) 不对称回头曲线

6.2.2　公路运输自卸汽车

自卸汽车按货厢倾卸方向分为后倾卸式和三面倾卸式(可以向左、右或后面倾卸)两种。货厢翻倾一般是靠安装在货厢下面的液压举升机完成。

自卸汽车的货厢和车架既要承受装载时的冲击负荷，又要适当降低自重，因而主要部分均用高强度钢板焊成。自卸汽车行驶的道路条件一般较差，尘土飞扬，因而驾驶室要有良好的密封性，并装设空气调节装置；驾驶操作机构应力求轻便。冬季运输潮湿物料时，货物易冻结于车厢底板上，造成自动卸货不彻底，因此有的货厢底板制成夹层，使发动机排出的废气通过夹层为货厢加温。自卸汽车在不断向大吨位发展。现在矿山运输用自卸汽车已发展到150～200 t级，最大载重量已达350～500 t。

6.2.2.1 普通矿用自卸汽车

普通自卸汽车主要由车厢、内燃发动机和底盘三部分组成。底盘包括传动装置、走行部分、操纵机构和卸载机构等，见图6-11。

图6-11 普通型自卸汽车

汽车传动系统的作用主要是把发动机所发出的扭矩传递给主动轮。目前国内外载重自卸车的传动方式主要有：机械传动、液力传动和电力传动。

离合器是用于使发动机和传动装置暂时分离，随后又逐渐接合，以保证汽车平稳启动，变速器换挡时减轻齿轮的冲击，以及防止传动系统过载。

变速器是变化传动比的机构，它使一个传动系统中具有多个传动比值(排挡)，以便司机根据行车阻力大小的情况交替选用，获得所需要的牵引力。

在汽车传动系统中，有些相邻部件(如变速器和主减速器)之间，它们的轴线并不在一条线上，而是相交的，且交角经常在变化，这就要求必须装用万向传动装置。万向传动装置是由万向节和传动轴所组成。

主减速器接在万向传动装置后部，用途是把扭矩由万向传动装置传向与汽车纵轴成90°的主动半轴上，并在传动系统中增加一个固定不变的传动比，以加大主动轮扭矩。

差速器通常和主减速器一起装在后桥中部壳中，由几个行星齿轮和两个半轴齿轮所组成。差速器的用途是把主减速器传来的扭矩分别传给左右两个与两侧主动轮相连的半轴上，并保证两侧主动轮能以不同的角速度旋转，以利于汽车转向运行。

汽车行走部分包括车架、车桥、车轮与悬挂装置。车架是汽车的基体，汽车所有部件及车厢都直接或间接装在它上面。车桥分前桥和后桥，用以支持车架并向车轮传递垂直载荷，同时也将牵引力、制动力等传给车架。车架与车桥之间用悬挂装置作弹性连接，以缓和及吸收车轮在不平道路上运行时所受的冲击和振动。

操纵机构包括转向系和制动系两部分。转向系用于控制汽车行驶方向，制动系使汽车减速或停车。制动装置一般多采用蹄式制动器，通过机械、液压或压气来操纵。在一些汽车上采用了盘式制动器，这种制动器摩擦面较大，可以得到较大的制动力矩，同时还可防止灰尘泥污侵入。

卸载装置主要是由举升缸及其与车厢和底盘相连接的机构等组成。卸载时，司机开动油泵并打开卸载阀，压力油路与举升缸接通，举起车厢并使之向后倾翻，卸出货载。货载卸完后，司机通过操纵装置使油泵停转，即停止供油，并使举升缸与回油路相通，因而举升缸中的油可流回油箱，车厢随压力油的流出，借自重而慢慢下落至原位为止。

6.2.2.2　电动轮自卸汽车

采矿工业的技术发展，需要载重量大、爬坡能力强、机动灵活、性能完好的运输设备。近年来，随着汽车载重和车速的进一步提高，为了简化结构和改善牵引性能，对于大载重量汽车，采用电动轮驱动，故称电动轮汽车，见图 6-12。当前大型露天矿几乎全部采用这种汽车运输，常用载重量为 100～200 t。

图 6-12　电动轮自卸汽车

电动轮汽车即发动机电力传动汽车。电动轮就是安装有直流牵引电动机的驱动轮，其中有一套行星齿轮，构成车轮减速器。电动轮汽车的工作原理是：由作为动力源的高速柴油发动机，经挠性联轴器直接驱动一台交流主发电机，将机械能转变为电能，然后经硅整流系统把交流电整流为直流电，再经电控系统控制的电磁接触器馈送至安装在电动轮轮壳内的牵引电动机将电能变为机械能，并通过由太阳轮、行星轮、内齿圈组成的轮边减速齿轮系带动车轮运转。汽车利用直流电动机的固有特性变换扭矩（电流）和调节单速（电压），低速时，直流电动机能产生高扭矩，当电动机扭矩减少时速度提高，从而在一定的负荷和坡度下，汽车能自动调速，并在下坡时，能通过动力制动或电阻制动获得极佳的制动效果。

电动轮汽车的总体结构与普通自卸汽车相似。但由于它的传动方式和工作原理不同，因而在工作机构和布置形式方面与普通自卸汽车相比有较大的差异。根据电动轮汽车的传动特点，可概括为五大组成部分：

（1）动力部分。主要是高速柴油发动机，多采用 12 缸 V 型四冲程的柴油机。

（2）电动机部分。包括一台三相交流主发电机、直流牵引电动机和励磁与充电两用的辅助发电机等。

(3) 电控部分。包括电器柜、整流柜、电阻箱、制动电阻和牵引、制动控制器等。

(4) 液压传动部分。包括转向液压控制机构、卸载举升机构、车架油气悬挂机构和液压制动机构。

(5) 车体及齿轮减速装置。车体包括驾驶室和斗厢,齿轮减速装置为太阳轮、行星轮,由齿圈组成的轮边减速齿轮系,它与牵引电动机、工作制动器、停车制动器集装于后轮毂中。

从上述电动轮汽车的工作特点可见,它与普通自卸汽车相比有以下主要优点:

(1) 电动轮汽车采用电传动,结构比较简单,没有机械传动的离合器、液力变扭器、变速箱、传动轴、差速器等机械零部件,因而维修量少。

(2) 牵引性能好,能充分利用柴油发动机的最大功率,因而爬坡能力强、速度快、运输效率较高。

(3) 实现无级调速,因而操作比较简单而且平稳,可以减少发动机、电力传动系统和底盘的振动,从而延长其部件的寿命,减少维修费用,提高汽车的完好率。

(4) 电动轮汽车还可利用电力回馈的方法进行制动,通过控制发电机转速达到限制发动机超速的目的(而机械传动的汽车在制动时容易使发动机过热、损坏)。这样,既保护了发动机,延长了大修间隔期,又使行车比较安全可靠,特别是在长、大坡道上行驶时,可减少制动器的负荷,延长制动器的寿命。

6.2.3 公路运输工作

6.2.3.1 汽车运输操作规程

A 普通自翻车操作规程

(1) 驾驶人员必须经过专业培训,持证驾驶。

(2) 车辆发动前,要认真检查刹车、方向机、喇叭、照明、液压系统等装置是否灵敏可靠,确认无异常后方可启动。

(3) 起步时要先看周围有无人员和障碍物,鸣笛起步,行驶中执行城市和公路交通规则,严禁酒后或过度疲倦驾驶,严禁驾驶室以外任何部位乘坐人,行驶中要精力集中,不准吸烟、饮食和闲谈。

(4) 起落斗时,其周围不准站人,车斗起到最高点,货物仍翻不下去,在车斗没完全落下前时,不准用人卸车,更不准将车前后移动碰撞或振动性卸车。

(5) 起斗时不准猛加油门,行车中严禁起斗,车斗没有完全落下前不准起步行车。

(6) 起斗装置不安全可靠严禁起斗,行车中要经常观察车斗是否完全落下,通过桥洞时应减速,在确认车斗完全落下方可通过。

B 电动自卸汽车操作规程

(1) 出车前,要对车辆各部进行检查,达到要求后方可出车。

(2) 严禁用碰撞溜车方法启动车辆,下坡行驶,严禁空挡滑行,在坡道上停车时,司机不能离开,必须使用停车制动,并采取安全措施。

(3) 驾驶室内严禁超额坐人,驾驶室外严禁载人,严禁运载易燃易爆物品。

(4) 车在起斗翻货时,其周围不准站人,不准用人卸车或用移动碰撞,振动性卸车。

(5) 行车中严禁起斗,车斗没有完全落下前,不准起步行车。

(6) 起斗装置不安全、不可靠严禁出车,行车中要经常观察车斗是否完全落下,通过桥洞和高空架设线路、管路时要减速。

(7) 装车时,禁止检查维护车辆,驾驶员不得离开驾驶室,不得将头和手臂伸出驾驶室外。

(8) 雾天和烟尘弥漫影响能见度时，应开亮车前黄灯，靠右减速行驶，前后车间距不得小于30 m，冰雪和雨季道路较滑时，应有防滑措施，前后车距不得小于40 m。

6.2.3.2　公路养护

(1) 工作前，首先检查所用工具(锹镐)等是否完好，有无不安全因素。

(2) 在车辆运输地段或弯道处施工，要有专人负责安全、指挥车辆、限制速度或设放明显标志。

(3) 人员与设备配合作业时要保持一定的安全距离，不许打闹，防止被设备伤害。

(4) 在边坡底部和危险地段作业、休息时，要远离边坡梯段和溜井等危险地段。

(5) 冬季防滑时，车上作业要系好安全带(绳)。

6.3　其他运输方式

6.3.1　带式运输机运输

6.3.1.1　概述

带式运输机是一种连续运输机械，运输特点是，物料以连续的物流状态沿着严格规定的一条线路而移动。这种运输方式的主要优点是爬坡能力大、生产能力高、劳动条件好、工作连续且易实现自动化、能量消耗较少。

带式运输机的坡度一般可达18°～20°(即325‰～360‰)，而高倾角带式运输机的坡度则高达35°～40°。因而可减少线路长度和工程量。当露天矿开采到一定深度时，如果采用胶带运输机运输，其运距与汽车运输相比，可缩短70%，同铁路运输相比，可缩短82%。对于矿岩运输量很大的露天矿，胶带运输是较经济的，而且运输能力也很大。若以使用2 m宽的钢绳芯带式运输机为例，当带速为3.0 m/s时，每小时可以输送1万 t矿岩。

带式运输机的主要缺点是不适合运送坚硬大块和黏性大的矿岩。在金属露天矿由于矿岩一般都比较坚硬，爆破后的块度较大，不能直接用带式运输机运输，需经预先破碎，这往往限制了带式运输机在金属露天矿的应用。

带式运输机在采场内常作为联合运输的一部分，与汽车运输组成半连续运输工艺系统(电铲-自卸汽车-半固定破碎机-带式运输机)，也可作为露天矿的单一运输方式，将矿岩直接从工作面运至选矿厂或排土场，形成连续运输工艺。在此情况下，如采用单斗挖掘机装载时，必须有带装载漏斗的移动破碎机和移动式皮带运输机与之相配合。带式运输机可直接布置在露天采矿场的边坡上，也可布置在斜井内。

6.3.1.2　带式运输机的主要类型及技术特征

矿用带式运输机主要有：普通胶带运输机(包括钢绳芯带式运输机)、钢绳牵引带式运输机和大倾角带式运输机。

A　普通胶带运输机

普通胶带运输机主要由胶带、托辊和支架、驱动装置和拉紧装置等组成。

胶带既是承载构件又是牵引构件。它是由好几层棉织物、麻织物或化纤物构成的垫布用天然橡胶或人造橡胶粘在一起，并在带表面覆上橡胶层，加以硫化而成。带的表面叫覆面，覆面橡胶层是用来抗磨和抗腐蚀的，衬垫则用来承受带的纵向拉伸力以及物料对带的冲击力。

托辊是作为胶带的支承装置每隔一定距离安装在带的下面。为了提高运输机的生产率、增大被运送物料在带上的截面积，常采用多辊柱的槽形支承作为承载分支的支承装置，而非工作分支（即运输机的下托辊）则采用单辊平行的。

皮带运输机的驱动是靠胶带和驱动滚筒间的摩擦，把运动力传到带上的。驱动滚筒本身则是靠着电动机经过减速机构驱动的。因此驱动装置应有电动机、传动装置（减速机构）、驱动滚筒三部分。

拉紧装置是用来保证作为牵引构件的橡胶带具有足够的张力，以使带和滚筒之间产生必要的摩擦力，并限制带在各辊柱支承间的垂度。常用的拉紧装置有螺杆式、坠重式和车式等。

除上述主要装置外，还有制动、卸载、清理等装置与机架一起组成完整的运输机体。普通带式运输机的长度主要取决于胶带的强度。其单机长度一般不超过 300～400 m。因此这种运输机在露天矿的应用受到很大的限制。

为了提高胶带强度，常采用钢绳芯胶带。钢绳芯带式运输机其工作原理与普通胶带运输机相同。但它的胶带是用钢丝绳代替帆布层做芯体，外加橡胶覆盖层制成，所以它有很高的强度，能够实现单机长距离运输（水平布置可达 3 km），使运输系统简单化。而且由于钢丝芯沿胶带的纵向排列，所以把胶带放在槽形托辊上，成槽性较好，加之带宽和带速不断增大，从而具有较大的运输能力。

B 钢绳胶带运输机

钢绳胶带运输机是一种新型结构的运输机。它由两条牵引钢绳、胶带、驱动装置、卸载装置、拉紧装置、托轮与支架、装载装置等组成。胶带承载物料，而钢绳为牵引构件，胶带借助于与两条钢丝绳的摩擦而被拖动运行。

这种运输机的胶带结构与普通胶带不同，为加强胶带的横向刚度，每隔 50～120 mm 的间距放置方形弹簧钢条。弹簧钢条要镀锌或包以塑料，以防生锈。钢条之间一般用橡胶填充。弹簧钢条的两面垫以帆布衬层，帆布层的外面包覆一层橡胶保护层，其厚度视矿岩的磨蚀性不同而不同，运磨蚀性强的矿岩厚度要大一些，上层比下层要厚一些。胶带借两侧的梯形绳卡自由地安放在牵引钢绳上，由钢绳带动胶带运转，胶带只起承载作用，所以运输机长度不受胶带强度的限制，而受钢绳直径的限制。胶带的接头多用钢条穿接。国产胶带规格有三种：即带宽为 100 mm、1000 mm 和 1200 mm。

牵引钢绳采用直径为 20～50 mm 的顺捻钢绳，为提高钢绳与胶带以及主绳轮间的粘着系数，钢绳不润滑，只对绳芯少量浸油。钢绳用编制法连接，其接头处的搭接长度为绳径的 700～1000 倍。

驱动装置由电动机、减速器、差速器、主绳轮及制动器等部分组成。电动机的转矩经减速器和差速器作用于主绳轮，带动钢绳一起运转。电动机一般用交流电动机，也有用直流电动机的。

钢绳胶带运输机与普通胶带运输机比较，主要的优点是：

(1) 单机运距长，最长可达 15 km，因而转载点少，工效高，运输能力大；

(2) 胶带内有横向弹簧钢条，不会发生纵裂，同时由于胶带不承受牵引力、没有托辊的摩擦，因此胶带的厚度较薄，连接容易，而且使用寿命长，一般在 10 年左右；

(3) 胶带无需托辊支承，在运转中不受物料的冲击，无跑偏现象，因而运转平稳可靠。同时运转阻力小，所需驱动功率小（约为普通胶带运输机的 50%～60%），经营费用低；

(4) 结构简单，便于维护和使用，设备费用也较低；

(5) 在水平面或垂直面均可弯曲布置。

但钢绳胶带运输机也有缺点，主要是：

(1) 传动机构比较复杂，外形尺寸较大；

(2) 牵引钢绳损耗大，寿命低，一般仅在2年左右；

(3) 对局部过载敏感，如大块冲击、给矿不均匀可能造成脱槽事故。

C 大倾角胶带运输机

大倾角胶带运输机主要用于露天矿的提升，特别是在深露天矿山应用很有前途。大倾角胶带运输机是在普通胶带运输机的基础上，采用下述两种方法之一来增大倾角的。一是使胶带工作面上具有花纹、棱槽或每隔一定距离安置横挡料板，以阻止货载在大倾角运输时从胶带上向下滑落；二是在普通胶带运输机上面设货载夹持机构，将矿石夹在夹持机构与载荷胶带之间，从而增加矿石与胶带间的摩擦力，使货载在大倾角下运输不致滑落。货载夹持机构由金属带和辅助胶带组成。金属带是由许多环行链条彼此连接而成，其上段安放在辅助胶带的上段上，而下段自由下垂地压在货载上，并与载荷胶带作同步运行。金属带的运行是由辅助胶带带动的，而辅助胶带具有独立的驱动装置。

大倾角运输机的倾角可达35°～40°，最大可达60°，所以这种运输机在露天矿可直接布置在边坡上，从而大大缩短了线路长度，减少开拓工程量。

6.3.2 钢绳运输及其他运输

露天矿运输除广泛采用铁路、汽车和带式运输机外，有些矿山，特别是中小型矿山根据本矿的特点，因地制宜地采用钢绳、自溜和胶轮驱动等运输方法。

6.3.2.1 钢绳运输

钢绳运输是利用绞车、钢丝绳牵引矿车或其他运输容器在轨道上运送货载的一种运输方式。

钢绳运输的优点是设备简单而易制造、建设时间短、技术要求不高、消耗能量少，生产成本低、适合于大坡道运输。因而在我国中小型露天矿应用较多。但这种运输方式的主要缺点是钢绳磨损较大，运转中的维护和辅助劳动多、转载和延深工作复杂。在弯多运距大时不宜采用。

钢绳运输一般只能作为露天矿整个运输系统的中间环节，常与其他运输方式(铁路、汽车)配合使用，以解决露天坑内和地面的矿岩运输问题。露天矿应用的钢绳运输方式有斜坡卷扬、重力卷和无极绳运输等。

无极绳运输只适用于水平或缓倾斜的运输。露天矿采场内应用极少，有时只作地面辅助运输之用。重力卷运输是借重车下放带动空车上提的双端斜坡卷扬装置，不需要外加动力，因此当运输量不大，条件合适时(坡度为6°～25°)，应用此种运输方式是最经济的，在小型山坡露天矿应用较多。斜坡卷扬是露天矿应用最广的钢绳运输方式，其主要设备有提升容器、钢绳和卷扬机，此外还有托辊、导轮、轨道等辅助设备。按照提升容器不同，其提升方式又可分为台车提升、串车提升和箕斗提升三种。台车提升的缺点是有效载重量小，生产能力低，在露天矿只适用于转运人员和材料。

6.3.2.2 自溜运输

自溜运输是利用矿车本身重力，沿轨道自动滑行的一种运输方式。由于矿车只能沿下坡轨道滑行，因此空车需借高差补偿器才能恢复到原来位置。它可以单辆矿车自溜运行，也可几辆矿车组成车组自溜滑行。

自溜运输很少在一个矿山中单独出现，常常是与其他运输方式相配合，作为矿山运输系统的一部分。常用的有与串车提升、重力卷或无极绳运输配合的几种情况。

自溜运输需要的设备少而简单，仅需矿车、轻轨和高差补偿器(爬车器)等。具有投资少、成本低、上马快的优点。但生产能力低。

自溜运输线路平面布置时应力求线路较直、弯道及交叉少、少占或不占农田。其布置形式主要有环形布置和往返布置两种。

环形布置(见图6-13)的特点是重车和空车按同一方向顺坡滑行。因此矿车几乎可全部自溜，基本上不用人推，缩短调车和错车时间，道岔少、运行安全。但需要布置场地较大、使用条件受限，装车点多时，装运互相干扰。所以这种布线形式适用于运距不长和地形较平坦的地点，一般在废石场内作为扇形扩展排弃及采场内集中装矿的条件下应用。

图6-13 自溜线路环形布置

(a) 废石场排弃；(b) 采场集中装矿

往返布置(见图6-14)的特点是不论运输量大小，都至少需要并排布置两条倾斜方向相反的线路，以便空、重车往复滑行。这种布置方式使空、重车并排布置，便于管理，可按需要布置多条装车岔线，使装车点互不干扰，能充分提高装矿效率。但空、重车需错车和调车，部分地段需人力推车，在空、重车交叉和会合处，需设跨线桥或挡墙。所以适用于运距较长或山坡地形，一般作为采矿场到卸矿点区间运输及采矿场或废石场内部运输。

图6-14 自溜线路往返布置

(a) 采矿场运输；(b) 废石场运输

6.3.2.3 胶轮驱动运输

胶轮驱动运输是一种新型的运输方式。它综合了运输机、索道、电机车、无极绳等各种连续或间断运输方式的优点，而形成独特的运输方式。其工作原理是：由许多带有车轮的轻便小车连接成一个或若干个车队，小车骨架的两侧安有摩擦板，在整个运输线路的两侧每隔一定距离设置一个驱动站，每个驱动站安装1～2台电动机和2～3个胶轮，电动机经减速器带动胶轮旋转，旋转的胶轮挤压小车的摩擦板，驱使车队沿运行轨道向前运行。

胶轮驱动运输的主要优点是采用分散驱动装置，无需大型设备，制造简单，维护容易，能爬大坡度和拐小弯，适用范围广，而且能连续运输，生产能力大。因此，在运量大、运距长和地形复杂的矿石运输线路中，采用胶轮驱动运输，不仅在技术上较先进，而且在经济上也是较合理的。

胶轮驱动运输的主要设备有:装载小车组成的车队、驱动站、装矿与卸矿站、环形轨等。

复习思考题

6-1　简述露天开采运输工作的特点。
6-2　简述露天开采铁路运输工作的特点。
6-3　简述铁路运输线路主要构成元件。
6-4　简述露天开采铁路运输站场一般布置。
6-5　简述露天开采铁路运输常用车辆。
6-6　简述铁路运输工作的主要内容。
6-7　简述露天开采公路运输的特点。
6-8　简述露天开采公路运输线路布置的主要内容。
6-9　简述电动轮自卸汽车在露天矿的应用及重要性。
6-10　如何提高电动轮自卸汽车的工作效率?
6-11　简述露天开采常用其他运输方式。

7 露天矿排土技术

露天采矿的一个重要特点就是必须剥离覆盖在矿体上部及其周围的岩石，并运至一定地点排弃，为此要设置专门的排土场地。排土工作的任务就是在排土场上，运用合理的工艺，排弃从露天矿场采出的废石和表土，以保证采矿作业持续均衡地进行。因此，排土工作也是露天矿主要的生产工艺环节之一。

根据排土场与露天矿场的相对位置，把位于露天矿境界以外的排土场叫外部排土场，处于露天矿采空区内的叫内部排土场。按照在排土工艺中所用的设备不同，有以下几种主要的排土方法：排土犁排土、单斗挖掘机排土、前装机（铲运机）排土、推土机排土、带式排土机排土和人工造山排土。

7.1 排土方式

7.1.1 推土机排土方式

推土机（见图 7-1）是一种多用途的自行式土方工程建设机械，它能铲挖并移运土壤。例如，在道路建设施工中，推土机可完成路基基底的处理，路侧取土横向填筑高度不大于 1 m 的路堤，沿道路中心线向铲挖移运土壤的路基挖填工程，傍山取土修筑半堤半堑的路基。此外，推土机还可用于平整场地，堆集松散材料，清除作业地段内的障碍物等。

图 7-1 推土机外形图

露天矿推土机排土大多数采用汽车运输。推土机的排土作业包括：汽车翻卸土岩；推土机推土；平整场地和整修排土场公路。汽车运输推土机排土场的布置如图 7-2 所示。

汽车进入排土场后，沿排土场公路到达卸土段，并进行调车，使汽车后退停于卸土带背向排土台阶坡面翻卸土岩。为此，排土场上部平盘需沿全长分成行车带（A）、调车带（B）和卸土带（C）。调车带的宽度要大于汽车的最小转弯半径，一般为 5～6 m；卸土带的宽度则取决于岩土性质和翻卸条件，一般为 3～5 m。为了保证卸车安全和防止雨水冲刷坡面，排土场应保持 2%以上的反向坡，如图 7-3 所示。在汽车后退卸车时，要有专设的调车员进行指挥。

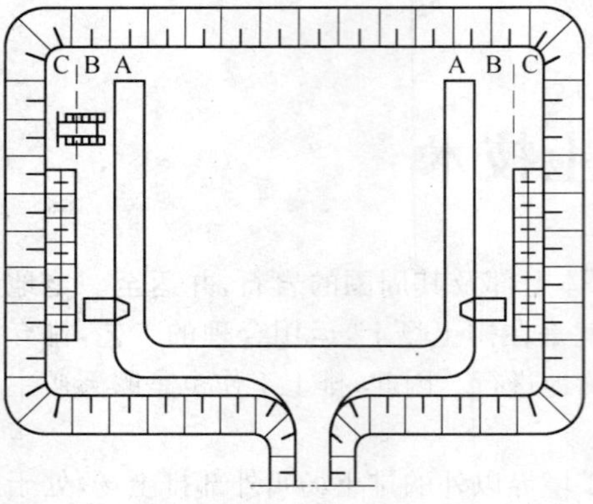

图 7-2　汽车运输推土机排土场

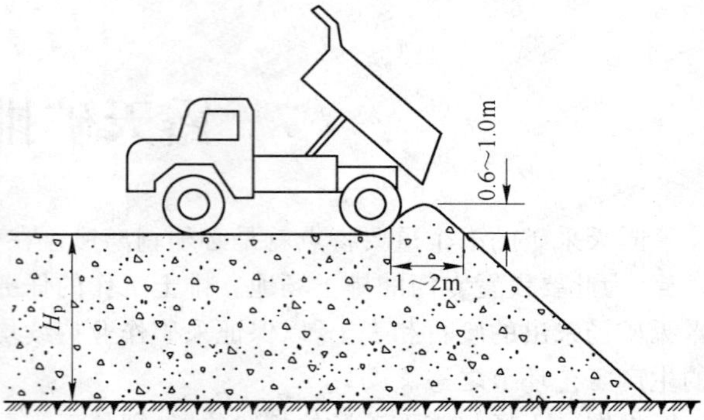

图 7-3　汽车在排土场卸载

当汽车在卸土带翻卸土岩后，由推土机进行推土。

推土机的推土工作量包括两部分，推排汽车卸载时残留在平台上的土岩和为克服下沉塌落进行整平工作。

在雨季、解冻期、大风雪、大雾天和夜班，汽车卸土时应距台阶坡顶线远些，因为这时边坡的稳定性和行车视线都比较差。特别是在夜班，有时推土机的推土量几乎与汽车卸土量相等。

推土机排土方法具有工序简单、堆置高度大，能充分利用排土场容积、排弃设备机动性较高、基建和经营费少等优点，因而它在汽车运输露天矿中得到了广泛的应用。

7.1.2　排土犁排土

排土犁排土方法的主要设备是排土犁(见图 7-4)，它是一种行走在轨道上的特殊车辆，车身一侧或两侧装有大翅板和小犁板，前部有分土犁板。不工作时，翅板和犁板紧贴车体，排土时靠汽缸压气将它顶开而伸张成一定角度。随着排土犁在轨道上行走，翅板就将堆置在旁侧的土岩向下推排。小犁板可下放低于轨面，这样可防止旁侧的岩块滚入轨道。排土犁自身没有行走动力，全靠机车牵引，所需压气亦由牵引机车供给。

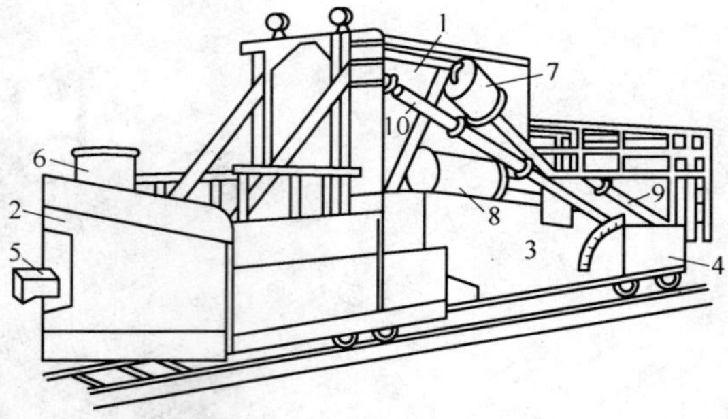

图 7-4　KT-1 型排土犁示意图

1—操纵室；2—前鼻保护犁板；3—主翅板；4—小翅板；
5—挂钩；6—前鼻保护犁板升降汽缸；
7，8—犁板控制汽缸；9，10—拉杆

排土犁排土的工序是：列车翻卸土岩；排土犁推排土岩；整修平台及边坡；移设线路。而其中第一项和第二项在二次线路移设之间交替重复地进行。

在新移设的线路上(见图 7-5a)，因路基尚未压实稳固，为使排土台阶坡面上形成支撑土体，保证行车及翻土作业的安全，最初列车应以减速慢行，采取机车推顶的方式进入排土线，自排土线起点向终点方向，在一个列车长度上逐列翻卸土岩。各列车的车厢翻卸顺序，则应由车尾开始逐渐向前端进行，如此沿排土线全长都翻卸一次土岩后，列车就可改由排土线终端起向入口处后退式翻卸土岩，直至填满全线。此时，应在排土台阶坡面上多堆置坚硬岩石，以提高其稳定性，尤其是对于松软土岩更为重要。

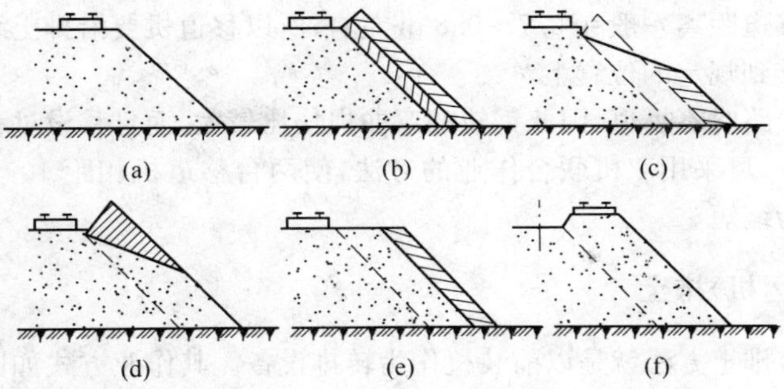

图 7-5　排土犁排土工序示意图

当排土场沿排土线全长的初期容积已排满而形成石垄时(见图 7-5b),便开始用排土犁推土,将高出的石垄推掉,使排土台阶上部形成一个缓坡断面而产生新的受土容积(见图 7-5c)。列车又可继续沿排土线全长翻卸土岩,直到排土线新的受土容积再被填满为止(见图 7-5d),这时再进行推土。应该注意的是,从各车辆翻下的岩堆不是连续的,一般都留有 0.5～1.0 m 的间距,所以在列车翻土时要注意填补空隙。

按上述过程反复进行,直到线路外侧形成的平台宽度超过或等于排土犁翅板伸张的最大允许宽度,排土犁已不能进行排土作业时为止(见图 7-5e),此时需移设排土线路。为了保证新路基的平整和稳定,最后一列车翻卸时应保证全线翻卸均匀,土堆连续,同时要翻卸一些稳定性高、透水性好的岩石,作为新线路的路基。在最后一次卸土前的推土工作中,应将排土犁翅板位置稍加提起一些,以保证最后一次翻车能填满坡顶。排土线每移设一次,通常需推土 8 次左右,而每推一次土的行走次数在 2～6 次。

排土线移道前应进行平整工作,考虑到线路下沉和保证线路平直,需将排土犁翅板提起 30～50 cm,使排土台阶的新坡顶线比旧坡顶线有一超高,如图 7-5f 所示,其超高值一般为 100～200 mm。

移道机是一种二轴平板车,车上装有齿条提升机构和发动机,车的下部挂有用以抓吊钢轨的卡子,在提升齿条的下端有一个在移道时起支撑作用的铁鞋,车身后架上有一小齿轮。其动作原理如图 7-6 所示。

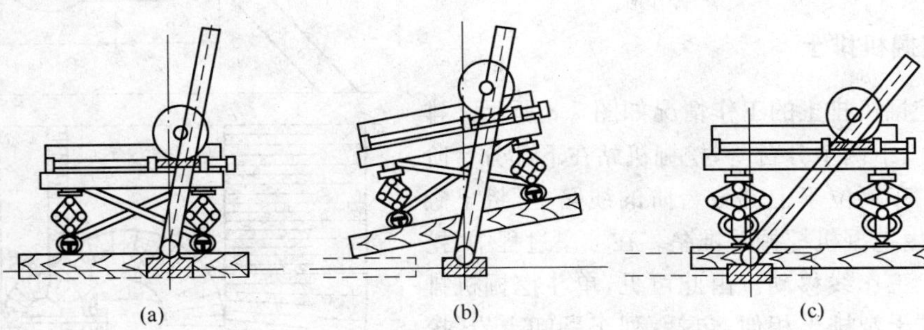

图 7-6　移道机工作原理

(a) 开始位置;(b) 抬起铁道;(c) 终了位置

移道机工作时,先将卡子抓住钢轨,开动发动机使小齿轮沿齿条向上移动,此时铁鞋支撑地表,移道机连同钢轨被小齿轮带动而向上提起,待提至一定高度时,由于移道机和钢轨的重心向一侧偏移而失去平衡,则靠其自重力而向外侧下落,结果使钢轨和枕木横向移动一个距离。当上述过程结束后,移道机沿线路移行 10～15 m 距离,在新的位置上重复上述步骤直到全线都移动一次。一次提升的移道距离一般在 0.7～0.8 m 左右，所以移道机要沿排土线全长往返多次进行移道才能将线路横移到规定的位置上。

用移道机移设线路时不拆道，因此钢轨的弯曲损伤比较大，而且移设过程中要克服很大的阻力。为减轻上述缺点，可采用双机联合作业的方法，使两台移道机相距 10～15 m，同时操作，这样能使移道时间大为缩短。

7.1.3　前装机（铲运机）排土

前装机（铲运机）排土方法就是以前装机作为转排设备。其作业方式如图 7-7 所示。在排土段高上设立转排平台。车辆在台阶上部向平台翻卸土岩，前装机在平台上向外进行转排。由于前装机机动灵活，其转排距离和排土高度都可达到很大值。

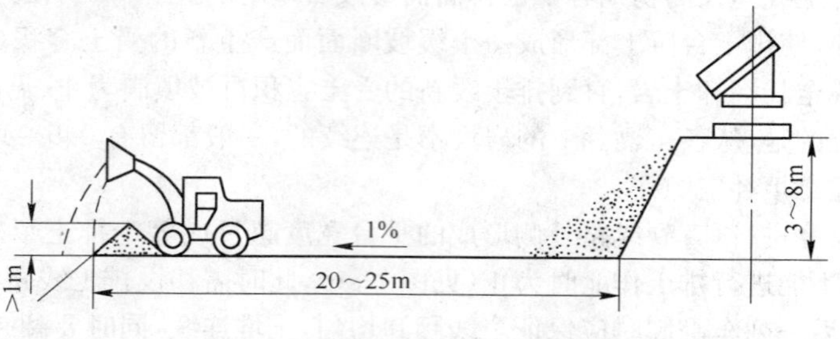

图 7-7　前装机排土作业示意图

前装机的工作平台可在排土线建设初期，由前装机与列车配合先建成一段，然后纵横发展。平台边缘留一高度大于 1 m 的临时车挡，以保证前装机卸土时的安全。为了排泄雨水，平台应向外侧有一定排水坡度，并每隔一段距离在车挡上留有缺口。临时车挡随排、随填、随设。

转排平台高度应根据岩石松散程度、发挥设备效率和作业安全性确定。一般为 4～8 m。为了使列车翻卸与前装机转排工作互不影响，每台前装机作业线的长度应为 150 m 左右。

前装机运转灵活，一机多用，用它进行排土，可使铁路线路长期固定不动，路基比较稳固，因而适应高排土场作业的要求，效率高，安全可靠。

7.1.4　挖掘机排土

单斗挖掘机排土的工作情况如图 7-8 所示。排土段分成上、下两个分台阶，挖掘机站在下部分台阶的平盘上。车辆位于上部分台阶的线路上，将土翻入受土坑，由挖掘机挖掘并堆垒。在堆垒过程中，挖掘机沿排土工作线移动。由此可见，单斗挖掘机排土工序和排土犁排土相似，包括：列车翻卸土岩、挖掘机堆垒、移设铁路。

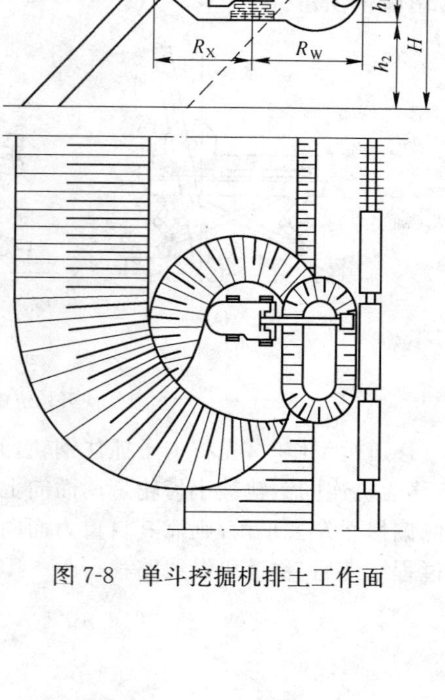

图 7-8　单斗挖掘机排土工作面

首先，列车进入排土线后，逐辆对位将土岩翻卸到受土坑内。受土坑的长度不应小于一辆自翻车的长度。它设在电铲与排土线之间，坑底标高应比电铲行走平台低 1.0～1.5 m，这主要为防止大块岩石滚落直接冲撞电铲。为保证排土线路基的稳固，受土坑靠路基一侧的坡面角应小于 60°,其坡顶距线路枕木端头不少于 0.3 m。

列车翻卸土岩时有两种翻卸方式,一种是前进式翻卸,即自排土线入口处向终端进行翻卸。该翻卸方式由于从排土线入口开始,电铲也是前进式堆垒,故列车经过的排土线较短,线路维护工作量小,列车是在已经堆垒很宽的线路上运行,路基踏实,质量较好,可提高行车速度。对于松软土岩的排土场,在雨季适用此法。它的最大缺点是线路移设不能与电铲同时作业。另一种是后退式翻卸,即从排土线的终端开始向入口处方向翻卸,电铲也是后退式堆垒。

随着列车翻卸土岩,电铲从受土坑内取土,分上、下两个台阶堆垒。向前及侧面堆垒下部分台阶的目的,是为给电铲本身修筑可靠的行走道路,向后方堆垒上部分台阶的目的,则为新设排土线路修筑路基。由于新堆弃的土岩未经压实沉降,密实性小,孔隙大,考虑到其沉降因素,需使上部分台阶的顶面标高比所规定的排土场顶面标高要高。

在实践中,电铲有下列三种堆垒方法:

(1) 分层堆垒。电铲先从排土线的起点开始,以前进式先堆完下部分台阶,然后从排土线的终端以后退式堆完上部分台阶,电铲一往一返完成一个移道步距的排土量。这种方法电缆可以始终在电铲的后方,没有被岩石压埋之虑,同时在以后退方式堆垒上部分台阶时,线路即可从终端开始逐段向新排土线位置移设,使移道和排土能平行作业,当电铲在排土线全长上排完排土台阶的全高后,新排土线也就跟着移设完毕,这时电铲再从起点开始按上述顺序堆垒新的排土带。该法的缺点是电铲堆垒一条排土带需要多走一倍的路程,增加耗电量,且挖掘机工作效率不均衡,一般在堆垒下部分台阶时效率较高,而堆垒上部分台阶时效率较低。

(2) 一次堆垒。电铲在一个排土行程里,对上、下分台阶同时堆垒,电铲相对一条排土带始终沿一个方向移动(前进式或后退式)。如果第一条排土带采取前进式,则第二条排土带必然就采取后退式,这样交替进行,使电铲的移动量最小。当电铲采取前进式堆垒时,线路的移设工作只有在电铲移动到终端排完一条排土带之后才能进行。这时电铲要停歇一段时间。当采取后退式堆垒时,排土和移道则可同时进行。这种堆垒方法电铲行程最短,但需要经常前后移动电缆。

(3) 分区堆垒。把排土线分成几个区段,每个区段长通常为电铲电缆长度的 2 倍,即 50~150 m。每个分区的堆垒方法按分层堆垒方式进行,一个分区堆垒完毕,再进行下一个分区的堆垒。分区堆垒是上述两种堆垒方式的结合,它具有前者的优点,特别是当排土线很长时,其效果最为明显。

7.1.5 带式排土机排土

带式排土机排土是一种连续式的排土方法(见图 7-9)。带式排土机排土工艺过程比较简单。在建立排土场之初,首先要为移动式运输机修筑原始路堤,并在横移式运输机的起端为排土机修建初始工作平台。修筑的方法通常是利用运输机的头部卸料,配以推土机和前装机进行。当初始工作平台筑成后,排土机就可驶进工作平台上,由横移式运输机的始端向终端进行下向排土作业,至运输机的尽头后再返回。在回程途中,为了不浪费时间,排土机一般都进行上向排土返回始端。随后移设运输机和修筑新的工作平台,排土机又开始下一次循环作业。

7.1.6 人工自溜排土

人工自溜排土是在排土场内采用自溜运输的方式,人工配合进行排土。如图 7-10 所示,矿车利用一定坡度,自溜至排土工作线,由人工或自动翻车装置将土岩翻于一侧,然后空车又以一定坡度溜离排土场。排土场的平整及移道工作则由人工进行。

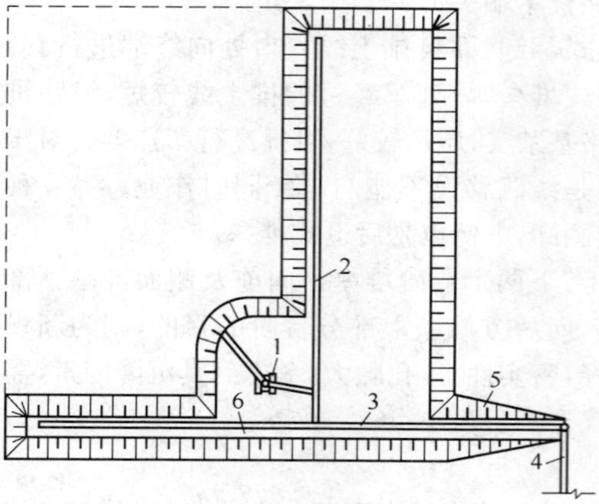

图 7-9　带式排土机排土场

1—履带排土机；2—横移式胶带运输机；
3—延伸式胶带运输机；4—固定式胶带运输机；
5—斜坡路堤；6—原始路堤

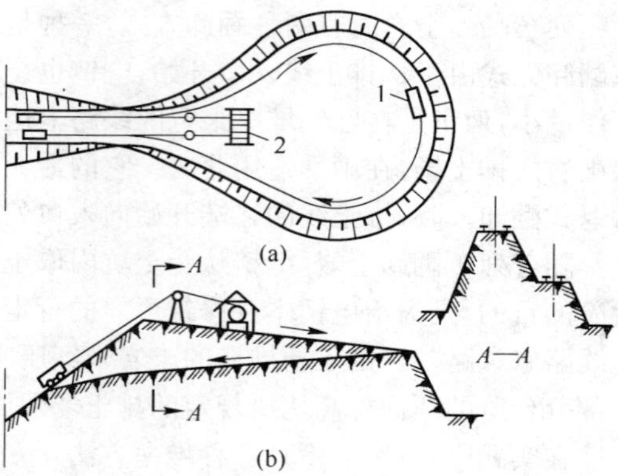

图 7-10　自溜排土线路的布置

1—翻车器；2—卷扬机

自溜排土线路的布置形式有环形式(见图 7-10a)和折返式(见图 7-10b)两种。环形式的优点是空、重车滑行方向相同，不需调头错车；道岔少，运行安全；便于采用自动翻车复位装置，实现运输排卸自动化。但缺点是随排土场的发展，自溜线路要经常移设调整；占地面积比较大；当线路中间发生故障时，全线受影响。折返式的自溜线路占地少，但进入排土地点后需要人力推车和翻车。

当采矿场与排土场间的高差较大，且排土场居于高处时，往往需用绞车把岩石重车提升至排土场和把空车下放回采矿场，而在排土场内空、重车道的高度差，则由设在空车线上的爬车器来补偿。

自溜排土一般只设置一个排土阶段。由于矿车较小，因此堆置高度较高。这种排土方法需用设备少，排土成本低。但排土能力不大，且要有足够的排土场地，只能用于窄轨运输的小型露天矿，只要条件适宜，它是小型露天矿实现排土自动化的有效途径。

7.1.7　人造山排土

人造山排土是用卷扬机将土岩重车沿斜坡道提升到一定高度，在翻车架上进行翻卸，翻卸的土岩逐步向上堆置而成山峰状，故称之为人造山，其布置形式如图 7-11 所示。

土岩的排卸形式有前倾式和侧卸式两种。当采用侧卸式时，来自采场的重车需经漏斗将土岩转载至特制的双边侧卸式矿车或 V 形矿车中，然后由卷扬机将矿车沿钢轨提升到自动翻车架，矿车借助导向曲铁及导向轮的作用，自动翻卸并恢复原位。翻车架可随土岩堆积高度的增高而沿斜坡向前移动。

当采用前倾式卸载时，可用翻斗式矿车或箕斗。前者由采场驶来的矿车不需倒装转载，而直接挂车由卷扬机提升至翻车架上卸载。如果采用箕斗，则中间必须设有转载仓或转载漏斗，来自采场的废石矿车先将废石卸入转载仓或漏斗中，废石经转载设施进入箕斗再提升翻卸。

人造山排土的主要设施包括：斜坡道、卷扬机、提升容器、装卸设备和安全装置等。

斜坡道有单车道和双车道两种。其倾角一般在 30°以下。当采用矿车提升时，根据矿山使用经验，以 18°～22°为宜，当采用箕斗提升时，为 20°～30°。卸载架倾斜角为 8°～10°。

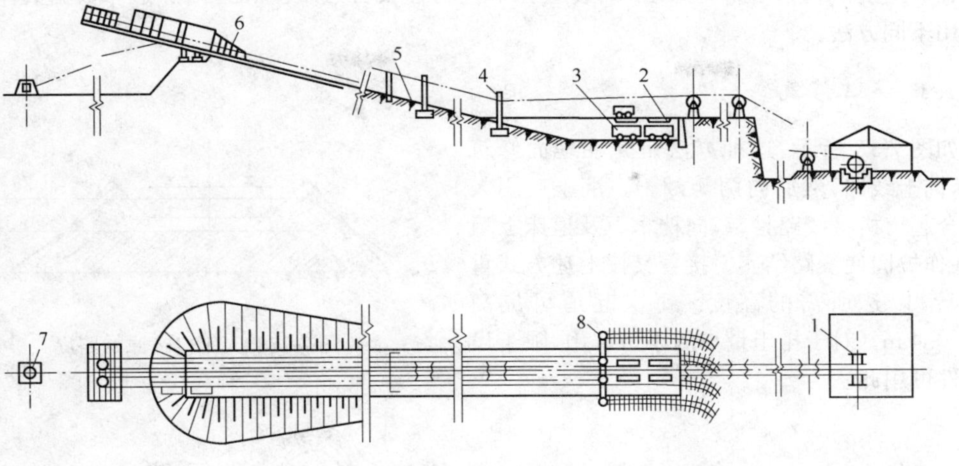

图 7-11 人造山排土场

1—卷扬机；2—漏斗；3—矿车；4—压绳轮；5—保护网；6—翻车架；7—拉紧绞车；8—转盘

无论采用何种提升容器，在卸载处均需设置卸载架（翻车架），使容器进入卸载架后能自动卸载。卸载架位于人造山的最高点，为避免雷击，要安设避雷器。同时为使卸载架和导向轮牢固，人造山的前方地面上要设拉紧绞车。斜坡道上也要设置安全道岔及防跑车装置。

7.2 排土场的建设

7.2.1 排土场初期建设

排土场建造是露天矿建设时期的主要工程之一，同时，随着露天矿生产的发展，也需要改造或新建排土场。排土场的建设与其所用的排土方法有密切的联系。对大多数排土方法来说，排土场的建设主要是修筑原始路堤，以便建立排土线进行排土。

在山坡地形上修筑原始路堤的方法比较简单，只要沿山坡修成半挖半填的半路堤形式即可。当路基宽度小于 8 m 时可用推土机推平，路基宽度 8～12 m 时，则用电铲或柴油铲挖掘修筑，经推土机平整后即可铺上排土线路，如图 7-12 所示。

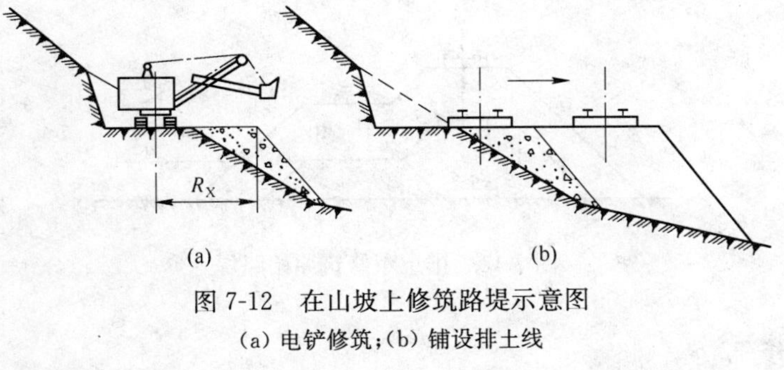

图 7-12 在山坡上修筑路堤示意图

(a) 电铲修筑；(b) 铺设排土线

由于地形条件的限制，常遇到排土线需横跨深谷的情况，为了避免一次修筑高路堤或修建桥梁而花费大量投资，可采取先开辟局部排土段，加宽排土带宽度，用废石逐渐填平深谷后，再贯通排土线的方法，如图 7-14 所示，鉴于深谷和冲沟通常是汇水的通路。在雨季里，排土场滑坡的地段往往是在冲沟的地方。为此，在用上述方法填平深沟时，应排弃透水性较好的岩石，以保证排土场的稳定。

在平地上修筑原始路堤比在山坡上复杂。这时需要分层堆垒和逐渐涨道。根据具体情况，可采用不同方法。

7.2.1.1　人工修筑

如图 7-13 所示，这种方法是先在地面修筑路基，铺上线路，然后向两侧翻土。翻土后用人力配合起道机将线路抬起，向枕木下及道床上填土，并作捣固使线路结实。接着又按上述方式重复进行，以达所需的高度。每次起道可提高 0.2～0.4 m。对于排土量小的小型矿山，限于设备条件可用此法。

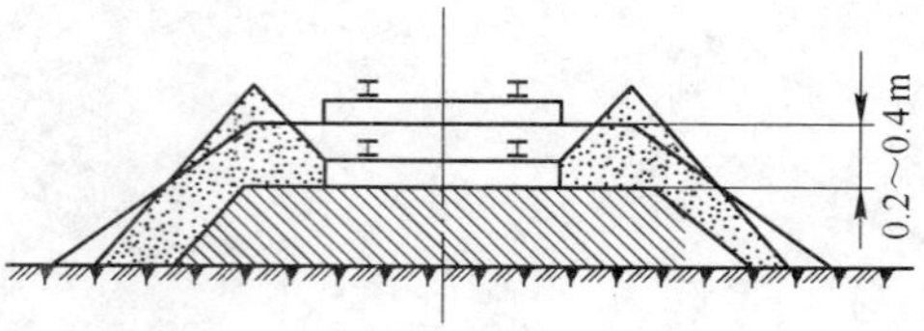

图 7-13　人工修筑原始路堤

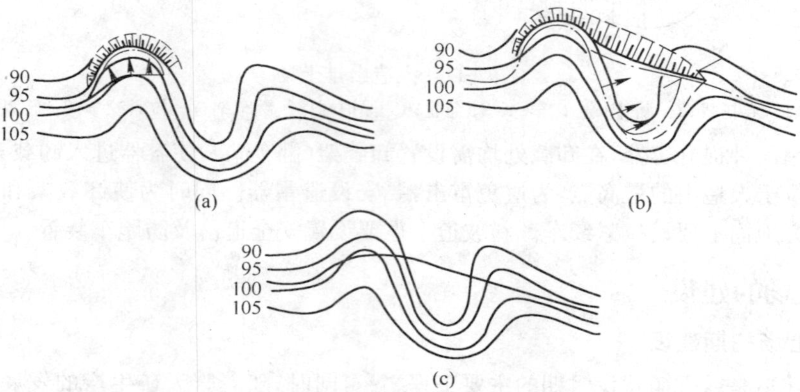

图 7-14　初始排土线横跨深谷时的贯通方法

(a) 初始路基及部分移动线；(b) 移动线延伸及扩展；(c) 形成全部初始路基

7.2.1.2　排土犁修筑

如图 7-15 所示，排土犁采取交错堆垒的方式。每次涨道的高度可达 0.4～0.5 m。

图 7-15　排土犁修筑原始路堤

7.2.1.3　电铲修筑

如图 7-16 所示，电铲先自取土坑挖土在旁侧堆筑路堤，为了加大第一次堆垒的高度，电铲也可在两侧取土，即在两侧均设取土坑。路堤平整后铺上线路，然后由列车翻土，再按照电铲排土堆垒上部分台阶的方法，逐次向上堆垒各个分层。有条件时可采用长臂电铲或索斗铲堆垒。

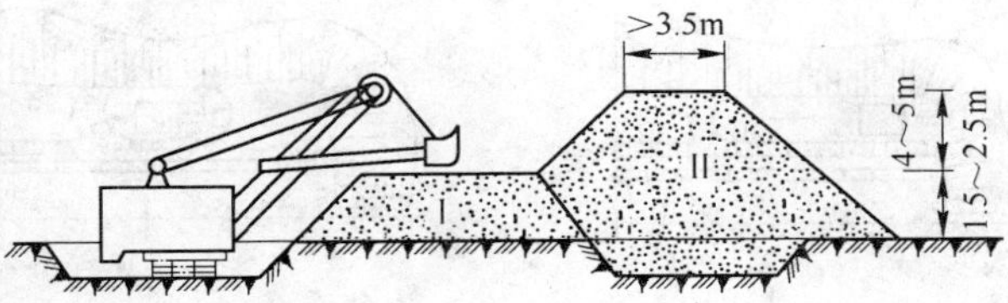

图 7-16 电铲修筑原始路堤

7.2.1.4 推土机修筑

用推土机堆垒的方法如图 7-17 所示。一般是用两台推土机从两侧将土推向路堤,使之逐渐增高。这种方法适用于修筑高度在 5 m 以下的路堤。

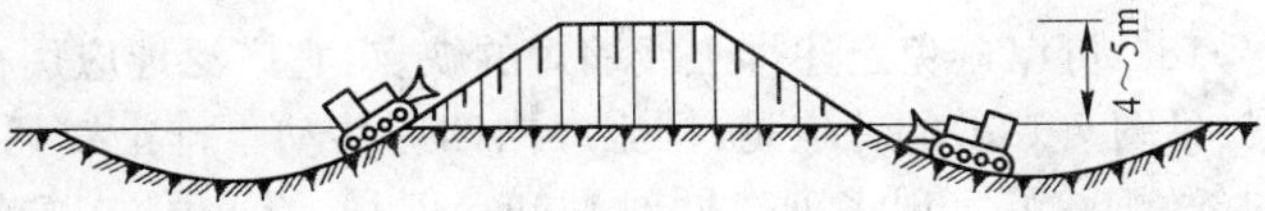

图 7-17 推土机修筑原始路堤

7.2.2 排土线的扩展

对于铁路运输排土而言,排土场的建设除了首先修筑原始路堤以建立排土台阶外,还必须在排土平盘上配置铁路线路。根据平盘上配置的线路数目,可分有单线排土场和多线排土场。

单线排土场即同一排土台阶上只设置一条排土线,随着排土工作进展,排土线的扩展方式有平行、扇形、曲线和环形四种。如图 7-18 所示。

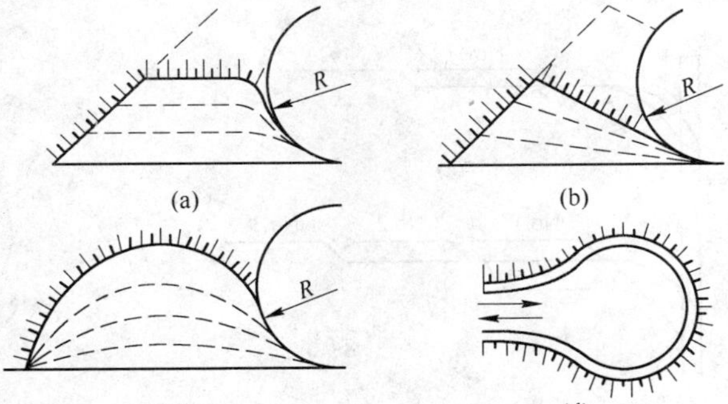

图 7-18 单线排土场扩展形式

(a) 平行扩展;(b) 扇形扩展;(c) 曲线扩展;(d) 环形扩展

排土线平行扩展(见图 7-18a)是排土边缘沿原始排土线的平行方向向外移动,移道步距固定,移道工作比较好掌握。而扇形扩展方式(见图 7-18b)是排土线沿道岔处的曲线的切线做扇形移动,移道步距不定,并从排土线的入口处到终端移道步距数值逐渐增大。

采取上述两种扩展方式时,为了保证列车翻土和排土设备的作业安全,列车不能在线路尽头翻车,要留有一定的安全距离。因而随着排土线的发展,线路就不断缩短,对于电铲排土,若不采取解体翻车,则排土线长度缩短得更快。为了避免排土线的缩短,可采用下述尽头区的堆垒方法:即电铲在尽头区先堆好下部分台阶(见图 7-19a),然后堆垒上部分台阶(见图 7-19b),当上部分台阶堆满后,电铲履带调转 90°,开始扩展新的工作平盘(见图 7-19c)。在电铲进入新的工作平盘后,将通道填满,使之与上部分台阶保持同一水平,并将铁路移设至新的位置(见图 7-19d)。此外,还可以采用推土机辅助的方法,避免排土线缩短。

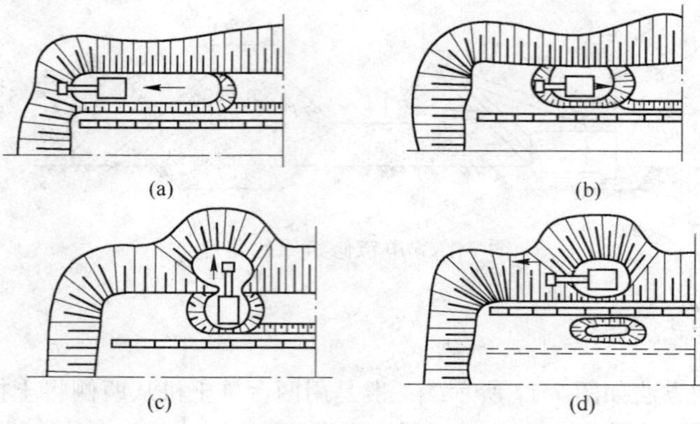

图 7-19　电铲排土线尽头区的堆垒方法

曲线扩展(见图 7-18c)可以避免上述排土线缩短的缺点,它广泛地应用在排土犁排土和电铲排土场内。环形扩展(见图 7-18d)的特点是:排土线向四周移动。排土线的长度增加较快,在保证列车间安全距离的条件下,可实现多列车同时翻卸。但是,当一段线路或某一列车发生故障时,会影响其他列车的翻卸工作。它多用在平地建立的排土场。

在多数情况下,一个排土平台上往往设有多条排土线,此时就发生了各排土线间的相互联系和制约关系。当列车只能从一端进入排土平台时,配线方式一般如图 7-20 所示。常采用双行车线,这样可以改善入换条件,提高排土线的生产能力。

当列车可以从两端出入排土线时,基本上有两种配线方式,即环形和半环形,如图 7-21 所示。采用半环形配线,可以缩短列车在排土平台上的平均运距,并可消除相邻排土线间的"豁口"。

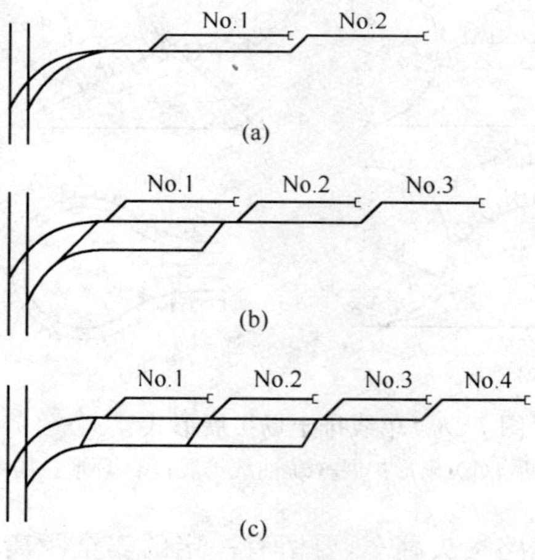

图 7-20　一端入车的配线方式

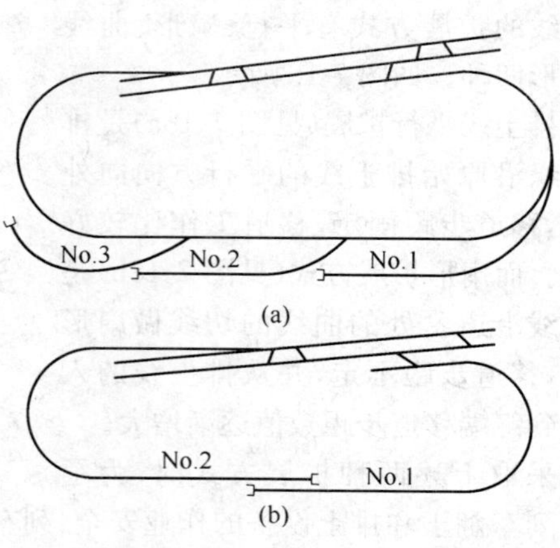

图 7-21　两端出入车的配线方式
(a) 环形;(b) 半环形

多线排岩是指在一个排岩台阶上,布置若干条排土线同时排岩,如图 7-22 所示。它们之间在空间上和时间上保持一定的发展关系,其突出的优点是收容能力大,建立在山坡上的多线排土场,通常都采用单侧扩展(见图 7-22a)。建立在缓坡或平地上的多线排土场,多采用环形扩展(见图 7-22b)。

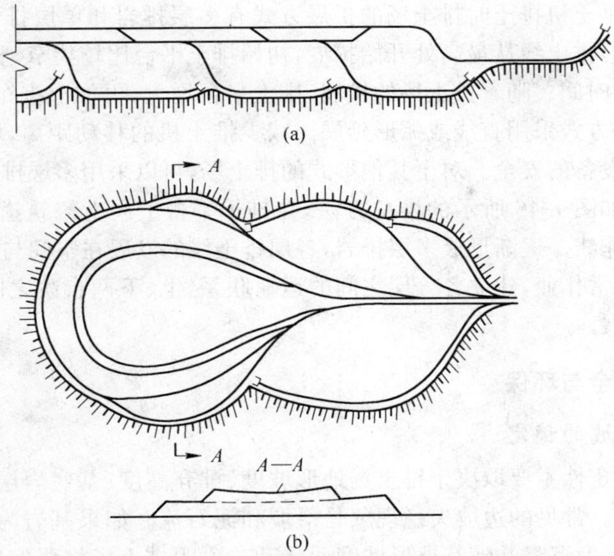

图 7-22 铁路运输多线排土场扩展示意图

多线排土平台在相邻排土线间常产生未被土岩填满的缺口部分,俗称"豁口"。豁口的填补,一般是利用两排土线相邻的有利条件,采用暂时截断相邻排土线的方法(见图 7-23)。但这时却影响另一条排土线的作业,因此只有在排土线较多的情况下才使用。当不宜采用截断相邻排土线的方法填补豁口时,可利用相邻排土线创造超前土堤,以便铺设路端。例如邻区先排土,留下的豁口由另一条排土线填补,如图 7-24 所示。也可将邻区排土线内移,使另一条排土线伸过豁口进行填补,如图 7-25 所示。

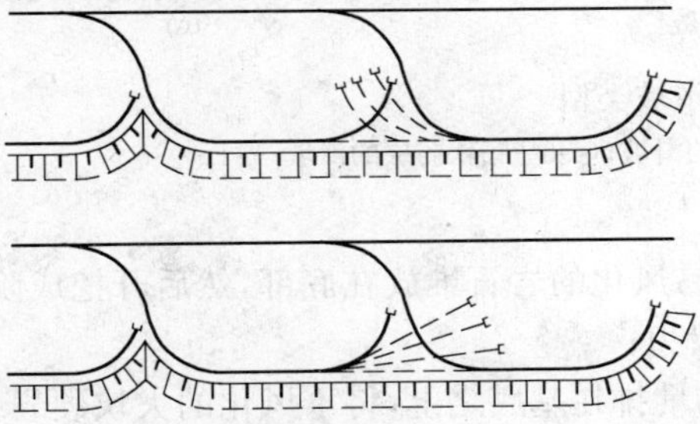

图 7-23 暂时截断排土线的填补方法图

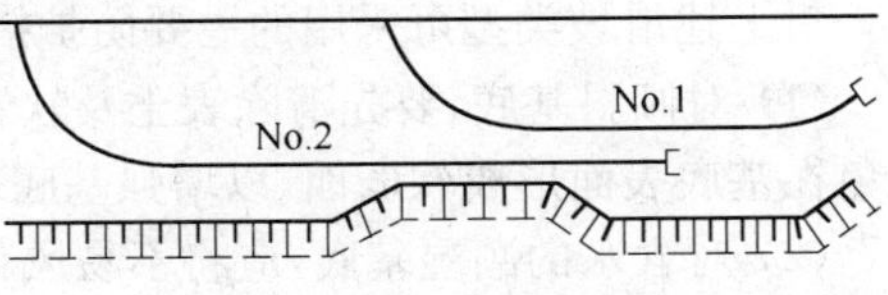

图 7-24 利用邻区超前土堤的填补方法

除了上述填补豁口的方法外,还可以在排土线终端下部架设 2～3 m 长的木垛,将道坡头垫起,并设车挡,保证列车能靠近路端安全翻卸。在山坡建立排土场时,可将线路终端设在山上,以防下沉。

当用挖掘机排岩时,各排土线可采用并列的配线方式,如图 7-26 所示。其特点是:各排土线保持一定距离,以避免相互干扰和提高排岩效率。

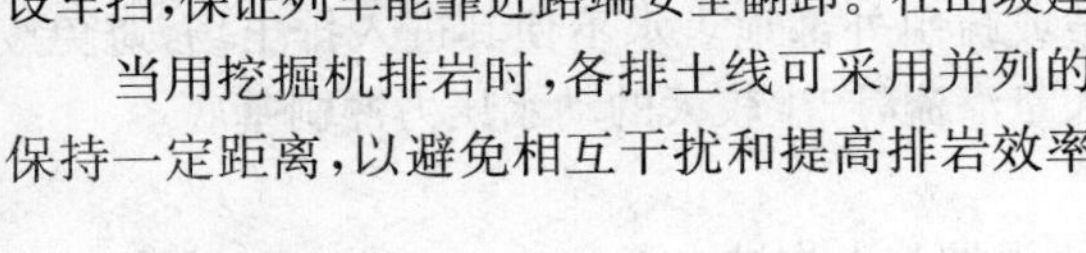

图 7-25 邻区排土线内移的填补方法

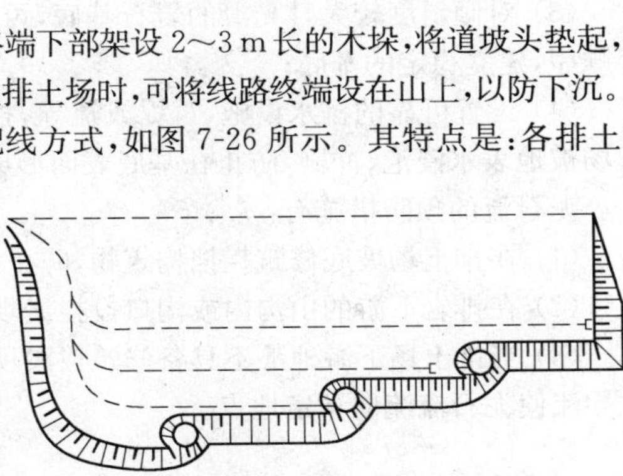

图 7-26 挖掘机并列排岩

采用汽车运输，推土机排土时排土场的扩展方式有多层排岩和单层排岩两种方式。当排土场位于山谷内的时候，排土线从最高处开始扩展，初始排土平台比较狭窄，要加强汽车的调度，缩短入换即等待卸车的时间。随着排土场的扩展，排土平台增大，再加上汽车运输的灵活性，调度简单。排土线的扩展方式采用直线或弧形延展。减少推土机的移动距离，增加排卸后土岩的沉降时间，保证人员和设备的安全。对于其他形式的排土场，可以采用多层排岩的方式来延展排土场，利用推土机采用如图 7-46 所示的堆垒方法，在排土平台上向上修筑道路，形成初始排土平台，建立初始排土工作线。逐渐形成多层排岩，各层排土线的发展在空间与时间关系上要合理配合。为保证安全和正常作业，建立各分层之间的运输联系，上、下两台阶之间应保持一定的超前距离，并使之均衡发展。

7.2.3　排土场的安全与环保

7.2.3.1　排土场边坡的稳定

排土场边坡的稳定性主要取决于排土场地形坡度、排弃高度、基底岩层构造及其承压能力、岩土性质和堆排顺序。常见的边坡失稳现象是滑坡和泥石流。如果基岩为软弱岩层，承压能力较低，排土场发生大幅度沉降并随其地形坡度而滑动。说明排土场将要发生滑坡。提高排土场基底的稳定性是预防滑坡的条件。为此首先应根据基底的岩层构造、水文地质和工程地质条件等进行稳定性分析，控制排弃高度不超过基底的极限承压能力。

常见的边坡滑坡现象有剥离物内部滑坡、基底表面滑坡、基底软弱层滑坡。

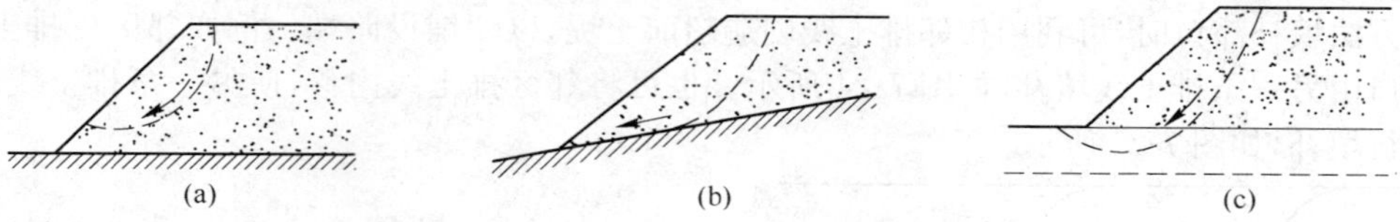

图 7-27　废石场滑坡类型

(a) 废石场内部的滑坡；(b) 沿基底面的滑坡；(c) 基底软弱层的滑坡

对上述滑坡类型可采用的主要防护措施是：

(1) 对倾斜基底，要先清除表土及软岩层，将不易风化的岩石堆放在底部，然后开挖成阶梯，避免在基底表面形成软弱面，以增强基底表面的抗滑力；

(2) 对含水的潮湿基底，应将不易风化的剥离物堆排在基底之上，将不风化的大块硬岩排弃在边坡外侧，并设置排水工程将地下水引出排土场；

(3) 对倾斜度较大且光滑的岩石基底，可采用交叉式布点爆破，增加其表面粗糙度，调整排弃顺序，建立稳定的基底；

(4) 设置可靠的排水设施，筑堤或疏导，拦截或疏引外部地表水不使其进入排土场，避免废石场被地表水浸泡、冲刷，防止在基底表面形成大量潜流，产生较大的动水压力冲刷基底。

泥石流的预防措施有：

(1) 在排土场坡底修筑拦挡构筑物，防止泥土滑坡与山沟洪水汇合；

(2) 在排岩下游的山沟内或沟口设拦淤坝，拦截并蓄存泥石流；

(3) 当排土场下游地势不具备修筑拦淤坝条件时，可在其下游较开阔的场地修建停淤场，通过导流使泥石流流向预定地点。

7.2.3.2 排土场废水的处理

当剥离岩土中含有有害元素和硫化矿物时，由于大气降水和地表水的冲刷浇淋，有可能使排土场成为水质污染源。必须切断外流污染渠道，采取妥善的处理措施，防止污染。采取的方法有：

(1) 中和法。用石灰来中和酸性水；

(2) 蒸馏法。将酸性水加热到沸点，使生成饮用水和浓缩盐水；

(3) 逆渗透法。酸性水通过一个半薄膜渗滤，过滤出和浓缩成离子盐类；

(4) 离子交换法。采用特殊的树脂，选择性地交换矿水中的盐类和酸类离子，产生无污染水；

(5) 冻结法。当酸性水冻结后，形成纯结晶，然后在水中离析有害成分；

(6) 电渗析法。从电极溶液中将某种物质去除(电置换)的方法。

7.2.3.3 排土场覆土造田

露天矿排土场的占地面积比较大，它导致大量土地资源、植被以至生态环境被破坏，产生不良后果。恢复和再利用被排土场破坏的土地，是环境保护的要求。矿山土地植被恢复要因地制宜，根据地区气候、植物生长环境、经济地理条件、岩土的化学成分、含酸程度等因素，土地植被恢复后的使用方式有：将土地恢复供农业使用；恢复种植牧草和植被绿化，用于牧业生产，恢复生态平衡；将露天采矿场改造成水库、人工湖、养鱼池或尾矿池，开辟风景旅游区，以及恢复土地供建筑厂房使用等。

7.3 排土工作

7.3.1 汽车运输排土

7.3.1.1 推土机工作操作规程

(1) 上机前，应将设备各部件检查一遍，确认安全，方可上机。

(2) 行驶时，操作人员和其他人员不准上、下，不准在驾驶室外坐人，不准与地面人员传递物件。

(3) 行驶作业时，驾驶员要经常观察四周有无障碍和人员。刮板不能超出平台边缘。推土机距离平台边缘小于 5 m 时必须低速行驶。禁止推土机后退开到平台边缘。

(4) 夜间作业时，前后灯必须齐全。

(5) 牵引机械和设备时，必须用牵引杆连接，并有专人指挥。

(6) 驾驶员离开操作位置、保养、检修、加油时，应摘挡、熄火、铲刀落地。

(7) 起步前要检查现场，给发车信号。

(8) 当必须在斜坡上停车时，必须使用制动锁，防止车辆自动下滑。

(9) 冬季禁止用明火烤车。

(10) 冬季禁止在斜坡上行驶。

(11) 如在坡上停车时，要放下铲刀，熄火，踩下制动踏板，并掩车履带。

(12) 行驶时最大允许坡度，上、下坡不得超过 30°，横坡不得超过 25°。在陡坡上纵向行驶时，不准拐死弯。

(13) 作业时最大允许坡度，上坡不得超过 25°，下坡为 30°，横坡为 6°。

7.3.1.2 推土机工作注意事项

(1) 工作前做好各项准备工作,佩戴好劳动防护用品。

(2) 发动机启动时,不可将摇把迅速地整周转动。

(3) 启动机转动时,夏季不得超过 10 min,冬季不得超过 15 min。

(4) 主发动机低速空转 5 min 后,再以高速空转 5 min,待主发动机工作平稳后,方能持续带负荷工作。

(5) 行走前必须将铲刀提到最高位置,并前后左右瞭望,若在 5 m 之内没有人或障碍物方可行走。

(6) 行驶时不准将离合器处于半结合状态(转弯或过障碍物时例外)。

(7) 推土机作业时,推土机不得超过平台边缘,如果平台边缘出现裂缝应采取安全措施。推土机距离平台边缘小于 5 m 时,必须低速运行。禁止推土机后退开向边缘。

(8) 推土机作业时,铲刀上禁止站人,排除障碍时要将铲刀放在地面上,禁止铲刀悬空,探身向上观察。

(9) 推土机司机离开作业点时,要将发动机熄火。

(10) 推土机牵引车辆和其他设备时,被牵引车辆必须有制动措施,并有人操纵;推土机行走速度不得超过 5 km/h;下坡时禁止用绳牵引。

(11) 推土机工作必须指定专人指挥。

(12) 推土机发动以后,严禁任何人在机体下面工作。发动机未熄火、推土板未放下,司机不得远离驾驶室。行走时,禁止人员站在推土机上或机架上。

(13) 对推土机进行修理、加油和调整时,应将其停在平整地面上。从下部检查推土板时,应将其放稳在垫板上,并关闭发动机。禁止人员在提起的推土板上停留或检查。

(14) 过桥时,要注意桥梁负重能力,无标志桥梁不能通过,过桥时要用一挡行驶。

(15) 拉变压器和移动电柱时,要有人指挥,防止空中高压线被刮断伤人。

7.3.2 铁路运输排土

7.3.2.1 前装机(铲运机)操作规程

(1) 工作前必须对本机全面检查保养,起步前必须让柴油机水温达到 55 ℃,气压表达到 4.4 MPa后方可起步行驶,不准出带病车。

(2) 起步与操作前应发出信号,必须由操作人员呼唤应答、鸣喇叭,通知有妨碍的人和车辆走开,对周围做好瞭望,确认无误方可进行。

(3) 行驶时,避免高速急转弯。

(4) 驾驶室内不准乘坐驾驶员以外人员,驾驶室以外的任何部位都不准乘人,更不准坐在铲斗内。

(5) 严禁下坡时熄火滑行。

(6) 随时注意各种仪表、照明等应急机械的工作状态。

(7) 装料时要求铲斗内物料均匀,避免铲斗内物料偏重,操作中进铲不得过深,提斗不能过急,一次挖掘高度在 4 m 以内。

(8) 工作时严禁人员站在升降臂及铲斗下。

(9) 工作场地必须平整,不得在斜坡工作,防止在转运料与卸料时发生倾翻。

(10) 作业时发动机水温不得超过 80 ℃,变矩器油温不超 120 ℃,重载作业超温时,应停车冷却。

(11) 全载行驶转运物料时，铲斗底面与地面距离应高于 0.5 m，必须低速行驶。

(12) 不准装满物料后倒退下坡，空载下坡时也必须缓慢行驶。

(13) 向汽车卸土，应待车停稳后进行，禁止铲斗从车辆驾驶室上方越过。

(14) 行驶时，臂杆与履带车体平行，铲斗及斗柄油缸安全伸出，铲斗斗柄和动臂靠紧，上下坡时，坡度不应超过 20°。

(15) 停机时，必须将铲斗平放地面，关闭电源总开关；水箱水放净。

7.3.2.2 前装机(铲运机)工作注意事项

(1) 作业前认真检查机车的机械润滑、液压是否正常，作业场所周边环境，对要进行铲装物品、材料的前进后退等要进行确认。

(2) 车辆检查维护时，必须使车辆各部位都处于静止状态，注意刹车、液压的日常维护保养。

(3) 停车时铲斗必须落地，非司机不准操纵。行车时铲斗车外踏板不准站人。

(4) 铲装时思想要集中，注意与被装车辆或场地的距离，铲斗起落要平稳。

(5) 行车时遵守交通规则，注意瞭望，保持中速行驶。

7.3.2.3 排土场排土注意事项

(1) 排土车辆进入排土场排弃岩土时要有专人指挥。

(2) 移道机移道时，工作人员一定要站在移道机上，严禁站立在地面上。

(3) 铁路运输自翻车向受土坑翻卸时，要注意路基的稳定，时刻观察路基的沉降。

(4) 电铲排土时，电铲司机要遵守电铲的操作规程。

复习思考题

7-1 阐述露天开采排土工作的重要性。

7-2 简述露天开采汽车运输常用排土方法。

7-3 简述露天开采铁路运输常用排土方法。

7-4 简述露天开采常用排土设备。

7-5 阐述排土线的扩展方式。

7-6 如何提高排土场边坡的稳定？

7-7 简述排土场常用的绿化、覆土造田方法。

7-8 简述排土场废水的处理的方法。

7-9 简述排土工作注意事项。

8 露天开采新水平准备

8.1 新水平准备方式

如前所述，在露天开采过程中，随着矿山工程的发展，工作台阶的生产必将逐渐结束而转为非工作台阶。因此，为了保证矿山的持续生产，就必须准备新的工作台阶，即新水平准备，新水平的准备与上平台的采矿、剥岩之间要保持正常的超前关系。即在上部工作水平扩帮生产的同时，及时地向下部水平开掘出入沟和开段沟，开辟新的工作水平，以便使露天矿保持足够的作业台阶。否则就会破坏露天矿正常生产的条件而造成严重的恶果。

8.1.1 新水平平面布置方式

新水平平面布置方式是研究新水平准备过程中，露天矿床开拓初始出入沟、开段沟位置的确定。初始出入沟、开段沟位置的选择决定着扩帮时工作线的推进方向。不同的出入沟、开段沟位置，影响采用的生产工艺、开拓工程布置，对于同一露天矿，不同的出入沟、开段沟位置，又影响着基建工程量、投产时间、生产剥采比，如图 8-1 所示。

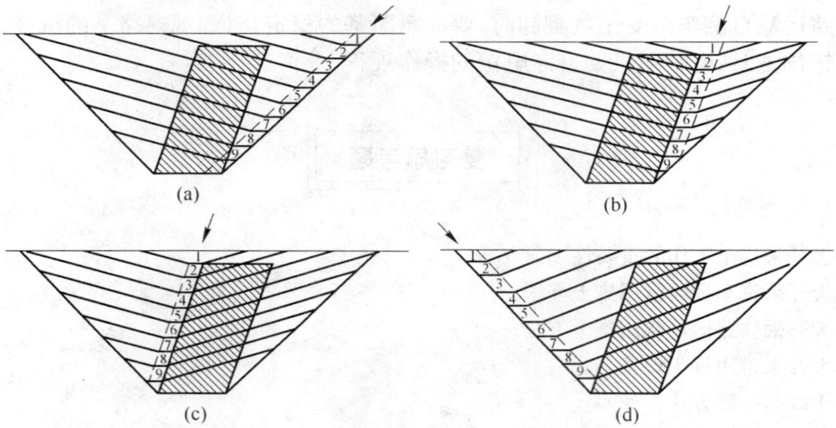

图 8-1 开拓沟道位置的四个方案

如图 8-1b、c 所示，将初始出入沟、开段沟位置布置在上盘或下盘矿岩接触处，出入沟、开段沟形成后，扩帮可以向两个方向进行，无论是汽车运输开拓，还是铁路运输开拓，从坑线布置的角度均形成移动坑线开拓方法。

如图 8-1a、d 所示，如果开拓布线时，将初始出入沟和开段沟布置在上盘或下盘境界边帮上，出入沟和开段沟的位置是固定的。出入沟和开段沟形成后，扩帮工作线只能向一个方向推进，形成固定坑线开拓方法。

8.1.2 新水平垂直布置方式

新水平垂直布置方式研究的是，当本水平的出入沟和开段沟形成后，扩帮工作线推进到一定位置，达到工作平盘要求宽度时，将要开始下一个水平的准备工作。此时出入沟和开段沟的位置将决定开拓坑线的方向和方式，由此决定形成的露天矿开拓坑线形式。

采用汽车运输开拓时，由于汽车调车机动灵活，爬坡能力强，出入沟和开段沟的长度相对较短，使坑线具有多种布置方式。如前所述，根据下水平出入沟和开段沟的位置有直进式坑线开拓方式，下水平的出入沟方向和上水平一致(山坡深凹)。直进回返式开拓方式，回返时下水平的出入沟与上水平的出入沟方向相反。螺旋式开拓方式，下水平的出入沟与上水平的出入沟方向一致，成一定的角度，出入沟和开段沟本身具有一定的弧度。

采用铁路运输开拓时，由于火车转弯半径比较大，爬坡能力小，因此出入沟和开段沟的长度较大，无法回返调车。只能采取折返调车的方式布置运输坑线。无论是山坡露天矿还是深挖露天矿，铁路坑线开拓方式有折返式和直进折返式。折返时下水平的出入沟与上水平的出入沟方向相反，直进时上水平的出入沟与下水平的出入沟方向相同。

8.2 新水平掘进方式

在大型金属露天矿中，主要的掘沟设备是单斗挖掘机。按其配用的运输方式不同，掘沟方法有铁路运输掘沟、汽车运输掘沟、汽车-铁路运输掘沟以及无运输掘沟等。此外，对于采用斜坡串车提升运输的中小型矿山，还有其他一些与之相配合的掘沟方法。

8.2.1 汽车运输掘沟法

汽车运输掘沟是采用平装车全断面掘进的方法。汽车运输具有高度的灵活性，适合于在狭窄的掘沟工作面工作，使挖掘机装车效率能得到充分的发挥。因此，它是提高掘沟速度的有效方法。

为了提高掘沟速度，要求穿孔、爆破、采装、运输各工艺要密切配合外，关键还应确定合理的调车方式。因为它不但影响调车时间，而且是确定掘进时沟底宽度的重要因素。

汽车在沟内的调车方式，常用回返式和折返式两种(见图 8-2)。

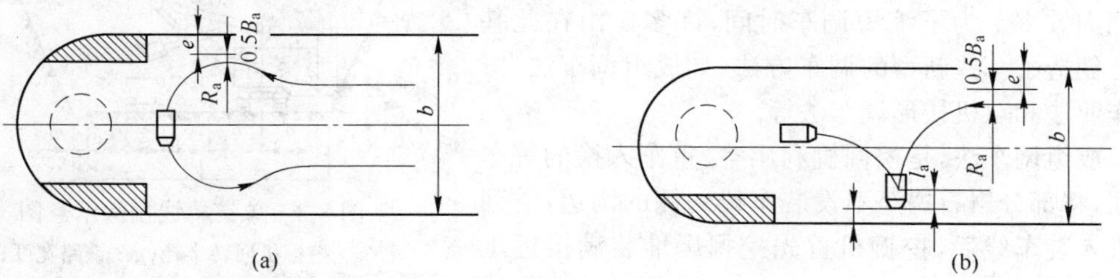

图 8-2 汽车在沟内的调车方式

(a) 回返式调车；(b) 折返式调车

b—出入沟宽度；e—安全距离；R_a—汽车转弯半径；B_a—汽车宽度；l_a—汽车后轴至前端的距离

回返式调车又称环形调车(见图 8-2a)。汽车以迂回的方法在掘沟工作面附近改变运行方向，此法空、重汽车入换时间短，挖掘机效率高。但所需掘进的沟底宽度较大，实际应用表明，采用自卸汽车运输时，回返式调车需要的沟底宽度大约为 25～27 m，这需要加大出入沟的设计断面，使掘沟工程量增加，因此与折返式调车掘沟速度相比有时反而降低。

折返式调车(见图 8-2b)是汽车以倒退方式接近挖掘机，空、重汽车入换时间比回返式调车长，挖掘机效率比回返式调车时低。但所需沟底宽度较小，掘沟工程量减少，掘沟速度有时会增加。

汽车运输掘沟的优点很多，主要是工作机动灵活，没有移设线路和爆破埋道的问题，汽车可停靠至挖掘机的有利装载地点，所需入换时间短，供车比较及时。因此可提高挖掘机的生产能力和掘沟速度。

但是，汽车运输掘沟受运距的限制，一般不应超过 2～3 km，否则运输成本增高，技术经济指标降低。

8.2.2　铁路运输掘沟法

铁路运输掘沟是挖掘机在沟内向铁路车辆装载，并由列车将矿岩运至沟外的一种方法。根据装载方式和掘进工作面结构不同，它可分为平装车全断面掘进、上装车全断面掘进和分层掘进等形式。

8.2.2.1　平装车全断面掘沟

铁路运输平装车全断面掘沟法装车工作的特点是，运输线路设在沟内，掘沟工作面在铁路线的端部，挖掘机以平装车的方式向车辆装载。这样，列车在装载时就需要解体和频繁调动，从而使挖掘机除因列车入换外，尚有因列车在工作面解体调动而引起的停顿。因此，研究合理的沟内配线和作业方式，改善列车在工作面的调车工作，对提高掘沟效率有着重要的意义。根据沟内配线和作业方式不同，平装车全断面掘沟法又可有下述掘进方案。

A　单铲单线全宽掘进

这是平装车全断面掘沟法中一种最基本的掘进方案。沟内一侧设置一条装车线，并接出一条调车线。工作面用一台挖掘机进行装车（见图 8-3）。空载列车以推进方式进入工作面装车线装车，每装完一辆矿车，列车被牵出工作面、推至调车线甩下重车，再将空列车推入装车线装车。如此反复直到装完整列车后，才在调车线上挂上所有重车驶出工作面。这种方法的特点是沟内配线简单，但需频繁解体调车，挖掘机待车时间长，挖掘机效率低，从而影响掘沟效率。为了缩短调车时间，许多矿山在此基础上创造了一些新型的调车方法，如成组调车法、留车作业法和双机梭形调车法等。

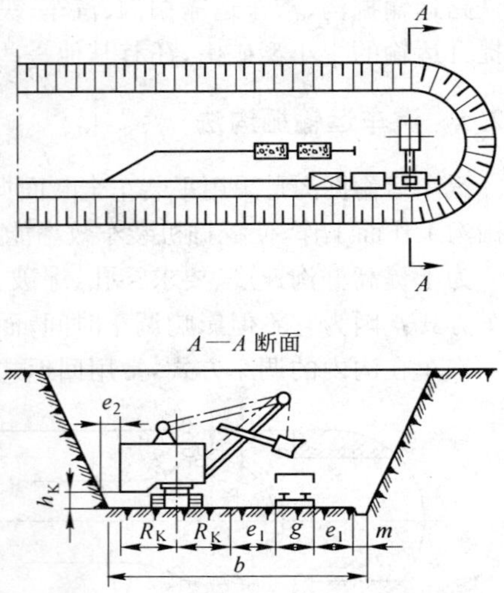

图 8-3　单铲单线掘沟示意图

R_K—挖掘机回转半径；g—铁路宽度；e_1—矿车与挖掘机及水沟间距；e_2—挖掘机与边坡间距；h_K—挖掘机底盘高度；m—水沟宽度

成组调车法，是挖掘机利用空、重车入换的等车时间，将部分岩石捣至不设装车线一侧的沟边，空列车进入装车线后，挖掘机首先挖掘爆堆装满接近工作面的第一辆车，然后后退 5～6 m，挖掘沟边岩石装满第二辆车。装完两辆车后，机车将已装车辆调出，待其余空车再进入装车线时，电铲则在原位置上装车尾第二辆车，再回到工作面装接近工作面的第一辆车。如此依次进行。这样，一次可装两辆矿车。列车在沟内的调车时间约缩短一半。但挖掘机需多次做短距离移动，当大块多时，沟内可能无处堆放大块。

留车作业法，是在列车入换时，留 1 或 2 辆矿车在装车线继续装车，当另一列空车进到工作面时，留在工作面的车辆业已装满，即可以调至调车线，从而增加装车时间，缩短机车在工作面停留时间。这种方法在出入沟的坡度大、机车牵引车辆少或机车不足时更能发挥作用。但是由于机车离开工作面后，空车仍占用装车线，使辅助作业（如架线、接轨等）不能在列车入换时间内进行。为此，在掘沟组织过程中应综合考虑，合理安排，以发挥该方法的优越性。

双机梭形调车法（见图 8-4），是在沟内铺设梭形调车线，用两台机车在调车线上倒调，交替地向挖掘机供应空车进行装载，重车分别调挂到对方机车的后面，待车辆全部装完，到沟口会让站或调车线编组，然后由一台机车牵引运往排土场。这样能改善空车供应情况，比单个机车调车方法效率高。虽然该法占用机车较多，调车复杂，但仍是一种行之有效的方法。

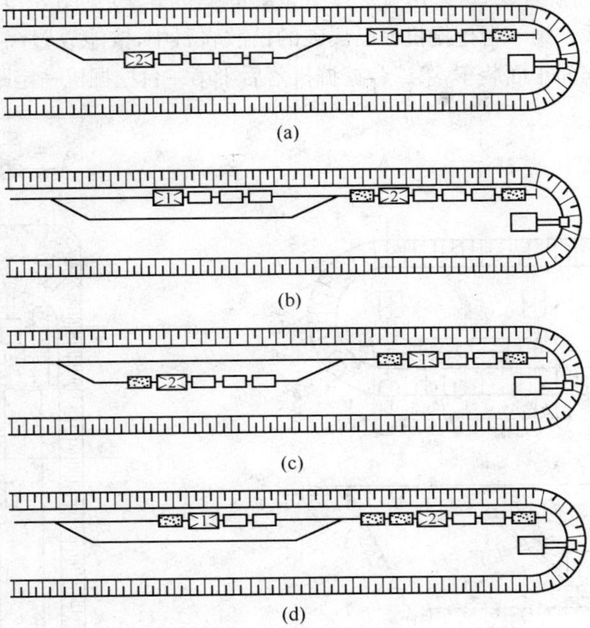

图 8-4 双机梭形调车法

1—1 号机车；2—2 号机车

B 单铲双线全宽掘进

改善调车条件的另一方法是在沟底两侧铺设两条装车线和一条调车线或调车站（见图 8-5）。列车交替地向两条装车线供应空车或牵出重车，这样能使挖掘机等车时间减少。

双装车线掘进虽能提高挖掘机效率，但需要增大沟底宽度。此外，双装车线的工作面比较拥挤，没有堆放大块的余地，而且加大沟的底宽后，沟的两帮超出挖掘机站立水平的挖掘半径，挖掘机需频繁移动挖掘两侧的岩石。

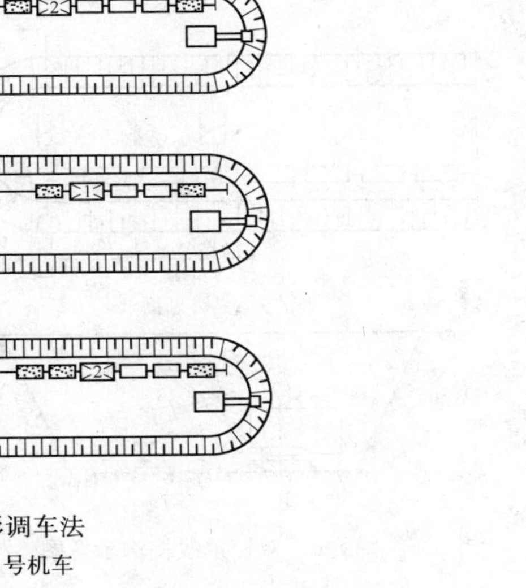

图 8-5 单铲双线掘沟示意图

C 双铲单线全宽掘进

双铲单线全宽掘进法是用两台电铲同时向一列车装载（见图 8-6）。紧靠工作面的电铲除直接装车外，还要在调车的间隔时间内，将岩石捣至两台电铲之间的岩石堆上，供第二台电铲装载。空车进入工作面后，两台电铲同时装车。

应用两台挖掘机同时装车的方法，可以减少调车时间，提高掘沟速度。但是，两台挖掘机的生产能力仅比一台挖掘机生产能力提高 20%～30%，而第一台挖掘机负荷大，第二台挖掘机却未发挥应有的效率。同时，在坚硬岩石中，大块发生率高，在工作面没有堆放大块的余地，当主挖掘机发生故障时，必将影响另一挖掘机的工作。这种方法只适用于不需爆破的软岩层掘沟。

D　双铲双线宽打窄出

若需要掘进的堑沟底宽较大，大大超过单铲单线全宽掘进所需的最小底宽时，为提高掘沟速度和解决掘沟工作面拥挤现象，可采用宽穿爆窄采装的掘进方法（见图 8-7）。该法是在沟内布置两台挖掘机和两条装车线。第一台挖掘机在已爆破的松散岩石中，按能放置一台挖掘机和一条装车线的最小底宽进行窄工作面正面装车，第二台挖掘机落后于第一台挖掘机一定距离进行侧面装车。

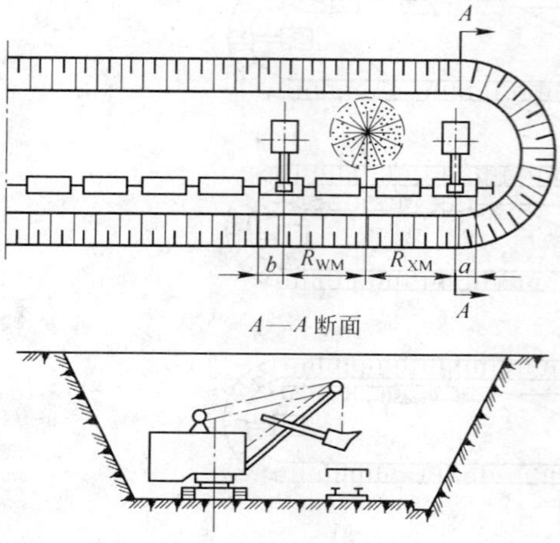

图 8-6　双铲单线掘沟示意图

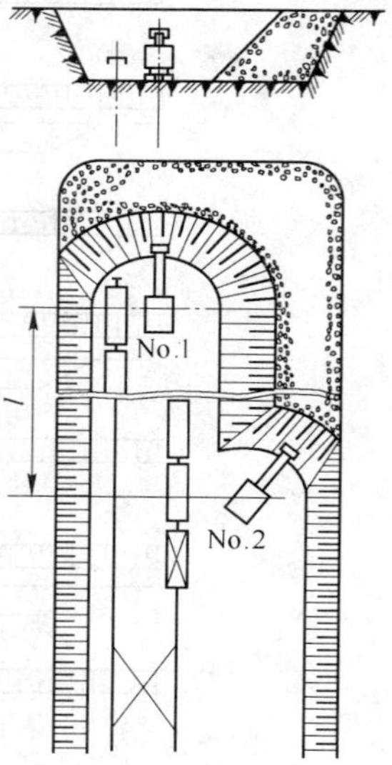

图 8-7　宽打窄出掘沟示意图

此法第一台挖掘机的空车供应情况与前述的单铲单线全宽掘进法相同，而第二台挖掘机则与正常台阶的侧面装车效率相似，因此总的来说能提高掘沟速度。但应用本法时，要求沟底较宽，同时必须用大面积多排孔微差挤压爆破方法。故用于开掘开段沟较为有利。

综上所述，铁路运输平装车全断面掘沟法的最大困难是在狭窄的工作面布置尽头线路，挖掘机在端工作面条件下进行平装车，调车工作复杂、有效作业时间短。此外，接长线路等工作又增加了辅助作业时间。

8.2.2.2　上装车全断面掘沟

为了避免平装车掘沟时列车在沟内解体和调车频繁的缺点，一些露天矿采用了上装车全断面掘沟方法，这种方法的特点是，装车线设在沟帮上部水平，长臂电铲站在沟底按沟的全断面挖掘岩石，并向停在上部水平的列车进行侧装。掘沟时的运输工作组织和空车供应条件与工作台阶开采基本相同，列车无需解体调动（见图 8-8）。

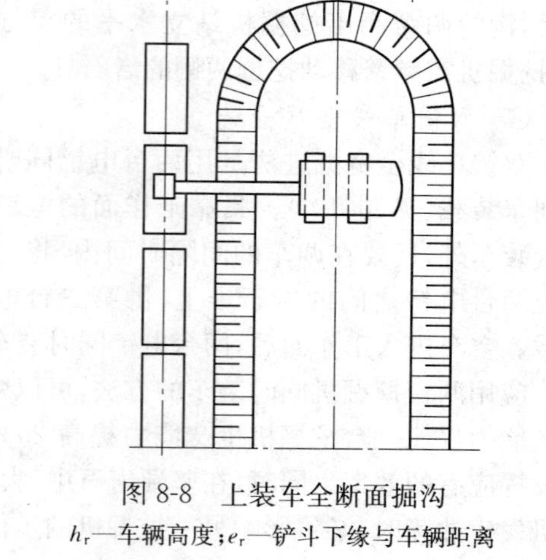

图 8-8　上装车全断面掘沟

h_r—车辆高度；e_r—铲斗下缘与车辆距离

上装车全断面掘沟的主要优点是：

(1) 因装载时列车不需解体,故工作组织简单,线路工程量少,挖掘机利用率较高,掘沟速度较快;

(2) 在开采水平的工作平盘宽度不足的情况下,用上装车法可先掘进开段沟,至一定长度后,与掘开段沟的同时,平行掘进出入沟,这样可加快新水平的准备;

(3) 减少了用于掘沟的运输设备及人员。

这种掘沟方法的主要缺点是:

(1) 由于卸载高度大,操作不方便,装载工作循环时间增加,因而挖掘机的小时技术生产能力降低;

(2) 为采用这种掘沟方法需特制的长臂铲。但是,只要设备条件允许,这还是一种提高掘沟速度的有效方法。

8.2.2.3 分层掘沟法

分层掘沟法就是按沟深分成几个分层掘进,使之能用普通规格的挖掘机进行上装车,避免列车解体,缩短调车时间,同时又能增加掘沟工作面,以便投入较多的掘沟设备,达到集中力量快速掘沟的目的。根据分层装车方式不同,可分三种基本形式。

A 分层上装车法

该法是按沟的全深分成若干分层,通常采用一台普通规格的挖掘机,以上装车的方式掘完一个分层再下降到下一个分层,逐层开掘至符合设计断面为止。

分层上装车掘沟常用两种方案,即交错分层掘沟(见图 8-9a)和顺序分层掘沟(见图 8-9b)

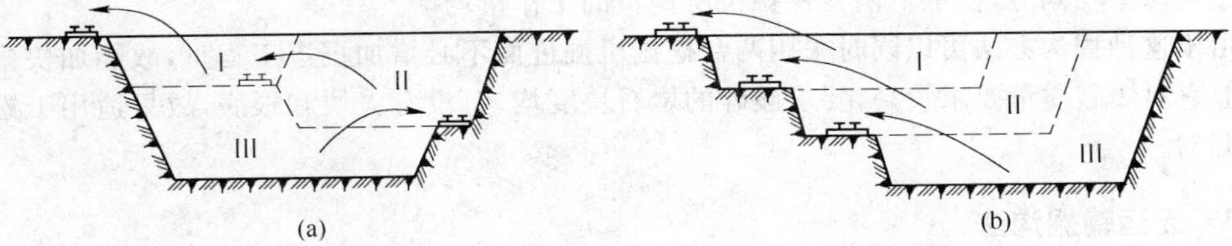

图 8-9 分层上装车掘沟
(a) 交错分层掘沟;(b) 顺序分层掘沟

交错分层掘沟是在沟的设计断面内分层,掘进断面较小,但需要交错地将线路由沟的一帮移至另一帮,尤其是采用电机车运输时,还需要变换牵引架线的位置,故线路移设工作较复杂,并影响下分层的穿爆工作。这种分层方式只用于非坚硬岩石和松软岩石中。

顺序分层掘沟是分层的一部分在设计断面外部,各分层线路铺设在一侧。其掘进断面较大,但线路移设比交错分层掘沟简单,可避免线路移设对穿爆工作的影响。故适用于坚硬岩石中。

在采用分层上装车掘沟法时,为了减少掘沟和线路工程量,合理地组织线路移设与穿爆、采装工作的配合,分层数目不宜过多,一般不应超过三层,上部两个分层应预先进行松动爆破,并从沟的末端开始挖掘,随着挖掘机的推进,及时地将上部分层线路拆除再铺设于下部分层,为挖掘下部分层创造条件。

分层上装车掘沟的主要优点是,可以用普通规格的挖掘机实现上装车,生产能力较高,并在必要时可用几台挖掘机在几个分层上同时掘进,以加快掘沟速度,但其掘沟工程量需要增加,线路工程量大,穿爆工作复杂,并且必须在所有分层掘完后,堑沟才能交付使用。

B 分层上装车和平装车混合掘沟

为了避免分层上装车掘沟要求分层数目较多，而使穿爆及线路工作复杂的缺点，可以采用上部分层上装车，下部分层平装车的掘进方法。这种方法通常是在设计的断面内，按沟深分成两层。首先用普通规格的挖掘机按其最大的上装高度挖掘上部分层，该层高度一般为 2.5～3.0 m。随后用平装车方法掘进其余部分。必要时也可以采用两台挖掘机，在两分层上同时作业。

此法与平装车全断面掘沟比较，它能利用普通规格挖掘机实现部分上装车作业，减少平装车掘进工作量，并增加了掘进工作面，从而能提高掘沟速度。

C 分层平装车掘沟

如图 8-10 所示，这种方法通常是按沟的全深一次穿爆，然后分成两层，用两台挖掘机前后错开一段距离，分别在两个分层底部同时以平装车方式掘进。分层高度一般可按沟深平均划分，使上下两台挖掘机所担负的工作量均衡。

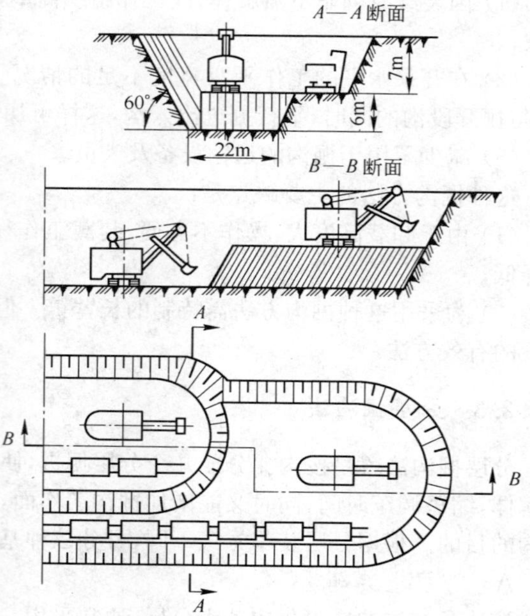

图 8-10 分层平装车掘沟示意图

由于这种掘沟方法可以同时采用两台挖掘机掘进而不必增加掘进工程量，故能加快掘沟速度。但它对爆破质量要求较高，要求破碎的岩石块度均匀，没有大块和根底，故只适用于松软岩层的掘沟。

8.2.3 无运输掘沟法

无运输掘沟亦即捣堆掘沟，它是用挖掘设备将沟内岩石直接捣至沟旁排弃，或用定向抛掷爆破的方法将岩石抛至沟外，而在掘沟时不需运输设备。

8.2.3.1 **捣堆法掘沟**

在山坡露天矿掘进单壁沟时，常用挖掘机将沟内岩石直接捣至沟旁的山坡堆置，如图 8-11 所示。

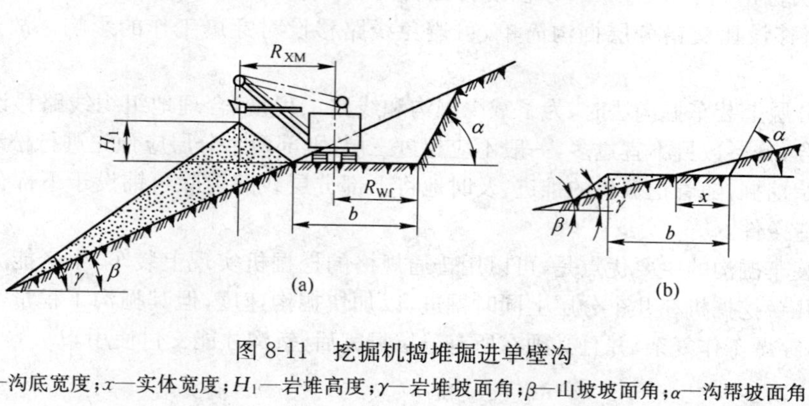

图 8-11 挖掘机捣堆掘进单壁沟

b—沟底宽度；x—实体宽度；H_1—岩堆高度；γ—岩堆坡面角；β—山坡坡面角；α—沟帮坡面角

在缓山坡掘进单壁沟时，还可用掘沟的岩石加宽沟底，从而减少掘沟工程量。但必须采取预防岩石沿山坡滑动的措施，以保证沟底的稳定。

用捣堆法掘进双壁沟时，是用挖掘机挖掘并向沟的一帮或两帮上部直接堆积岩石，因此，需要采用工作规格较大的索斗铲或特制的剥离机械铲，如图 8-12 所示。这种掘沟方法适用于松软岩石并有可能设置内部排土场的条件。

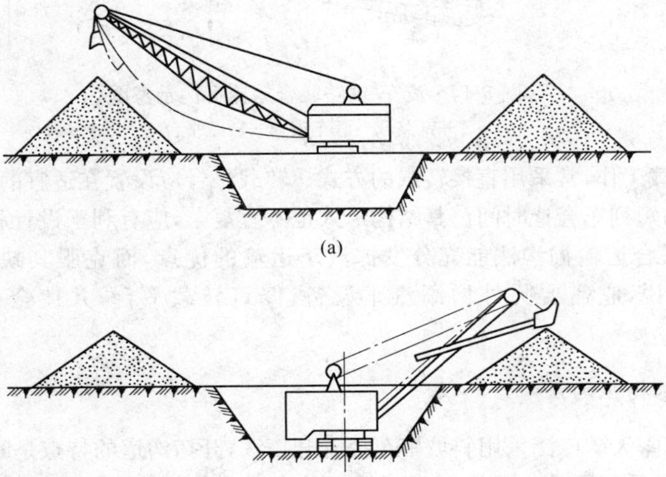

图 8-12 捣堆法掘进双壁沟

(a) 索斗铲捣堆掘进；(b) 机械铲捣堆掘进

8.2.3.2 抛掷爆破掘沟

抛掷爆破掘沟法的实质，就是沿沟道合理布置药室，采用定向抛掷爆破将沟内岩石破碎，并将其大部分岩石抛至堑沟的一帮或两帮（见图 8-13）。根据岩石抛掷的方向，又可分为单侧定向抛掷爆破和双侧定向抛掷爆破。

单侧定向抛掷爆破掘沟法（见图 8-13a、b)，是借助于自然地形或借助于各药室的装药量不同及起爆顺序来控制的。双侧定向抛掷爆破掘沟法（见图 8-13c)的特点，是将岩石抛掷在堑沟的两侧。它多用于采场境界以外的小型沟道（如水沟等）的掘进。

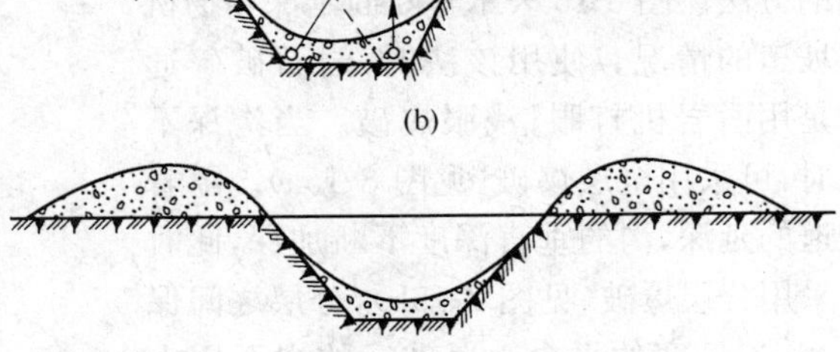

图 8-13 定向抛掷爆破掘沟

(a) 山坡地形单侧定向爆破；

(b) 平坦地形单侧定向爆破；(c) 双侧定向爆破

8.2.4 其他掘沟法

8.2.4.1 联合运输掘沟法

汽车-铁路联合运输掘沟就是在沟内用汽车运输进行掘沟，岩石由汽车运至沟外后，再通过转载平台装入铁路车辆运往排土场（见图

8-14)。因此,这种掘沟法仍具有汽车运输掘沟的特点,且能缩短汽车运输距离,使之达到较好的技术经济效果。

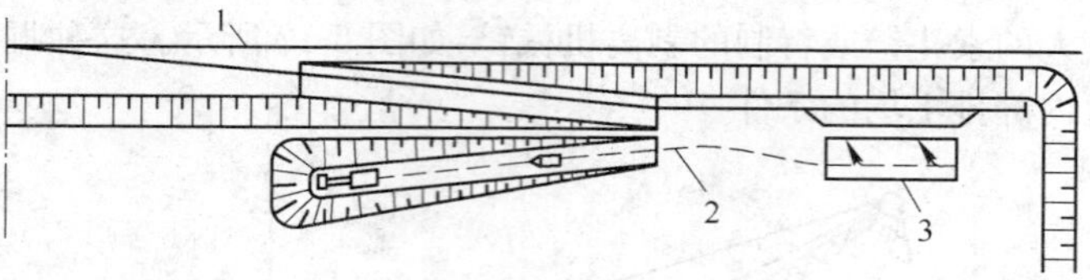

图 8-14　汽车-铁路联合运输掘沟示意图
1—铁路;2—汽车道;3—转载平台

为了简化转载工作,常采用直接转载的方式。转载平台应设置在适宜的位置,最好尽量靠近铁路会让站,以缩短列车会让时间。其结构形式也不宜复杂,应有利于设置和拆除。

汽车-铁路联合运输掘沟法能充分发挥汽车运输的优点,而克服其缺点。但对采用铁路运输的露天矿来说,它需要另外增添汽车设备、修筑转载平台,并使全矿运输工作组织复杂化。

8.2.4.2　斜坡卷扬掘沟法

我国中、小型露天矿广泛采用斜坡串车提升开拓法,开拓沟道的特点是断面小、坡道大,从而给掘沟工作带来一系列困难。因此,为了改善掘沟条件,提高掘沟速度,加快新水平准备,就应根据矿山具体情况,因地制宜地确定合理的掘沟方法。

斜坡卷扬运输时的掘沟方法,往往与新水平准备程序有着密切的联系。通常,新水平的准备程序有两种方式:第一种是首先直接下延卷扬机道,接着开掘新水平的开段沟;第二种是首先用辅助卷扬法或漏斗法开掘开段沟,然后贯通主卷扬机道。这两种延深方式决定了不同的掘沟方法。

A　主卷扬直接掘沟

当按第一种程序准备新水平时,斜沟的延深和段沟的掘进常采用整断面直接开掘的方法。图 8-15 表示整断面延深卷扬机斜坡道的情况。使用该法时,岩石破碎通常是用凿岩机打眼、浅眼爆破。当沟深不大时,可采用全层爆破(见图 8-15a)。随着沟道的延深,沟的垂直深度不断加深,此时可采用分层爆破(见图 8-15b),分层之间保留 2～3 m 宽的平台。爆破后的岩石用人工或装岩机装入矿车,然后由斜坡卷扬机提到地面。

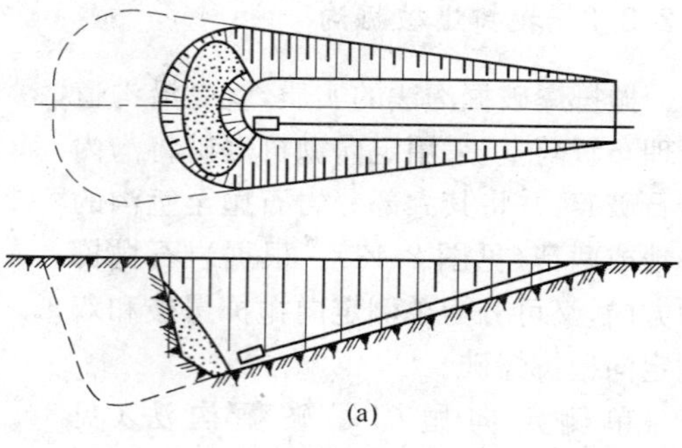

图 8-15　斜坡卷扬机道的掘进
(a) 全层爆破;(b) 分层爆破

为了增加掘进工作面的装车线数目,减少沟内等空车的时间,可在主要提升线路旁铺设分岔(见图 8-16a)。这样能更好地保证工作面经常有空车,有利于加快掘沟。但是,由于线路数目增加,必然增加沟底宽度,从而又影响了掘沟速度。为了解决这一矛盾,可按图 8-16b 所示,在沟底斜面上铺设菱形道岔,这样就能在两条线路上交替地保证工作面经常有空车供应。

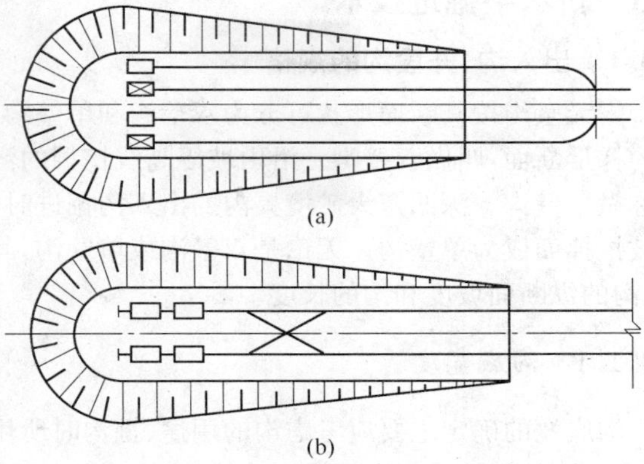

图 8-16 主卷扬斜坡道掘进时的线路配置
(a) 分岔配线;(b) 菱形道岔配线

这种掘进方法比较简单,不需其他辅助工程和设备。但是,由于掘进工作面正处于主卷扬机道之下,掘进时与正常回采工作共用同一提升系统,因此安全性差,掘沟效率低。

B 辅助卷扬分段掘沟

为了克服上述掘沟法的缺点,一些矿山常采用辅助卷扬掘沟法。该法的主要特点是,先向要开拓的水平开掘辅助斜坡提升机道,利用辅助卷扬先开掘开段沟后再把主卷扬机道贯通。这样使掘沟工作始终为一独立运输系统。

这种掘沟方法的优点是:可加速施工,提高了延深速度;掘沟工人不在主卷扬机道下作业,工作安全;主卷扬不直接进行延深作业,提升能力不受影响。其缺点是所用卷扬设备较多。为减少辅助卷扬机道的掘进量,利国铁矿采用一台辅助卷扬掘沟,也取得了较好的效果。

除上述方法外,也可采用漏斗法掘开段沟(见图 8-17)。该法是先向开拓水平开掘辅助斜井,然后自斜井开掘平巷和天井,把天井扩大成漏斗,进行回采矿柱和扩帮后,再贯通主卷扬机道。采用这种方法,也可使台阶正常回采和掘沟工作彼此影响较少。但需要专门开掘一些井巷工程,掘沟效率也较低。若能利用矿山旧有采矿或探矿巷道进行,此法还是具有一定的优越性的。

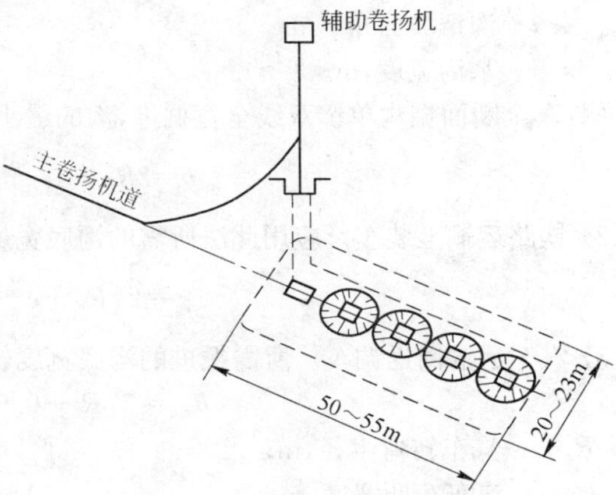

图 8-17 漏斗法掘沟示意图

综上所述,掘沟是露天开采中不可缺少的重要矿山工程项目。沟道的掘进方法很多,选择时就应充分考虑各方面的影响因素。这些因素主要是:堑沟所在地点的地形和岩石的物理机械性质;露天矿采用的开拓运输方式;在沟帮上堆积岩石的可能性;堑沟的横断面尺寸;挖掘机的类型和工作规格等。

合理的掘沟方法,应保证具有最大的掘沟速度和最低的掘沟成本。为此,在确定掘沟方法的同时还必须根据这种掘沟方法的特点,合理地确定堑沟要素及掘沟工程量,有效地改进掘沟工艺,正确地组织各工艺的配合,以充分发挥掘沟设备的效率。

8.3　新水平掘进技术

8.3.1　出入沟、开段沟的规格

露天堑沟按其断面形状可分为双壁沟和单壁沟。在平坦地形或地表以下挖掘的沟都具有完整的梯形断面，叫做双壁沟。沿山坡等高线挖掘的沟，只有一侧有帮壁，其断面多呈近似三角形，故称做单壁沟。深凹露天矿境界内的出入沟掘进时是双壁沟，但随着开段沟的形成，出入沟的一帮被挖掉而成为单壁沟。无论是双壁沟或单壁沟，其几何要素都包括沟的底宽、沟帮坡面角、沟深、沟的纵断面坡度和沟的长度。

8.3.1.1　沟底宽度

沟底宽的确定主要应考虑沟的用途、掘沟时所用的设备类型和掘沟方法。从堑沟的用途出发，出入沟的开掘是用以铺设运输线路的，因此其底宽取决于露天矿的开拓运输方式和沟内运输线路的数目。

(1) 铁路运输平装车。平装车全断面掘沟单铲单线全宽掘进。沟的最小底宽 b(m)应为

$$b=2R_K+g+2e_1+e_2-h_K\cot\alpha+m$$

式中　R_K——挖掘机回转半径，m；

g——铁路线路宽度，m；

e_1——矿车与挖掘机及矿车与排水沟间距，m；

e_2——挖掘机机体至沟帮的安全距离，m；

h_K——挖掘机机体底盘高度，m；

α——沟帮坡面角，(°)；

m——水沟宽度，m。

平装车全断面掘沟单铲双线全宽掘进，沟的最小底宽应为

$$b=2R_K+4e_1+2g+m$$

(2) 铁路运输上装车。应用此法所需的沟底宽最小值为

$$b_{min}=2(R_K+e-h_K\cot\alpha)$$

(3) 汽车运输回返调车。所需掘进的沟底宽度较大，最小沟底宽度为

$$b_{min}=2(R_a+0.5B_a+e)$$

式中　R_a——汽车转弯半径，m；

B_a——汽车车厢宽度，m；

e——汽车边缘至沟帮的间隙，一般为 0.4～0.6 m。

(4) 汽车运输折返调车。所需最小沟底宽可按下式确定

$$b_{min}=R_a+0.5B_a+l_a+2e$$

式中　l_a——汽车后轴至前端的距离，m。

开段沟是用于准备新水平的最初工作线的，其沟底宽应保证初次扩帮爆破时不埋装车线路(见图 8-18)，可按下式确定

$$b\geqslant B+a-W$$

式中　B——扩帮爆堆宽度，m；

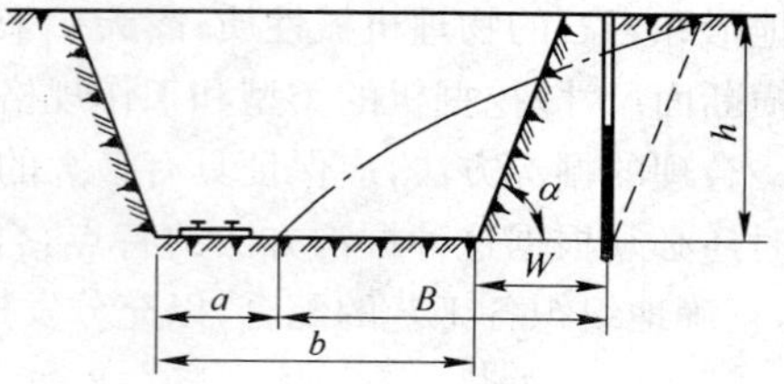

图 8-18　开段沟横断面要素图

a——线路要求的宽度，m；

W——一次爆破进尺，m。

此外，堑沟的底宽尚应满足所采用的掘沟方法的要求。这将在下面结合各种掘沟方法予以叙述。

8.3.1.2 堑沟的深度和沟帮坡面角

在两水平之间开掘双壁沟时，出入沟是连接上下水平的一条倾斜堑沟，所以其沟深沿纵向是一变化值，即最小值为零，最大值等于台阶高度。而开段沟的沟深即为台阶高度。在山坡掘进的单壁沟（见图 8-19），出入沟和开段沟的沟深 h'(m)均按下式确定

$$h'=\frac{b}{\cot\beta-\cot\alpha}=\psi b$$

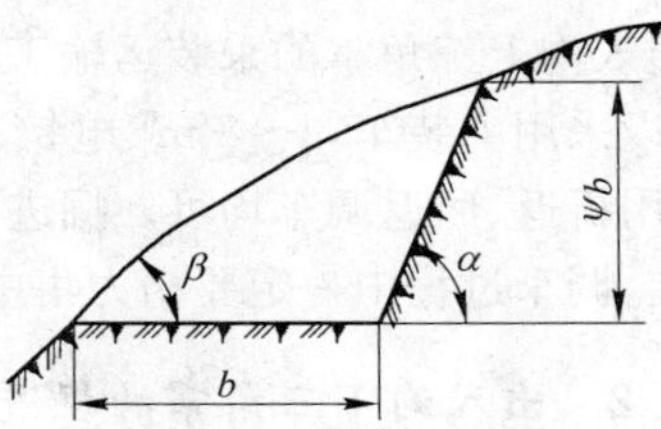

图 8-19 单壁沟横断面要素图

式中 b——沟底宽度，m；

β——山坡坡面角，(°)；

α——沟帮坡面角，(°)；

ψ——削坡系数，

$$\psi=\frac{1}{\cot\beta-\cot\alpha}=\frac{\sin\alpha\times\sin\beta}{\sin(\alpha-\beta)}$$

沟帮坡面角取决于岩石性质和沟帮存在期限。对于将来不进行扩帮采掘的一帮，其坡面角与非工作台阶坡面角相同，而进行扩帮采掘的一帮与工作台阶坡面角相同。其具体数据可参照类似矿山确定。

8.3.1.3 沟的纵向坡度及长度

出入沟的纵向坡度取决于露天矿采用的开拓运输方式和运输设备类型。其值应综合考虑对运输及采掘工作的影响并结合生产实际经验确定。

两水平间出入沟的长度 L(m)取决于台阶高度 h 和沟的纵向坡度 i，其关系式为

$$L=\frac{h}{i}$$

开段沟通常是水平的，有时为了便于排水而采用 3‰～5‰的坡度。其长度一般和准备水平的长度大致相等。

8.3.2 出入沟的掘进

出入沟掘进的主要特点是工作面的高度不断变化，要求穿孔、爆破、采装、运输等作业均有相应的变化。

露天开采出入沟的掘进是新水平准备工作中重要的生产环节，新水平准备的及时与否，关键在于出入沟的掘进速度。由于出入沟的高度不断变化，使穿孔、爆破、采装、运输等各生产环节都有不同程度的改变。

8.3.2.1 出入沟上三角掌的掘进

在出入沟的上三角掌施工时，穿孔的深度不断变化，相对增加了设备的移动时间，减少了钻孔时间，穿孔效率下降。采装、运输工作的工作面是倾斜的，增加了电铲移动的困难程度，采装的

爆堆不够规整，也增加了电铲采装的难度。使电铲的生产效率下降。运输车辆处于倾斜的工作面，给车辆启动、制动带来不安全的因素。

出入沟上三角掌的穿孔爆破工作，当段高小于 1.5 m 时，如果矿岩允许，一般采用电铲直接铲掘，否则采用移动式手持凿岩机凿岩爆破，当段高超过 1.5 m 时，使用潜孔钻机或牙轮钻机穿孔，由于炮孔深度是变化的，随着炮孔深度的增加，凿岩机的凿岩效率逐渐提高，爆破可以采用多排孔齐发爆破或多排孔短延爆破。由于炮孔深度不同，自由面数目少，在布置炮孔、计算装药量时要充分考虑到这些不利因素。

出入沟上三角掌的采装运输工作，出入沟的高度在 0～25 m 范围内时，如果采用铁路运输掘沟，可以采用上装车，4～8 m^3 电铲采装；如果采用汽车运输掘沟，由于汽车机动灵活的调车方式，采用折返、回返调车均可。掘进出入沟过程中，由于运输车辆处于倾斜的工作面上，运输司机在采装、调车过程中一定要精力集中，防止运输工具发生移动出现事故。

8.3.2.2　出入沟下三角掌的掘进

当采用移动坑线方式开拓矿床时，由于随着回采工作线的推进，出入沟也随着推进，出现了下三角掌需要掘进的情况，此时下三角掌的掘进方式与上三角掌的掘进方式相同，只是在爆破的时候自由面数目增加了，爆破效果较好。

下三角掌的掘进特点是穿孔机械处于倾斜的工作面，穿凿的炮孔深度也是变化的，这给穿孔工作带来极大的困难。由于炮孔本身是垂直的，而穿孔设备是倾斜的，穿孔工作开始前需要将穿孔机械的大臂倾斜。由于炮孔深度的变化，增加了钻机移动、准备的时间，这使穿孔机械的效率下降很大。穿孔机械在倾斜工作面上移动，也增加了不安全的因素。

下三角掌的采装、运输工作同正常台阶的推进相同，只是由于爆堆高度的降低，使采装运输设备的效率略有下降。

8.3.2.3　出入沟掘进的排水

由于出入沟和段沟是露天坑的最低点，掘进过程中要排水，初始掘进出入沟时，要将水泵临时布置在沟底，距离掘进工作面 50～60 m 处，固定水泵布置在上水平。当出入沟掘进到 300～600 m 时，临时水泵布置在距离掘进工作面 50～60 m 处，固定水泵在距离 400～500 m 处布置。

复习思考题

8-1　阐述露天开采新水平准备的重要性。

8-2　简述露天开采新水平平面布置方式。

8-3　简述露天开采新水平垂直布置方式。

8-4　简述露天开采新水平掘进方式。

8-5　阐述汽车运输掘沟法的应用。

8-6　说明铁路运输掘沟法的局限性。

8-7　简述山坡露天矿常用掘沟法。

8-8　简述小型露天矿常用掘沟法。

8-9　简述出入沟掘进的特点及出入沟的掘进方法。

9　露天开采安全与环保

9.1　露天开采安全生产

安全生产是我国保护职工安全健康的一贯方针。安全生产是发展社会主义国民经济的重要条件。不断改善职工的劳动条件、防止工伤事故和职业病是促进生产持续发展和实现工业现代化的重要保证。安全生产方针要求企业各级领导在生产建设中把安全和生产看做是一个统一整体，树立“生产必须安全，安全促进生产”的辩证统一思想，明确安全工作在生产中的地位是“安全第一”。

为贯彻安全生产方针，必须加强劳动保护管理工作，执行劳动保护的各项政策，做好劳动保护立法，加强安全思想教育和技术训练，健全安全专业管理和群众管理组织机构，改革不利于安全生产的劳动制度。为加强法制，必须严格执行安全生产的规章制度，坚持立法必执，执法必严，奖惩分明。对于违章指挥，违章作业而使职工受到重大伤害，国家财产遭到严重损失的，要按照法律手续提起公诉，严加审理，绳之以法，以保证安全生产。必须明确，安全技术是劳动保护的组成部分，它主要是研究生产技术中的安全问题。针对生产劳动中的不安全因素，研究控制措施以预防工伤事故的发生。安全技术措施应立足于把工伤事故消灭在未出现以前。所以，在设计生产过程、开拓采矿、机器设备和各种工艺流程的同时，就要采取确保安全生产的各项技术。安全技术是生产技术的组成部分。在计划、布置、检查、总结、评比生产工作的同时，必须同时计划、布置、检查、总结、评比安全工作，即所谓“五同时”。露天开采的安全技术是研究露天开采过程中造成伤亡的不安全因素及其控制措施。

9.1.1　露天开采爆破事故的预防

9.1.1.1　露天开采爆破作业的安全概述

露天开采爆破分为硐室爆破、深孔爆破、浅孔爆破和覆土爆破。爆破作业中有较多的不安全因素，从事爆破作业的人员必须接受爆破技术训练和专业安全教育，使之熟悉爆破器材性能，掌握安全操作方法和了解爆破安全规程。爆破作业的下述环节都必须保证安全生产：准备、炮位验收、药包加工、装药、堵孔、起爆和爆后检查。

A　爆破准备和炮位验收

针对我国露天开采历年事故教训，爆破准备工作中应注意：严禁打残眼，应首先了解天气情况，禁止在黄昏、夜间、雷雨或大雾天进行大爆破作业；硐室大爆破的导硐和药室开挖应组织专业队伍，配备安全和测量人员，保证必要的机械和材料供应；装药前要做好药室位置的测量校核，在地面图上做好标记，调整装药量，检验爆破电桥，组织好警戒和边坡保护工作；对炮位应检查其位置是否准确，炮位有无乱孔、堵孔、卡孔等现象，硐室有无塌方、冒顶、片帮的危险，要进行杂电检查和扫雷，应确保无残存雷管和积水，以免炸药受潮失效或雷管拒爆。

B　装药充填及起爆技术

保护好炸药包装，如有撒粉应及时清扫。检查好运药道路，注意处理浮石，保护好传爆线。采用装药车或装药器时，要有可靠的防止静电的措施。起爆药包的加工需在单独的房间内进行，加工台上应设置有突出边缘的软垫以防碰撞或摔响雷管，要先用铜、铝或木制小棒在药卷上扎一个孔，不要将雷管硬插进去。爆破母线应当专用，不应接连其他用电设备，以防反向供电或引进杂电而造成重大事故。起爆前所有人员应撤到安全地点，以防磁电、感应电或杂散电流引起早爆事故造成严重伤亡。

C　爆后检查

明火起爆应查点炮数，在最后一响至少 5 min 之后方可进入爆区检查，要重点检查有无拒爆或半爆现象。大爆破之后应立即将母线电源切断，最少 30 min 后才允许到爆区检查。如果在山谷通风不良的地段中进行大爆破，必须待炮烟消散后才能进爆区检查。检查中如果发现拒爆药包或对全爆有怀疑时，应先设警戒。爆后危石应设危险标志，经安全处理后才能解除警戒。

9.1.1.2　爆破事故原因分析

爆破作业中的伤亡事故主要发生原因有：爆破后过早进入爆区；爆破器材质量不佳、起爆方法不良；盲炮处理不当；警戒不严、信号不明、安全距离不够；炸药贮存运输管理不严以及违反安全规程等。

露天开采爆破飞石伤人的事故较多，飞散的炸碎石块又多来自明火点炮和二次破碎时所放糊炮。爆破时由于药包最小抵抗线掌握不准、药量过大等原因，造成了爆破飞石超越安全允许范围、击中人身或设备。也有的事故是因安全距离估算错误，警戒不严所造成。因此，露天爆破必须正确计算装药量，施工时要准确校核，并根据爆破性质、爆破参数与地形条件正确计算爆破安全距离。

起爆材料质量不良往往会引起早爆或迟爆现象，以致造成伤亡事故。对过期变质的导爆线和雷管应及时销毁，严禁发放。由于对工人进行炸药性能的安全教育不够，曾发生过多起因揉搓硝化甘油炸药而造成的伤亡事故，也曾发生过因用铁镐撬开硝铵炸药箱发生火花引燃炸药的事故。

露天开采雷雨天进行电气爆破时，也曾发生过多次早爆事故。此外，尚有因杂散电流或静电干扰而发生的早爆事故。

9.1.1.3　爆破安全距离

露天开采爆破时，能产生爆破地震波、空气冲击波和个别飞石，它们对人及建筑物的危害范围，取决于爆破规模、性质、地形和爆破环境。露天大爆破时，地震波和飞石的影响范围较大。空气冲击波在加强抛掷爆破时有较显著的影响。松动爆破对人和建筑物的危险性较小。为保证人员、设备和建筑物的安全，必须正确决定各项安全距离，以防发生爆破事故。

A　地震波的安全距离

炸药爆炸时，有百分之几的能量转化为弹性波，它在岩石或土壤中传播而引起的地面震动，称为“爆破地震”。它对附近地层、建筑物、构筑物产生破坏性的作用。它与自然界地震的主要区别在于爆破的能源在地表浅层发生，且其能量衰减较快，另外，“爆破地震”持续时间短、振动频率较高，在爆破近区的竖向振动较为显著。“爆破地震”的安全距离是指爆破后不致引起建筑物、构筑物破坏的最小距离。评价地震波对建筑物的危险程度，一般采用质点垂直振动速度，其值主要与装药量、爆源距离、地质与地形条件有关。

B　露天开采爆破冲击波的安全距离

露天开采抛掷爆破时，爆破的部分高压气体随着矿岩块的冲击，在空气中形成冲击波。冲击波在爆源附近的一定范围内产生冲击气浪，能摧毁房屋，伤害人员。爆破空气冲击波的安全距离，在采用裸露药包对大块进行糊炮作业时，距离应不小于 400 m，浅孔爆破时，距离应不小于 200 m，中深孔时，也要不小于 200 m。

9.1.1.4 早爆事故的预防

静电和雷电能造成药包的早爆。当采用压气装药时，炸药以较高的流速沿输药管滑动，致使炸药与输药管壁之间发生摩擦而产生静电。静电电压有时很高，这不仅对人有触电危险，而且由于电雷管的脚线与带电的药流或输药管接触时，能产生火花放电，引起电雷管早爆。此外，在风沙大的地区进行露天爆破时，也会产生静电引起的雷管早期爆炸。预防静电引起的早爆事故，可采取下列措施：

（1）保证装药车具有良好的接地装置，用以导出所产生的电荷，接地电阻应控制在 10 Ω 以下。

（2）采用塑料输药管路，并应将其接地；使用导电的屏蔽线。

（3）采用抗静电的雷管，如用金属管壳的电雷管，则不许裸露在起爆药包外面。

雷云在空中放电则产生雷电。雷电的发生伴随着极大的机械作用和热力效应，同时由于静电感应和电磁感应会引起雷电的二次作用。在靠近雷击点附近的输电线能感应出极高的电压。因此，在露天爆破作业中如遇有雷雨天气则有早爆的危险。目前正在爆破网路方面研究可靠的防雷保护措施，雷电警报器已有所采用。雷雨天气应采用导爆索起爆法。在突然遇有雷雨时，应将电力起爆网路的支线进行短路，并将人员及时撤离危险区。

9.1.1.5 预防和处理盲炮

防止产生盲炮的措施包括：改善保管条件，防止起爆器材受潮，对不同燃速的导火线要分批使用；设置专用爆破线路，防止接地和短路，加强电网的检查和测定；避免电雷管漏接、错接和折断脚线；经常检查开关、插销和线路接头；有水的炮眼，在装药时应采取可靠的防潮措施。中深孔处理盲炮时，如果外部爆破网路破坏，当检查最小抵抗线变化不大时，可重新连线起爆；打平行孔，即距露天深孔盲炮处不小于 2 m 的地点，打一平行孔眼重新装药起爆；采用硝铵类炸药时，如孔壁完好可取出部分填塞物，向孔内灌水，使炸药失效。

9.1.2 露天开采区运输安全

9.1.2.1 铁路运输安全

铁路运输中常见的事故有撞车、脱轨、道口肇事和由此引起的人身伤害。这些事故的发生除违章调度、违章作业外，多由于设备失修、线路弯曲和下沉、轨距扩大而引起的线路脱轨，路外事故（铁路两侧堆物、装车不稳导致移动中矿石脱落伤人、超重、偏重等），在铁路与公路的交道口处无人看守或安全信号不灵、挡栏失效等原因。

在机车车辆安全装置与安全运行方面，则要求每台机车上都应装有制动机。除“单机制动”外，还应有司机用来调节列车速度或停车时采取安全措施的“列车制动”。每台机车上应装有：车梯子与脚踏板、完好的前后照明、信号标志灯、汽笛与风笛等音响信号以及电机室、高压室或辅助室门上的门联锁等安全装置。在调车安全作业中要特别注意车辆摘挂作业时的安全防护。摘车时，在超过 2.5‰的坡道上停放车辆要做好止轮防溜措施，然后再提钩摘车。预防轨道线下沉和设置必要的“死叉线钢轨挡”，都具有重要的安全意义。

为防止行车伤人事故，在铁路线一侧应设人行小路，在横越路线的地方要设置“小心列车”的路牌。在露天开采区沿路要按规定设置夜间照明灯和各种信号灯。

9.1.2.2 汽车运输安全

正确的筑路和养路，是保证运矿汽车安全行驶的主要条件。因此，汽车道路的曲率半径、路面宽度、纵向坡度与可见距离等参数都应当与行车速度相适应。汽车道应有防护设备与路标。汽车路线上的正常视度应不少于 50 m。而在道路交叉点的视度应不小于 100 m。行车距离应按车速、道路、视度和制动器的技术性能而定，在一般情况下不小于 50 m。所以，露天开采汽车路上应搞好沿路照明，汽车夜间行驶时，前灯应照射到 150 m 以外，加大汽车间的距离，严禁急行与超车。如夜间在路上临时停车，必须开放小灯和尾灯，以示意停车位置，以便于车辆、行人避让。属于养路方面的措施有：经常巡查路段，山坡盘道应设置栅栏与路标，及时清除路肩、边沟、水槽、天沟和排水沟中积秽，及时维修凸凹路面。自卸翻斗汽车在翻斗升起与落下时不准人员靠近，翻斗操纵器除本车司机外一律不准他人操纵，工作完毕后应将操纵器放置于空挡位置，以防行车中翻斗自起伤人。

9.1.2.3 皮带运输安全

露天开采中皮带运输的主要安全措施有：禁止工人靠近运输机皮带行走；设置跨越皮带机的有栏杆的路桥；机头、减速器及其他旋转部分应设置保护罩；皮带运转时禁止注油、检查及修理；还应注意皮带机的防火。

9.1.3 露天开采机械运行安全

9.1.3.1 钢绳冲击式穿孔机工作时的安全措施

穿孔机运动部分的四周须设围栏，否则不准工作。当钻杆升起或下放时，不得有人在其前后停留。穿孔钻机如按顺阶段（长轴）方向移动时，外侧轨距距崖边不得小于 2.5 m，司机要详细检查地基及工作面情况，防止钻区“推坡”。钻机在高压线下方移动时，天轮距高压线的间距不得小于 0.5 m。钻机移动的行道和安设钻机的场地，应合理设计和妥善安排。需将行道和场地上的大石块和其他物体清除掉，并清理好阶段上部的浮悬岩石。设备运行时，不准修理和维护其转动部分以防绞伤。车架上严禁双层作业，安全大绳不得放在转动部分上，以免伤人。换钎时，钻杆不准吊在空中，接连部件要拧紧，防止错扣，吊运时要用绳子拉。钎子和钻杆严禁从司机室上边吊运。在冬季新打出的孔眼如被雪埋没时，要及时捅开，防止孔眼掉人。钻孔泥浆应导入排水沟中。北方矿山为防止结冰，冲钻水中应加盐。

9.1.3.2 潜孔钻及牙轮钻工作时的安全措施

在沿台阶边缘开车时，机架突出部分距边坡外缘不得小于 5 m。钻车通过高压线时，钻机最高部分与高压线的距离不得小于 5 m。停稳车时，钻机司机室距崖边最小安全距离为 1 m。在起落钻架时，钻架上下均不得站人。当机械、电气、风路系统安全面控制装置失灵时，以及除尘系统发生故障及损坏时，应立即停止作业，及时修理、维护和更换。钻机夜间作业，照明设施要完善。钻机开始运行时，必须检查机械周围是否有人和障碍物，在车架及机械顶盖上不准站人，风源胶管及电缆不得通过横道。

9.1.3.3 电铲工作时的安全措施

电铲行道应整修平坦，如土壤松软应铺平木板以利电铲移动。应设置扶梯以便工人进入电铲工作平台，而平台周围必须设有栅栏。电铲机械室的各转动部分都必须装设保护罩。每台电铲都应装有汽笛或警报器，在电铲进行各种操作时都必须发出警告信号。电铲夜间作业时，车下及前后灯的照明必须良好。

当电铲运行时，发现有悬浮岩块或遇有塌陷征兆、瞎炮等情况，应立即停止工作，将电铲开到安全地带。当电铲挖掘作业时，任何人不得在电铲悬臂和铲斗下面以及在工作面的底帮附近停留。禁止电铲装车过满和装载不均，以及将巨大岩块装在车的一端，以免引起翻车事故，招致人员伤亡。巨大岩块不得用铲斗攫取，必须移到采掘带外的采空区里进行二次破碎后，才准重新装车。在向汽车装岩时，禁止铲斗从汽车司机室上通过，车厢内有人时不得装车；在装车时，汽车司机不得停留在司机室脚踏板上或有落石危险的地方。电铲装车时不得将铲斗压在汽车两帮上，铲斗卸矿高度不得超过 0.5 m，以免震伤司机，砸坏车辆。

9.1.4 露天开采触电的预防措施

9.1.4.1 容许电压和电缆的敷设

露天开采容许使用的三相交流电的电压为：电铲用 6 kV、3 kV 和 380 V；其他机器为 380 V；地面照明设备不得超过 220 V；供电铲照明灯用电不得超过 127 V。配电网可架设在固定式、移动式的线杆上。为了使大型移动设备能在电气线路下安全通过，吊挂电线的高度自地面算起，对电压在 1 kV 以下的线路应不少于 6 m；电压超过 1 kV 时，不得小于 7 m。导线交叉时，低压线需在高压线下，其间距不得小于 1.2 m。1～10 kV 的高压线距低压线必须大于 2.2 m；高压线不许在建筑物上面通过。

工作人员必须与高压带电体保持的安全距离：0.5 kV 及以下应为 0.5 m 以上；1～10 kV 以上时应不小于 1 m。照明线在工作地点的吊挂高度不得小于 5 m。电话线需保持设在另外的线杆上，移动式设备的供电胶缆可架在移动式的电缆架上。

9.1.4.2 保护接地

除了电压在 1 kV 以下的中性线是接了地的电气设备要用此接地来代替保护接地以外，所有电气设备一律都应保护接地。禁止在同一电网上对一部分电气设备接零而另一部分设备予以接地，因为绝缘被击穿后，通过保护接地对于未损坏的接零设备可引起极大的电压。对露天开采矿还要求装置零线的二次接地，以保护某一地点接地线的折断。接地部分的接触电压不应超过 40 V。

固定设备应就地接地。移动设备则需通过胶缆和具有就地接地的供电点加以接地。供电点用固定接地器接地；移动式的供电点，则用移动接地器接地。接地器的数目应比计算的多 1 个，但不得少于 3 个。高低压设备应各自接地成网，以防高压接地网的电流流向低压接地网路。高低压设备的接地器之间的距离，应不小于 10 m。总接地器应布置在固定变电所附近。

9.1.4.3 电气设备安装检修时的安全措施

禁止带电作业。只有切断电源以后，才允许修理电气设备。只允许熟练而精通检修规程的电工根据专门的指令，并检查好工作环境，准备好绝缘用具，采取安全措施后方可进行带电修理工作。

遇有雷、电、暴风雨时，应停止电气安装及检修作业，此时也不准登线杆进行作业。停送电作业的安全操作为：正常停电先去掉负荷，然后拉开油开关，再拉开隔离开关，同时要注意联锁装置和信号灯处于正常，绝对禁止先行拉开隔离开关（无油开关的回路例外）。送电前，电力调度、变电所、配电室及工作现场彼此必须互相联系，详细检查和通知，在确知线路、设备上无人和无其他障碍物时,方可送电作业。若油开关自动脱机,要查明原因后方可送电。停止检修时,必须由负责人证实"无电",并全部拉开刀闸,戴好绝缘防护用品后方可工作。

9.2　露天开采通风

9.2.1　露天开采大气的污染与危害

在露天矿开采过程中,由于使用各种大型移动式机械设备,包括柴油机动力设备,促使露天开采内的空气发生一系列的尘毒污染。矿物和岩石的风化与氧化等过程也增加了露天开采大气的毒化作用。

露天开采大气中混入的主要污染物质是有毒有害气体、粉尘和放射性气溶胶。如果不采取防止污染的措施,或者防尘和防毒的措施不利,露天开采内空气中的有害物质必将大大超过国家卫生标准规定的最高允许浓度,因而对矿工的安全健康和对附近居民的环境都将造成严重危害。

9.2.1.1　露天开采大气污染源分类

按分布地点,污染源有露天内部的,也有从露天边界以外涌入的外来污染;按作用时间,露天开采污染源分为暂时的和不间断的。浅孔凿岩和二次爆破是暂时的污染源;钻机和电铲扬尘、岩石风化、矿物自燃,以及从矿岩中析出毒气和放射性气体,则属于不间断的污染源;按涌出有毒气体的数量和产尘面的大小,露天开采污染源又分为点污染(电铲、钻机等)、线污染(汽车运输扬尘等)、均匀污染(指从台阶工作面析出的有毒有害气体以及矿坑水中析出的二氧化硫和硫化氢等);按尘毒析出面的情况,分为固定污染源和移动污染源。前者如电铲和钻机扬尘,后者如汽车、推土机产生的尘毒;按有毒物质的浓度,分为不混入空气的毒气涌出(如从矿坑水中析出硫化氢)和混合气体污染(如汽车尾气)。由于上述有毒物质污染源的不同,都影响着它们的传播扩散、污染程度以及消除污染的方法选择。

9.2.1.2　露天大气中的主要有害气体及危害

露天开采大气中混入的主要有毒有害气体有:氮氧化物、一氧化碳、二氧化硫、硫化氢、甲醛等醛类。个别矿山还有放射性气体:氡、钍、锕射气。吸入上述有毒有害气体能使工人发生急性和慢性中毒,并可导致职业病。

A　露天开采有毒气体的来源

露天开采大气中混入有毒有害气体是由于爆破作业、柴油机械运行、台阶发生火灾时产生的,以及从矿岩中涌出和从露天开采内水中析出的。

露天开采爆破后所产生的有毒气体,其主要成分是一氧化碳和氮氧化合物。如果将爆破后产生的毒气都折合成一氧化碳,则1 kg炸药能产生80～120 L毒气。柴油机械工作时所产生的废气,其成分比较复杂,它是柴油在高温高压下进行燃烧时产生的混合气体。其中以氧化氮、一氧化碳、醛类和油烟为主。硫化矿物的氧化过程是缓慢的,但高硫矿床氧化时,除产生大量的热以外,还会产生二氧化硫和硫化氢气体。在含硫矿岩中进行爆破,或在硫化矿中发生的矿尘爆炸以及硫化矿的水解,都会产生硫化气体:二氧化硫和硫化氢。露天开采火灾时,往往引燃木材和油质,从而产生大量一氧化碳。另外,从露天开采邻近的工厂烟囱中吹入矿区的烟,其主要成分也是一氧化碳。

B　各种有毒气体对人体的危害

(1) 一氧化碳。为无色无味无臭的气体,对空气的比重为0.97,一氧化碳极毒,它同血液中的血红蛋白相结合,妨碍体内的供氧能力,中毒症状为头晕、头痛、恶心、下肢无力、意识障碍、昏迷以至死亡。

(2) 二氧化氮。它是一种红褐色有强烈窒息性的气体，对空气的比重为 1.57，易溶于水而生成腐蚀性很强的硝酸。所以，它对人体的眼、鼻、呼吸道及肺组织有强烈腐蚀破坏作用，甚至引起肺水肿。症重时丧失意识而死亡。

(3) 硫化氢。它是一种无色而有臭鸡蛋味的气体，具有强烈的毒性。

(4) 二氧化硫。它是一种无色而有强烈硫磺味的气体，在高浓度下能引起激烈的咳嗽，以致呼吸困难。反复长期地在低浓度下工作，则能导致支气管炎、哮喘、肺心病。

(5) 甲醛。甲醛等醛类是柴油设备尾气中的一种有毒气体。甲醛等能刺激皮肤使其硬化，甲醛的蒸气能刺激眼睛使之流泪，吸入呼吸道能引起咳嗽。丙烯醛也有毒性，它刺激黏膜和中枢神经系统。醛类气体除汽车尾气中含有之外，在使用火钻时亦能产生。

(6) 露天开采大气中的放射性气溶胶。有的金属矿床与铀钍矿物共生。含铀金属矿有四大共生类型：赋存有连续的铀矿化体；赋存有非连续的点状或小块状铀矿化体；分散性低的含铀、钍的稀有矿物和稀土矿物；铀-金属共生矿。这些共生的铀钍矿床，如采用露天开采，都会不同程度地有氡气、钍气等放射性气体析出到露天开采大气之中，从而造成了矿区的放射性污染。除钍品位极高的矿山外，矿区内空气中的放射性气体主要是氡气(Rn^{222})及其子体。

氡子体具有金属特性，而且带电。由于热扩散和静电作用使带电的氡子体在非放射性矿尘上沉积、结合和粘着。这就使非放射性的微粒被活化为放射性气溶胶。因为这是天然产生的，故称为天然放射性气溶胶。露天开采天然放射性气溶胶对人体的危害，主要是氡及其子体衰变时产生的 α 射线。这些放射性气溶胶随空气进入肺部，大部分沉积在呼吸道上形成对人体的内照射。这不仅能促进矽肺病的发展，而且有导致肺癌的危险。

9.2.2 露天开采的自然通风

9.2.2.1 自然通风的主要动力和分类

露天开采的矿内空气和地面大气的交换，称为露天开采自然通风。这一过程用来从露天开采工作地点排出粉尘和有毒气体，并向露天开采输入新鲜空气。

露天开采空气交换的自然动力有两种：其一为充满露天开采的坑内大气团中个别分层间的温差；其二为自然风力的动能。形成露天开采空气流动的主要热源是太阳辐射，在个别情况下，火灾和氧化过程也能构成露天开采的热力通风。温度因素不仅参与而且也妨碍露天空气的热交换。当土壤与岩石层温度下降变冷时，温度梯度为负值，此时风流变向而且使露天开采自然通风的效果极差。风力因素的影响小于温度因素，这与露天开采所在地区的有无风、风流速度大小与强弱有关。无风或微风的天气所占百分比越多，露天开采自然通风的能力越弱，随之而来的露天开采污染则越严重。

由于大气的风向、风速不同，风流状态和风流结构各异，造成了不同露天开采或同一露天开采的深浅各部位的空气中有害物质的分布、特征、污染情况等的显著差别。对露天开采自然通风进行分类的主要依据是：地面风速、绝热温度梯度等物理参数；露天开采深度、走向长度或称之为与风流方向垂直的露天长度、与风流同向的露天开采地表开口水平长度、相对长度、边坡倾角(背风边坡角、上部阶段角、下部阶段角)等几何参数以及实现空气交换的动力(即温度和风流的风力)。

通风的基本方式有四种：回流、环流、直流和复环流。此外还有两种方式联合作用的环流-直流；直流-复环流。环流通风与回流通风的产生与地形、露天几何尺寸、边坡角等无关，而是在温度因素作用下形成的。至于回流-环流联合通风方式则与温度和地形、几何尺寸等两种条件均有关联。在无风或微风天气的露天开采内，空气流动呈环流和回流的方式出现的场合较多。随着地面风速增大，通风动力从以热力为主转化为以风力为主时，露天通风方式则常呈现直流和复环流。在这种情况下，和地面空气流动相一致的区域称为第一代射流区；构成闭路循环的复环流称之为第二代射流。形成复环流的条件是地形极凹，开采深度较大，相对长度小于 5～6 等因素。

9.2.2.2　露天开采自然通风方法

(1) 露天开采环流通风。露天开采的空气交换之所以呈现环流方式，是由于热气流上升造成的。在太阳辐射热的作用下，露天开采在白天极易发生环流；但当工作面发生火灾和激烈氧化过程中所产生的热量较大时，即使夜间也有形成环流的可能。露天开采空气的环流运动，其产生条件是：空气垂直方向的温度梯度为正值，且此值大于绝热温度。

(2) 露天开采的回流通风。当露天开采垂直温度梯度为负值时，交换空气的方式呈回流状态。回流的产生是由于空气经过露天边帮及其连接的地表温度下降从而促使近地空气层变冷下行的结果。沿边帮下行风流冲刷露天凹地工作面以后，又上升经露天中部将尘毒排出地面。露天开采的回流通风有两种不同情况影响着露天开采通风效果和大气成分。这两种情况虽然物理现象基本相同，但结果却有显著差异：第一种情况，露天开采位于平原地区，随露天阶段的下降日益形成深凹区，致使四面封闭。

第二种情况，顺山坡开挖阶段，构成山坡露天，形不成封闭区。在封闭凹坑露天开采中，冷而重的空气沿四周边坡向深部流动，在风流下行的过程中带走了台阶面上的粉尘和毒气，在露天坑底形成污染的冷空气团，这种空气流速缓慢，一般小于 1 m/s。

当露天开采处于有利地形，回流通风能保证冷空气在所有时间内流动并排出粉尘毒气，所以它是防止露天大气污染的较好通风方式。反之，如果露天矿开采的深凹极深且四面封闭，污染十分严重时，有时亦可开凿专用通风井以便从露天的极深部将有毒气体和粉尘排出，即采用沿山坡自然入风，而利用通风井机械排风的方式。或者在自然通风之外辅之以移动式通风机通风。

(3) 回流-环流方式的通风。当日出或日落的时间里，某一边坡处于放热变冷状态，而另一边坡因吸光受热增温，两个边坡的垂直温度梯度一正一负，且其值有显著差别。在此种情况下，空气沿一边坡由上往下运动，而在另一边坡则出现从下往上的上行风流。这就形成了回流和环流的混合式通风。在回流下阶段表面的风速，一般不超过 1～1.5 m/s，越往深部则风速越小，但不易形成停滞气团，或者说停滞空气层的高度不大。这种无风状态即使形成，持续时间也不会太长，因为日落之后环流则转为回流，而日出以后回流又可转化为环流。

由于空气容重之差是形成这种空气流动的作用力，而且和高度差有密切的关系。所以，当冷热两边坡即使空气温差很大，但处于同一水平或者高差较小时，风速也不会太大。对此，北方露天开采和高山露天开采较为有利，在个别情况下，从背阴的边坡到光照的边坡之间的局部气流，其风速有时可达 5～6 m/s。

9.2.3　露天开采的人工通风

随着露天开采的不断延深，台阶工作面不断下降，劳动条件也逐渐恶化。尽管露天开采全面通风基本上是靠自然通风来实现的，但是，对粉尘炮烟及尾气停滞区，以及大爆破区等个别地点则很有必要辅之以人工通风，以便减少停工时间和进一步改善作业环境。

实践证明，露天开采深度越大，各种风向的自然通风效率越低；露天开采深度与长度的比值越大，自然通风的效果也越差。

按通风动力分，人工通风方法有三种：一是利用移动式通风机造成湍流自由风流。二是借助工作区加热和制造对流风流以加强自然换气。三是在边坡外和底部开凿竖井和平巷安装风机进行全矿的抽出、压入式通风。

按露天开采人工通风装置的风流运动方向，分为两类：一是造成垂直向射流的装置，分为造成固定射流、活动射流及混合射流的装置。二是造成水平向和斜向射流的装置，也分为造成固定射流、活动射流及混合射流三类装置。

这样区分的依据是直、平、斜三向射流的参数均在不同程度上取决于重力的作用、上行和下向垂直向风流的扩展程度。至于造成固定射流、活动射流及混合射流的分法，是根据射流的活动性决定的。所谓"射流活动性"，是指通风装置运转过程中风流在垂直面和水平面上或者同时在这两个面上的位移而言。

按照射流由出口流出的排斥力和惯性力的比例关系，通风装置又可分为下列四类：

(1) 等温射流装置。在等温射流中不存在排斥力，射流的扩展是由惯性力的作用决定的，表示排斥力和惯性力之间联系的阿基米德准数，在此情况下等于零。

(2) 不等温的弱射流装置。在不等温的弱射流装置中，同惯性力相比，排斥力较小。

(3) 不等温的强射流装置。不等温的强射流中，排斥力相当于惯性力，对风流扩散性质的影响较大。

(4) 对流射流装置。在对流风流中没有惯性力，风流是在排斥力作用下扩展的。

9.3 露天开采除尘

9.3.1 露天开采尘源分析

9.3.1.1 钻机产尘情况

钻机产尘量占该生产设备总产尘量的第二位。钻机孔口附近工作地带在没采取防尘措施时，粉尘的质量浓度平均为 448.9 mg/m^3，最高达到 1373 mg/m^3。钻机司机室粉尘的质量浓度平均为 20.8 mg/m^3，最高达 79.4 mg/m^3。这还是在潮湿季节测定的，大风干燥季节尤为严重。

一台牙轮钻机当穿孔速度为 0.05 m/s 时，10～15 μm 的微细粉尘的产生量，每秒就达 3 kg 之多，在风流作用下可污染露天开采大片地区，即便远离钻机的地方，空气中粉尘的质量浓度也大大超过卫生标准。

司机室空气中粉尘的来源，主要因钻机孔口扬尘后经门窗缝隙窜入；其次为室内工作台及地面的积尘，由于钻机振动运转而二次扬尘。前者占 70%，后者约占 30%。

9.3.1.2 电铲产尘情况

电铲产尘量与采掘的矿石的相对密度、湿度，以及铲斗附近的风速等因素有关。一般矿山的电铲产尘强度为 400～2000 mg/s。

露天铁矿所用电铲多为 4 m^3 的铲斗，当爆堆干燥时，铲装过程产尘量占总产尘量的第三位。电铲司机室内的粉尘来源，一是铲装过程所产粉尘沿门窗缝隙窜入；二是室内二次扬尘。电铲司机室采取两级除尘净化措施以后，室内平均粉尘质量浓度可降到 1～2 mg/m^3。

9.3.1.3 汽车运矿的产尘情况

运矿汽车往返于露天阶段路面，其产尘量的大小与路面种类、路面上积尘多少、季节干湿、有无雨雪以及汽车行驶速度等因素有关。据测定，其产尘强度在 620～3650 mg/s。运矿汽车在行驶过程中，其产尘量占全矿采、装、运等生产设备总产尘量的 91.33%，居于首位。它是污染露天开采区空气的主要尘源，并造成了全矿空气的总污染。

9.3.1.4 推土机和二次破碎凿岩时产尘情况

据统计，推土机的产尘强度变化于 250～2000 mg/s之间，这取决于矿岩的含水量、空气湿度及露天工作地点的风流速度。二次凿岩爆破大块是采矿的重要辅助工序，尽管浅孔凿岩机产尘量比露天大型机械低得多，但其工作地点接近电铲和汽车路面，由于这些生产过程相互影响，所以二次凿岩区的空气中的粉尘的质量浓度也相当高，干式凿岩时可达 100～220 mg/m^3。

9.3.2 露天开采的生产过程除尘

9.3.2.1 露天开采的钻机除尘

根据牙轮钻机的产尘特点及露天开采区的气温和供水条件，目前采用的除尘措施可以分为干式捕尘、湿式除尘及干湿结合除尘三种方式。选用时要因时因地制宜。

干式捕尘以布袋过滤为末级的捕尘系统为最好。布袋的清灰方式有机械振打和压气脉冲喷吹。我国以后者为主，布袋过滤辅之以旋风除尘器为前级，并于孔口罩内捕获大粒径粉尘及小碎岩屑的多级捕尘系统为最好。布袋除尘不影响牙轮钻的穿孔速度和钻头寿命，使用方便。但是，其辅助设备维护麻烦，且能造成积尘灰堆的二次飞扬，这是它的不足之处。

湿式除尘主要是气水混合除尘，该方式设备简单，操作方便，能保证作业场所达到国家卫生标准。但是，寒冷地区必须防冻，而且有降低穿孔速度和影响钻头寿命的缺点。

干湿结合除尘，是往钻孔中注入少量水而使细粒粉尘凝聚，并用离心捕尘器收捕粉尘或采用洗涤器、文氏管等湿式除尘器与干式捕尘装置串联使用的一种综合除尘方式。

9.3.2.2 潜孔钻机除尘

潜孔钻机除尘的原则与方法基本同牙轮钻机，分为干式、湿式两种。干式除尘直接对孔中吹出的尘气混合物分离、捕集；湿式除尘用气水混合物供给冲击器，在孔内湿润岩粉，使之成为湿的岩粉球团排出孔外。

干式除尘多用孔口捕尘罩，该罩顶部与定心环相连；旁侧排尘管管口装有胶圈，它可在沉降箱侧壁上自由滑动，借助风机在箱内形成负压，可使之紧贴在沉降箱吸风口上而不致漏风。在更换钻头时只需升降定心环，捕尘罩便能随之起落。

湿式除尘的方法是，凿岩时从注水操纵阀输入的压气推动注水活塞移动，打开水路，从水泵输入的压力水由喷嘴喷出，被冲击器操纵阀输入的压气吹成雾状，形成气水混合物进入冲击器，使岩粉形成湿润球团排至捕尘罩。

9.3.3 露天开采运输过程除尘

露天开采的行车公路上经常沉积大量粉尘，当大风或干燥天气和汽车运行时，尘土弥漫，粉尘飞扬，汽车通过的瞬间，1 m^3 空气中粉尘的质量浓度高达几十甚至几百毫克。

国内外路面除尘的最简易办法就是用洒水车喷洒路面。英国露天开采的研究表明，要使路面粉尘不再飞扬，除非使道路上的尘土含水量占 10%以上，而路面粉尘干燥的速度主要取决于空气的湿度和风速。若遇到干旱的大风天气，洒水后极易蒸发，往往事倍而功半。

露天开采运输道路的防尘有三种措施：洒氯化钙、涂沥青和喷化学粘尘剂。

长期使用结果认为，氯化钙容易腐蚀车胎，而沥青的粘尘作用时间又较短。近年研制成一种石油树脂冷水乳剂，作为路面除尘中化学粘尘剂用，其效果较好。喷洒石油沥青、乳胶化沥青进行路面防尘在国外获得较好效果。例如美国某露天铜矿将一定量的沥青液装入水车的水箱中，然后按比例注水，配制成5%或10%的乳胶状沥青溶液。由于装水时水流的冲击，形成乳状，在水车奔驰颠簸过程中又充分混合成胶体，其小球直径为2.5 μm，具有缓凝和粘着力强的特点。该矿喷洒乳胶沥青后，路面形成0.8 mm厚的沥青层，不仅防止了粉尘飞扬，而且路面光滑、减少了维修。这种路面虽能经受50 mm降雨量阵雨冲刷，但却不能抗御持续2～3天的毛毛细雨的侵蚀。由于沥青有碍矿石浮选。所以该法只适用于露天开采外到卸石场的一段路面上，而不适用于采场路面。

9.3.4 露天开采除尘注意事项

9.3.4.1 凿岩用水的防冻

地处北方或寒冷季节的露天开采，防尘用水常遇到因冻结而无法进行湿式除尘的困难。加拿大埃克斯塔尔露天开采每年1～2月平均温度为－26～－23 ℃，最低达－45 ℃，凿岩用水的防冻是一大难题。原来只好采用干式捕尘，后来对水箱上的水管采取防冻包装，并且在水内添加防冻剂，湿式凿岩才得以顺利进行。

美国北方各州的露天开采为解决冬季湿式凿岩，设置了凿岩用水的中心加热站，利用热水泵将水吸经隔热管道供给凿岩用水。

9.3.4.2 对呼吸性粉尘的抑制

用喷雾洒水办法抑制露天开采中的装矿、卸矿时的粉尘飞扬，只对20～30 μm的大颗粒粉尘有较高的效果；对小于5 μm的呼吸性粉尘则无能为力。

在喷雾的水中加湿润剂可提高捕获较细颗粒粉尘的效率。美国和加拿大露天开采采用均较为普遍。最受欢迎的是一种称为"MR"的湿润剂。它不仅能加强水的湿润能力，且能渗入粉尘内部，导致小颗粒相互凝聚，以最少的水量获得最大的湿润效果。美国用充电水雾抑尘取得了良好效果。由于工业性粉尘有荷电性质，研究表明，小于3 μm的粉尘带有负电荷，故利用与粉尘极性相反的静电水雾使呼吸性粉尘凝聚及沉降。即使用静电喷涂的喷枪，用3万V高压电使水离子化，每分钟流水量为28.2 L。测尘结果表明，用充正电荷的水可使呼吸性粉尘浓度显著下降。

9.3.4.3 废石堆的覆盖剂

露天开采堆放剥离土石沟排土场、矿石堆、尾矿堆也是露天开采尘源之一。为避免矿石和废石堆的粉尘污染露天环境，在进行露天开采设计时应选好地址。可以利用自然低凹地形，并与平整土地和复田计划相结合。无凹地可利用时，也要使废石堆远离生活区并种植松树林防风。除此以外，对废石堆应采用喷洒大量水流和使用覆盖剂以形成覆盖层。覆盖剂不仅要求能使废石堆表面形成一层硬壳，而且要求能经得起风吹、雨淋、日晒，还要求喷洒量小、原料充足、价格便宜，以及没有二次污染。

废石场复垦是将结束了的废石场平整后，然后覆土造田，种植农作物和植树，而且可以消除废石场流出的酸性水对农作物的危害和污染水系。要在发展矿业的基础上做好环境的保护和资源的合理利用，不能以牺牲环境为代价来发展经济。要做到矿产资源的可持续性发展。

复习思考题

9-1　简述露天开采安全工作的重要性。
9-2　简述露天开采爆破常见事故。
9-3　简述露天开采常见爆破安全事故的预防。
9-4　简述露天开采运输安全事故的预防。
9-5　简述露天开采机械方面常见安全事故。
9-6　简述露天开采机械方面安全事故的预防。
9-7　简述露天开采用电方面的安全及预防。
9-8　简述露天开采大气中的主要有害气体。
9-9　简述露天开采基本的通风方式。
9-10　阐述露天开采自然通风方法。
9-11　阐述露天开采人工通风方法。
9-12　简述露天开采尘源的产生及除尘方法。

10 露天矿防水

10.1 露天矿床疏干

矿床疏干是降低地下水水位，保证安全开采的有效措施。即对富水性强、威胁安全生产或影响采场边坡稳定的含水层借助于巷道、疏水孔、明沟等疏水构筑物全部或局部降低地下水位。

根据我国金属矿山开采经验，露天矿的矿体及其有关含水层的涌水，有可能造成下列情况的，应考虑采取疏干措施：

(1) 矿体或其上、下盘赋存有含水丰富的水压很大的含水层或流砂层时，一经开采有涌水淹没和流砂溃入作业区的危险时。

(2) 由于地下水的作用，使被披露的岩土物理力学强度指标降低，有使露天边坡丧失稳定而产生滑坡的可能时。

(3) 矿坑涌出的地下水，对矿山生产工艺的设备效率有严重不良影响，以致不能保证矿山的正常生产或者虽能维持生产，但进行疏干可以大幅度降低开采成本，在经济上合理时。

疏干方式按其实施阶段，被分为预先(超前)疏干和平行(并行)疏干；按施工技术条件分为地表式、地下式和联合疏干方式；按与采掘关系分为固定式(位置固定不变，一般在采矿场轮廓线外布置)和移动式(根据采剥工作线的推进而移动)。

常用疏干方法有地表疏干法、地下疏干法和联合疏干法。地表疏干法常用的疏水构筑物形式是地表深井降水孔、地表漏水孔、水平钻孔、明渠等。地下疏干法主要疏水构筑物形式是巷道，并有漏水孔、直通式放水孔、水平丛状放水孔作其辅助形式。联合疏干法是地下、地表两种疏干方法的联合。

10.1.1 降水孔疏干法

降水孔疏干法是露天矿使用较为广泛的地表疏干方式，即先在地表按设计施工大口径钻孔。钻到需要预先疏干的含水层内，在孔内安装深井泵或潜水泵，把水抽到地表借此降低地下水位，使开采地段处于疏干降落漏斗之中，以满足采剥工艺的要求。

10.1.1.1 使用条件

含水丰富、渗透性能较好的含水层，其渗透系数大于5米/日者疏干效果较好。若因降低地下水水位后，引起地面塌陷、沉降、开裂，使深井歪斜影响水泵正常运转时，不宜采用此法。

10.1.1.2 优缺点

(1) 优点。预先降低地下水水位，为剥采工艺创造较好的开采技术条件；施工简单、安全、工期较短；疏干工程布置灵活，适于各种采剥工艺要求；被疏干排出的地下水不易受污染可供利用。

(2) 缺点。受含水层埋藏深度、岩层渗透性能好坏的限制，使用上有其局限性。所需降水设备多且分散、管理复杂、维修量大。能源消耗多、经营费用高，电源一旦发生故障立即影响疏干效果。

10.1.1.3　深井降水孔布置

深井降水孔布置形式主要根据矿区地质及水文地质条件、疏干地段平面轮廓、采掘工艺对疏干工程的要求等因素确定，常见的布置形式如下：

(1) 直线孔排。直线孔排是由单线或双线深井降水孔群组成的疏干系统，降水孔间距大致相等。单线孔排的深井降水孔呈单排直线形，通常用来疏干呈单侧或双侧进入采掘工程地段的地下水。当采掘工程地段的地下水位下降值不能满足设计要求时，除可加密孔间距外，还可布置成双线疏干系统。

(2) 环形孔群。可分单环形和双环形孔群，通常用来疏干呈圆形补给采掘工程地段的地下水，含水层涌水量较大单环形降水孔群不能满足设计要求时，可布置双环形降水孔群。

(3) 任意排列孔群。需要疏干地段面积较大且呈不规则状，深井降水孔可根据疏干地段需要灵活布置。

10.1.1.4　深井降水孔布置注意事项

(1) 深井降水孔系统最好布置在露天开采最终境界线以外的适宜位置，应避免布置在地面产生沉降、开裂、塌陷的地区。

(2) 若露天开采范围较大，单线孔排或环形孔群降水孔系统不能满足采掘进度要求，可分期布置疏干降水孔系统。根据采掘进度计划的要求移设深井降水孔，一直移动到采场最终境界线以外的适宜位置上为止。

(3) 深井降水孔间距，在均质岩层中通过水文地质计算选择经济合理的间距；在非均质岩层中由于岩石含水的不均性。计算出的孔间距往往与实际情况有出入，此时可根据孔群实验资料或揭露含水层的富水性资料，调整深井降水孔间距。

10.1.1.5　深井降水孔结构

深井降水孔结构包括井口设施、井壁管过滤器、充填料层和沉砂管等。在基岩含水层孔内，若岩石稳定无溶洞充填物，水泵的吸水管可直接下入孔内。若孔内岩石不稳定具有溶洞充填物，需使用过滤器。

在松散含水层或基岩裂隙，岩溶含水层(充填物为泥砂碎屑物)内布置深井降水孔，除安装过滤器外还需在井壁与滤水管间围填滤料。

10.1.2　巷道疏干法

巷道疏干法又称地下疏干法，通常是在采场露天矿坑底以下或在露天采场最终境界线以外适当位置开凿疏干巷道，直接或通过辅助疏干钻孔降低地下水水位的疏干方法。巷道位置的布置与含水层、隔水层结构有关，矿山中常见有下列三种情况。

(1) 巷道直接布置在含水层中，直接揭露含水层，适用于岩层较为稳固的基岩含水层。

(2) 巷道嵌入含水层与隔水层间，位于含水层部位的巷道能起直接疏干作用。巷道腰线常在含水层与隔水层接触面处，该面起伏变化不宜超过10%。巷道需混凝土砌护并在两侧预留滤水装置，适用于缓倾斜岩层。

(3) 巷道掘进在隔水层中，利用丛状放水孔、直通式过滤器等疏出地下水流入巷道。适用于水量丰富、工程地质条件较差的含水层，但要具备良好坚固的隔水层为先决条件。

10.1.2.1 疏干巷道布置原则

(1) 专用疏干巷道一般应垂直于矿坑地下水的补给方向,并应充分利用地形,尽可能使地下水自流排出地表。

(2) 专用疏干巷道应布置在露天采场最终境界线以外,距境界线最近位置,以便提高疏干效果。但也要避免疏干巷道产生涌砂、涌泥现象,否则会影响露天采场边坡稳定及地面建筑物的稳固性。

(3) 将来要由露天开采转入地下开采的矿山,疏干巷道设计尽可能与井下采掘工程、排水防洪工程相结合。

10.1.2.2 疏干巷道的参数及支护形式

(1) 断面。专用疏干巷道对断面无特殊规格要求,一般只需满足施工要求的最小断面即可,若涌水量较大,断面可相应地加大。

(2) 坡度。根据地下水水量大小、含砂量及砂粒粒度确定,常用 3‰~5‰,对于嵌入式疏干巷道,坡度应与底板隔水层坡度一致。

(3) 支护形式。在不稳定岩层中开掘的疏干巷道需进行混凝土砌护或混凝土预制构件密集支护。但支护时需预留滤水孔(窗、缝)或利用预制构件接缝处滤水。

10.1.2.3 疏干巷道法优缺点

(1) 适用范围广泛。不受含水岩层岩性、赋水程度、埋藏条件限制。目前在有地表水体补给或矿体顶板为富含水层的矿山中常被采用。

(2) 疏干效果好,尤以直接布置在含水层中的疏干巷道更为显著。

(3) 排水设备、供电设施集中,维修管理方便。

(4) 疏干巷道可与采掘巷道结合使用,遇有暂时停电现象,巷道可起缓冲作用,对疏干效果影响不大。

(5) 工程、水文地质条件复杂的情况下,施工技术难度大,安全可靠性差。

(6) 施工期长、工程量大、基建投资高。

10.1.2.4 辅助疏干方式

深井降水孔疏干法和巷道疏干法常以地表直通式放水孔、漏水钻孔等作为辅助疏干地下水的手段。

(1) 地表直通式放水孔。是从地表钻孔,垂直穿过含水层与疏干巷道或与降水孔相配合的垂直疏水钻孔。

1) 结构。地表直通式放水孔结构与地表深井降水钻孔结构基本相似。当通过比较破碎的基岩含水层时需下筛管护壁;若通过松散含水层,除下筛管护壁外,还需装置过滤器或围填砂砾滤水层。其口径大小通过过水能力计算确定,常用的滤水管直径为 76~108 mm,钻孔直径由选定的过滤器外径或围填砂砾滤水层厚度而定。为控制放水流量和疏干地下水水位,在孔底安装孔口管和闸阀,其结构如图 10-1 所示。

放水硐室规格决定于直通式放水钻孔的深度和钻深技术。专用放水巷道断面一般为 2 m×1.8 m,可不另凿放水硐室;巷道及硐室穿过不稳固岩层时应采取支护措施。

2) 适用范围。地表直通式放水孔常用于存在悬挂水头的局部疏干地段或地下水剩余水头时。它能用于不同埋藏深度的各种结构松散的或坚硬的含水层中，渗透系数小于2米/日时也可使用。

3）优缺点。含水层中疏出的地下水可自流，然后汇集于排水设施排出，故需设备少、投资省；疏干赋水性较差的流砂含水层时，地下水位下降稳定不易引起涌砂现象；地表直通式放水孔与疏干巷道配合使用时，巷道施工期长、施工条件差、投资也高。

（2）漏水钻孔或称漏水孔是把上部（弱）含水层中的水，通过地面施工的钻孔自流疏送到下部（强）含本层或透水岩层中，从而达到降低含水层地下水位的目的，它可作为地表深井降水孔疏干方法的辅助措施。采用漏水孔的水文地质条件有：

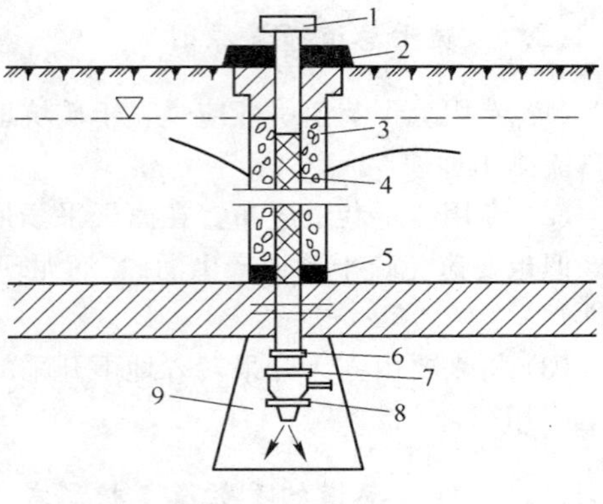

图10-1　直通式放水孔结构

1—孔盖；2—孔基础；3—围填砂砾；4—过滤器；5—牛皮铁圈（止水承座）；6—空口管；7—接头；8—放水闸阀；9—放水硐室

1）有两个以上含水层，下部含水层比上部含水层渗透性能大，排漏条件好。

2）两含水层间有隔水层存在，下部含水层在疏干过程中必须由承压转为无压水。

漏水孔孔径按过水能力确定。孔内岩层破碎时需要井壁管、过滤器或在孔内围填粗砂或砾石。漏水孔间距需根据水文地质计算确定。

辅助疏干措施除地表直通式放水孔及漏水孔外，在有条件的矿区也可采用丛状放水钻孔疏干含水层。

10.1.3　水平钻孔疏干法

当含水层埋藏不深且有水压时，为消除地下水对露天采矿场边坡稳定性的危害，可以在露天矿台阶上采用水平钻孔疏干的方法，即在震天采场台阶的坡角处用钻机向边帮钻凿水平或略微向上倾斜的钻孔。

10.1.3.1　适用条件

（1）含水层埋藏较浅，一般深度为30～50 m；

（2）疏干含水砂层、坡积层、含水层与隔水层接触面以上的地下水效果良好。

10.1.3.2　技术要求

（1）钻孔应紧靠含水层与隔水层接触线开口，其仰角一般为3°～10°，孔深一般不超过50～100 m，否则施工困难。

（2）钻孔直径不小于75 mm。若含水层岩性松散应安装过滤器。

（3）钻孔施工时为防止钻孔坍塌，可采用正压冲洗法钻进。

10.1.3.3　优缺点

（1）疏干松散含水层及弱透水性含水层降压效果较好，对提高露天采矿场边坡稳定性起一定作用，尤其当露天采场一侧有地表水补给时效果更加明显。

（2）灵活性大，可作为非工作帮永久性疏干措施，也可作为工作帮临时性疏干措施，或者为消除局部地下水对边坡稳定性危害而对局部地段进行疏干。

(3) 当具备有利地形时，可以自流排水。因而节省排水费用。

(4) 可根据剥离后采矿场的具体情况，随时调整疏干钻孔密度。

(5) 当含水层涌水量较大或含水层渗透性能很弱的情况下，疏干效果不如疏干巷道明显。

(6) 一旦过滤器设计不当，造成涌砂过多时，容易造成钻孔所在范围内的露天采矿场边坡沉陷，破坏边坡的稳定性。

10.1.4 明沟疏干法

露天矿床被埋藏较浅的松散含水层覆盖，为保证采场边坡稳定，提高采掘机械效率，于露天矿外围垂直矿坑充水方向上开挖明沟或暗沟拦截地下水流，用这种方式疏干诸如粉细砂之类含水层可取得良好效果，本疏干法很少以单一形式出现，常以辅助疏干手段与其他疏干方法配合使用。

10.1.4.1 适用条件

(1) 需疏干的含水层埋藏较浅、深度不超过 15～20 m 的松散含水层，否则明沟土方工程量大、施工困难，经济上不合理。

(2) 需疏干的含水层之下存在隔水层，且分布稳定。含水层与隔水层的接触面平缓。

(3) 由地表水体、沼泽地充水的含水层，用这种方法疏干效果明显。

10.1.4.2 布置原则

(1) 疏干明沟(或暗沟)应布置在矿坑充水的地方。

(2) 疏干明沟(或暗沟)宜嵌入被疏干含水层底部的隔水层中 1 m 左右的深度，使疏干沟汇集的地下水临时储存在疏干沟的隔水岩层内，然后自流或用机械排出沟外，以防汇集到沟中的水继续向露天采场渗透，危害边坡稳定或剥采工作。

(3) 疏干沟可布置在露天采场境界线以外适宜位置，同时也可布置在采场台阶上，但以不影响采剥工作正常进行为原则。

10.1.4.3 优缺点

(1) 可以有效地拦截浅层地下水向露天矿充水，对保证露天边坡的稳定性效果良好。

(2) 明沟不仅拦截浅层地下水，还可拦截部分向露天坑汇集的大气降水，故雨季能起防洪作用。

(3) 明沟汇集的地下水、大气降水可直接自流或用机械排出露天采场范围以外，节约能源，排水费用低。

(4) 根据剥采工艺及疏干沟布置位置，可超前疏干也可平行疏干，灵活性大。

(5) 疏干明沟开挖土方工程量大，基建投资大。

(6) 疏干沟本身的边坡需要很好的维护、费用较高，在松散含水层中开挖施工比较困难。

疏干沟有可能出现管涌现象时，在含水层下部出水段需设置反滤层，反滤层由不同的砾石、粗砂、细砂组成，如图 10-2 所示。

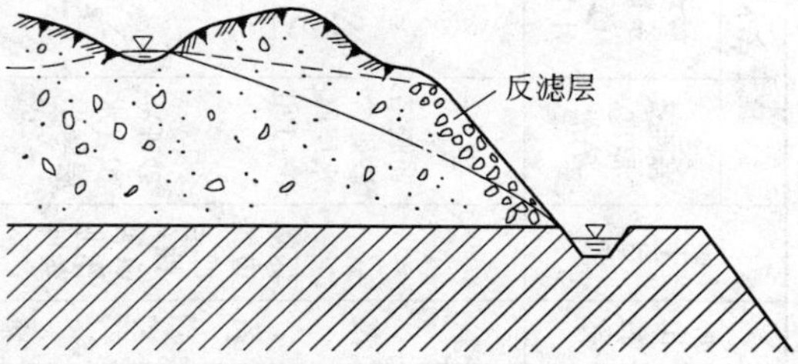

图 10-2　明沟疏干剖面图

表 10-1　矿床疏干实例

疏干方法	矿山名称	疏干目的	疏干含水层特征			疏干水文地质试验	疏干工程									地下水涌水量 /$m^3 \cdot d^{-1}$	疏干效果	备注
			岩性及厚度 /m	渗透系数 /m·月$^{-1}$	与矿体的关系		疏干巷道或明沟	放水硐室		疏干钻孔								
								规格(长×宽×高)/m	硐室间距 /m	类型	孔径 /mm	孔深 /m	过滤器类型	深井泵型号	钻孔施工机械			
联合疏干法	茂名金塘矿	保障边坡稳定性，改善作业条件	弱胶结砂砾含水层厚0～130	2.5	顶部含水层	单孔抽水及干扰抽水	疏干巷道1072 m长，布置在露天境界线外，用打入式、直通式过滤器疏水			降水孔为主要疏干方案共45个，4个备用，孔距约200 m	开孔：484～620 终孔：220	平均70	筛管缠丝填砾过滤器	ATH10×8 ATH8×26 10J80×15 10JQS 80×16	YKC	1983年经常开动深井泵30台水量27000	1980年水位平均降低到23.9 m，最低－1.0 m，＋20米以上台阶无水	目前疏干状态未完全满足采掘要求，坑内W2000～W3500 ＋10 m有水 W3700～W4600＋300 m有水 对挖掘机、机车等正常作业影响很大 疏干巷道未按设计施工
			砂砾冲积含水层厚18～20	8	上部含水层	一般勘探	设计用明沟疏干总长3500 m											
			砾质砂岩含水层厚10～20，最大250	0.93	底板含水层	一般勘探	在含水层中布疏干巷道，用放水孔疏水											
	姑山铁矿	保障边坡稳定性，改善作业条件	砂砾含水层厚18～20	21～66	顶板含水层		在非工作帮基岩面开挖明沟总长2700 m			深井降水孔34个，间距100 m	开孔：750 终孔：350	60	砾石水泥过滤器外壁充填砂砾	12JD28×7-1型25台，其中8台备用		99070		该矿正在修改设计。采每吨矿石排水量70 m^3
			流砂层厚15	0.07	上部含水层	单井抽水及干扰孔轴水	在闪长岩分布地段开挖嵌入式疏干巷道长800 m			漏水孔100个，孔距33 m	750	40	孔内填砂	10JD28×12-1型13台，备用4台 10JD28×11-1型12台，备用4台	YKC-30型			

续表 10-1

疏干方法	矿山名称	疏干目的	疏干含水层特征			疏干水文地质试验	疏干工程									地下水涌水量/m³·d⁻¹	疏干效果	备注
			岩性及厚度/m	渗透系数/m·月$^{-1}$	与矿体的关系		疏干巷道或明沟	放水硐室		疏干钻孔								
								规格(长×宽×高)/m	硐室间距/m	类型	孔径/mm	孔深/m	过滤器类型	深井泵型号	钻孔施工机械			
巷道疏干法	金岭铁矿	改善作业条件，防止突然涌水	石灰岩含水层灰岩上部层厚10～130，灰岩下部层厚140～340	3.14	顶板含水层	一般勘探	利用坑内运输巷道作疏干巷，均布置在隔水岩层内	5.5×3.5×2.5	40～50	丛状放水孔，不设孔口管装置	小于75	一般40～50，最长70～100	无		改善KA-2M-300型	−7 m水平12968，−107水平11000	效果好	采每吨矿石排水量为55 m³，爆破炸药消耗量节约7.85万元(1965～1966年两年中)
	平庄西露天矿	拦截河水对矿坑补给，保障边坡稳定性	砂砾卵石含水层厚度0.2～10.6	90～120	上部含水层	一般勘探	嵌入式疏干巷道布置在露天境界线外50 m，巷道长1400 m，两侧每隔5 m设滤水窗疏水	疏水巷道，掘进毛断面为8 m²		排水用深井泵6×H350型共6台						1981年：7400 1983年：1600～2000	疏干效果良好	
	抚顺西露天矿	第四系水截流	砂及砾石厚5～30	50～200	上部含水层	抽水试验	疏干巷道(嵌入式)长1200 m，滤水窗疏水	2×2								6480	疏干效果良好	
			裂隙含水层厚7～116	0.02～0.1	下部含水层	抽(注)水试验，示踪离子法	疏干巷道，放水孔	1.6×2.0		放射状斜孔	50	50	无			330～660	疏干效果良好	A层煤疏干巷道涌水量

10.1.5 联合疏干法

联合疏干系指两种或两种以上疏干方式在同一采场的组合，当矿区水文地质、工程地质条件复杂，采用一种疏干方式不能满足开采需要或经济上不合理时，通常采用联合疏干方法。常用的联合疏干方式有巷道与直通式放水孔联合；巷道与丛状放水孔联合；地表深井降水孔与漏水孔联合；地表深井降水孔与疏水明沟联合；巷道与漏水孔、直通式过滤器联合等。采用何种联合方式取决于矿区特定的水文地质条件及剥采工艺对疏干工程的要求。

联合疏干法的优缺点：

(1) 适用范围广泛，不受矿区水文地质、工程地质条件和抽水设备的限制；

(2) 疏干效果好，可最大限度地降低各含水层的水位；

(3) 排水集中、排水机械设备效率高、便于维修管理、疏干经营费较低；

(4) 需专用疏干巷道，工程量大、基建投资较高；

(5) 疏干巷道和丛状放水钻孔施工安全条件差。

10.1.6 疏干方案的选择

露天采场附近有地表水体、含水断裂带、矿体顶底板围岩含水丰富水头压力较大，矿体顶板由松散含水层覆盖或工程地质条件复杂等因素影响剥采工作正常进行时都需预先疏干。疏干方案选择的一般原则有以下几点：

(1) 疏干方案的选择取决于矿床水文地质和工程地质条件、矿床开拓方案、采剥方法及开采工艺对地下水下降速度和时间的要求等，疏干方案应与采剥工艺密切结合。

(2) 疏干方案必须有效地降低地下水水位，在采区内形成稳定降落漏斗。漏斗曲线应低于相应采掘水平标高，或使剩余水头值在安全范围以内。

(3) 疏干方案应力求以最小的排水量获得最大的水位下降，且对矿区外围影响最小，尽可能保证环境不受破坏。

总之，疏干方案应满足技术可靠、生产安全、经济合理的原则。

10.2 露天矿防水

10.2.1 地表水的防治

10.2.1.1 地表水防治的一般原则

露天矿地表水的防治工程是防止降雨径流和地表水流入露天采矿场，以减少露天采场排水量，节约能源、改善采掘作业条件并保证其工作安全的技术措施。

地面防水工程的防治对象，多为汇水面积小的降雨坡面径流季节性小河、小溪、冲沟等。它们在雨季水量骤增，旱季水流很小，甚至干枯无水，一般均缺少实测水文资料。进行洪水计算时，主要用洪痕调查、地区性经验公式或小汇水面积洪水推理公式等方法。因为流域小、集流快，所以一般不推求暴雨点面关系，以点雨量为全流域雨量，按全面积均匀降雨计算。

对于大中型地表水体的防治工程，由于问题复杂，涉及范围广，其防水工程应由专业部门专题解决。

地表水的防治工程，必须贯彻以农业为基础的方针，保护资源，防止污染，和农田水利相结合，尽量不占或少占农田。矿区地表水的防治还必须与矿坑排水和矿床疏干等工程密切配合统筹安排，并贯彻以防为主、防排结合的原则。凡是能以防水工程拦截引走的地表水流，原则上不应允许流入露天采矿场。

在考虑处理地表水方案时，要根据露天矿地形地质条件，因地制宜，以安全可靠为前提，并要考虑到施工工艺和经济等多方面因素。具体处理原则如下：

（1）为防止坡面降水径流流入露天采矿场，通常借助于设在露天境界外山坡上的外部截水沟和设在采矿场封闭圈之上某水平的内部截水沟，将地表径流引出矿区之外。

（2）当地表水体直接位于矿体上部或穿越露天采场，或者虽然在露天境界以外，但有泛滥溃入露天采场的威胁时，一般采用水体迁移、河流改道或设置堤坝等措施。

（3）露天采矿场横断小型地表水流，如小河、小溪或冲沟等季节性河流时，若地形条件不利于河流改道或者经济上不合理时，可在上游利用地形修筑小型水库截流调洪，以排水平硐或排水渠道泄洪，同样能保护露天采场的安全。

（4）当露天采场在地表水体的最高历史洪水位或采用频率的最高洪水位以下时，一般采用修筑防洪堤坝的方法，预防洪水泛滥。

（5）当露天采场及其附近的地表水体处赋存强透水岩层，在开采过程中有可能发生地表水大量渗入矿坑，对采掘作业或露天边坡稳定性有严重不良影响时，可对地表水体采取防渗隔离或移设等措施。

（6）由于地形低洼或在设有堤坝情况下的内涝水，应根据矿区的工程地质、水文地质条件，分析内涝水或洼地积水对露天矿的边坡稳定或矿区疏干效果的影响程度确定。当影响较大时，应首先采用拦截方法以减少内涝水量，并用排水设备按影响程度限期排除积水；对洼地积水排干后，有条件时亦可利用排土将其填平。

10.2.1.2 地表水防治的几种方法

（1）截水沟。截水沟用来截断从山坡流向采场的地表径流并将其疏引至开采区以外。因此，截水沟应尽量地减少采矿场的汇水面积或保证深凹露天矿所承担的排水受雨面积不超出预定的范围。

（2）河流改道。对于严重威胁采矿安全的河流，常用河道整直、河流改道和修筑防洪堤等措施。为矿床开采进行的改河工程，多为汇水面积小（由几平方公里至数十平方公里）的河溪沟谷等季节性河流。当露天矿开采区有大、中型河流需要改道，则是一项比较复杂的工作，不仅工程量浩大、需巨额投资，而且技术复杂，需要专题研究解决。首先，在确定露天开采境界时，是否将河流圈入境界要进行全面的技术经济分析，如必须进行河流改道，在开采设计中，也应尽量考虑分期开采的可能性，将河流划归到后期开采境界里去，以便推迟改道工程，不影响矿山的提前建成和投产。河流改道一定要考虑到矿山的发展远景，注意选择新河道的工程地质条件，避免因矿山扩建或躯干排水而可能引起的河道塌陷和二次改道。

（3）水库拦洪。水库拦洪是将被露天采场横断的河沟溪流在其上游用堤坝拦截形成调洪水库，削减洪峰，以排洪平硐或排洪渠道泄洪，以保护采场安全。作为保护露天矿安全为目的的水库，不同于水利部门的蓄水水库。除了在暴雨时为削减洪峰流量，暂时蓄存排洪工程一时排不掉的洪水外，平时并不要求水库存水。

10.2.2 防渗堵水

防渗堵水工程分为防渗墙、注浆帷幕和高压旋喷桩堵水。

防渗墙高压旋喷桩只适用于松散地层中防渗堵水，且深度有限；注浆帷幕既可用于松散层中透水性强的含水层堵水，亦可用于基岩裂隙，岩溶含水层的防渗堵水，其深度可浅可深。

10.2.2.1 注浆帷幕

注浆技术是通过钻孔注入水泥、黏土或化学等具有充填、胶结性能的防渗材料配制成的浆液，用压送设备将其注入地下水主要通道地层的孔隙、裂隙或溶洞中去，浆液经扩散、凝结硬化或胶凝固化形成防渗帷幕，以堵截流向采场的地下水流，达到防止地下水害、保护露天边坡稳定和开采工程顺利进行的目的。

在生产中出现的地下水害问题，促进了注浆技术在我国广泛的应用和发展。十几年来，水电、铁道、土建、人防、军工、煤炭和冶金等部门的厂矿及科研单位，广泛采用注浆技术，对防治地下水害取得了显著成效。我国已研制了一批注浆设备，在注浆工艺上也取得了较丰富的经验，在注浆材料方面，国外已有的，国内大多进行了研制和应用，而且还创制了一些新品种。注浆技术已成为涌水量大的岩层及流砂层进行预注浆打井，处理大用水事故，恢复被水淹没的矿井，堵塞井壁漏水等有效、经济而易掌握的方法。

注浆材料具有流动性，并具有压入、充填注浆地层的空隙，经过一定时间便凝结、硬化的性质。它直接关系到注浆成本、注浆效果、注浆工艺等一系列问题。选择何种材料，必须根据不同目的、受注地层的工程地质和水文地质条件，浆液性能及经济性等因素加以综合考虑，以确定适宜的注浆材料。对于注浆材料的具体要求是：

(1) 可注性好(流动性好、黏度低、分散相颗粒小等)。

(2) 浆液稳定性好，可长期存放不改变性质，不发生其他化学反应，浆液析水少，颗粒沉降慢。

(3) 浆液凝结时间易于调节并能准确地控制凝固时间，固化过程最好是突变的。

(4) 浆液固结之后，具备所需要的力学强度、抗渗性和抗侵蚀性能。

(5) 材料源广价廉，储运方便。

(6) 配制、注入工艺简单。

(7) 不污染环境，对人无害，非易燃、易爆之物。

注浆材料种类甚多，如果以流动性作为注浆材料的主要性质，它可作如下分类：

(1) 水泥、黏土等悬浮液类型的浆液材料。

(2) 水玻璃等溶液类型的注浆材料。

(3) 丙烯酰胺类等高分子注浆材料。

溶液类型和高分子注浆材料统称为化学浆液。

注浆方法按注浆设备系统可分为单液注浆和双液注浆。

单液注浆是将浆液材料配制成一种浆液，用一套注浆设备及管路系统注入地层中去。这种注浆法的设备、工艺简单，在地下防渗工程中应用得最多，但存在浆液的胶凝时间长而且不易控制的缺点。

双液注浆是把注浆材料配制成两种浆液，分别用各自的注浆泵和管路系统，按一定的比例在孔口或孔内混合，注入地层。双液注浆法可以允许浆液有较短的胶凝时间(最短可至数秒)。浆液扩散半径易于控制，需要快凝的化学浆液和化学-水泥混合浆液，多采用双液注浆法。

注浆法按注入浆液的方式分为自流法、压入法和高压旋转喷射法三种。

自流法是利用浆液自重作为注浆压力，不需注浆泵，设备简单，用于地下水压力不大或钻孔很深的情况，但难以实现高压注浆。水口山铅锌矿防渗帷幕就采用这种方法。

压入法是用注浆泵压入浆液的方法，是通常采用的方法。

高压旋转喷射法是一项新技术，是松散层注浆方法的一大发展。这种方法是用钻机在防渗帷幕线上打孔，钻杆下端装有特殊喷嘴的钻头，钻到预定深度后，用高压泵（20～30 MPa）将浆液通过钻杆由钻头喷嘴转换为高压喷流射进土层，由于喷射浆液的破坏力，把一定范围内的土层搅乱，与浆液均匀混合，喷嘴按一定速度一边旋转，一边缓慢提升，从而使土层形成一定强度的圆柱固结体；各圆柱固结体相连，形成连续的地下防渗帷幕。

10.2.2.2 防渗墙

混凝土防渗墙于20世纪50年代初期起源于意大利，其后各国相继引入和推广。最初用作坝基防渗墙，以后发展用作挡土墙及地下结构的承重墙等。近20年来，在水利水电工程、基础工程、地下工程中广为应用。它是发展比较迅速和应用范围十分广泛的一项新技术。

防渗墙的基本原理，是在地面上用一种特制的机具，沿防渗线或其他工程的开挖线，开挖一道狭窄的深槽；槽内用泥浆护壁，当单元槽开挖完毕后，可在泥浆下浇注混凝土或其他防渗材料，筑成一道连续墙，起截水防渗、挡土或承重之用。其施工过程是：1）制备泥浆；2）沿开挖线挖导沟、筑导墙；3）铺设轨道组装挖槽设备；4）将泥浆注入导沟，用挖槽机按单元槽进行开挖；5）单元槽段开挖完成后，将水泥浆灌入浇注混凝土的导管；6）泥浆浇注混凝土形成单元墙段，按计划依次完成各单元墙段，便形成一道连续的地下墙。这种造墙方式能适应于各种复杂的施工条件，具有施工进度快、造价低、效果比较显著的优点。因此，近年来防渗墙在矿山防水工程中也得到应用。

矿山防渗墙的适用条件基本上与注浆帷幕相同，但它主要应用于第四纪松散含水层；含水层距地表较浅且有稳定的隔水底板。

冲积层中防渗墙按结构形式，可大致分为桩柱式防渗墙、槽板式防渗墙。

桩柱式防渗墙，用冲击钻或其他不同方法打大直径钻孔，孔间呈互相搭接或连锁形连接，然后回填混凝土或黏土混凝土等防渗材料所形成的连续墙。槽板式防渗墙，用冲击钻、抓斗或其他方法开挖槽孔，泥浆或其他方法护壁，然后在槽孔中回填混凝土或其他防渗材料，形成连续的防渗墙。

桩柱式和槽板式防渗墙，一般对材料的要求如下：

（1）应有足够的抗渗能力及耐久性，能防止环境水的侵蚀和溶蚀；

（2）有一定的强度，能满足压应力、拉应力和剪应力等各项强度的要求：

（3）要求有良好的流动性、和易性以及在运输过程中不发生离析现象，且能在水下硬化，骨料粒径不宜过大等，以便于用导管法在泥浆下浇注。

桩柱式和槽板式防渗墙适用条件如下：

（1）这两种防渗墙均能适应各种冲积和洪积地层，能在不稳定地层中建造防渗墙；而桩柱式适应性最强，不论何种复杂沉积层，包括硬土层和含超级粒径等地层均能适用。

（2）桩柱式防渗墙适合于覆盖层较深的情况，当超过60 m时，采用这种形式也无困难。国外桩柱式防渗墙最大深度已达131 m，国内已达68.5 m。槽板式防渗墙适合于中等深度的覆盖层，深度在30～60 m内较为适宜。

（3）适于水力梯度大于30，允许水力梯度约90。

板桩灌注墙是用震动法或其他方法将钢板桩打入地层，桩边焊有小管，管底有活门，打到预计深度后，钢板桩可用液压拔桩器等机具将钢板桩慢慢拔出，同时通过桩体本身将防渗材料通过小管填塞于桩身被拔出留下的空隙中，形成连续的防渗薄墙。

板桩灌注墙要求筑墙材料凝结前不沉淀、不离析，能抵抗地下水的作用；凝结后应有足够的不透水性，有较高的弹性和塑性，能适应土层的变形而不开裂。目前所用的材料多为黏土水泥浆和膨润土水泥浆以及水泥砂浆和其他外加剂等。为节省水泥，有时还掺用一定数量的细砂、石粉或粉煤灰等。

10.3 露天矿排水

露天矿排水是排除汇集到矿坑内的地下水和降雨径流所采取的方法和设施的总称。未经疏干或矿坑水没有得到彻底疏干或防渗堵水未能彻底拦截而流入矿坑的地下水以及直接降入露天采场的降雨径流，必须依靠排水设施为采掘工作正常进行创造条件。

排水设施包括水泵站的排水系统和径流的集流和调节系统。

10.3.1 涌水量的预测

正确预测矿坑涌水量，是矿区水文地质工作的核心问题之一，也是制订排水措施和确定排水设备数量的主要依据。

露天采场涌水量由地下水涌水量和降雨径流量两部分组成。其预测方法分述如下。

10.3.1.1 地下水涌水量预测

为了准确预计地下水涌水量，矿山应具备下列基本条件：

(1) 矿床水文地质特征及矿坑充水来源、进水方式已经查清，边界条件可以给出。

(2) 矿坑充水主要含水层的埋藏条件、顶底板标高、水力性质、水位标高等已经查明。

(3) 含水层的水文地质参数，如渗透系数或导水系数、贮水系数或给水度、越流系数等已经求出。

(4) 数值解法还要求提供整个计算区内精确的等水位线和抽水试验孔、观测孔的坐标位置及其流量、水位的变化。

目前，我国用来预测矿坑涌水量的方法，主要有比拟法、数理统计法、水均衡法、解析解法、数值解法以及物理模拟法等。一般露天矿应用的最为普遍的计算方法是解析解法和水文地质比拟法。

10.3.1.2 降雨径流量的计算

由降雨引起的露天矿坑内汇集的水量即降雨径流量，它与降雨强度、时间、地表径流系数、汇水面积等因素密切相关。

数理统计法，以实际资料为基础，根据实际资料变化规律的统计，利用频率曲线的线型并结合成因分析和地区上的综合平衡的暴雨公式，以推测暴雨量。这种计算方法，一方面有可能使露天矿排水设计有了统一标准；另一方面考虑了暴雨径流量随时间的变化关系。由于在蓄水过程中考虑排水成为可能，即可用蓄、排平衡关系确定蓄、排能力，从而使设计更趋符合实际。

10.3.2 露天矿排水方式

凹陷露天矿排水设计是根据矿区降雨情况、水文地质条件、地形、开采规模和服务年限、采剥方法和矿岩种类、企业对矿石的要求等因素通过技术经济比较选择排水方式。排水方式的分类、适用条件及主要优缺点见表10-2。

表 10-2 排水方式的分类、使用条件及其主要优缺点

排水方式分类	优　点	缺　点	适用条件
采场坑底贮水的排水方式	基建工程量小,投资少;基建时间短;经营费低;施工简单	坑底泵站移动频繁,排洪泵及管路随雨季来去而装拆,干扰采掘工作;影响新水平掘进;雨季排洪泵较多时,在采场内布置困难;坑底泵站受淹没高度限制	水量小或采场允许淹没高度大;采场范围较大,有足够布置泵站或泵船的地方;采场下降速度不大;采场不宜结冰
井巷贮水的排水方式	不超过设计水量时,新水平掘进基本不受水的影响,有利于提高采场下降速度;井巷对采场有疏干作用,有利于边坡稳定及减少爆破孔中充水;泵站固定	基建工程量大,投资大,基建时间长;排水扬程高,地下涌水量大时能源消耗大,经营费高	水量大,采场下降速度大,采场范围较小;水量大,新水平准备是薄弱环节;开沟位置的岩矿遇水易软化;采场集水结冰;深部有旧巷,可利用或排水井巷与地下开采相结合
井巷自流的排水方式	不用能源,不用设备;新水平掘进基本不受水的影响,有利于提高采场下降速度;井巷对采场有疏干作用,有利于边坡稳定及减少爆破孔中充水;经营费很低	基建工程量大,投资大;基建时间长;井巷布置较复杂	具备自流排水的地形条件;水量大,新水平准备是薄弱环节;开沟位置的矿岩遇水易软化,采场集水结冰
综合排水方式	消除单一排水方式的弊病综合其优点	排水环节多	适用于面积较大、条件复杂的露天采场

10.3.2.1 采场坑底贮水的排水方式

降水及地下涌水贮于坑底如图 10-3 所示,基建工程主要是水泵站及管道工程。该方式对新水平掘进影响较大,在雨量较大的地区及地下涌水量很大的矿山,对新水平掘进影响更加明显。在水量最大的一段时间内可采取以下措施:(1)暴雨期在采装设备附近备有爆堆;(2)用上装挖掘机先掘开段沟后掘出入沟;(3)把电缆架起来,避免泡在水中;(4)水泵底座高出采场底一定高度等。

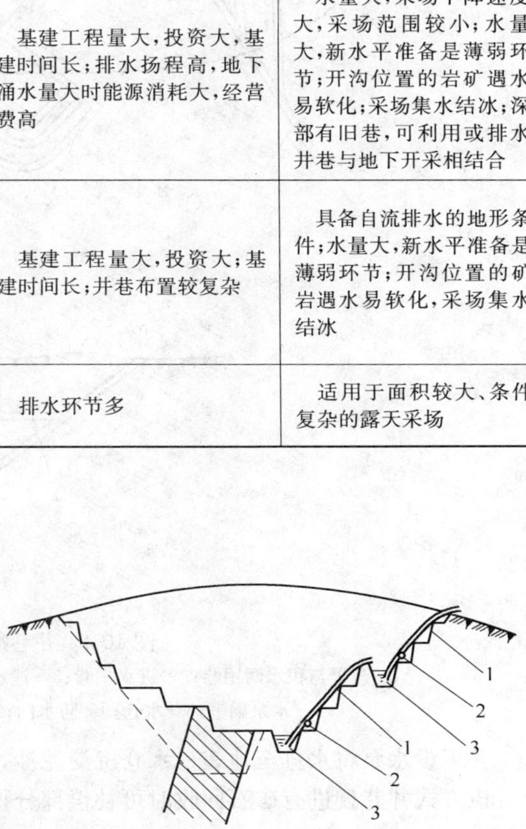

图 10-3 坑底贮水排水方式图
1—排水管;2—水泵;3—水仓

10.3.2.2 井巷贮水沟排水方式

一般在采场边界以外掘凿井巷贮存降水及地下涌水如图 10-4 所示。不超过设计水量时,采场生产受水影响很小。

采场与贮水平巷(水仓)之间,以井巷(或钻孔)相连,其布置方式如下:(1)在采场境界以外开凿一个或数个竖井及相应的一组或数组平巷泄水,该方式井巷内水流不稳定,还会有空气卷入使排泄不畅及加剧水流的脉动,威胁井巷安全;水力计算困难;一般投资大,施工复杂。(2)在采场境界以外,开凿一个或数个斜井及相应的一组或数组平巷泄水,该方式工程量和投资较大。(3)在采场内新水平开沟位置开凿一个或数个斜井泄水,该方式工程量小,但井口与爆破铲装互相影响;岩块及杂物被洪水冲入斜井或堵塞井口。

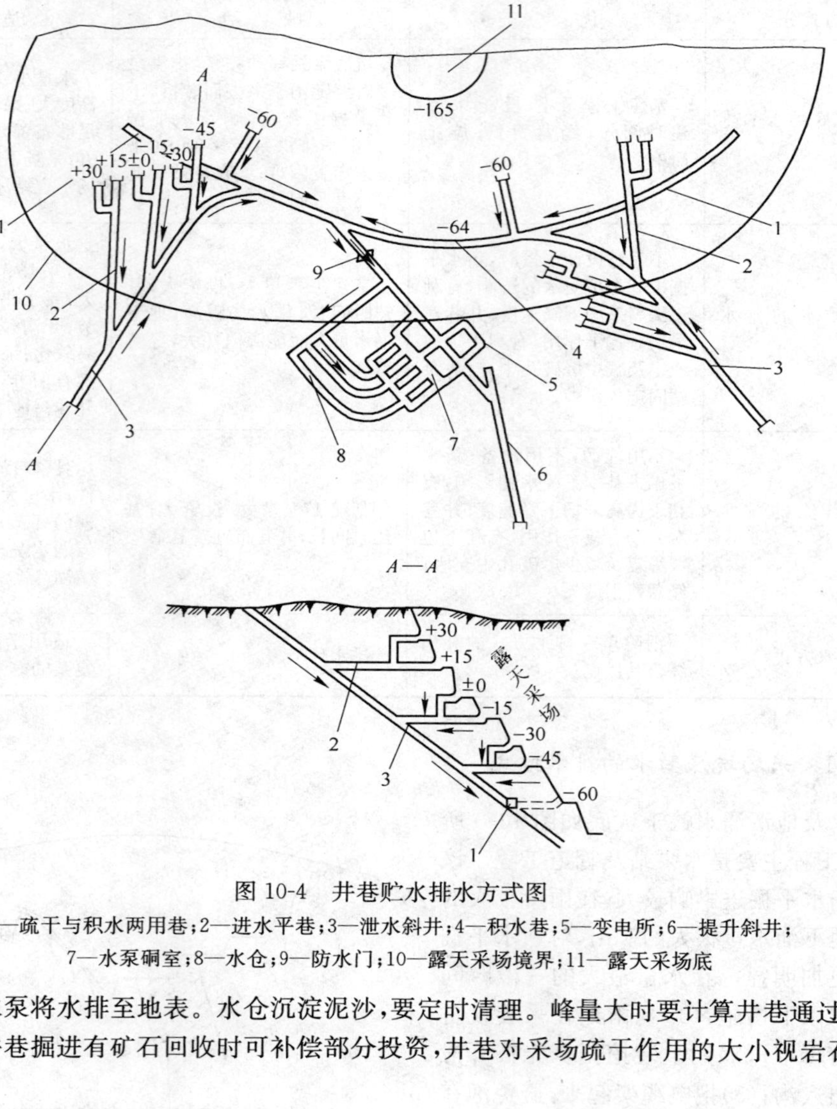

图 10-4　井巷贮水排水方式图

1—疏干与积水两用巷；2—进水平巷；3—泄水斜井；4—积水巷；5—变电所；6—提升斜井；
7—水泵硐室；8—水仓；9—防水门；10—露天采场境界；11—露天采场底

井下设水泵将水排至地表。水仓沉淀泥沙，要定时清理。峰量大时要计算井巷通过能力。

该方式井巷掘进有矿石回收时可补偿部分投资，井巷对采场疏干作用的大小视岩石渗透系数而定。

10.3.2.3　井巷自流的排水方式

采场附近有低凹地势供排水时，采场与低凹地用井巷相连，水自流排出，如图 10-5 所示。井巷自流的排水方式是露天开采经常应用的经济高效的排水方法，这种排水方式对生产影响很小，具备采用该方式的条件时，一般应参加方案比较。

10.3.2.4　综合排水方式

采场条件受限制不宜采用单一排水方式时，可用两种或两种以上的排水方式。某矿采场上部和中部采用井巷自流排水方式，下部采用坑底贮水排水方式，中部和下部之间设截水沟，下部的水用泵排至上部排水系统排出采场。某矿一期结束时在采场内封闭水平设截水沟，上部自流排水，中部和深部均用井巷贮水排水方式，接力排水；将疏干和排水结合考虑，疏干用的井巷及钻

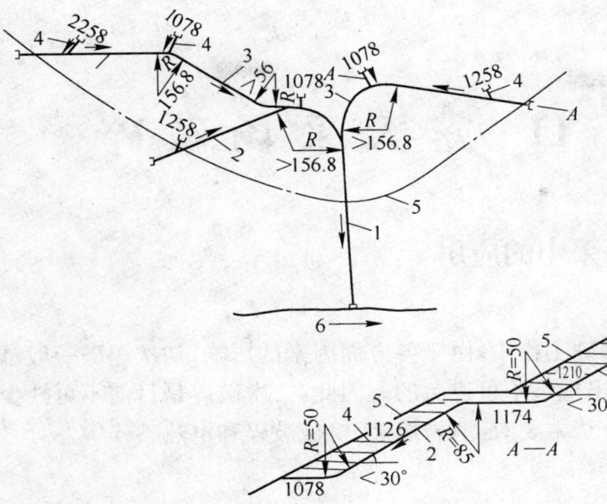

图 10-5 井巷自流排水方式图

1—排水主巷；2—泄水斜井；3—排水支巷；4—进水平巷；5—露天采场境界；6—金沙江

孔又作排水用，或排水用的井巷及钻孔又能满足疏干要求；一般为减少经营费用，各种排水方式均可在采场某些标高增设截水沟，将一部分汇水直接排出。

复习思考题

10-1 什么情况下可以考虑采取疏干措施？

10-2 简述疏干巷道法优缺点。

10-3 简述联合疏干法的优缺点。

10-4 简述疏干方案选择的一般原则。

10-5 简述地表水防治的一般原则。

10-6 简述地表水防治的几种方法。

10-7 露天矿排水方式有哪几种？

11 露天采场破碎

11.1 破碎在露天开采中的应用

11.1.1 二次破碎作业

在露天采场实际的爆破工作中，由于各方面因素的影响，初次爆破一般难于完全满足采装工作的要求，不合格大块的出现是不可避免的。因此，二次破碎是目前不可缺少的辅助作业。

露天矿二次破碎的方法主要有：凿岩爆破、机械破碎和电热破碎等。

11.1.1.1 凿岩爆破法

这种方法的实质，就是对大块矿岩进行第二次爆破。为此，需用轻型凿岩机打出一个不深的炮眼，进行装药爆破。当节理比较发育时，也可不需打眼，而将炸药直接贴于大块表面，再盖以炮泥即可爆破，这称为裸露爆破。但爆破时碎块远扬，安全性差，并增加炸药的消耗，故不宜大量使用。

凿岩爆破法是目前我国矿山二次破碎的主要方法。实践证明，它不需要特殊的设备便能把剔出的大块及时破碎，保证挖掘机的正常作业。但也存在许多缺点，主要是需要敷设较长的压气输送管路、效率低、成本高、工作条件差、劳动强度大。因此，国内外矿山都在寻求另外一些高效而又简便的二次破碎方法。

11.1.1.2 碎石机

碎石机是利用机械能破碎大块岩石的设备。碎石机与潜孔钻机有许多共同之处，它的核心部分是一个类似潜孔冲击器的机构，称做碎石器。根据使用的动力不同，有风动碎石器和液压碎石器两种类型。

风动碎石器的主要组成部分是汽缸、活塞和配气装置等。压缩空气通过有阀或无阀自动配气装置，分别进入工作活塞的两端，推动活塞作往复运动。当活塞向前运动时，最后打击凿头，借以将冲击力传到大块岩石。

液压碎石器是由缸体、活塞和液控换向阀等组成的。由于获得冲击功的方式不同，液压冲击器有两种形式：

(1) 单作用式。这种碎石器只在前腔进油，后腔则充有增压氮气(又叫气体弹簧)，当前腔进油时，活塞在液压力的作用下向后运动，使气体弹簧被压缩，当前腔压力解除时，活塞在后腔气体弹簧的作用下向前运动，冲击凿头尾部。

(2) 双作用式。这种碎石器的前腔和后腔都能交替地进油，在后腔油路中装有一个隔膜式蓄能器，它在回程中贮存能量，起缓冲作用，保护设备，而在冲程时则放出能量，以增加冲击功。在前腔油路中也装有较小的蓄能器，用以防止空打时损坏设备和减轻震动。

液压碎石器与风动碎石器相比较，具有以下几个明显的优点：节省动力，动力消耗相当于风动碎石器的1/4；润滑良好，活塞寿命长；工作面干净，尘土少；噪声低；操作方便。因此液压碎石器更具宽广的发展前途。

试验表明，影响碎石器破碎岩石的决定因素是单次冲击功。因此，各种碎石器的进一步发展，都力求提高单次冲击功，而不求增加冲击频率。20 世纪生产的碎石器，单次冲击功一般为 1～2 J，目前生产的碎石器，冲击功多为 2.4～5 kJ，并且已出现了冲击功为 27.6 kJ 的碎石器。

碎石器配用的凿头形状多种多样，主要有夯锤形、十字形、楔形、平头形和尖形等。其中以十字形及楔形破碎效果好，尖形较差，尖形凿头有助于在岩石中成孔而不导致破裂。

碎石器安装在可供操作的碎石机上。露天矿使用的碎石机分为固定式和移动式两种。固定式主要用于放矿格筛及破碎机入口处，它只能沿导轨或支臂作短距离移动。移动式碎石机有自行机构，可往来于台阶各处，配合装载作业。也有的把碎石器安装在挖掘机或推土机上，以充分利用现有设备，做到一机多用。

一台冲击功为 3.5 kJ 的碎石器，其效率为每小时破碎 3 m^3 以下的大块 20～30 m^3。

11.1.1.3 电热破碎

电热破碎的原理，就是利用矿石的导电性能，把电极加到大块的两个点上，以形成电流通路，产生热量，从而使大块岩石在局部膨胀力的作用下破裂。电热破碎的效果取决于局部膨胀力的大小。影响局部膨胀力的因素主要有：(1)岩石的导电性能；(2)岩石的导热性能；(3)电流的大小；(4)加热时间；(5)接触点位置。

电热破碎的关键是形成局部膨胀力，在岩石大块内产生类似楔子的劈裂作用。可见，只有局部加热膨胀才有可能产生这种作用。针对不同的大块，选择接触点是很重要的。两个点的距离不能过大，最好位于同一侧。一般来说，导电性能较好的物质，其导热性能也较好。为了避免产生的热量流失，加热时间不能长，这就要求有足够的电流强度，也就是必须有足够的电压。

电热破碎可直接使用工频电流，所以电热破碎设备实际上就是一个供电装置，它具有足够的容量和电压。前苏联在部分矿山使用了电热破碎技术。破碎装置的容量为 100～400 kW，电压为 2～4 kV。据称，每台设备一般可破碎大块 85～90 m^3，二次破碎成本比凿岩爆破法低 50%。

11.1.2 斜坡运输机开拓

斜坡运输机开拓常需在露天开采的边帮上开掘坡度适合于布设运输机的陡沟，斜坡运输机开拓常用的运输方式为胶带运输和胶轮驱动运输。现代大型运输机运输的最大允许块度只在 0.5 m 以下，因而在向运输机装载前，必须对矿岩加以破碎，然后才能装上运输工具。这就要在采场内设置破碎机站，破碎设施需随露天矿延深而向下移设。为了使破碎机站实现较长时间的固定(半固定式)，也可采用其他开拓方式与之配合，组成联合的开拓运输系统。

采矿场内半固定式破碎站所用的破碎设备，应根据原矿的块度和产量以及破碎站移设工作的难易和破碎费用综合考虑而定。

一般地说，颚式破碎机操作简单可靠、体积小，布置紧凑，要求破碎站建筑结构简单，便于快速拆移和组装。因而在生产中应用较广，对于大型矿山而言，因颚式破碎机的生产能力低，要完成产量指标，就需要安装多台同时工作，这样就会造成运输和破碎站拆移上的困难，而且生产经营费用也较高。在大型露天矿可选用一台圆锥式破碎机。这种破碎机生产能力高，电耗量低，经营费用少，修理周期比颚式破碎机长几倍。但是它的体积高大，建设费高。

11.1.3 平硐溜井开拓

平硐溜井开拓是借助开掘溜井和平硐来建立采矿场与地面间的运输联系的。矿岩的运输不需任何动力，而只靠自重沿溜井溜至平硐再转运到卸载地点。

为了减少溜井的堵塞和大块矿石对井壁的冲击力，提高运输设备的效率，一般需在溜井的中部或下部设置大型破碎装置。矿石从上部各水平运至卸矿平台翻卸，经过溜井或溜槽卸入上部矿仓，矿仓下部装有板式给矿机或震动给矿机，将矿石装入颚式破碎机。破碎后进入下部溜井。

11.1.4 井筒提升开拓

井筒提升开拓是借助开掘地下井筒来建立采矿场与地表之间的运输联系的。按井筒倾角大小的不同，它又可分为斜井提升开拓和竖井提升开拓。

如果井筒采用的提升设备是胶带运输或箕斗，一般需要在地下布置大型破碎系统。将矿石破碎成 0.3～0.4 m 的块度再装上运输工具运输到地表，如图 11-1 所示。

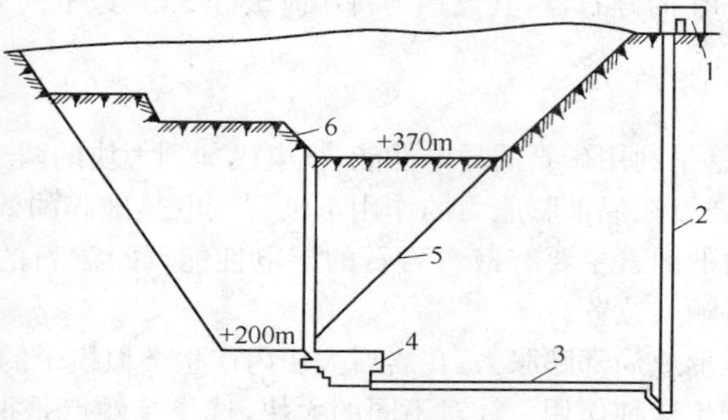

图 11-1 某露天矿深部系统示意图

1—地面破碎站；2—竖井；3—石门；4—地下破碎站；5—最终露天境界；6—目前露天境界

11.2 露天开采破碎工艺

11.2.1 露天开采破碎方式

在露天开采过程中，破碎的方式有三种：采场的二次破碎作业，采场内的固定、半固定、移动式破碎，井筒内的固定式破碎。

(1) 二次破碎。由于矿岩条件的变化、爆破技术条件的限制，在工作线的推进过程中，常出现大块和根底。在采装过程中都需要进行二次破碎。二次破碎的方法有碎石机破碎、凿岩爆破方法破碎、电热破碎。这些方法前已述及，不再重述。

(2) 采场下部井筒内的破碎。安置在固定地点的破碎系统，从采取的破碎方式、破碎工艺、使用的破碎设备同选矿厂的初级粗破一样。

(3) 采场固定、半固定、移动式破碎。采场内的破碎采用的是固定、半固定、移动式破碎。固定(半固定)破碎机就是将破碎机(颚式破碎机、旋回式破碎机)固定安装在采场内，采场的矿岩一般经过汽车—破碎—胶带运输工艺，这种工艺的特点是以胶带运输机为主要运输工具，把来料的大块破碎到胶带运输机所要求的粒度。破碎机成为整个开拓运输系统的重要环节。

由于破碎机体积大、设备重，只能固定在坚固的基础上，拆卸和安装费用大，不易挪动，限制了采矿的灵活性。移动式破碎机就是将大型破碎机(颚式破碎机、旋回式破碎机)固定安装在移动架上，移动架的前进方式有迈步式或履带式，可以和电铲或前端装载机配合工作，即电铲或前端装载机可以把矿石直接(或通过受料槽和重型板式给矿机)卸入破碎机，破碎后的矿石落入设在移动架下面的可移动的胶带上运出采矿场。

11.2.2 破碎设备

破碎机种类很多，根据多年来的生产实践，适合我国露天矿用的粗破碎机，主要有颚式破碎机和旋回破碎机两种，这两种类型的破碎机最适宜的破碎比为 3～6。一般设置在矿山的粗破碎机的给矿粒度为 1300～500 mm，要求它的产品粒度为 400～125 mm。

11.2.2.1 颚式破碎机

颚式破碎机又称“老虎口”，它的破碎工作是在两个破碎面间进行的，加入到颚式破碎机破碎腔（由固定颚板和动颚板组成的空间）中的物料，由于动颚板做周期性往复摆动，当动颚板靠近固定颚板时，物料受到压碎、劈裂和弯曲折断的作用而被破碎。当动颚板离开固定颚板时，已碎到小于排矿口尺寸的物料，靠其自重从下部排矿口排出。位于破碎腔上部还未破碎到足够小的物料，随之下落到破碎腔的下部，再次受到颚板的作用而继续被破碎。其破碎过程如图 11-2 所示。

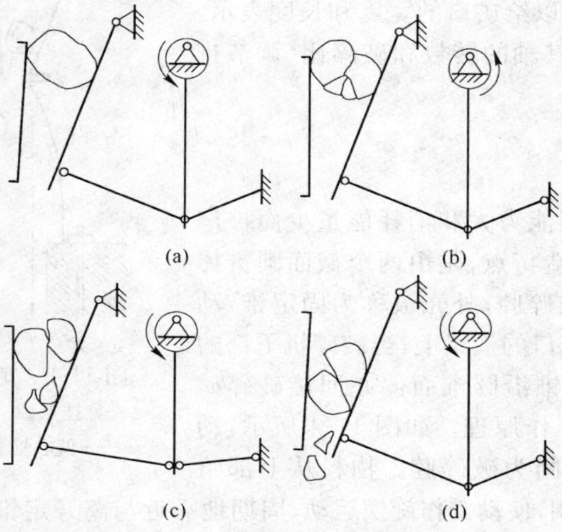

图 11-2 颚式破碎机的破碎过程

常用的颚式破碎机为下动式的，如图 11-3 所示。

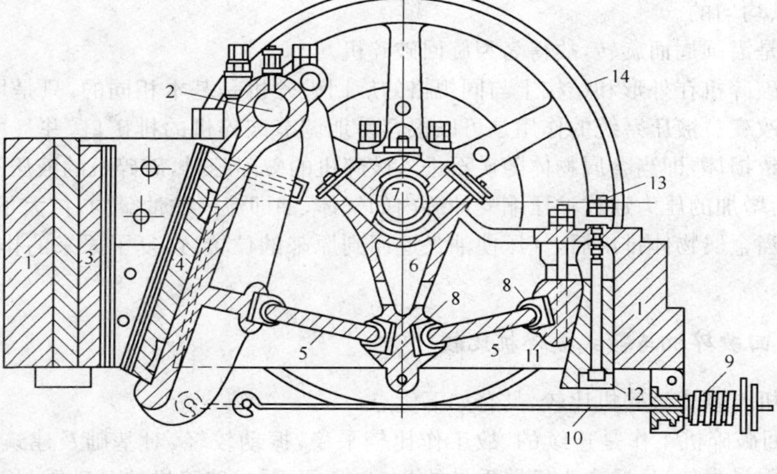

图 11-3 下动式颚式破碎机剖面图

1—机架；2—心轴；3—固定颚板；4—可动颚板；5—推力板；6—连杆；7—偏心轴；8—肘座；9—压力弹簧；10—拉杆；11，12—楔插；13—螺栓；14—飞轮

颚式破碎机的优点是:构造简单,磨耗部分和肘板易于更换,便于看管和修理;可动颚板上部的作用力,随着与固定颚板的接近程度而增加,推力板形成的钝角愈大(接近于 180°),此力亦愈大。在可动颚板上部形成的最大力,使得较大的矿块先被破碎,因而破碎坚硬的矿岩是较为有效的。

此种破碎机的缺点是:工作时振动大,不能把破碎机安装在楼板上,应安装在固定的坚实的基础上;要求给矿粒度均匀,否则破碎机会被矿石堵住,破碎机前要设置给矿机;适宜破碎块状粒度,对条状或片状矿石有时排出粒度过大。

颚式破碎机的尺寸是以给矿口的宽度和长度表示。破碎机的处理能力,可视其轴的转数和破碎比(调节排矿口)以及其他因素而定。

11.2.2.2　旋回破碎机

由于旋回破碎机处理能力大和消耗能量少而被广泛采用,旋回破碎机的构造特点,是由两个截面圆锥体形成愈向下愈小的环形破碎腔;外壳被称为固定锥,动锥是悬挂于搭在固定锥上口的横梁上,当破碎机下部的偏心轴套旋转时,就使动锥沿圆锥面偏心回旋破碎矿石。现在来说明一下其工作原理。如图 11-4 所示,动锥 3 在定锥 2 内,其中空间为破碎腔。物料从上部给入,由于偏心轴套 5 的作用,使动锥作旋摆运动,周期地靠近与离开定锥,当动锥靠近定锥时,产生破碎矿石的作用。离开时,已破碎的矿石从破碎腔排出。

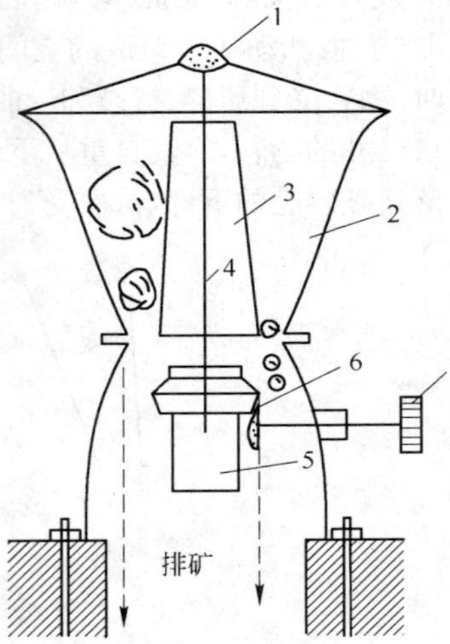

图 11-4　旋回破碎机工作示意图

1—悬挂点;2—定锥;3—动锥;4—竖轴;5—偏心轴套;6—齿轮;7—皮带轮

一般旋回破碎机的构造见图 11-5。进行破碎工作时,动锥会反向旋转,因为矿石和动锥工作面间的摩擦力,比偏心轴套和轴之间的摩擦力大得多。

旋回破碎机与颚式破碎机不同,由于可动锥是偏心回转,趋近于固定锥面而破碎矿石,工作是连续不断的、均匀的。

由于动锥是沿圆周而旋转,故得名为旋回破碎机。

液压旋回破碎机在外形和结构上与同规格的旋回破碎机是基本相同的,只是增加了一套液压装置和局部改变。液压系统的作用是可以很容易地调节破碎机的排矿口,并且可以自动过载保护破碎机不致损坏,即当金属物体随矿石进入破碎机的破碎腔时,破碎机的液压活塞受到高于常压的压力,所增加的压力通过油压缩贮油罐内的气体,油即流入贮油罐内,扩大了排矿口,让金属物体通过。当金属物体排出后,气压使油又返回到原来的位置,恢复了原来的排矿口,保持破碎机正常工作。

11.2.2.3　旋回破碎机与颚式破碎机比较

旋回破碎机与颚式破碎机比较,具有如下优点:

(1) 因旋回破碎机工作是连续的,故工作比较平稳,振动较轻,对基础及建筑物影响较小。因此其基础的重量也较轻,通常为机器重量的 2～3 倍,而颚式破碎机的基础重量为机器重量的 5～10 倍。

(2) 旋回破碎机对矿石具有压碎和折断作用,因矿石的抗压强度极限要比抗弯强度极限大

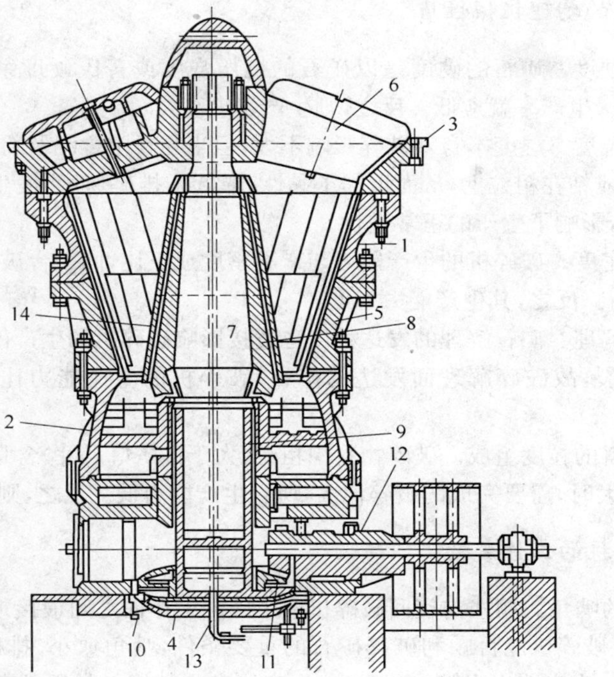

图 11-5　旋回破碎机剖面图

1—机体上壳；2—机体下壳；3—护板；4—底盖；5—固定锥衬板；6—横梁；7—竖轴；8—动锥；9—偏心轴；10，11—伞齿轮；12—传动轴；13—管道；14—动锥衬板

10～15 倍，故每破碎 1 t 矿石的能量消耗要比给矿口相同的颚式破碎机小 0.5～1.2 倍。

(3) 旋回破碎机的破碎腔深度大，工作连续，故其生产能力较高，比相同给矿口宽的颚式破碎机生产能力高一倍以上。

(4) 旋回破碎机可以从任何方向挤满给矿，大型的还可直接用翻斗车给矿，不需矿仓及给矿设备；而颚式破碎机则要求给矿均匀，故需设置矿仓及给矿设备。

(5) 旋回破碎机启动容易，而大型颚式破碎机启动时，需要用辅助工具先转动沉重的飞轮或用分段启动的方法启动。

(6) 有较大的破碎比，产品的粒度比较均匀，片状产品少。

但旋回破碎机与颚式破碎机比较，也有如下缺点：

(1) 旋回破碎机的构造复杂，制造较困难，价格较高，比给矿口相同的颚式破碎机昂贵得多。

(2) 机器的重量大，机身高，比给矿口相同的颚式破碎机重 1.7～2 倍，高 2～2.5 倍，因此需较高的厂房，故厂房的建筑费用也高。

(3) 安装与维护较复杂，检修也较麻烦。

(4) 对处理含泥较多及黏性较大的矿石，排矿口容易阻塞。

11.2.3　影响破碎机工作指标的因素

影响破碎机工作指标的因素很多，但可归纳为三个方面：即矿石的物理机械性质，破碎机的工作参数和操作条件，现分述如下。

11.2.3.1 矿石的物理机械性质

(1) 矿石的硬度。矿石的硬度是以矿石的抗压强度或普氏硬度系数表示的，显然，矿石愈硬，抗压强度愈大，生产率就愈低。反之，则生产率愈高。

(2) 物料的湿度。湿度本身对破碎影响不大，但当物料中含泥及粉矿量多时，细粒物料将因湿度增加而结团或粘在粗粒上，从而增加了黏性，降低了排矿速度，使生产能力下降，严重时，会造成排矿口堵塞，影响了生产的正常进行。

(3) 矿石的密度。破碎机的生产能力与矿石密度成正比，同一台破碎机，在破碎密度大的矿石时，生产能力高。反之，其生产能力就低。

(4) 矿石的解理。矿石解理的发达程度也直接影响破碎机的生产能力，由于矿石在破碎时，易沿着解理面破裂，故破碎解理面发达的矿石，破碎机的生产能力比破碎结构致密的矿石高得多。

(5) 破碎物料的粒度组成。破碎物料中粗粒(大于排矿口尺寸)含量较高以及给矿最大块与给矿口宽的比值大时，需要完成的破碎比大，所以生产能力低。反之，则生产能力高。

11.2.3.2 破碎机的工作参数

(1) 破碎机的啮角。颚式与旋回破碎机两个破碎工作面之间最接近的夹角称为啮角。破碎机的啮角，是决定破碎机能否顺利破碎矿石的重要条件，啮角愈小，排矿口愈大，破碎比也就愈小，矿石容易通过，生产能力也就大。反之，生产能力也就小。如果啮角过大，破碎矿石时，将使矿石向上跳动而不能被破碎，甚至会发生安全事故。如果啮角太小，则破碎比太小，难以满足工艺过程的要求。故破碎机的啮角应适当。各种破碎机啮角大小，可在一定范围内调节。在生产中，只要调节排矿口大小，就改变了啮角大小，但啮角的调节范围，在破碎机设计和制造时就已确定。

(2) 破碎机的转数。颚式破碎机的偏心轴和旋回破碎机的偏心轴套的转数，决定了动颚和动锥的摆动次数，对生产率有较大影响。各种破碎机的转数都有一定范围，过高或过低都会降低生产率。现以颚式破碎机为例说明它。它的破碎过程是由工作行程和空回行程所组成，在空回行程时间内，应充分保证已破碎的矿石能最大限度地从排矿口排出。如动颚的摆动次数过高，则已破碎的矿石来不及在空回行程时间内排出或未能充分排出，从而再次受到破碎。这不仅引起过粉碎和能耗增加，同时也降低了生产率。如动颚的摆动次数过少，则空回行程时间长，该排出的矿石排出后，尚有多余时间，这样破碎机的生产率也会降低，因此破碎机在允许范围内增加转数，可以提高生产率，减少转数，生产率将降低。

(3) 破碎机的给矿口和排矿口。破碎机给矿口的宽度决定于给矿的最大块度，这是选择破碎机规格的重要依据，也是破碎机操作工人和采矿工人应该知道的数据，以免在生产过程中由于块度太大的矿石落入破碎机的破碎腔中不能破碎，而影响生产的正常进行。

破碎机的最大给矿块度，是以破碎机能否啮住矿石为条件确定的。一般破碎机的最大给矿块度是破碎机给矿口宽的80%～85%。

破碎机排矿口的大小与破碎机的啮角及破碎比有关。在允许范围内，适当增大排矿口，则啮角及破碎比减小，生产率提高。反之，则生产率降低。各种破碎机都是如此。

11.2.3.3 操作条件

为了充分发挥破碎机的生产能力，应正确掌握破碎机的操作条件，力求给矿均匀，并使破碎机在大破碎比、高负荷系数的情况下工作。所谓负荷系数就是破碎机实际生产能力与计算所能达到的生产能力之比的百分率。负荷系数值的大小，是破碎机生产潜力是否充分发挥的重要标志。

11.3 露天采场破碎工作

11.3.1 二次破碎工作

(1) 凿岩作业前，先用低压风净风管，以免异物进入机内损坏机器，同时认真检查各连接部件是否牢固，避免机件脱落伤人。

(2) 接通气前，应将操纵阀回复零位。

(3) 凿岩作业前要检查好脚下的大块是否稳固，禁止登上过高的大块堆进行作业。

(4) 凿岩过程中，要注意突发的钎杆折断现象，以防伤人。

(5) 要穿戴好必要的劳动保护用品，不准穿塑料底鞋及拖鞋进行作业。

(6) 严禁雨雪天气进行凿岩作业，防止跌落摔伤。

11.3.2 破碎装矿工作

(1) 班中不许喝酒，工作前要配戴好劳动防护用品。

(2) 开车前认真检查所属设备是否完好，线路上是否有人作业，确认无问题后，方可发出信号，联系开车，收到信号者如同意，要发出相应的信号，接不到信号绝不操作。

(3) 开车后矿斗要装满挂匀，正负误差最大不能超过一空，最小不能小于半空，不经许可不得任意增减线路斗车数量。

(4) 正常运矿停车时，要及时问清发指令者姓名及停车原因，并要马上向调度汇报。

(5) 生产中如认为线路可能出现事故时，双方站应同时到线路检查，发现问题及时汇报处理。

(6) 斗车运输物件时最长不能超过 3 m，最高不能超过斗梁，轻斗不能超过 1 t，禁止运输易燃易爆物品，做好运输物件的标记。

(7) 生产中经常检查装矿设施是否完好，出现异常及时处理。

(8) 停车后要清理好设备及周边卫生。

11.3.3 露天破碎工作

(1) 班中不许喝酒，上岗前要穿戴好劳动防护用品。

(2) 开车前要检查所属设备是否正常，破碎腔内是否有矿石，设备附近及周围有无人员及障碍物，在确认无问题后方可发出信号开车。

(3) 开车顺序：风机→油泵→碎矿机→给矿机。停车顺序相反。

(4) 生产中经常检查所辖设备及零部件是否正常，给矿是否均匀，发现问题应及时处理或上报。

(5) 根据生产情况，在调整碎矿机间隙时，要少调、勤调，要停车切断电源后方可调整，严禁人员进入机体测定排矿口。

(6) 电流及油温超过额定值，要立即停止给矿，再停碎矿机，但不准停油泵。

(7) 不准带负荷开停车，调好的油压及水流不能随意改动。

(8) 严格交接班制度，对本岗位遗留的问题要交代清楚，认真填写各种记录，保证设备及周围卫生清洁。

11.3.4 破碎卸矿工作

(1) 班中不许喝酒，工作前配戴好劳动防护用品。

(2) 开车前认真检查好所属设备是否完好，一切安全设施是否可靠，确认无问题后再送电，做好开车准备。

(3) 开车前先联系好信号。收到信号如同意，要发出相应的信号，接不到信号绝不开车。

(4) 要经常对卷扬机及所属设备进行检查，发现异常及时汇报处理。

(5) 正常运矿停车时，要及时问清对方姓名及停车原因。

(6) 里外甩斗时，给好道岔后，要躲开防止掉斗伤人，在站内行走时，注意斗车伤人，斗车掉道要停车处理。

(7) 矿斗排列要均匀，斗内卸净，重斗、坏斗不能发出，同时要仔细观察斗车运行情况。

(8) 停车后要及时清理现场卫生。

11.3.5 破碎工作注意事项

(1) 运转前对设备进行认真检查。

(2) 开停车顺序要符合主工艺开停车顺序。

(3) 运转中要勤检查，要特别注意电动机及破碎机有无异常声音，若有应立即停止操作。

(4) 不许设备超负荷运转，工作中要注意安全。

(5) 无故停电时，应立即拉下开关，并检查齿板间是否夹着矿石。

(6) 要做好各类电气、机械设备卫生清洁，注意环境卫生。

(7) 认真填写交接班记录，要面对面交班，把本班设备运转情况和下一班应注意的问题交代清楚。

复习思考题

11-1 简述破碎在露天开采中的应用。

11-2 简述露天矿二次破碎的主要方法。

11-3 简述露天采场破碎常用的破碎设备。

11-4 如何提高露天采场破碎设备的效率？

11-5 简述颚式破碎机的优缺点。

11-6 比较旋回破碎机与颚式破碎机的优缺点。

12 露天开采供配电系统

露天采矿场工作环境受自然环境如风、沙、雨、雪、雷电及酷热、严寒的影响，设备工作地点分散，用电设备需随工作面的推进而频繁移动，爆破时碎石飞溅并引起震动，危及电气设备的安全；采场周围多为岩层，土壤电阻率一般偏高。

露天采矿场的用电设备主要分为两大类：第一类是经常移动的设备，如电铲、钻机以及移动式压气机等；第二类为相对固定设备，如胶带运输机、矿石斜坡箕斗提升机以及深部露天矿的排水泵等。两类负荷中以前者为主。由于采场用电设备移动频繁，且均为露天设备，采场爆破引起的飞石容易砸伤设备及供电线路，因此对采场移动供配电设备要求有尽可能大的灵活性和安全性。保护装置要力求简单可靠，以便尽快地、有选择地切除故障点，保证采矿设备的安全。

根据以上特点，露天采矿场内的电力设备应具有防尘、防水、有较坚硬的外壳，而且有易于安装和拆卸，便于移动的性能。供电系统及电力线路的设计则应使之安全、可靠、灵活，既能满足矿山投产初期的用电需要，又能适应将来开拓延伸及生产的发展。

12.1 供配电系统及高压开关设备

露天开采的供配电系统，就是指露天开采所需电能的供应和分配系统。

供配电工作要很好地为矿山生产服务，切实保证矿山生产和生活用电的需要，并做好节能工作，就必须达到以下基本要求：

(1) 安全。在电能的供应、分配和使用中，不应发生人身事故和设备事故。

(2) 可靠。应满足电能用户对供电可靠性的要求。

(3) 优质。应满足电能用户对电压和频率等质量的要求。

(4) 经济。供电系统的投资要少，运行费用要低，并尽可能地节约电能和减少有色金属消耗量。

12.1.1 供配电系统

12.1.1.1 供配电系统的电源和电压

(1) 电源。露天开采供配电系统的电源，一般引自矿山变电所。由于露天采矿场的线路故障机会较多，环境恶劣，为了保证生产，电源线路一般不少于两个回路。大型采场电源回路更多；而小型采场也可以用单回路；废石场通常采用一个回路，也可以从采场供电线上直接引出；有淹没危险的深部露天主排水泵电源线路，一般不少于两个回路。

根据矿山运行经验，当采场为两个或多个回路时，因采场故障较多(特别是接地故障较多)故采用分列(或开环) 运行较好。分列运行可以缩小事故范围，易于查找事故点，且在设备分散的条件下可减少误操作的机会。

(2) 电压。大、中型露天采场内高压用电设备比重大，所以采场内配电电源电压可以是 3～6 kV或者是 10 kV，可供给电铲等高压设备直接使用，其他的低压设备(如钻机) 要经过变压器降到 380 V 后才能使用。

12.1.1.2　高压配电系统

露天开采常用的配电系统有环形线-横跨线系统（其组成如图 12-1 所示）、环形线-纵架线系统（其组成如图 12-2 所示）、放射-横式架线系统（其组成如图 12-3 所示）、放射-纵式架线系统（其组成如图 12-4 所示）。下面以环形线-横跨线系统为例介绍其构成。

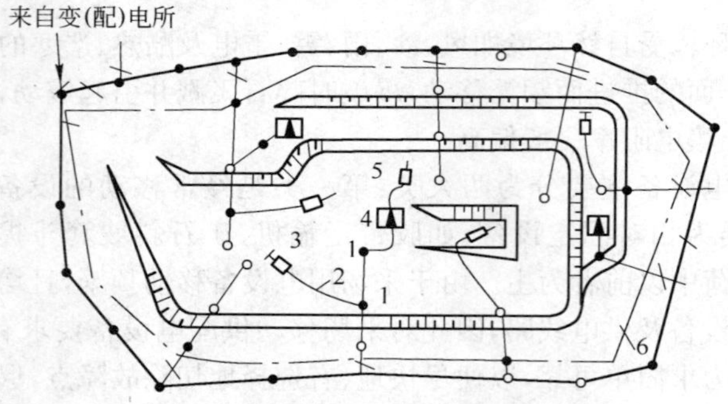

图 12-1　环形线-横跨线系统平面图

1—高压接电点；2—高压移动电缆；3—电铲；4—移动变电所；5—电钻等；6—开采边界线

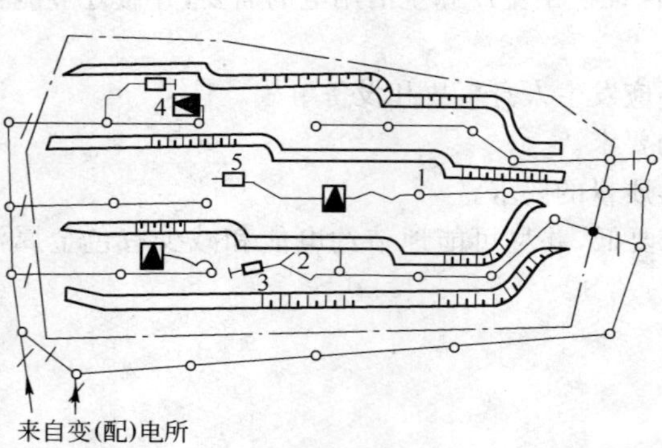

图 12-2　环形线-纵架线系统平面图

1—高压接电点；2—高压移动电缆；3—电铲；4—移动变电所；5—电钻等

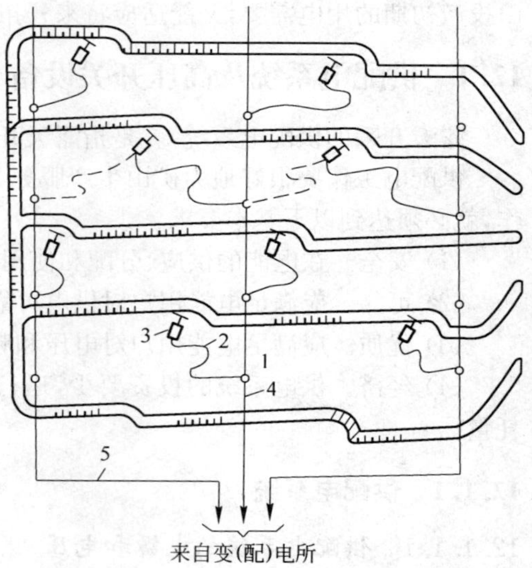

图 12-3　放射-横式架线系统平面图

1—高压接电点；2—高压移动电缆；3—电铲；4—横式采场线路；5—电源线

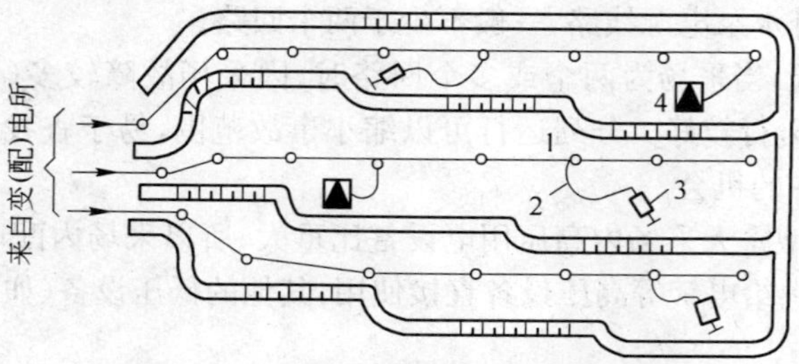

图 12-4　放射-纵式架线系统平面图

1—高压接电点；2—高压移动电缆；3—电铲；4—移动变电所

环形线-横跨线系统是露天开采高压配电系统的典型线路中的一种，自矿山降压变电所，引两个回路以上的电源线路，接至沿采场边缘外架设的环形架空线路上，并通过隔离开关互相联系，形成环形线系统。由环形线引向采场内的垂直于采场台阶，跨越多个台阶架设的分支线成为横跨线。环形线一般在采场建设的初期建成，是固定线；而横跨线要随着采场深入不断地增加，为半固定线。

考虑到横跨线要移动方便及少受爆破影响，一般采用架空线。由于线路垂直于工作台阶，要考虑到电铲、钻机等设备能从线下安全通过，故需采用较高的电杆。按工作面的配置和线路纵断面的特点，每个台阶至少设一根电杆，立于靠台阶边缘 5～10 m 处。根据采矿工作的需要设置横跨线，其间距一般为 250～350 m。在环形线上也可以直接加装接电点对移动设备供电。

对于图中各部分，现分别说明如下。

A 高压架空线路

采场外的环形线与电源线为固定的高压架空线路，采用钢筋混凝土电杆，用标准杆型，但环形线电杆需在 0.5 m 处架设架空接地干线。采场内的横跨线或纵架线为半固定的高压架空线，埋地深度通常为 1～1.5 m，为使电杆稳定，可用废石垒固或加拉线；当采用可拆卸式架线时，其电杆需做成耐张型，并在沿线路方向两侧加拉线。其杆型如图 12-2、图 12-3、图 12-4 所示。

在山坡露天矿，有时为加快基建初期上部覆盖岩层的剥离，而采用大爆破方法，为避免环形线及电源线遭到破坏，有关场所附近的固定线路，宜在大爆破之后施工。

导线对地最小允许距离，按底层导线算，一般采用表 12-1 的数字。

表 12-1 导线对地最小允许距离

环形线	5.5 m
横跨线	6.5 m
纵架线	5.5 m

纵架线杆距以 30～40 m 为宜，这样杆塔可以较低，便于移动；横跨线杆距与采矿平台宽度有关，一般为 50 m 左右。

电源线及环形线的导线一般采用钢芯铝绞线，截面不小于 35 mm^2。废石场一般采用铝绞线，采场内移动线路与半固定线路一般采用钢芯铝绞线或铝绞线，其截面一般不小于 35 mm^2，不大于 70 mm^2。根据现场运行经验，为了便于导线的维修和拆迁，推荐移动线路采用铝绞线。

大中型采场的电源线及环形线的截面可以按经济电流密度选择，小型采场按允许电流选择。采场内的移动线和半固定线的导线截面按允许的电流选择，但考虑到机械强度，截面不应小于 35 mm^2。不论按允许电流选择还是按经济电流密度选择，均需做电压损失校验。采场高压网络电压损失，在正常运转时不应超过 5%，故障时不超过 8%。

B 高压接电点

高压接电点为带有保护的开关设备，作为高压移动电缆与采场架空分支线路送电和断电之用，同时又是移动电缆、移动变电所的主要保护及高压电动机的后备保护设备。高压接电点的设备可采用成套的矿用一般型高压开关柜、矿用户外真空负荷开关或者柱上跌落式熔断器。

C 移动电缆

露天采矿场移动电缆主要有橡套和塑料等类。橡套电缆主要在采掘工作面供移动机械连线用；而塑料电缆近年来应用也越来越广泛。

现以矿用橡套电缆为例，介绍移动电缆的类型、使用场所和敷设要求。

矿用橡套电缆有4、6、7、8、11芯等类，它们均以3根粗线作三相动力芯线，一根细线作接地线用，4根以外芯线都作控制芯线用。矿用橡套电缆的型号及使用场所如表12-2所示。

表12-2　矿用橡套电缆的型号及使用场所

型号	名　称	使用场所
UG	矿用高压橡套电缆	采区变电所至移动变电站
UGF	矿用高压氯丁橡胶护套电缆	采区变电所至移动变电站
UGSP	矿用监视型双屏蔽高压橡套电缆	采区变电所至移动变电站
UCP	采掘机械用屏蔽橡套电缆	各种采掘机械
UC	采掘机械用橡套电缆	各种采掘机械
UP	矿用移动屏蔽橡套电缆	各种移动电气设备
U	矿用橡套电缆	各种电气设备及采区动力线路
UCPQ	千伏级采煤机用屏蔽橡套电缆	采煤机用
UCPJQ	千伏级采煤机用加强型屏蔽橡套电缆	采煤机用
UPQ	千伏级矿用移动屏蔽橡套电缆	千伏级各种电气设备
UZ	矿用电钻电缆	电钻及控制信号线
UM(UMP)	矿灯电缆	矿灯

移动电缆的故障占采场电气事故的一半以上，因此为了提高采场电气安全水平，除了在设计中尽可能采取可能采取的必要措施(例如尽量使用屏蔽电缆）外，还需遵循电缆的敷设、连接原则，并加强管理。

移动电缆事故的主要原因：

(1) 电缆经常在地上拖拽，外皮磨损。

(2) 接头绝缘不好。

(3) 装车或爆破时矿石掉下砸坏电缆。

(4) 电铲行走时压坏电缆。

为减少移动电缆的故障并缩小故障影响范围应采取以下措施：

(1) 减轻移动电缆在运行中的磨损并改进电缆接头质量，从而减少移动电缆的接地短路故障。为此应尽量减少移动电缆接头数，如需接头则接头必须采用热补处理，而且补后应做耐压试验，确保接头质量；另外，在电铲允许的活动范围内尽量缩短移动电缆的长度，破损的电缆及时更换。露天采场移动电缆的长度一般按表12-3选取。

表12-3　露天采场移动电缆长度

用电设备名称	各种架线方式的电缆长度	
	横跨线/m	纵跨线/m
高压电铲	150～250	100～200
移动变电所	100	50
低压用电设备	100～150	100～150

(2) 在移动电缆与架空线接电处，采用比较完善的保护设备，以及时切除故障点，缩小故障影响的范围。

D 移动变电所

移动变电所用于把从矿山变电所引来的 6 kV 高压，变为 380 V 的电压，向工作面的电气设备供电。它由高压负荷开关箱、矿用变压器和低压馈电开关组成。而且在电源线与环形线连接处、环形线间分段点、环形线的分支处、环形线与横跨线连接处（接电点）均需装设开关等电气设备。

12.1.2 高压开关设备

12.1.2.1 供配电系统的高压开关

(1) 高压熔断器。熔断器是常用的一种简单的保护电器，当有过电流流过时，元件本身会因发热而熔断，并借助灭弧介质的作用，使所连接的电路断开，达到保护电力线路和电气设备的目的。露天采矿场则广泛采用 RW_4、RW_{10}(F) 等型跌落式熔断器。

(2) 高压隔离开关。高压隔离开关的主要功能是隔离高压电源，保证电气设备和线路的安全检修，即断开后有明显可见的断开间隙，而且断开间隙的绝缘及相间绝缘都是足够可靠的，能充分保证人身和设备的安全。隔离开关不允许带负荷操作，但可用来通断一定的小电流电路，如励磁电流不超过 5 A 的空载线路以及电压互感器和避雷器电路等。

(3) 高压负荷开关。高压负荷开关，具有简单的灭弧装置，能通断一定的负荷电流，装有脱扣器时，在过负荷情况下可自动跳闸。负荷开关断开后，与隔离开关一样，具有明显可见的断开间隙，因此，它也具有隔离电源、保证安全检修的功能。但它不能断开短路电流，必须与高压熔断器串联使用，借助熔断器来切除短路电流。

(4) 高压断路器。高压断路器除在正常情况下通、断负荷电流外，还可在电力系统发生短路故障时与继电保护装置配合，自动、快速地切除故障，保证电力系统及电气设备的安全运行。高压断路器的种类很多，主要有油断路器、六氟化硫(SF_6) 断路器和真空断路器。露天采矿场采用真空断路器较多。

(5) 高压开关柜。高压开关柜是按一定的线路方案组装而成的一种高压成套配电装置，在变配电所中作为控制和保护电动机、变压器和高压线路之用，也可作为大型高压交流电动机的启动和保护之用，其中安装有高压开关设备、保护电器、监测仪表以及母线和绝缘子等。

高压开关柜根据结构不同分为普通型、矿用一般型和隔爆型等。这些开关柜均装设功能完善的“五防”措施：防止误跳、误合断路器；防止带负荷分、合隔离开关；防止带电挂接地线；防止带接地线合隔离开关；防止人员误入带电间隔。露天采矿场一般选用矿用一般型。

12.1.2.2 供配电系统的高压设备送电和停电操作步骤

高压设备送电和停电操作也称为倒闸操作。

A 送电操作

送电时，一般应从电源侧的开关合起，依次合到负荷侧开关。按这种程序操作，可使开关的闭合电流减至最小，比较安全，万一某部分存在故障，也容易发现。但是在高压断路器-隔离开关电路及低压断路器-刀开关电路中，送电时，一定要按照：母线侧隔离开关或刀开关—线路侧隔离开关或刀开关—高低压断路器的顺序依次操作。

如果是事故停电后恢复送电的操作，开关类型的不同而有不同的操作程序。如果电源进线是装设的高压断路器，则高压母线发生短路故障时，断路器自动跳闸。在故障消除后，直接合上断路器即可恢复送电。如果电源进线是装设的高压负荷开关，则在故障消除、更换了熔断器的熔管后，可合上负荷开关来恢复送电。如果电源进线装设的是高压隔离开关-熔断器，则在故障消除、更换了熔断器的熔管后，先断开所有出线开关，然后合隔离开关，最后合上所有出线开关才能恢复送电。如果电源进线是装设的跌开式熔断器（不是负荷型的），其操作程序与高压隔离开关-熔断器相同。

B 停电操作

停电时，一般应从负荷侧的开关拉起，依次拉到电源侧开关。按这种程序操作，可使开关的开断电流减至最小，也比较安全。但是在高压断路器-隔离开关电路及低压断路器-刀开关电路中，停电时，一定要按照高低压断路器—线路侧隔离开关或刀开关—母线侧隔离开关或刀开关的顺序依次操作。

线路或设备停电以后，为了安全，一般规定要在主开关的操作手柄上悬挂“禁止合闸，有人工作”之类的标示牌。如有线路或设备检修时，应在电源侧（如可能两侧来电时，应在其两侧）安装临时接地线。安装接地线时，应先接接地端，后接线路端，而拆除接地线时，操作顺序恰好相反。

12.2 露天开采的防雷与接地保护

12.2.1 过电压与防雷

变配电系统在正常运行时，线路、变压器等电气设备的绝缘所受电压为其相应的额定电压。但由于某种原因，可能使电压升高到电气设备的绝缘承受不了的危险高压，导致电气设备的绝缘击穿，把这一高压称为过电压。在供电系统中，过电压产生的原因主要是雷击。无论是哪种原因产生的过电压，对供电系统的运行都存在着不同程度的影响，需要采取有效的保护措施，对防止电气设备不被破坏以及保证供电系统正常运行，具有十分重要的意义。

12.2.1.1 防雷设备

A 避雷针和避雷线

(1) 避雷针与避雷线的结构。避雷针和避雷线是防直击雷的有效措施。它能将雷电吸引到自己身上并能安全地导入大地，从而保护了附近的电气设备免受雷击。

一个完整的避雷针由接闪器、引下线及接地体三部分组成。接闪器是专门用来接受雷云放电的金属物体。接闪器的不同，可组成不同的防雷设备：接闪器是金属杆的，则称为避雷针；接闪器是金属线的，称为避雷针或架空地线；接闪器是金属带的、金属网的则称为避雷带、避雷网。

接闪器是避雷针最重要的部分，一般采用直径为 10～20 mm，长为 1～2 m 的圆钢，或采用直径不小于 25 mm 的镀锌金属管。避雷线采用截面不小于 35 mm^2 的镀锌钢绞线。引下线是接闪器与接地体之间的连接线，将由接闪器引来的雷电流安全地通过其自身并由接地体导入大地，所以应保证雷电流通过时不致熔化。引下线一般采用直径为 8 mm 的圆钢或截面不小于 25 mm^2 的镀锌钢绞线。如果避雷针的本体是采用钢管或铁塔形式，则可以利用其本体做引下线，还可以利用非预应力钢筋混凝土杆的钢筋作引下线。接地体是避雷针的地下部分，其作用是将雷电流顺利地泄入大地。接地体常用长 2.5 m，50 mm×50 mm×5 mm 的角钢多根或直径为 50 mm 的镀锌钢管多根打入地下，并用镀锌扁钢连接起来。接地体的效果和作用可用冲击接地电阻的大小表达，其值越小越好。冲击接地电阻 R_{sh} 与工频接地电阻 R_E 的关系为 $R_{sh}=\alpha_{sh}R_E$，其中 α_{sh} 为冲击系数。冲击系数 α_{sh} 值一般小于 1，只有水平敷设的接地体且较长时才大于

1。各种防雷设备的冲击接地电阻值均有规定，如独立避雷针或避雷线的冲击接地电阻应不大于10 Ω。

(2) 避雷针与避雷线的保护范围。保护范围是指被保护物在此空间内不致遭受雷击的立体区域。保护范围的大小与避雷针(线)的高度有关。

B 避雷器

避雷器是防雷电直接击中架空输电线或雷云在架空输电线附近放电后，雷电冲击将沿线涌进的有效保护装置。常见的避雷器有阀型避雷器、管型避雷器、保护间隙和金属氧化物避雷器。

12.2.1.2 防雷措施

防雷的基本方法有以下两个：一个是使用避雷针、避雷线和避雷器等防雷设备，把雷电通过自身引向大地，以削弱其破坏力；另一个是要求各种电气设备具有一定的绝缘水平，以提高其抵抗雷电破坏能力。两者如能恰当地结合起来，并根据被保护设备的具体情况，采取适当的保护措施，就可以防止或减少雷电造成的损害，达到安全、可靠供电的目的。

A 架空线路的防雷保护

由于架空线路直接暴露于旷野，距离地面较高，而且分布很广，最容易遭受雷击。因此，对架空线路必须采取保护，具体的保护措施如下：

(1) 装设避雷线。最有效的保护是在电杆(或铁塔)的顶部装设避雷线，用接地线将避雷线与接地装置连在一起，使雷电流经接地装置流入大地，以达到防雷的目的。线路电压越高，采用避雷线的效果越好，而且避雷线在线路造价中所占比重也越低。因此，110 kV及以上的钢筋混凝土电杆或铁塔线路，应沿全线装设避雷线。35 kV及以下的线路是不沿全线装设避雷线的，而是在进出变电所1～2 km范围内装设，并在避雷线两端各安装一组管型避雷器，以保护变电所的电气设备。

(2) 装设管型避雷器或保护间隙。当线路遭受雷击时，外部和内部间隙都被击穿，把雷电流引入大地，此时就等于导线对地短路。选用管型避雷时，应注意除了其额定电压要与线路的电压相符外，还要核算安装处的短路电流是否在额定断流范围之内。如果短路电流比额定断流能力的上限值大，避雷器可能引起爆炸；若比下限值小，则避雷器不能正常灭弧。

在3～60 kV线路上，有个别绝缘较弱的地方，如大跨越挡的高电杆、木杆、木横担线路中夹杂的个别铁塔及铁横担混凝土杆，耐雷击较差的换位杆和线路交叉部分以及线路上电缆头、开关等处。对全线来说，它们的绝缘水平较低。这些地方一旦遭受雷击容易造成短路。因此对这些地方需用管型避雷器或保护间隙加以保护。

(3) 加强线路绝缘。在3～10 kV的线路中采用瓷横担绝缘子。它比铁横担线路的绝缘耐雷水平高得多。当线路受雷击时，就可以减少发展成相间闪络的可能性，由于加强了线路绝缘，使得雷击闪络后建立稳定工频电弧的可能性也大为降低。

木质的电杆和横担，使线路的相间绝缘和对地的绝缘提高，因此不易发生闪络。运行经验证明，电压较低的线路，木质电杆对减少雷害事故有显著的作用。

近几年来，3～10 kV线路多用钢筋混凝土电杆，且采用铁横担。这种线路如采用木横担可以减少雷害事故，但木横担由于防腐性能差，使用寿命不长，因此木横担仅在重雷区使用。

(4) 线路交叉部分的保护。两条线路交叉时，如其中一条线路受到雷击，可能将交叉处的空气间隙击穿，使另一条线路同时遭到雷击。因此，在保证线路绝缘的情况下，还要采取如下措施。

线路交叉处上、下线路的导线之间的垂直距离应不小于表 12-4 的规定。

表 12-4　各级电压线路相互交叉时的最小交叉距离

电压/kV	0.5 及以下	3～10
交叉距离/m	1	2

除满足最小距离外，交叉挡的两端电杆还应采取下列保护措施：

1）交叉挡两端的铁塔及电杆，不论有无避雷线，都必须接地。对木杆线路，必要时应装设管型避雷器或保护间隙。

2）高压线路和木杆的低压线路或通信线路交叉时，应在低压线路或通信线路交叉挡的木杆上装设保护间隙。

B　配电设备的保护

（1）配电变压器及柱上油开关的保护。3～35 kV 配电变压器一般采用阀型避雷器保护。避雷器应装在高压熔断器的后面。在缺少阀型避雷器时，可用保护间隙进行保护，这时应尽可能采用自动重合熔断器。

为了提高保护的效果，防雷保护设备应尽可能地靠近变压器安装。避雷器或保护间隙的接地线应与变压器的外壳及变压器低压侧中性点连在一起共同接地。其接地电阻值为：对 100 kW 及以上的变压器，应不大于 4 Ω；对小于 100 kW 的变压器，应不大于 10 Ω。

柱上油开关可用阀型避雷器或管型避雷器来保护。对经常闭路运行的柱上油开关，可只在电源侧安装避雷器。对经常开路运行的柱上油开关，则应在其两侧都安装避雷器。其接地线应和开关的外壳连在一起共同接地，其接地电阻一般不应大于 10 Ω。

（2）低压线路的保护。低压线路的保护，是将电杆上的绝缘子铁脚接地。这样当雷击低压线路时，就可向绝缘子铁脚放电，把雷电流泄入大地，起到保护作用。其接地电阻一般不应大于 30 Ω。

12.2.2　电气装置的接地保护

12.2.2.1　露天采矿供电系统中的接地保护系统

在露天采矿供电系统中，为了保证电气设备的正常工作或防止人身触电，而将电气设备的某部分与大地做良好的电气连接，这就是接地。电气设备接地的一个主要目的，就是为了保障人身安全，防止触电事故的发生。

3～10 kV 配电系统，目前在国内均采用中性点不接地系统，即中性点不接地，而只作保护接地。露天采矿场接地采用高低压共用接地系统。接地系统由设在采场边缘环形线下的主接地装置和悬挂在环形线、横跨线或纵架线电杆横担下 0.5 m 处的架空地线及移动电缆的接地芯线所构成的接地网组成。

由于采矿场土壤电阻率的不同，在我国露天矿山基本上采用下列两种接地方法：在土壤电阻率较低的矿山，主接地装置尽量设在环形供电的下部。例如，鞍山大孤山铁矿的接地系统，如图 12-5 所示。若采场的土壤电阻率较高，通过增加主接地极组数，增大架空线接地线截面，制造人工土壤等方法，均达不到规程规定的电阻值，或经比较在经济上不合理时，可将主接地极设在采矿工业场地土壤电阻率较低的地方。通过架空接地干线引至采场接地网，包钢白云鄂博铁矿的接地即采用这种方式，如图 12-6 所示。

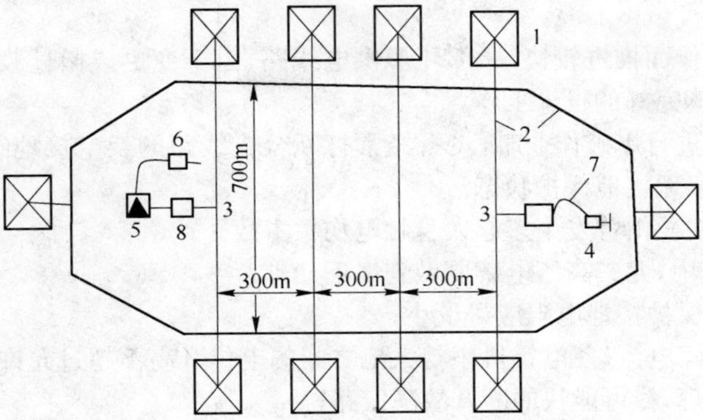

图 12-5 大孤山铁矿接地系统示意图

1—主接地极 10 组；2—架空接地线；3—高压接地点；4—电铲；5—移动变电所；6—钻机；7—高压移动电缆；8—低压移动电缆

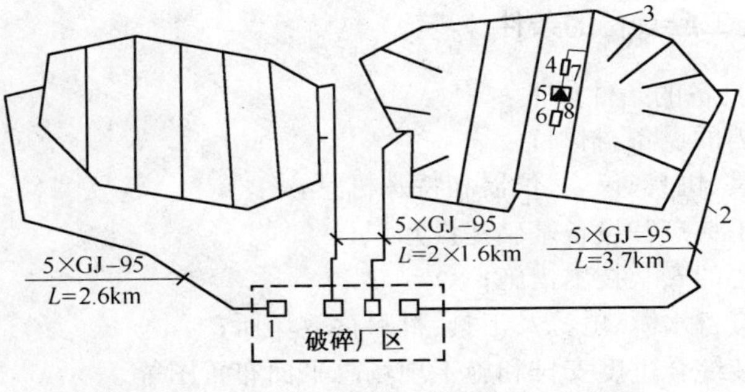

图 12-6 白云鄂博铁矿接地系统示意图

1—主接地极 10 组；2—架空接地线；3—高压接地点；4—电铲；5—移动变电所；6—钻机；7—高压移动电缆；8—低压移动电缆

12.2.2.2 露天采矿供电系统中的接地保护

供电系统和电气设备的接地按其作用的不同可分为工作接地和保护接地两大类。此外，还有为进一步保证保护接地的重复接地。

(1) 工作接地。为了保证电气设备的可靠运行，在电气回路中某一点必须进行的接地，称为工作接地。如避雷器、避雷针及变压器中性的接地都属于工作接地。

(2) 保护接地。将电气设备上与带电部分绝缘的金属处壳与接地体相连接，这样可以防止因绝缘损坏而遭受触电的危险，这种保护工作人员的接地措施，称为保护接地。如变压器、电动机和家用电器的外壳接地等都属于保护接地。

在露天开采中较多的使用中性点不接地的三相三线制供电系统。其做法在正常情况下不带电的金属外壳及其构架等，与接地体经各自的接地线直接相连。当电气设备某相的绝缘损坏时外壳就带电，若人体此时触及设备外壳，则电流就全部通过人体而构成通路，从而造成触电危险。当采用保护接地后，流经人体的电流很小，不会发生触电危险的。

在露天采场中单纯的中性点不接地系统，运行中存在以下几个问题：

(1) 由于接地系统发生单相故障接地时，无选择地动作于警报信号，且移动电缆的接地故障不易查找，供电网路较长时间处于单相接地运行状态致使设备对地电压升高经常烧损变电所母线上的电压互感器。

(2) 由于采矿工作面推进较快,局部环形供电线路,由于变更或搬迁频繁,接地系统不能及时配合修复,以致不能完好的投入工作。

(3) 采矿工作面进行爆破作业时,飞石经常打断分支线路的架空接地线或移动电缆的接地芯线,使设备经常处于无接地保护状态。

由于以上原因,在矿山曾发生多起人身触电伤亡事故。

为此要求在系统中,尤其高压电铲要做到以下几点:

(1) 电铲机座的保护接地电阻应尽量小;

(2) 限制接地故障电流,使电铲机座与大地之间的电位升高不超过允许电压值;

(3) 一旦故障出现,尽可能快的断开故障线路;

(4) 要有可靠的接地线断线监视与继电保护装置。

12.3 露天开采的配电设备(装置) 安装和线路施工

在露天开采过程中,很多电气设备要随着开采的逐步深入而移动。

12.3.1 电气安装施工应具备的条件

电气安装施工应具备的条件如下:

(1) 具备施工所需的设备、材料;

(2) 具备一般工具、机具、仪表、仪器和特殊机具;

(3) 具备相关施工地点和设备基础建设知识;

(4) 具备工程需要的安全技术措施;

(5) 施工现场要具备水源、电源及工具、材料存放场所;

(6) 具备建筑安装综合进度安排和施工现场总平面布置图等。

12.3.2 露天开采的配电设备(装置) 安装

所有配电设备应安装在干燥、明亮、不易受震、粉尘少、便于操作和维护的场所。

12.3.2.1 隔离开关及负荷开关的安装

隔离开关经检查无误后,即可按以下几步进行安装:

(1) 预埋地脚螺栓;

(2) 本体吊装固定;

(3) 操作机构安装;

(4) 安装操作连杆;

(5) 接地线连接。

开关本体、操作机构、连杆安装完成后,应对隔离开关进行调试。经多次调试合格后,再将开关的开口销子全部打入,并将开关的全部螺栓、螺母紧固可靠。

负荷开关的安装与隔离开关的安装过程大致相同。

12.3.2.2 配电柜的安装

配电柜的安装步骤如下:

(1) 配电柜的检查与清扫;

(2) 配电柜的底座制作与安装;

(3) 安装配电柜;
(4) 柜内电器的连接与检查;
(5) 装饰。

12.3.2.3 仪用互感器的安装

(1) 按要求搬运仪用互感器;
(2) 仪用互感器外观检查;
(3) 按要求固定仪用互感器;
(4) 按要求接线。

12.3.3 露天开采的线路施工

12.3.3.1 架空线施工步骤

(1) 定位挖坑;
(2) 立杆;
(3) 横担的组装;
(4) 拉线制作;
(5) 架设导线。

12.3.3.2 高压电缆施工的一般要求

(1) 按要求搬运电缆;
(2) 按要求检验电缆;
(3) 按要求做好出入口的封闭;
(4) 注意敷设的环境温度;
(5) 电缆的弯曲半径不能小于要求;
(6) 过道路时注意穿管保护;
(7) 沿坡敷设时,中间要设桩固定;
(8) 中间接头处要垫混凝土基础板,保持接头处水平。

12.3.4 露天开采的照明

夜间工作的露天采场在下列地点应设置照明:
(1) 电铲、钻机、移动或固定空压机及水泵的工作地点。
(2) 运输机道、斜坡卷扬机道、人行梯及人行道。
(3) 汽车运输的装卸车处、人工卸车地点和排废场的卸车线。
(4) 凿岩机工作地点。
(5) 调车场、会让站及其他必须照明的地方。
各地点的照度标准可参考表 12-5。
露天采矿场照明网路电压一般采用 220 V,行灯照明电压采用 36 V。

采场内一般采用路灯、投光灯和手携式行灯照明。人行道、斜坡卷扬机道、废石场作业点及运输机道一般采用路灯。采矿作业面、人工作业和装车处、凿岩处和调车场、会让站一般采用投光灯。实际中应当充分利用电铲、钻机自带的照明设备。

照明电路应分区敷设,以便根据需要分区照明。

表 12-5　露天开采照度标准表

照明地点	参考照度/lx	规定照明平面
人工作业和装卸车处	1	地表水平或垂直面
电铲工作点	3	掘进及卸矿平面
人工挑选地点、运输机头	10	运输机水平面
采矿场和排土场轨道	0.2	地表平面
机械凿岩	3	地表平面
手工凿岩	3	地表平面
梯子上下阶段通路	3	人行道地表平面
主要人行道和行车道	0.2	地表平面
次要人行道和行车道	0.15	地表平面
斜坡卷扬机道	10	地表平面
空压机和其他移动机械	10	地表平面
调车场及会让站	0.5	地表平面

照明供电系统可采用熔断器或低压断路器进行短路和过负荷保护，考虑到各种不同光源点燃时的启动电流不同，因此不同光源的保护装置电流也有所区别，如表 12-6 所示。

表 12-6　照明线路保护装置的选择

保护装置类型	保护装置电流/照明线路计算电流		
	白炽灯、卤钨灯、荧光灯、金属卤化物灯	高压汞灯	高压钠灯
RL1 型熔断器	1	1.3～1.7	1.5
RC1A 型熔断器	1	1.0～1.5	1.1
带热脱扣器低压断路器	1	1.1	1
带瞬时脱扣器低压断路器	6	6	6

注：保护装置电流，对熔断器为熔体额定电流，对低压断路器为其脱扣电流。

必须注意：用熔断器保护照明线路时，熔断器应安装在不接地的相线上，而在公共 PE 线和 PEN 线上，不能安装熔断器。用低压断路器保护照明线路时，其过电流脱扣器应安装在不接地的相线上。

复习思考题

12-1　简述露天开采供配电系统的基本要求。

12-2　简述露天开采常用供配电系统。

12-3　简述露天采矿场的主要用电设备。

12-4　简述移动电缆事故的主要原因。

12-5　简述减少移动电缆的故障并缩小故障影响范围。

12-6　简述高压设备送电和停电操作步骤。

12-7　简述露天开采防雷工作的重要性及防雷措施。

12-8　简述露天开采电气设备的接地保护。

12-9　简述电气安装施工应具备的条件。

13　露天开采设备修理

13.1　保养与修理工作

13.1.1　设备的维护保养

设备的维护与保养是指设备操作人员和专业维护人员在一定的时间及维护保养范围内，对设备进行预防性的技术护理。加强设备的维护与保养，对保持设备的精度和性能，延长其使用寿命具有重要意义。

设备维护保养的内容主要包括以下几个方面：

(1) 清洁。经常擦洗灰尘及油垢，清扫散落在设备各部位的残渣、废屑，保持设备内外清洁，无泄漏现象。

(2) 润滑。要定时、定点（按规定的油眼）、定质、定量加油，保证油路畅通，设备运转灵活。

(3) 紧固。对因高速运转而松动的连接件（螺钉或销子）及时紧固，防止脱出。

(4) 调整。及时调整由于设备机件的松动或位置移动所带来的不协调，保证设备放置整齐，防护装置齐全，线路管道完整。

(5) 防腐。使用防腐剂保护设备，及时清除生产过程中沾染的腐蚀物质。

(6) 安全。实行定人定机交接班制度，遵守操作规程。各种测量仪器，保护装置要定期进行检查，保证安全，不出事故。

根据设备保养的广度、深度以及保养工作量的大小可将保养工作分为日常保养、一级保养、二级保养。

(1) 日常保养。日常保养也称例行保养，主要是由操作工人负责执行的经常性的不占设备工时的例行保养。它的保养项目和部位较少，大部分工作在设备表面进行。其主要内容是对设备各部位进行清洁、润滑，紧固松动的螺钉，检查零部件是否完整等。

(2) 一级保养。一级保养的主要内容是对设备进行局部检查和调整，清洗规定的部位，疏通油路，紧固设备的各部位。一级保养要在专职维修人员的指导下，由操作人员完成。

(3) 二级保养。二级保养主要是对设备进行部分解体检查和调整，重点是对内部进行清洁、润滑、修复或更换易损件，恢复设备精度等。二级保养由专职维修人员承担，操作人员协助完成。

13.1.2　设备的检查与修理

设备的检查主要是对设备的运转情况、磨损程度、工作精度进行检查和校验。经过检查，掌握设备运转和零件磨损情况，可以及时发现并采取相应措施消除隐患，防止发生急剧磨损和突发事故。同时，可以根据检查结果，针对发现的问题，提出加强和改进设备维护保养工作的意见和措施，为编制修理计划和做好修理前的准备工作打下基础。

设备的检查按时间间隔划分为日常检查和定期检查。日常检查，就是在交接班时，由操作工人结合日常保养情况进行的检查，以便及时发现问题，进行必要的维护和修理工作。定期检查，就是按计划规定的时间，在操作工人的参加下，定期由专业维修工人进行的检查。通过定期检查可以及时准确地掌握设备的技术性能和磨损程度，以便确定修理类别及修理时间。

设备的检查按性能划分为功能检查和精度检查。功能检查就是对设备的各种功能进行的检查与测定，以便确定设备的精度是否符合技术要求，是否需要调整等，以保证产品的质量。精度检查，是对设备的加工精度进行检查和测定，掌握实际精度情况，防止因设备精度降低而产生废品。

当设备出现故障或技术状况劣化到某一临界状态时，为恢复其功能而进行的技术活动称为设备修理。由于设备修理往往要以设备的检查结果为依据，而且在实际工作中又常常与检查相结合，因此，又称为设备检修。

按功能不同，设备修理分为恢复性修理和改善性修理两种类型。通过更换或修复已经磨损、腐蚀和老化的零件，使设备的功能恢复，并延长其物质寿命，称为恢复性修理。改善性修理是结合修理对设备中故障率高的部位进行改进或改装，使设备故障发生率降低或不再发生，提高设备的技术寿命和使用效能。通常所说的设备修理，大多指的是恢复性修理，它是恢复设备性能，保证设备正常运行的主要手段。

13.1.3　设备维修制度

设备维修制度是指在设备的维修保养、检查、修理中，为贯彻预防为主的方针而采取的一系列技术组织措施的总称。因习惯和国情不同，世界各国甚至各企业的设备维修制度也各不相同，我国目前实行的设备维修制度主要有计划预防维修制度和保养维修制度两种。此外，起源于美国的预防性维修制度也得到我国不少企业的重视与应用。

13.1.3.1　计划预防修理制度

计划预防修理制度是根据设备的磨损规律和设备技术状态，有计划地对设备进行维护、检查和修理，保证设备经常处于良好状态的一种维修制度。

A　设备计划修理的种类

按照修理工作量的大小和修理后对设备性能恢复程度的不同，一般分为三种：

(1) 小修理。这是工作量最小的局部修理，它只更换或修复少量的磨损零件，并做一些零部件的调整，局部恢复设备的性能，停机时间较短，可在生产间断期内进行。

(2) 中修理。中修理要更换和修复设备的主要零部件和较多的磨损零件，检查和调整整个机械系统、控制系统，校正设备的基准，消除扩大了的各种间隙，恢复设备的精度，以保证修理部位达到规定的标准和技术要求。

(3) 大修理。大修理是对设备进行的全面修理，将设备全部解体，更换和修复所有的磨损件，校正和调整整个设备，全面恢复原有的精度、性能和生产效率。大修理后，设备的精度必须达到国家产品出厂标准的要求。

B　设备计划修理的方法

设备计划修理的主要方法有：

(1) 标准修理法(也称强制修理法)。这种方法根据设备的磨损规律和零件的使用寿命，预先规定检修的日期，到了规定的修理时间，不论设备的技术状况如何，都要按计划强制进行修理。它一般只适用于特别重要、关键、复杂的设备。

(2) 定期修理法。这种方法根据设备的实际使用情况，参考有关修理周期，大体规定出修理工作的日期、内容和工作量。而具体的修理日期、内容和工作量，则根据修理前检查的结果确定。这种方法的优点是：比较切合实际，有利于做好修理前的准备工作，缩短修理时间，提高修理质量，降低修理成本。目前，我国大多数维修基础较好的企业，一般都采用这种方法。

(3) 检查后修理法。这种方法事先只规定检查计划，根据检查结果和以前的修理资料，确定修理类别、具体日期和内容。一般是在设备技术资料掌握不全，不了解零部件磨损规律和使用寿命的情况下采用。

13.1.3.2 保养修理制度

保养修理制度是由一定类别的保养和一定类别的修理所组成的设备维修制度。其主要内容和措施是日常保养、一级保养、二级保养和计划大修。

保养修理制度的特点是：打破了操作工人和维修工人之间分工绝对化的界限，由操作工人承担设备的保养（如金属切削机床中的一级保养），把操作工人参加设备管理的活动具体化、制度化。同时，进一步贯彻了预防为主的方针。

13.1.3.3 预防维修制度

预防维修制度也称全员生产维修制（TPM 制），是我国从 20 世纪 80 年代开始，吸收国外设备管理经验，研究和推广的一种维修制度。它以设备的故障理论和规律为基础，主要的维修方式有以下几种：

(1) 日常维修。包括设备的日常检查、定期检查和保养，即清洁、调整、润滑、更换、整理等活动。

(2) 事后维修。也称故障维修，即对非重点设备实行发生故障后维修，或者对事先无法预计的突发性故障的维修。

(3) 预防维修。一般对重点设备或一般设备的重点部位进行预防性维修。

(4) 生产维修。指事后维修和预防维修相结合的维修方式。即重点设备预防维修，一般设备事后维修。

(5) 改善维修。指结合修理进行设备的改装、改进。

(6) 预知维修。指对大型重点设备，通过监测技术和手段，在设备发生故障前发出警报，提前维修。

(7) 维修预防。指在设备设计制造时，就考虑怎样使设备无故障和便于维修，即提高设备的可靠性、维修性。

13.1.4 设备修理计划

设备修理计划是企业生产经营计划的组成部分。正确地编制和执行设备修理计划，有利于统一组织企业主要设备的修理，合理地使用维修力量，提高修理质量，缩短停机时间，更好地保证生产任务的完成。设备修理计划的主要内容包括计划期内设备修理的数量，设备修理的类别，修理日期及修理停机时间，修理用材料、配件以及修理费用预算等。

13.1.4.1 设备修理计划的编制

设备修理计划按计划期长短分为年度、季度、月度修理计划。

年度修理计划是维修工作的大纲。其主要内容包括企业需要修理的设备数量、修理内容和修理时间等。在编制年度修理计划时，必须与生产计划任务协调好，安排进度时，要在时间和能力上平衡好，以防忙闲不均。年度修理计划的编制，一般由设备动力部门在上一年第三季度提出计划草案，分发到各车间和有关科室讨论并经计划部门综合平衡后，编制正式计划执行。

季度修理计划要根据设备的实际技术状况和工作条件的变化，调整年度修理计划的项目和进度，具体地规定季度修理的内容，使设备的修理同生产更好地衔接起来。

月度修理计划是设备修理的作业计划。修理项目要更加具体，着重考虑修理前的准备工作，切实注意设备的实际磨损和运转台时情况。

13.1.4.2　设备修理计划的执行

在设备修理计划执行时，必须做好修理前的准备工作。准备工作的好坏，将直接影响修理计划的实现、修理质量和修理成本。

(1) 充分做好修理前的技术准备工作。主要是编制磨损零件、部件明细表拟定修理工艺规程，设计制造修理用的工艺装备等。

(2) 做好修理前备品、配件的订货、制造、供应和储备等一系列工作。

(3) 采用先进的修理方法和组织方式，保证修理质量，提高修理效率。设备的先进修理方法主要有以下几种：

1) 部件修理法。它是将需要修理的部件拆卸下来，换上事先准备好的同样部件，再将换下来的部件修复，作为下次用的备件。它一般适用于同类设备数量较多的企业和某些关键设备。

2) 分部修理法。即设备的各个部件不在同一时间内修理，而是按照顺序分别修理，每次只修理一部分。它适用于各部件之间具有相对独立性的设备。

3) 同步修理法。是把工艺上相互紧密联系而又需要修理的若干设备，安排在同一时间内进行修理，实现修理工作的同步化。它适用于流水生产线设备、联动设备中的主机、辅机以及配套设备等。

13.2　设备保养与修理制度

13.2.1　设备检修制度与检修方法

13.2.1.1　检修制度

(1) 定期计划检修。为确保设备技术状况完好，对设备实行定期维护和修理。如电铲和钻孔设备的月检、小修、中修和大修；汽车和推土机的一级保养、二级保养和三级保养，中修或发动机大修等；准轨电机车和自翻车的轴检、定检、年修和大修等。定期计划检修工作，它是按着矿山生产要求和设备的技术状况，每隔一定的工作时间，按期完成修理规程规定的检修项目，其大部分工作是有预定计划的，能按规定的时间，安排检修工作，它不影响露天矿或设备的生产能力。

(2) 非计划性的检修。设备在运转过程中，临时发生缺陷和故障，或是由于主客观原因造成零部件，电器部分的损坏，需及时进行零星修理或事故修理（以下简称零故修）。零故修次数和修理时间的长短变化较大，事先预见较困难，它对露天矿或设备的生产能力有一定的影响。

13.2.1.2　检修方法

露天矿设备，按其检修作业特点，有三种检修方法：

(1) 就车修理法。根据待修设备的技术状况，事先准备一部分零件，对原设备上的零件，进行检查修复。根据修理标准，只更换磨损过限的零件。这种修理方法一般适用于设备台数较少，同类设备型号复杂，投入生产的新设备或备件供应无保障的设备。这种方法，检修工作较复杂和修理工期较长。

(2) 部件互换修理法。在设备检修前,根据检修工艺的要求和修理标准的规定以及待修设备的技术状况,预先将大部分零件组装成部件。在设备检修时,先把旧件拆下,然后把准备好的部件,安装在待修的设备上(待修设备大、中修理时,仍利用原设备上的大部分或一部分主要基础部件)。待设备修好投入生产后,再对拆下来的旧部件,进行分解检查,清洗鉴定,修理和更换,直至再组装成新的部件。这种方法既可提高检修质量又可缩短待修设备修理工期。在冶金矿山中采用这种方法较多。

(3) 整合更换法(一般只适用于电铲和钻孔设备)。事先准备好设备上所有零件,部件和各种机械设备,并组装成几个工作总成,然后在采矿厂进行总装配,直至这台设备投产后,再对计划修理的设备进行修理。这种方法对计划大修有保障,且不占用矿山生产工作时间,检修质量有保证,消除设备隐患较彻底,为保证设备出厂时的各项技术性能,创造了有利条件,能最大限度的发挥设备效率。但需要准备设备的全部零件和机电设备,动用资金较大,不是所有矿山都能做到。

13.2.2　穿孔、采装设备修理制度

露天开采的穿孔、采装设备是露天开采最重要的设备,是决定矿山生产能力和矿山生产的关键设备,设备的完好程度直接影响生产任务的完成及矿山的经济效益。穿孔、采装设备的修理分为大、中、小修理及事故处理。对于穿孔采装设备的大修、中修应由修理车间或生产车间完成,对于小修、零散修理及事故修理由生产车间完成。

露天开采的穿孔、采装设备主要是潜孔钻机,牙轮钻机和单斗挖掘机或其他类型的挖掘机,设备造价高,行走速度慢,移动困难,其检修场地应分为露天场地和室内场地。设备的总拆卸,组装在采矿场内进行,零部件的修理维护可以运回修理车间进行。修理车间配备有起重设备、拆卸设备、修理机具等。

对于穿孔、采装设备的金属结构,修复时需要焊接时,由于焊接温度的要求,夏季尽量选择在室外进行,冬季在室内进行。经常维修焊接的部位有电铲的起重臂、斗杆、铲斗、履带支架、回转台底架梁,穿孔机钻机的钻架、履带架、平台等。穿孔、采装设备的修理周期和工期如表 13-1 所示。

表 13-1　穿孔、采装设备修理周期表

设备类型	修理周期				修理工期			
	月检/月	小修/月	中修/年	大修/年	月检/班	小修/天	中修/天	大修/天
潜孔钻机	1	3～4	1	4	2	2～8	8～10	10～15
牙轮钻机	1	3～4	1.5	4～5	2	3～4	20～25	25～30
电　铲	1	3～4	2	4～5	2	3～4	20～25	25～30

13.2.3　铁路运输设备修理制度

露天矿铁路运输设备有准轨架线电机车和装运矿石废石的自翻车。

电机车以及自翻车的修理工作,主要是电气部分和机械钳工部分,铆焊工作量比较小,修理工作一般由修理车间负责,主要修理工作有:清洗、轮对修理、制动、挂瓦、油线、弹簧锻造、喷漆等。

修理周期及工期如表 13-2 所示。

表 13-2　修理周期及工期

设备名称及规格	修理周期/年					修理工期/天				
	大修	年修	定检	辅助修	轴检	大修	年修	定检	辅助修	轴检
80 t 电机车	5	1	1/24	—	—	25	6	—	1	0.5
100 t 电机车	5	1	1/24	—	—	30	16	1	—	—
150 t 电机车	5	1	1/24	—	—	35	18	1	—	—
60 t 气动自翻车	5	1	—	0.5	0.25	16	22	1.5	—	—
100 t 液压自翻车	5	1	—	0.5	0.25	—	—	—	—	—

13.2.4　辅助运输设备修理制度

露天开采的矿山常用的辅助设备有：普通汽车、推土机、前端装载机、铲运机、洒水车、翻斗汽车、平地机、压路机、汽车起重机等。

在露天开采使用的普通汽车及自卸汽车，一般采用三级保养、小修和大修制度，保养和修理制度如表 13-3 所示。

表 13-3　汽车保养维修的周期　　km

汽车类型	保养修理类型				
	一级保养	二级保养	三级保养	发动机大修	整体大修
自卸汽车	1000～1200	4000～6000	12000～15000	25000～30000	50000～60000
普通汽车	1000～1200	5000～6000	20000～25000	40000～50000	80000～100000

其他辅助运输车辆如推土机、前端装载机、铲运机、洒水车、翻斗汽车、平地机、压路机、汽车起重机等机械设备，一般采取四级保养两级修理的维修制度，其保养和修理的周期及工期如表 13-4 所示。

表 13-4　汽车保养修理工期　　天

汽车类型	保养修理类型					
	一级保养	二级保养	三级保养	小修	发动机大修	整车大修
自卸汽车	0.5	1.5～2	5～10	0～5	8～10	30～40
普通汽车	0.5	1～2	4～6	0～5	8～10	10～20

露天开采的辅助运输设备，日常生产保养一般在作业现场进行，级别较高的保养、修理在专业修理车间进行，大型修理可以委托生产厂家进行。一般将设备的存放库房与修理车间联合建设，有利于设备的维护与修理。

13.2.5　公路运输设备保养和修理制度

公路运输开拓法主要采用电动轮自卸汽车作为运输工具。

13.2.5.1　电动轮自卸汽车

A　电动轮自卸汽车的特点

电动轮汽车的结构和性能不同于一般汽车。一般汽车是由热能转化为机械能，而电动轮汽车是由热能转化为电能，再由电能转化为机械能，其中有些主要部件机、电是不可分的。因此，在电动轮汽车的保养与修理方面，有关检修人员的培养和保修设施的设置，要充分考虑这一因素。

由于载重量大，设备本身也较重且体积庞大，其大部分零部件的重量也较重；主要零部件，都是由专业制造厂生产的，精密度要求高，控制系统复杂，调整难度高，因此专业修理性强。保修设施根据这些特点除设置符合条件的厂房和起重运输设备外，需要设置测试、专用保修设备和机具。电动轮汽车的铆焊件所占比重大，以 120C 型电动轮汽车为例，其重量约占自身重量的 16%。铆焊件多为低合金高强度结构钢，在制造、焊接修补这些铆焊时，为了焊接工作温度的要求，需在室内进行，才能保证焊接质量。

B 电动轮汽车的安装

电动轮汽车在制造厂安装试车后，由于自重和外形尺寸较大，整台设备在准轨铁路和一般公路上运输时超高、超宽和超重，所以必须分解成若干个总成(部件)后运输，在矿山重新组装。在矿山装配电动轮汽车时，条件允许应在厂房内安装。如在室外安装，则要求室外场地必须平整且夯实，车厢组装时，根据规定，焊接工作温度要求不低于 20℃，如在室外焊接时，不应在有风、雨天气时进行，宜在室内组装车厢。电动轮汽车如在厂房内装配时，须设有桥式起重机，如在室外装配时，需有一台汽车吊或铁路起重机。尚需配备叉式汽车起重机、移动式空气压缩机、交流焊接变压器和直流焊接发电机组各一台，配备各种扭力扳手以及各种通用工具。

13.2.5.2 电动轮自卸车的修理制度

电动轮自卸汽车的保养和修理周期和工期如表 13-5 所示。

表 13-5 保养和修理周期及工期表

保养、修理级别	例行保养	零级保养	一级保养	二级保养	三级保养	四级保养	中修	大修
周期(运转小时)	每班	100	200	400	1200	3600	7200	14400
工期/天	0.5 h	3 h	1	1	2	3	35	45
对工期的说明			实际停车 8 h	实际停车 8 h	实际停车 32 h	实际停车 56 h		

13.2.5.3 电动轮自卸汽车保养修理的内容

(1) 例行保养内容。清扫车辆，检查并加注润滑油和冷却水，检查有无漏油、漏风、漏水，零件、线路有无脱落，主要部位柴油机、转向、制动和各种操作仪表工作是否正常。检查轮胎螺栓有无松动。

(2) 零级保养内容。清扫和清洗全车，紧固主要螺栓，加注润滑脂，检查传动皮带松紧度、电器、照明和仪表、炭刷使用状况、轮胎气压，清除轮胎花纹中夹石。

(3) 一级保养内容。更换柴油机润滑油，清洗或更换机油、柴油和空气滤清器，清扫电气柜内部，检查电气线路，调整风压和液压，检查蓄电池，割去并修磨轮胎边缘因刺破而撕开的胶块。

(4) 二级保养内容。更换机油滤芯，检测冷却水质及其附加剂，更换水滤芯。检查调整转向和制动机构、悬挂缸，检查电撑系统工作状况。

(5) 三级保养内容。校正柴油机喷油器的行程，检查柴油机气门的间隙，检查柴油机曲轴箱通风的压力，分解清洗和调整各种操纵气阀，检查电动轮行星减速机轴承间隙和更换润滑油，更换液压油箱滤芯，检查电动机轴承和整流子。

(6) 四级保养内容。校正柴油机泵和喷油器，检查柴油机涡轮增压器，分解检查空气压缩机，清洗水箱，检查柴油机轴承磨损情况，必要时分解柴油机并进行修理，整修各种管路，检查电动机电枢。

(7) 季节保养内容。更换冬季或夏季润滑油，清洗储气桶、油箱、气阀和管路，检修加热器、暖风箱或冷风扇。

(8) 中修内容。大修柴油机，修整驾驶室和各种钣金件，焊补修理车架和车厢，分解检查前轮，检查或更换各部关节轴承，分解修理制动器，分解检查举升缸和前、后悬挂缸，分解修理行星减速机，分解修理各种电动机，整修电气线路，电动轮汽车调试。

(9) 大修内容。分解检查全车零件，对主要件进行探伤，按大修磨损界限标准检查分类、修理或更换。

13.2.5.4 电动轮自卸汽车修理注意事项

(1) 必须使用符合汽车制造厂规定的燃料油、润滑油和液压油。

(2) 认真掌握电动轮汽车冬季使用特点。

(3) 凡是经过拆卸的零部件，必须更换密封圈。

(4) 排烟管外部包扎的石棉保温布一定要结实，不允许排气管的金属暴露在外面，因为温度特别高，容易引起火灾。

(5) 空气压缩机缸垫，在运转中如发现损坏，要立即更换，否则会造成柴油机的冷却水通过空气压缩机汽缸和曲轴箱，进入柴油机润滑系统。润滑油混入水，容易研坏轴瓦。

(6) 柴油机所用的冷却水，必须经过软化处理，防止汽缸水道内结垢。

13.3 常用保养与修理设备

13.3.1 修理穿孔、采装设备常用维修设备

穿孔、采装设备的修理一般常用的维修设备有移动式起重机、工程检修车、载重汽车、拆装压力机、各种专用检修设备等。

(1) 移动式起重机。穿孔、采装设备在采厂内进行小修，月检及零散事故检修时，需要拆卸和安装各种零部件，移动式起重机是必不可少的维修设备。根据电铲和钻机的规格，一般 4 m^3 电铲配备 16～20 t 起重机。

(2) 拆装压力机。为拆卸大型设备的方便，一般需要配备压力机，中型、大型矿山的修理车间需要配备 250～315 t 的压力机。

(3) 检修及运输车辆。采用准轨铁路或汽车运输的露天矿，均应配备工程检修车，供检修使用的载重汽车，完成检修部件的运输及零部件的运送。

(4) 专用检修设备。在对大型穿孔、采装设备检修维护时，为了减少体力劳动，提高检修质量，缩短检修工期，大型的部件焊接、维修需使用专用的检修设备，如为修补电铲的环形轨道槽需要电铲环形轨道槽铣床，为钻、镗电铲底架梁及履带支架联结孔需钻镗简易机床，为修补电铲底架中心轴孔需要安装镗床，适用于各种零部件钻、镗的组合机床。

(5) 一般常用的维修工具。修理车间常用的检修工具有：焊接用的变压器、发电机、氧气瓶、乙炔发生器，钻孔用的手提电钻、摇臂钻床、立式钻床、砂轮机、普通车床、马鞍车床。小型起重设备有千斤顶、环链手拉葫芦。检验设备有高压油泵、试验台、空气压缩机试验台、电热干燥箱等。

13.3.2 修理铁路运输设备维修设备

(1) 起重设备。修理铁路运输设备同穿孔、采装设备一样也需要起重设备，一般修理 150 t 电机车需要 30 t 起重设备，修理 100 t 自翻车也需要 30 t 的起重设备。

(2) 轮轴压装机。轮轴压装机的选择要根据电机车和自翻车的生产能力来确定，一般根据生产能力大的选取。采用 150 t 的电机车或 100 t 的自翻车，为了满足大、中修理的要求参数，多选用 500 t 的轮轴压装机。

(3) 轮对、轴颈加工机床等。根据轮对和轴颈加工的需要配备 C8313 型车轮轴颈车床或普通 S1-148A 型普通车床，轮芯、轮箍和车轴加工需要加工机床、空气压缩机，汽缸修理、曲轴修理需要镗、磨机床。

(4) 加热炉。在修理电机车时，电机车的轮箍、轮芯、齿冠与齿轮芯的装配应该热装配，其加热的温度应达到 200～350 ℃，一般加热均使用环形加热炉，周围均匀配置电感加热轮箍。

(5) 清洗设备。电机车和自翻车的零部件清洗，一般采用碱水槽煮洗和清洗机低压清洗。

(6) 充电设备。电机车在启动时需要蓄电池，在修理过程中需要充电机，充电机的容量应根据蓄电池对充电电压和充电电流的要求确定，由于蓄电池在充电过程中不允许中断，因此充电机应有两台或两台以上，由于蓄电池有酸性和碱性之分，根据电机车蓄电池的情况，分别选用。

(7) 试验设备。电机车和自翻车在修理后对三通阀、弹簧、水、油管路均需要进行通路和泄漏试验，需要配有三通阀试验台、弹簧试验台、软管试验台和倾翻缸水压试验台。

(8) 剪切设备。在修理铁路运输设备中，使用的钢板等板材设备需要剪切，一般配备 Q34-16 型剪切板。

(9) 压力校正设备。在电机车、自翻车的修理过程中，有许多零部件的装配压力需要校正。如车底板和侧门的校正。车钩与缓冲器的装配均需要压力校正机。

(10) 机械加工设备。在电机车、自翻车的修理过程中，许多配件需要重新加工制作，因此还需配备各种机床。

13.3.3 修理运输辅助设备常用维修设备

(1) 起重设备。汽车、推土机等修理车间，必须设置起重设备，一般除一级保养不需要起重设备外，其他级别保养和修理要根据修理设备重量选择合适吨位的起重设备。

(2) 金属切削机床。为了完成保养和大修过程中零部件的制作、旧件修复、加工均需设置金属切削机床，有条件还应设置钻床、锯床、砂轮机、磨床等设备。

(3) 蓄电池充电设备。为完成汽车等辅助运输工具蓄电池的修理、保养、酸液更换，修理车间应配有蓄电池充电设备。

(4) 清洗设备。修理过程中，各种零部件在保养过程中均需清洗，一般需要配备同盘清洗机或连续式链条输送汽车零部件清洗机、外部清洗机等清洗设备。

(5) 其他设备。一般汽车修理、保养车间还需配有：

1) 专用金属加工机床。磨汽门机、汽门座修磨机、移动式镗缸机、磨缸机、镗制动鼓机、主轴瓦连杆瓦镗机、汽门座研磨机、曲轴磨机、凸轮轴磨机、立式金刚石镗床、立式珩磨机、曲轴修磨机。

2) 试验设备。连杆校正器、汽油泵试验工作台、机油泵试验工作台、输油泵试验工作台、汽化器试验工作台、射油泵、喷油器试验台、万能电器设备试验台、水泵试验工作台、散热器试验台、气路试验工作台、缸体水压试验台、水压试验台、举升泵试验台、水力测功机、弹簧试验机、磁力探伤设备、动平衡试验台、动走合试验台。

3) 锻铆焊设备。空气锤落锤重 650～1500 N、空气锤落锤重 1500～2500 N、手动压力机压力 5×10^5 N、焊接发电机、焊接变压器、冲床、剪板机、$(1\sim3)\times10^6$ N 压力机、悬挂式点焊机。

4)室外起重运输设备。蓄电池搬运车、内燃叉式装卸车、汽车起重机、载重汽车、空气压缩机 3～6 m^3/min、工业缝纫机、电热干燥箱、电热蒸馏水发生器。

完成其他辅助设备如推土机等设备的修理车间还应配备:焊接变压器、焊接发电机、乙炔发生器、立式钻床、台式钻床、砂轮机、手提砂轮机、交直流两用手提式电钻、手动或电动压力机、风动扳手、空气压缩机、千斤顶、环链手拉葫芦、充电机、氧气瓶以及其他专用机具和台架等。

13.3.4　修理电动轮自卸汽车车间的配置

零修站是汽车进行交接班、例行保养、零级保养和临时故障处理的场所。零修站附近应设有备件和材料库、加油站、废油回收装置和司机休息室等设施。

零修站的停车坪,应能停放本站所保养的 80%的电动轮汽车,电动轮汽车可单排或双排停放,停车坪须设有地沟,在沟内设有 220 V 电源插销座和压缩空气管路接头,供冬季保温用电加热器的电源和轮胎补气以及压缩空气启动时使用。

往电动轮汽车注柴油时应计量,管路中应有滤油器装置,以保证油质清洁。通常汽车加油都集中在 0.5 h 左右的交接班时间内,要求加油速度快,一般每台车加油时间不超过 5 min,故加油机的能力应不低于 350 L/min。加油机的台数应根据同时加注车数而定。各种润滑油和液压油以及防冻液的储存与管理,应附设在加油站内。每种润滑油和液压油应分别储存在容量为300～500 L 的油罐中,并应设有保温装置。派出的加油车上同时储存润滑油、液压油和冷却水并设有加油泵、计量和滤清装置,供电动轮汽车在停车坪或在采矿场加添润滑油、液压油和冷却水。

为了确保电动轮汽车在采矿场正常运行,并及时排除故障,应设置工程检修车,检修车的作用还可以修理一般汽车以及为司机送饭用。检修车上应设有移动式空气压缩机、液压吊车、焊接变压器、电加热器、发电机、润滑油箱、必要的工具以及常用的零件和材料等。

保养场应力求靠近采矿场,以便减少汽车空车行驶和便于试车。

保养场一般应设有保养间、洗车间、零件清洗间、电工间、充电间、水箱修理间、燃油系修理间,大、小总成修理间、钣金间、车厢焊修间、机械钳工间、辅助生产车间、仓库、办公室和生活间等。下面仅就某些车间进行叙述。

(1) 保养间。每个保养库位,应设置自动举升器和自动注油等设施。

(2) 洗车间。夏季可以在室外用高压水冲洗电动轮汽车。冬季洗车必须在室内用高压热水冲洗。

(3) 大总成修理间。发动机和电动轮总成的修理,应送大修或专业修理车间修理,其余总成分别在大、小总成修理间修理。

(4) 小总成修理间。主要修理和试验空气压缩机、水泵、风马达以及气路和液压污件等。

(5) 燃油系修理间。主要调整和修理燃油泵、燃油齿轮泵、喷油器和气压调油器等。

(6) 车厢焊修间。车厢和车架焊修工作量比较大,根据焊接工作温度要求,应在室内焊接,可布置在保养间内,要有一个库位的焊接工作面积。

大修车间主要包括柴油机、底盘和电气的修理以及旧件修复等部分。

(1) 柴油机。电动轮汽车在工作中容易发生故障的机构是柴油机,且修理工艺较为复杂和修理工作量较大。

(2) 底盘修理。包括车架和车厢的校正整修和焊补,驾驶室、走台等整修,底盘各部总成的分解修理，全车液压以及气压管路的整修等。

(3) 电气修理。包括电机和电控元件的修理以及电气线路的整修。

(4) 旧件修复。旧件修复一般应配备通用金属切削机床、低温镀铁、等离子喷镀和电镀等设备。

(5) 应设置润滑油系统检化验手段，必须定期取出油样进行测定和化验，以确定柴油机有效的使用情况。

以上分类介绍了露天开采穿孔、爆破、采装、运输、排土及辅助生产设备修理、维护过程中常用的设备，在露天开采中，设备的维护、保养、修理一般是由专门的修理车间完成的，修理设备的配备是统一的，具体设备的配备、修理车间的配置是要综合整个露天企业需要修理的设备共同考虑。避免重复配备，以充分发挥修理设备的效率。

13.4 设备保养与修理工作

在露天矿的开采过程中，设备的维护与修理一般采取生产车间和修理车间相结合的方式，日常维护和保养由生产车间自行完成，设备的检查与修理工作由专门的修理车间或厂家完成。露天开采设有设备修理厂，修理厂一般采取设备类型与修理工种相结合的管理方式。这样可以减少修理车间的面积和修理设备。

13.4.1 设备起吊运输工作

13.4.1.1 起吊设备一般规定

(1) 起重工应经安全培训专业训练，并经考试合格持有操作证者，方能参加起重操作。

(2) 工作前必须戴好安全帽，严格检查各种设备、工具、索具是否安全可靠，不准超负荷使用。麻绳不准用于机械传动。

(3) 多人操作要有专人负责指挥，统一信号，交代清楚。严格按总指挥命令信号工作，如遇操作者看不清指挥手势时，应设中转助手，准确传递信号。

(4) 现场动力设备必须接地可靠，绝缘良好，移动灯具使用安全电压(36 V以下)。

(5) 起吊重物应先检查捆缚是否牢固，绳索经过有棱角快口处应设衬垫，然后调离地面0.5 m，经检查确认稳妥可靠后方能起吊。

(6) 使用起重拉杆定位要正确、牢靠，不许在受力后产生扭曲、沉斜等现象。

(7) 操作卷扬机必须听从指挥，看清信号，正确操作。严格做到：信号不明、钢丝绳跑偏、超负荷、刹车不灵不开车。用卷扬机作牵引时，中间不经过滑轮不准作业。

(8) 使用千斤顶时，底基要坚实，安放平稳，顶盖与重物间应垫木块，缓速顶升，随顶随垫，多台顶升时要动作一致。

(9) 使用缆风绳应不少于三根，固定位置要牢靠，不准系结在电线杆、机电设备和管道支架等处。缆风绳拉紧后与地面夹角应小于45°。需要固定在现场建筑构件上时，须经有关部门同意。

(10) 卧式滚动重物时，地面必须平整，枕木垫要硬，钢管要直，需要用手扳动钢管时，手应放在管内，物件前后不准站人。

(11) 起重区域周围应设置警戒线，严禁非工作人员通行。遇六级以上大风时，严禁进行露天起重吊装。

(12) 在起重物件就位固定前，不得离开工作岗位，不准在索具受力或吊物悬空的情况下中断工作。

(13) 吊物悬空时,人员禁止在吊物或吊臂下停留或通过,在卷扬机、滑轮前及牵引钢丝绳边不准站人。

(14) 高空作业或使用其他机电设备时,应遵守有关安全技术操作规程。

13.4.1.2 使用龙门吊时注意事项

(1) 龙门吊司机必须经过培训考试,并持有操作证者方可独立作业。

(2) 开车前应认真检查机械设备、电气部件和防护保险装置是否完好、可靠。大车轨道和小车轨道是否有障碍物。如果控制器、电铃、紧急开关等主要部件失灵,禁止吊运。

(3) 操作时必须听从司索人员指挥,但对任何人发出的紧急停车信号都必须立即停车。

(4) 操作时必须严格执行如下规定:超过额定负荷不吊;指挥信号不明、重量不明、光线暗淡不吊;吊绳和附件捆缚不牢,不符合安全要求不吊;吊挂重物直接进行加工的不吊;歪拉斜挂的不吊;工件上站人或工件上放置活动物的不吊;氧气瓶、乙炔瓶易爆炸物品不吊;带锋利棱角未垫好的不吊;埋在地下物品不吊;货压货、货钩货、货夹货不吊。超重和重量不明不吊;包装不良时不吊;箱装货物未弄清重心不吊;快口易滑货物无衬垫不吊;钢丝绳断丝磨耗超限不吊;配套工具不符合安全不吊。

(5) 当接近卷扬限位器时速度要缓慢,不准用倒车代替制动、限位代替停车、紧急开关代替普通开关。

(6) 应在规定的安全通道和扶梯上下行走,运行时严禁有人上下,或进行调整维修。

(7) 工作间歇,不得将重物悬在空中停留,行走时应鸣铃示警,严禁载人运行,严禁吊物在人头上越过,吊运物件离地面不得过高。

(8) 检修吊车或定期保养注油时,必须切断电源采取相应安全措施(系好安全带、戴好安全帽)。

(9) 严禁超负荷作业,重吨位物件起吊时应先稍离地试吊,确定吊挂平稳、制动良好后再缓慢进行。

(10) 运行时吊钩制动突然出现故障时,必须采取紧急措施向无人处降落。

(11) 遇有雨天、雷击、六级以上大风时,应停止作业。

(12) 行驶时注意行车轨道上有无障碍物,吊运高大物件妨碍视线时,两旁应设专人监视、指挥。

13.4.1.3 使用手动葫芦注意事项

(1) 悬挂葫芦的构架必须牢固可靠,工作时葫芦的挂钩、销子、链条、刹车等装置必须保持完好。

(2) 起吊用的葫芦,不准超负荷使用。

(3) 起吊物件时,除操作葫芦的人员外,其他人不得靠近被起吊的物件。

(4) 起吊物件时,必须捆缚牢固可靠,吊具、吊索应在允许负荷范围。

(5) 两个葫芦同时起吊一物件时,必须有专人指挥,负荷应均匀分担,操作人员动作要协调一致。

(6) 放下物体时,必须轻放,不允许自由落下。

13.4.1.4 使用电动葫芦注意事项

(1) 电动葫芦吊必须有专人操作,严格遵守天车工的有关安全操作规程。

(2) 开动设备前认真检查设备的机械、电气、钢丝绳、吊钩、限位器等是否完好、可靠。

(3) 不准超负荷起吊。严禁旁拉斜绕。起吊时,手不准握在绳索与物件之间。吊物上升时严禁撞顶。

(4) 起吊物件时,必须遵守挂钩起重工安全操作规程。捆扎应牢固,在物件的棱角快口处,应设垫衬保护。

(5) 使用拖挂线电气开关启动,绝缘必须良好,正确按动电钮,注意站立位置。

(6) 单轨电动葫芦轨道转弯处或接近轨道尽头时必须减速运行。

13.4.1.5 起吊设备其他注意事项

(1) 严格遵守交通规则、操作规程和矿山安全生产规程和矿山安全生产法。

(2) 出车前应严格检查起重部位的可靠性,钢丝绳、吊杆是否有损伤,制动器、液压装置和安全装置是否齐全并灵敏可靠,严禁带病运行。

(3) 吊车在行驶中,严禁在斜坡上横向运行,起吊货物前,应选择好作业地点,在松软地面作业时,必须将地面垫牢、压实,使车身固定平稳支撑牢固,严禁无支撑作业。

(4) 起吊作业时,司机必须与起重工密切配合,听从指挥人员的信号指挥,操作前应鸣笛,不清楚时停止作业。

(5) 作业时,严禁无关人员进入作业现场,严禁在高压线下进行作业,在低压线下作业应保持规定距离。

(6) 起吊时,严禁超载使用,如用两台吊车同时作业时,必须有专人指挥,起吊重量不得超过两车允许起重量总和的75%。

(7) 严禁利用起重机载人升降,不得将吊物悬在空中休息,夜间作业时要有充足的照明,除驾驶室外,任何部位严禁乘人。

(8) 大风天气不能吊装面积大、重量轻的物件。

(9) 作业中严格执行如下规定:不得用吊车吊物撞其他物体。禁止人员站在吊货运行线内从吊起的货物底下钻过;禁止站在无退让余地的位置及敞车车边;禁止用手校正吊高0.5 m以上的货物;禁止用手、脚伸入已吊起的货物下方直接取放垫物;禁止人员站在吊起货物的上方和快速重放;禁止使用各种装卸机械乱拉其他车辆和吊埋在地下的东西。

(10) 注意操作时集中精神,密切注意吊车与货物的动作达到协调一致。

(11) 注意随时将货物重量通知司机,并做好第一钩的试吊工作。

(12) 注意吊载平衡、堆码整齐、捆绑牢固、清洁良好。

(13) 注意车上车下联系、与货运员联系,达到思想统一,有秩序作业。

13.4.2 设备修理工作

13.4.2.1 车辆修理一般规定

(1) 作业前配戴好劳动防护用品,检查使用设备,工具性能是否良好。

(2) 修理车辆底盘时,特别是拆卸装轮胎时,必须顶稳千斤顶,并垫稳枕木或铁凳。

(3) 修理自卸车、铲、吊车时,必须垫好枕木,撑好撑架。

(4) 工作现场要保持清洁,工作前必须检查所使用的设备、机件、工具等是否完好有无损坏现象。

(5) 修理车辆时,必须将车辆停放在安全地点并掩护好;架车时,必须将车支牢、垫稳,否则不允许工作。

(6) 双层作业时,必须统一指挥,戴好安全帽。

(7) 分解和装配气门、离合器、弹簧、钢板、刹车分泵时,要用专用工具,防止弹簧弹出伤人。

(8) 装配轴承不正时,不得用手探摸找正,以防挤伤,使用机床、砂轮、电气设备时,必须严格遵守各设备操作规程。

(9) 清洗零件后的油,要倒入专用容器内,不准随意乱放乱倒,厂内严禁烟火。

(10) 自卸车起斗修理时,必须将大箱支牢、垫稳,掩好根部,方可进行检修作业。

(11) 试车启动前,应先检查周围环境情况,在运转时检查故障须随时注意旋转部分以防打伤头、手。

(12) 试车时,必须悬挂试车牌,按指定路线试车。

(13) 无驾驶执照的修理人员,不准开动各种车辆,只准原地发动。

(14) 凡在夜晚或天色暗淡视线不清情况下在矿内外修理车辆不准用明火照明或烘烤。

13.4.2.2　机床操作一般规定

(1) 工作前按规定穿戴好防护用品,应扎好袖口,戴工作眼镜,不准围围巾、戴手套,女工发辫应挽在帽子内。

(2) 要认真检查设备上的防护、保险、信号装置。机械传动部分、电气部分要有可靠的防护装置,否则不准开动。

(3) 工、夹、刀具及工件必须装夹牢固。

(4) 机床开动前要观察周围动态,机床开动后,要站在安全位置上,以避开机床运动部位和铁屑飞溅。

(5) 机床开动后不准接触运动着的工件刀具和传动部分。禁止隔着机床转动部分传递或拿取工具等物品。

(6) 调整机床速度、行程,装夹工件和刀具以及擦拭机床时都要停车进行。

(7) 机床道轨面上,工作台上禁止放工具或其他东西。

(8) 不准用手直接清除铁屑,应使用专门工具清扫。

(9) 凡两人或两人以上在同一台机床上工作时,必须有一人负责安全,统一指挥防止事故发生。

(10) 发现异常情况,应立即停车,请有关人员进行检查。

(11) 不准在机床运转时离开工作岗位,因故要离开时,必须停车,并切断电源。

(12) 搬运工件时,手要拿稳拿住,不要用力过猛,多人配合搬运工件时,要协调一致。

(13) 加工完的工件和未加工毛料要有序的摆放整齐,作业结束,切断电源,清除机床内和现场铁屑,保持厂房卫生整洁。

13.4.2.3　车工操作注意事项

(1) 操作前,先检查机床保险装置和防护装置是否灵活好用,妨碍转动的东西要清除。床头、小刀架、床面不得放置工、量具或其他东西。

(2) 装卸卡盘及大的工、夹具时,床面要垫木板。装卸工件后应取下扳手。禁止用手刹车。

(3) 严禁站在旋转工作台上调整机床和操作按钮。

(4) 装卸工件要牢固,所用的千斤顶、斜面垫板、垫块等应固定好,并经常检查以防松动。夹紧时可用接长套筒。滑丝的卡爪不准使用。

(5) 加工细长工件要用顶针，车头前面伸出部分如超过工件直径20倍以上要架中心架或跟刀架。车头后面伸出部分超过300 mm，必须加托架。必要时装设防护栏杆。

(6) 工件砂光，应比照用锉刀的方法，成直条状压在工件上。

(7) 车内孔时不准用锉刀倒角，用砂布磨光内孔时，不准将手指或手臂伸进去打磨。

(8) 加工偏心工件时，必须加平衡铁，并要坚固牢靠，刹车不得过猛。

(9) 攻丝或套丝必须用专用工具，不准一手扶攻丝架(或扳牙架)，一手开车。

(10) 切大料时，应留有足够余量，卸下砸断，以免切断时料掉下伤人。小料切断时，不准用手接。

(11) 使用的扳手必须与螺帽或螺栓相符。扳时，用力要适当，以防滑倒。

(12) 工件外形超出卡盘，必须采取适当措施，以避免碰撞立柱、横梁或把人撞伤。

(13) 在削切过程中，刀具未退离工件前不准停车。

(14) 加工偏重件时，要加配重铁，保持卡盘平衡。

(15) 登"看台"操作时要注意安全，不准将身体伸向旋转体。

(16) 切削过程中禁止测量工件和变换工作台转速及方向。

(17) 发现工件松动、机床运转异常、进刀过猛时，应立即停车调整。

(18) 加工过程中机床不准离人。

13.4.2.4 刨工操作一般规定

(1) 工件装夹要牢固，增加虎钳坚固力应用接长套筒，不得用铁榔头敲打扳手，压板、垫铁要平稳，工件装夹好后，开一次慢车，检查工件和夹具是否能够安全通过。

(2) 刀具不得伸出过长，刨刀要装牢。正式开动机床前，须将行程挡铁位置调整适当和紧固，并取下台布的杂物，工作台上不得放置工具。

(3) 调整牛头冲程要使刀具不接触工件，用手摇动经历全行程进行试验。溜板前不许站人。机床开动后严禁将头、手伸向刨刀前面。不准站在机床开动后的台面上，更不准跨越台面。

(4) 机床调整好后，随时将摇手柄取下。

(5) 刨削过程中，头、手不要伸到头前检查。不得用棉纱布擦拭工件和机床转动部位，滑枕不停稳不得测量工件。

(6) 不准用手直接清除铁屑，应用专门工具毛刷清扫，禁止用嘴吹，也禁止用压缩空气吹。

(7) 开车后若重新调节行程挡铁，测量工件，清扫铁屑，都必须停车。

(8) 工件装卸上下及翻身要选择安全地方，注意锐边毛刺割手，装卸较大工件和夹具时应请人帮助，防止滑落伤人。

(9) 加工完的工件要有序地摆放整齐，清理机床和现场卫生。

(10) 凡两人以上在同一台机床工作时，必须有一人负责安全，统一指挥。防止事故发生。

13.4.2.5 铣工操作一般规定

(1) 装夹工件、工具必须牢固可靠，不得有松动现象，所用扳手必须符合标准规格。

(2) 在机床上进行上下工件、刀具、紧固、调整变速及测量工件等工作必须停车，两人工作应协调一致。

(3) 高速切削时需装防护挡板，操作者要戴防护眼镜。

(4) 工作台上不得放置工量具及其他物件。

(5) 切削中，头、手不得接近铣削面，取卸工件应移开刀具后进行。

(6) 严禁用手摸或棉纱擦拭正在转动的刀具和机床的转动部位，清除铁屑时，只允许用毛刷，禁止用嘴吹。

(7) 装拆立铣刀时，台面扳手扳紧螺母时，扳手井口要选择好，用力不得过大，防止滑倒。

(8) 对刀时，要慢速对刀，刀接近工件时，须手摇进刀，不准快速进刀。快速进刀时，注意手柄伤人。

(9) 吃刀不得过猛，自动走刀时，必须要拉住工作台上的手轮，不准突然改变进刀速度，用限位挡块的应预先调整好。

(10) 加工完的工件必须有序地摆放整齐。

(11) 工作完后，要清理好现场卫生，擦洗机床。

13.4.2.6 镗工操作一般规定

(1) 进刀有无障碍。限位挡块应安设正确。

(2) 每次开车及开动各移动部位时，要注意刀具及各手柄是否在需要位置上。扳快速移动手柄时，要先轻轻开动一下，看移动部位和方向是否相符。严禁突然开动快速移动手柄。

(3) 机床开动前，检查镗刀是否把牢，工件是否卡牢固，压板必须平稳，支撑压板的垫铁不宜过高或块数过多。

(4) 安装刀具时，紧固螺钉不准凸出镗刀回转半径。

(5) 机床开动时，不准量尺寸、对样板或用手摸加工面。镗孔、扩孔不准将头贴近加工孔观察吃刀情况，更不准隔着转动的镗杆取东西。

(6) 使用平旋刀盘或自制刀盘进行切削时，螺钉要上紧，不准站在对面或伸头察看，以防刀盘螺钉和斜铁甩出伤人。要特别注意防止绞住衣服造成事故。

(7) 启动工作台自动回转时，必须将镗标缩回，工作台上禁止站人。

(8) 两人以上操作一台镗床时，应密切联系，互相配合，并由主操作人统一指挥。

(9) 工作结束时，关闭各开关，把机床各手柄扳回空位。

13.4.2.7 焊工操作一般规定

(1) 焊工需取得"特种作业资格证"后，方能独立操作。

(2) 工作前必须穿戴好防护用品，严禁穿化纤工作服，操作时(包括打渣) 必须戴好防护眼镜。仰面焊接应扣好衣领，扎紧袖口，戴好防火帽。严禁将正在燃烧的焊割炬随意放置。

(3) 焊接场地，禁止放易燃易爆物品。应备有消防器材，保证足够的照明和良好的通风。

(4) 操作场地 10 m 以内，不准储存油类或其他易燃易爆物品(包括有易燃易爆气体产生的器皿、管线)。临时工地若有此类物品，而又必须在此操作时，应通知安全部门和消防部门到现场检查，采取临时安全措施后，方可进行操作。

(5) 对受压容器、密闭容器、各种油桶、管道、沾有可燃气体和溶液的工件进行操作时，必须事先进行检查，并经过冲洗、冲掉有毒有害易燃易爆物质后，解除容器、管道压力，消除容器密闭状态(敞开口、旋开盖)，再进行工作。

(6) 在焊接、切割密闭空心工件时，必须留有出气孔。在容器内焊接，外面必须设人监护，并有良好的通风设施，照明电压应采用 36 V，禁止在已涂过油漆或涂过塑料的容器内焊接。

(7) 电焊机接地零线及电焊工作回线都不准搭在易燃易爆的物品上，也不准搭在管道、机床、设备上，工作回线应绝缘良好，机壳接地必须符合安全规定。

(8) 在有易燃易爆物品的场所附近焊接时，必须取得消防部门的同意。工作时应采取严密措施,防止火星飞溅引起火灾。

(9) 高空作业应系好安全带,采取防护设施,不准将工作回线缠在身上,地面应有人监护。

(10) 电气焊在同一场所作业时,氧气瓶必须采取绝缘措施,乙炔瓶要有接地措施。

(11) 助手必须懂得电焊、气焊的安全常识。操作者必须注意助手的安全。

(12) 工作完毕,应检查场地,灭绝火种,切断电源,方可离开。

13.4.2.8 手工电弧焊注意事项

(1) 应掌握一般电气知识,遵守焊工一般安全规程,应熟悉灭火技术,触电急救及人工呼吸方法。

(2) 工作前应检查焊机电源线、引出线及各接线点是否良好,线路横跨行道应架空或加保护盖,焊机外壳必须接地良好,焊钳要绝缘良好。

(3) 下雨天不准露天电焊,在潮湿地带工作,应站在铺有绝缘物品上,并穿好绝缘鞋。

(4) 电焊机一次电源接线应由电工进行,其中包括焊机外壳接地线。

(5) 推刀闸开关时,身体不准正对开关,要一次推够,然后开启电焊机,停机要先关电焊机,才能拉电源刀闸开关。

(6) 移动电焊机,必须停机断电;焊接中突然停电应立即切断电焊机电源。

(7) 焊接有色金属器件时,应加强通风排毒,必要时使用过滤式防毒面具。

(8) 换焊条时戴好手套,身体不要靠在导电物体上。敲焊渣时应戴上防护眼镜。

(9) 焊接工作完毕,应关好电焊机,切断电源,二次回线收拾盘好,工作现场清理干净。

13.4.2.9 手工气焊、气割注意事项

(1) 要严格遵守"一般焊工安全技术操作规程"的所有规范。

(2) 氧气瓶、乙炔瓶与明火的距离不小于 10 m,如果有条件限制,应采取隔离措施。乙炔瓶和氧气瓶间距离不小于 3 m。

(3) 氧气瓶、乙炔瓶不能在阳光下暴晒,装卸时严禁抛摔,冬天瓶嘴冻结,不准用明火烤,只能用热水暖开,瓶嘴严禁沾上油脂类。气瓶胶圈齐备。

(4) 乙炔瓶正常使用应立着用,严禁平放使用,以免发生危险。并且乙炔减压器出口装有回火防止器。

(5) 氧气胶管、乙炔胶管完好,耐压试验合格。老化、脆裂胶管严禁使用,工作中要防止胶管沾上油脂。胶管长度 10～20 m 为宜。

(6) 乙炔软管和氧气软管发生意外着火时,应先关闭割(焊) 炬,如氧气管着火不能用折管的方法熄灭火焰,应迅速关掉氧气瓶开关来熄火;如果乙炔管着火,可用弯折前一段胶管方法来熄火。

(7) 开启氧气瓶阀门,头部要避开氧气表。氧气瓶口螺纹滑扣、阀杆有故障时应严禁使用。

(8) 工作前应检查割(焊) 炬的射吸能力,射吸能力良好方可工作。

(9) 进入容器内切割、焊接、点火和熄灭都应在容器外进行。点火时,火焰喷出的方向不要对着身体各部,应指向安全方向。

(10) 工作间断时,氧气、乙炔胶管及割(焊) 炬应收到适当地方,不准在工作场地拖放,长时间不工作应关掉氧气瓶、乙炔瓶阀门。

13.4.2.10 铆工操作一般规定

(1) 工作前仔细检查所使用的各种工具大小锤、平锤、冲子及承受锤击的工具顶部有无毛刺

及伤痕，锤把是否有裂纹，安装是否结实，各种承受锤击的工具顶部严禁淬火使用。

(2) 进行铲、剁、铆等工作时，应戴好防护镜，不得对人进行操作，使用风铲在工作间断时，必须将铲头取下，以免发生事故，噪声超过规定时，应戴好防护耳塞。

(3) 工作中，在使用油压机、摩擦压力机、刨边机、剪板机等设备时，应先检查设备运转是否正常，并严格遵守该设备安全操作规程。

(4) 凿冲钢板时，不准用圆的东西(如铁管子、铁球、铁棒等)做下面的垫铁，以免滚动将人摔伤。

(5) 用天车翻工件时，工作人员必须离开危险区域；所用吊具必须事先进行检查，并严格遵守天车起重安全操作规程。严禁超负荷吊翻，并事先采取防护措施。

(6) 使用大锤时，应注意锤头甩落范围，打锤时要瞻前顾后，对面不准站人，防止抡锤时造成危险。

(7) 加热后的材料要定点存放，搬动时要用滴水试验等方法，视其冷却后方可用手搬动，防止烫伤。

(8) 用加热炉工作时，要注意周围有无电线或易燃品，地炉熄火时，应先打开风门再浇水，以防爆炸。熄火后再详细检查，避免复燃起火。

(9) 使用铆枪时，应先检查各部是否正常完好，以防子弹飞出伤人。

(10) 高空作业时，要系好安全带，并仔细检查操作架、跳板搭设得是否牢固。在圆形工件上工作时必须把下面垫好，有滚动可能的上面不准站人。

(11) 远距离扔铆钉时，要注意四周有无交叉作业的其他工人。为防止行人通过应在工作现场周围设置网和警示牌，接铆钉的人要侧面接。

(12) 装铆工件时，孔不对不准用手探试，必须用尖顶穿杆找正，然后穿钉，打冲子时，冲子穿出的方向不准站人。

(13) 连接压缩空气管(带)时，要先把风门打开，将气管(带)内的脏物吹净后再接，发生堵塞，要铁条通过时，头部必须避开。气管(带)不准从铁道上通过。

(14) 捻钉及捻缝时，必须戴好防护眼镜，打大锤时，不准带手套。

13.4.2.11　钳工操作一般规定

(1) 操作前，应按所用工具的需要和有关规定，穿戴好防护用品。如使用电动工具须戴绝缘手套。女工发辫要装入工作帽内。

(2) 所用工具必须齐备、完好、可靠才能开始工作。禁止使用有裂纹、带毛刺、手柄松动等不合安全要求的工具，并严格遵守常用工具安全操作规程。

(3) 开动设备，应先检查防护装置，紧固螺钉及电、油、气等动力开关是否完好，并空载试车检验，方可投入工作。操作时应严格遵守所用设备的安全操作规程。

(4) 设备上的电气线路和器件以及电动工具发生故障，应交电工修理，不准自己动手敷设线路和安装临时电源。

(5) 工作中应注意周围人员及自身的安全，防止因挥动工具，工具脱落、工件及铁屑飞溅造成伤害。两人以上一起工作时要注意协调配合。

(6) 起吊和搬运重物，应遵守起重工、挂钩工和搬运工安全操作规程，与天车工密切配合。

(7) 高空作业工作前检查梯子、脚手架是否牢固可靠，工具必须放在工具袋里，不准放在其他地方；安全带应扎好，并系在牢固的结构件上。不准穿硬底鞋，不准打闹，不准往下面扔东西。

(8) 采用梯子登高要有防滑措施，梯子斜度以60°为宜。

(9) 登高作业平台不准置于带电的母线或高压线下面，平台台面上应有绝缘垫层以防触电。平台应设立栏杆。

(10) 清除铁屑，必须使用工具，禁止用手拉、嘴吹。

(11) 工作完毕或因故离开工作岗位，必须将设备和工具的电、气、水、油源断开。工作完毕，必须清理工作场地，将工具和零件整齐地摆放在指定的位置上。

13.4.2.12 机修钳工注意事项

(1) 工作开始前，先检查电源、气源是否断开。如果机器与动力线未切断时，禁止工作。必要时在开关处挂“不准合闸”、“不准开气”的警示牌。

(2) 在装拆侧面机件时，如齿轮箱的箱盖，应先拆下部螺钉，装配时应先紧上部螺钉；重心不平衡的机件拆卸时，应先拆离重心远的螺钉，装时先装离重心近的螺钉；装拆弹簧时，应注意弹簧崩出伤人。

(3) 拆卸下来的零件，应尽量放在一起，并按规定摆放，不要乱丢乱放。

(4) 用人力移动机件时，人员要妥善配备。工作时动作要一致。抬轴杆、螺杆、管子和大梁时，必须同肩。要稳起、稳放、稳步前进。搬运机床或吊大型、重型机件，应严格遵守起重工、搬运工的安全操作规程。

(5) 铲刮设备或机床导轨面时，工件底部要垫平稳。用千斤顶时，下面要垫枕木，以保安全。

(6) 刮研操作时，被刮工件必须稳固，不得窜动，校准工具必须装有固定拿手环或吊环，较大和较重的校准工具，不准一人搬动；两人以上做同一工件时，必须注意刮刀方向，不准对人操作，搬动工件和校准工具时，要统一行动，统一步调；往复研和时，手指不准伸向吻合错面或有危险的地方。

(7) 使用工具时，应按钳工常用工具安全操作规程正确操作。使用设备时，应严格遵守该设备的操作规程。

(8) 工作地点要保持清洁，油液污水不得流在地上，以防滑倒伤人。

(9) 清洗零件时，严禁吸烟、打火或进行其他明火作业。不准用汽油清洗零件、擦洗设备或地面。废油要倒在指定容器内，定期回收，不准倒入下水道。

(10) 机器设备上的安全防护装置未安装好之前，不准试车，不准移交生产。

13.4.2.13 装配钳工注意事项

(1) 严格按照钳工常用工具和设备安全操作规程进行操作。

(2) 将要装配的零件，有秩序地放在零件存放架或装配工位上。

(3) 按照装配工艺规范要求安装零部件并进行测量。

(4) 使用电动或风动扳手，应遵守有关安全操作规程。不用时，立即关闭电、气门，并放到固定位置，不准随地乱放。

(5) 采用压床压配零件，零件要放在压头中心位置，底座要牢靠。压装小零件要用夹持工具。

(6) 采用加热炉、加热器或感应电炉加热零件时，应遵守有关安全操作规程和采用专用夹具来夹持零件。工作台板上不准有油污，工作地附近不准有易燃易爆物品。热套好的组件不得随地乱放，以免烫伤事故。

(7) 实行冷装时，对盛装液氮或其他制冷剂的压力容气瓶的使用、保管，应严格按气瓶安全操作规程进行。取放工件必须使用专用夹，带隔热手套，人体不得接触液氮或冷却了的工件。洒在地上的液氮要用扫帚扫到低处,用硬板盖上,不准用手直接清扫。

(8) 大型产品装配,多人操作时,要有一人指挥,同天车工、挂钩工、起重工要密切配合。高处作业应按规定设登高平台,并遵守有关安全操作规程,停止装配时,不许有大型零部件吊、悬空中或放置在有可能滚滑的位置上,中间休息将为安装就位的大型零件用垫块支稳。

(9) 产品试车前应将各防护、保险装置安装牢固,并检查机器内是否有遗留物。严禁将安全保险装置有问题的产品交付试车。

13.4.2.14 钳工常用工具及使用注意事项

(1) 钳工台。钳工台一般必须紧靠墙壁,人站在一面工作,对面不准有人。如大型钳工台对面有人工作时,钳工台上必须设置密度适当的安全网。钳台必须安装牢固,不得做铁铮。钳工台上使用的照明灯电压不得超过 36 V。钳工台上的杂物要及时清理,工具和工件要放在指定地方。

(2) 虎钳。虎钳上不要放置工具,以防滑下伤人。使用转坐虎钳工作时,必须把固定螺钉扳紧。虎钳的丝杆、螺母要经常擦洗和加油,保持清洁。如有损坏,不得使用。钳口要经常保持完好,磨平时要及时修理,以防工件滑脱。钳口紧固螺钉要经常检查,以防松动。不准使用已经滑扣的螺钉。用虎钳夹持工件时,只许使用钳口最大行程的 2/3,不得用管子套在手柄上或用手锤锤击手柄。工件必须放正夹紧,手柄向下。工件超出钳口太长,要加支承。装卸工件时,必须防止工件掉下伤人。

(3) 行灯。使用行灯,必须绝缘良好,用前要进行检查,以防漏电。使用行灯必须爱护,以免损坏绝缘,发现绝缘损坏时,应立即处理或更换。行灯电源电压不得超过 36 V,用时要做好接地保护。

(4) 手电钻。使用手电钻时,必须戴好绝缘手套,找电工接线,严禁私自乱接。在潮湿的地方工作时,必须站在橡皮垫或干木板上。电钻外壳必须有接地线或接中性保护,电钻导线要保护好,禁止乱拖乱拽或拖在油水中,以防割破或腐蚀电线。使用当中如发现漏电、振动、高热或异声时,应立即停止工作,找电工检查修理。电钻未完全停止转动时,不能卸、换钻头,停电休息或离开工作地时,应立即切断电源。如用力压电钻时,必须使电钻垂直工件,而且固定端要特别牢固。

(5) 油压千斤顶。油压千斤顶必须爱护使用,做好日常维护保养工作,及时加油。使用时,下面必须加平垫木,受力点要选择适当,柱端不准加垫,要稳起稳落,以免发生事故。

(6) 手锤。手锤柄必须用硬木料做成,大小长短要适宜。锤柄应有适当的斜度,锤头上必须加铁楔,以免工作时甩掉锤头。两人击锤,站立的位置要错开方向,扶钳打锤要稳,落锤要准,动作要协调,以免击伤对方。手锤使用前,应检查锤柄与锤头是否松动,是否有裂纹,锤头上是否有卷边或毛刺,如有缺陷,必须修好后再使用。手上、手锤柄上、锤头上有油污时,必须擦洗干净后方可使用。锤头淬火要适当,不能直接扣打硬钢及淬火的部件,以免崩伤。抡大锤时,对面和后面不准站人,并要注意周围人的安全。

(7) 扁铲(楔子) 冲子。不准用高速钢作扁铲和冲子。使用时,柄上顶端切勿沾油,以免打滑。同时不准对着人铲工件,防止铁屑崩出伤人。顶端如有卷边时,要及时修磨消除隐患。有裂纹时不准使用。工作时,应聚精会神地把视线集中在工件上,不要四周观望或与他人闲谈。不得铲冲淬火材料。楔子不得小于 150 mm、刃部淬火要适当,不能过硬,用时要保持适当的刃角,不准用废钻头代替冲子。

(8) 锉刀刮刀。木柄必须装有金属箍,禁止使用没上手柄或手柄松动的锉刀和刮刀。锉刀、刮刀杆不准淬火。使用前要仔细检查有无裂纹,以防折断发生事故。推锉要平,压力和速度要适当，回拖要轻，以防发生事故。锉刀、刮刀不能当手锤、撬棒或冲子使用，以防折断。工件上及刀上有油污时，要及时擦净，以防打滑。使用锉刀，也要防止打滑。使用三角刮刀时，应握住木柄进行工作，工作完毕，把刮刀装入套内。清理铁屑，应用专门工具，不准用嘴吹或用手擦。

(9) 扳手。扳手钳口上或螺轮上不准沾有油脂，以防滑脱。扳手与螺轮要紧密配合，防止使用时打滑，在高空作业中，更应注意。禁止扳口加垫或扳把接管，在扳紧螺帽时，不可用力过猛，要逐渐施力，慢慢扭紧。扳手不能当手锤使用，使用活扳手时，应把死面作为着力点，活面作为辅助面，否则容易损坏扳手或者伤人。使用电动扳手，应检查电源插头，插座开关及导线是否良好，如漏电或缺损，不得使用，而需带绝缘手套操作。爪部变形或破裂的扳手，不准使用。

(10) 起子。起子的平口必须平整，厚薄要适当，与槽口配合要好。起子用力时，其用力的方向不要对着自己或别人，以防脱落。使用起子时，姿势要正确，场地要宽阔，用力要均匀。在狭窄、站立不便的地方使用起子时，更应注意安全。不能把起子当錾子、撬棒使用。使用电动起子，应注意绝缘良好，防止触电。

(11) 手锯。工件必须夹紧，不准松动，以防锯条折断伤人。锯割时，锯要靠近钳口，方向要正确，压力和速度要适宜。安装锯条时，松紧度要适当，方向要正确，不准歪斜。工件要锯断时，要轻轻用力，以防压断锯条或者工件落下伤人。

(12) 平台和划线工具。平台必须放平稳，台面上不准放置杂物，并严禁在平台上跳上跳下。划线用完的划针尖头要向下，以免伤人。工作完后，要把工具放在工具箱内。千斤顶的尖端要保持尖锐，升降要灵活可靠，否则不准使用。千斤顶顶工件的位置要适当，并用指定工具进行调整，力量要平衡。工件与平面要放垫木，以防工件翻倒伤人。工件顶在千斤顶上，禁止打眼冲孔。

(13) 清洗机。经常检查电动机运转情况，有问题及时找电工修理。开始清洗时，把清洗机门关好，防止喷水伤人。发现水泵声音不正常时，应停止使用，找修理人员检查修理。连续清洗机器的传动装置必须保持运转正常，注意工件或其他物体卡住传送带，取放工件要用指定工具，不得将手伸到传送带下。使用完毕，应切断电源、气源。

(14) 砂轮机。砂轮机的防护罩、防护板和吸尘器必须完备。公用砂轮机要有专人负责，经常检查加油，以保证正常运转。操作者必须戴上防护眼镜才能进行工作，对砂轮机性能不熟的人，不能使用砂轮机。砂轮机在开动前，要认真检查砂轮机与防护罩之间有无杂物，砂轮片磨损是否超线，确认无误，再开动砂轮机。砂轮机因维修不良发生故障，或者砂轮轴晃动，没有托刀架、安装不符合要求时，不准开动。换新砂轮应遵守磨工一般安全操作规程，必须认真选择，对有裂纹、有破损的砂轮，或者砂轮轴与砂轮孔配合不好的砂轮，不准使用。换砂轮机上的螺丝时，要均匀用力，不得上得过松或过紧。装砂轮时，要加垫、平衡，经修整和校验之后才能使用。砂轮机开动后，要空转 2～3 min，待砂轮机运转正常后，才能使用。托刀架与砂轮工作面的距离不能大于3 mm，磨工件或刀具时，不能用力过猛，不准撞击砂轮机。在同一块砂轮上，禁止两人同时使用，不准在砂轮的侧面磨件。磨件时，操作者应站在砂轮机的侧面，不要站在砂轮机的正面，以防砂轮崩裂伤人。磨工具用的专用砂轮，不准磨其他任何工件和材料。对于细小的、大的和不好拿的工件，不准在砂轮机上磨。特别小的工件，要拿牢，以防挤入砂轮机内，砂轮不准沾水，要经常保持干燥，以防沾水后失去平衡，发生事故。砂轮磨薄磨小了要及时更换，砂轮机用完后，应立即关闭电源，不要让砂轮机空转，以保证安全。

(15) 电动手砂轮机。电动手砂轮必须有牢固的防护和良好的接地线，否则禁止使用。使用前，必须认真检查各部螺钉有无松动，砂轮片有无裂纹，金属外壳和电源线有无漏电之处，如有上述弊病，必须修好后方可使用。使用时，要带上必要的防护用品，首先要进行空转试验，无问题方可操作。工作者不准正对砂轮，站在侧面。砂轮机要拿稳，缓慢接触工件，不准撞击猛压。用砂轮正面,禁止使用砂轮侧面。正在运转的砂轮机不准放在地上,待砂轮机停稳后,放在指定地方,暂时不用时,必须关闭开关、切断电源。发现电源线缠卷打结时,要耐心解开,不得手提电线或砂轮机强行拉动。换砂轮时,要认真检查砂轮片有无裂纹或缺损,配合要适当,用扳手紧螺帽,松紧要适宜。砂轮机要存放在干燥处,电动砂轮机要有专人负责,严禁放在水里和潮湿处。

(16) 台钻。使用台钻要带好防护眼镜和规定的防护用品,禁止戴手套。钻孔时,工件必须用钳子、夹具或压铁夹紧压牢,禁止用手拿着钻孔。钻薄片工件时,下面要垫木板。不准在钻孔时用砂布清除铁屑,也不允许用嘴吹或用手擦拭。在钻孔开始或工件要钻穿时,要轻轻用力,以防工件转动。要把工件放正,用力要均匀,以防钻头折断。

复习思考题

13-1　简述设备维护保养的主要内容。
13-2　简述露天开采设备常用维修制度。
13-3　阐述设备检修制度与检修方法。
13-4　简述穿孔、采装设备常用修理制度。
13-5　简述铁路、公路运输设备常用修理制度。
13-6　简单叙述常用保养与修理设备。
13-7　简述设备计划修理的主要方法。
13-8　简述电动轮自卸汽车修理注意事项。

14　砂矿床开采

砂矿床是有色金属、贵重金属、稀有金属以及非金属矿物的重要来源之一。砂矿床矿产品种很多,如金、铂、金刚石、黑钨矿、金红石、独居石等,其中又以金、金刚石、铂、锡等矿产较为重要。这些矿物在国防工业、冶金工业、尖端工业和对外贸易方面占有极其重要的地位。又由于砂矿床埋藏深度一般接近地表,具有易找、易采、易选,且投资少、见效快等优点,因此世界各国对砂矿床的开发利用十分重视,并给予优先发展。

地壳中的原岩或原生矿床一经暴露地表,就要受到大自然的风化、侵蚀、剥离、搬运、分选和沉积等一系列作用,整个过程使其形成碎屑沉积物质,其中某部分沉积物质中的有用矿物富集程度达到具有工业开采价值时,便称之为砂矿床。

根据形成砂矿的搬运介质不同,砂矿床主要分为风成砂矿、水成砂矿和冰川砂矿三大类。

(1) 风成砂矿。风成砂矿是由于风力的搬运作用,在适合沉积的地貌条件下,堆积而成的砂矿。

(2) 冰川砂矿。冰川砂矿是由含有用矿物的冰川泥砾,在随冰川迁移、融化的过程中沉积而成的。它又分为冰碛砂矿和冰水砂矿,前者矿物富集程度较差,后者矿物富集程度较好。

(3) 水成砂矿。水成砂矿是由于水的搬运作用而形成的砂矿,其分布范围最广,种类也最多。按其成因不同可分为:残积砂矿、坡积砂矿、洪积砂矿、冲积砂矿和滨海砂矿等,但其中以冲积砂矿和滨海砂矿最常见。其中能用水力机械化开采的主要是陆上砂矿,如残积砂矿、坡积砂矿等,其他形式砂矿开采,可考虑用采掘船。

14.1　砂矿床水力开采

水力开采是砂矿床露天开采方法之一,所采用的主要方法是水枪开采法。水枪开采法具有投资少、见效快、设备简单、劳动生产率高等优点。

水枪开采法是利用水枪喷射出的高压水射流来冲采和破碎较松散的土岩,冲采下来的土岩与水混合形成矿浆,并沿运矿沟流入矿浆池,然后用砂泵或自然水力运输方法将矿浆输往选厂。水枪开采法所用的设备主要有:水枪、砂泵、水泵和管路等。

14.1.1　水枪

水枪是形成高压水射流、对矿床进行冲采的主要设备。它主要是由枪筒、喷嘴、球形活动接头、水平旋转结构、上弯管、下弯管及稳流片组成(见图 14-1)。其中枪筒和喷嘴是水枪的关键部件,它们直接影响着射流质量的好坏。

(1) 喷嘴。喷嘴通常采用圆形收敛形状。水流经过喷嘴收敛后,形成高压水射流喷射出来。其射流冲击强度的大小,主要取决于喷嘴结构参数及其加工质量以及水源压力大小。

为创造优质的射流,喷嘴结构(见图 14-2) 及其加工精度应达到如下要求:

1) 圆锥收敛角以 $8°\sim12°$为好。

2) 喷嘴结构应具有圆柱段,圆柱段长度 A 主要取决于喷嘴直径 d_0 的大小。中小型水枪的

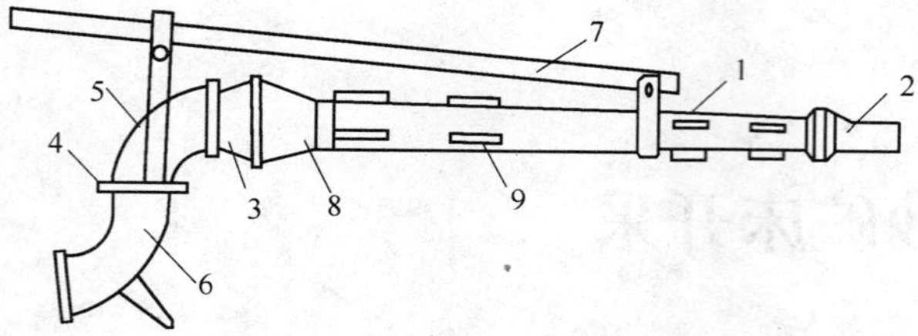

图 14-1 水枪外形

1—枪筒；2—喷嘴；3—球形活动接头；4—水平旋转结构；5—上弯管；6—下弯管；7—操纵杆；8—锥形管；9—稳流片

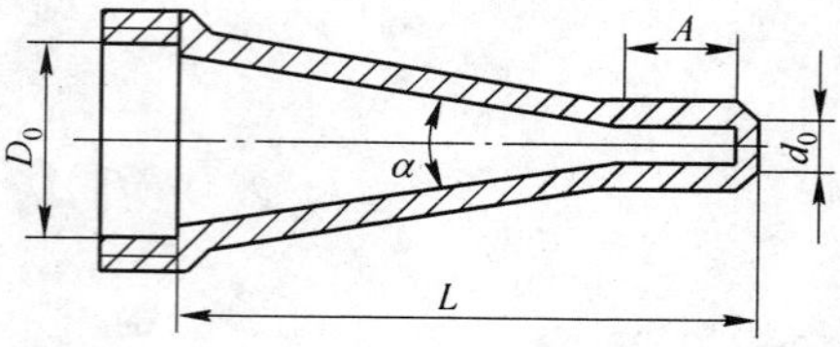

图 14-2 喷嘴结构

$A=(2\sim4)\ d_0$；大型水枪的 $A=(1.8\sim2.0)\ d_0$。

3）喷嘴内壁加工粗糙度越低越好，圆柱段内壁粗糙度不得大于 3.2 μm。

4）喷嘴长度 L 与喷嘴直径关系通常为 $L=(4\sim5)d_0$，最大为 $L=(7\sim8)d_0$。

（2）枪筒。枪筒一般均采用圆锥收敛形，它一端与球形活动接头连接，另一端与喷嘴连接。枪筒的主要作用是收缩压力水流，以增加射流速度。枪筒长度通常为 1.2～2.3 m。

为充分利用压力水能量，使喷嘴射出的水流集中和加大射流的有效射程，枪筒内必须安装稳流器。稳流装置的形式较多（见图 14-3），我国较多采用星形稳流器（见图 14-3e）。据国外研究表明，蜂房 16 格（见图 14-3b）形状的稳流器最好。在国外已被广泛地应用。

（3）常用水枪类型。我国砂矿床开采中，常用的水枪类型主要有 SQ 型和平桂型两种，其技术性能见表 14-1。

表 14-1 国产水枪技术性能

技术性能	型号				
	SQ-80	SQ-150	SQ-250	平桂-Ⅰ	平桂-Ⅲ
进水管径/mm	80	150	250	100	150
喷嘴直径/mm	20 30 35	44.5	45 55 60 65 70 80	43	38 44 50
枪筒长/mm	1458	2302	2290	1100	1200
水平转角/(°)	360	360	360	360	360
上下仰俯角/(°)	30	30	30	26	29°20′
长/mm	2081	2807	4800		2239
宽/mm	360	398	500		350
高/mm	1088	1297	1500		1200
质量/kg	59	160	275	50～60	90

（4）胶管水枪。当开采底板起伏不平，特别是喀斯特地形发育的砂矿床时，适宜用体积小、重量轻、操作灵活方便的胶管水枪（见图 14-4）。胶管水枪无定型规格，可根据需要自行设计制造。

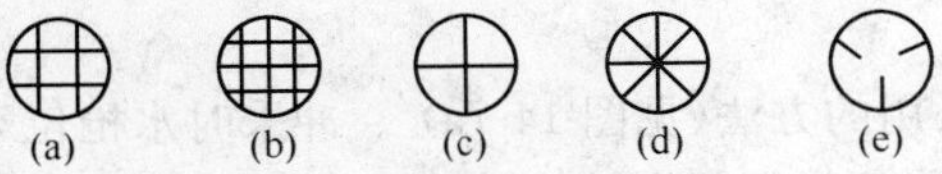

图 14-3 各种稳流器类型

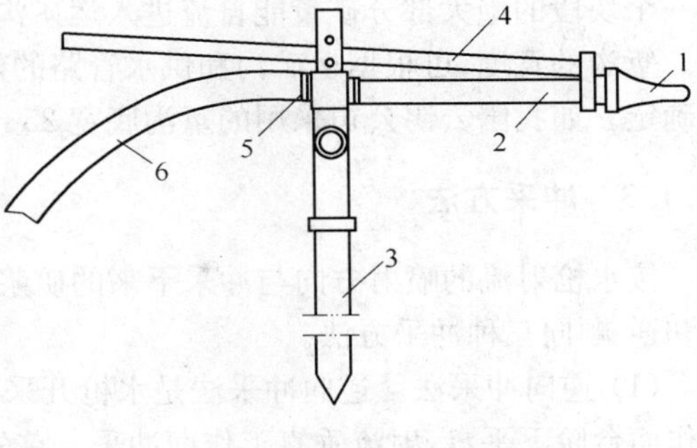

图 14-4 胶管水枪

1—喷嘴；2—枪管；3—支柱；4—操纵杆；5—旋转三通；6—胶管

14.1.2 开拓工作

水枪开采时，开拓工作是指挖掘供安装设备的基坑（或堑沟）及开辟采矿工作面，建立供水、供电和水力运输等生产系统。

水枪开采的开拓方法主要有基坑开拓法和堑沟开拓法。

(1) 基坑开拓法。基坑开拓法就是在适当位置，挖掘一个具有一定尺寸的基坑，坑底标高应达到矿床的底板，在坑内设置砂泵和水枪，然后对矿床进行开采。这种方法一般在矿床赋存条件不具备采用自流水力运输方法运输矿浆时采用。

1) 基坑位置的选择。选择合理基坑位置时，应考虑基坑位于矿床赋存最低地段，这样可以使冲采工作面由基坑逆矿床底板倾斜方向推进发展，有利于采场内矿浆能够自流运输进入砂泵的矿浆池。另外，还要考虑基坑尽可能位于供水、供电条件好的地点。

2) 基坑尺寸。基坑尺寸应能满足安置砂泵和供水管路及水枪能正常进行冲采工作所需要的空间。基本尺寸可参考图 14-5 所示参数确定。

(2) 堑沟开拓法。当矿床地形和矿床埋藏条件适合自流水力运输矿浆时，可采用堑沟开拓法。

堑沟开拓即是掘进明沟通达矿床（见图 14-6），为自流运输矿浆开拓出一条通道。堑沟的坡度可根据自流运矿沟所要求的坡度确定。堑沟的位置应根据地形和矿床赋存条件确定，尽可能

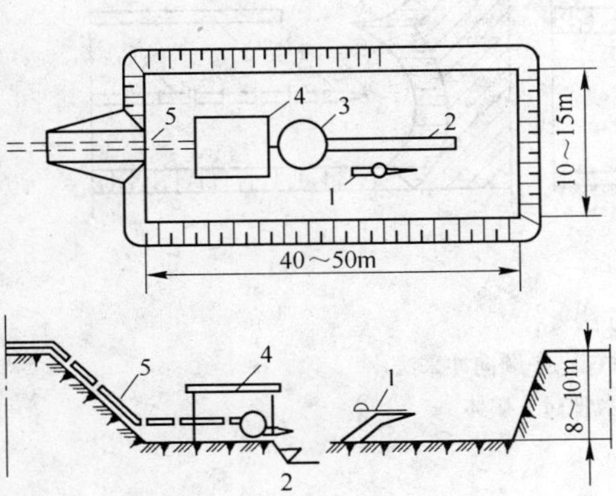

图 14-5 基坑尺寸

1—水枪；2—冲矿沟；3—矿浆池；4—泵房；5—输浆管

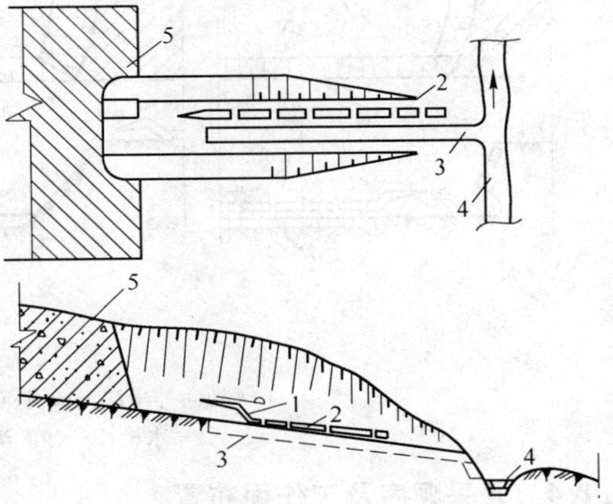

图 14-6 堑沟开拓

1—水枪；2—供水管；3—冲矿沟；4—主运矿沟；5—矿体

使一个块段的绝大部分矿量能自流进入运矿沟，同时又要使掘沟工程量尽可能小。

堑沟的宽度，可根据运矿沟和供水管路的敷设要求以及开挖堑沟所用设备要求的工作空间来确定。如我国云锡公司采用的堑沟底宽 25 m，堑沟帮坡度为 45°。

14.1.3　冲采方法

按水枪射流的喷射方向与冲采下来的矿浆流动方向的相对关系，水枪开采法可分为逆向、顺向和逆-顺向三种冲采方法。

(1) 逆向冲采法。逆向冲采法是水枪开采普遍采用的方法(见图 14-7a)。冲采时水枪位于工作面台阶下平盘，射流垂直工作面冲采。首先在工作面最下部掏槽，以使上部的土岩失去支撑而塌落，然后再冲采塌落下来的土岩，按此顺序反复进行。冲采时形成的矿浆，逆射流方向流入矿浆池或运矿沟内，然后通过自流运输或砂泵输送选厂。

逆向冲采时，因射流垂直工作面冲采，所以具有冲击力大，能量利用充分，冲采效率高，单位矿砂耗水量小等优点；其缺点是不能借用射流力量将大颗粒物料冲离工作面。

逆向冲采法一般适用于开采矿床厚度大，土岩致密难冲采，矿砂易于流运的砂矿床。

(2) 顺向冲采法。顺向冲采法的特点是：水枪位于台阶上平盘靠近工作面处(见图 14-7b)，射流的冲采方法与矿浆的流动方向一致。水枪冲采时可利用射流推赶矿浆并能将大颗粒砾石冲离工作面。

顺向冲采法的缺点是：由于射流顺工作面冲采，使冲击力减小，冲采效率下降，耗水量较大；此外，冲采时不能利用矿岩的重力崩落土岩。

顺向冲采法适用于矿床厚度较薄(3～5 m)，土岩松散，胶结性差，含砾石较多而难以流运的砂矿。

(3) 逆-顺向冲采法。逆-顺向冲采法如图 14-7c 所示。此法均具备逆向和顺向冲采法的优点。冲采时水枪安装在台阶的下部平盘，先用逆向冲采法形成一个超前工作面，然后顺向冲采残留在工作面附近的土岩。此时，由于射流方向与矿浆流运方向一致，因而改善了矿浆流运条件，故此种方法的优点是冲采效率高，耗水量小。

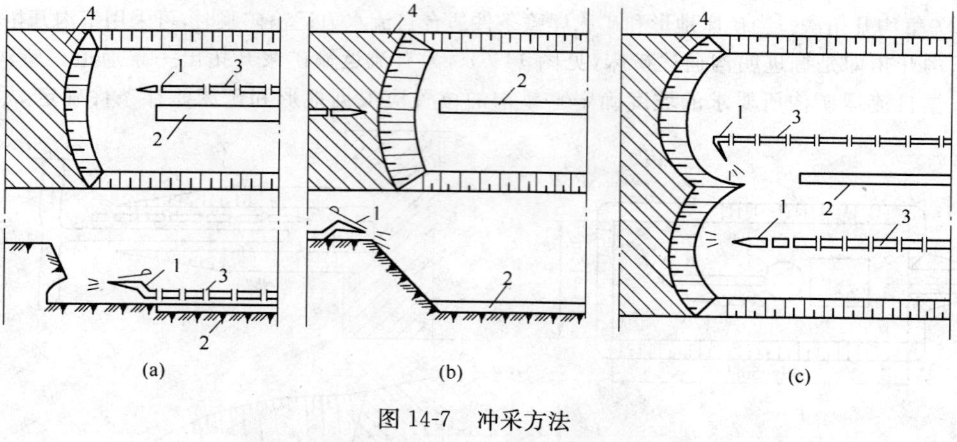

图 14-7　冲采方法

(a) 逆向冲采法；(b) 顺向冲采法；(c) 逆-顺向冲采法

1—水枪；2—冲矿沟；3—供水管；4—矿体

14.1.4　开采顺序及工作面布置

水枪冲采的开采顺序，主要根据矿区地形、矿区赋存条件、矿段的土岩性质及品位等因素统一规划。其基本原则是：先近后远，先易后难，先富后贫，由下而上逆矿床底板倾斜方向推进。如

图 14-8 所示，当矿床底板横向倾斜时，采用横向推进；当矿床底板纵向倾斜时，则采用纵向推进；如果矿床底板坡度较小时，则采用放射状推进。

在一个采场内最好有三个工作面，其中一个进行冲采，一个移动水枪和接管，另一个则清理废石，构成所谓三循环工作面。若受开采条件限制，则最少也不能少于两个工作面。

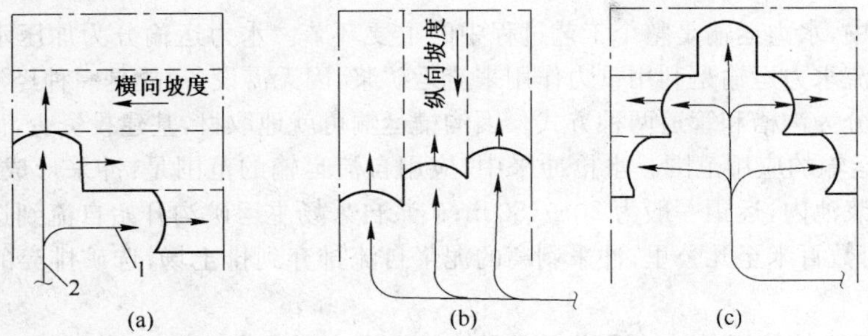

图 14-8　冲采工作面推进方向

(a) 横向推进；(b) 纵向推进；(c) 放射状推进

1—水枪；2—供水管

14.1.5　残矿回采

(1) 残矿的形成。水枪冲采时形成的残矿，是指那些用大水枪不能一次采尽，而必须采用辅助设置进行回采的矿量。

形成的残矿主要有两部分：一部分是砂浆在由工作面自流运输到矿浆池的过程中，由于自然沉积而形成的残矿，通称冲积残矿；另一部分是由于矿床底板起伏不平而残留在凹陷部分内的矿量以及采场边角和石缝中的残矿。

冲积残矿量的多少，主要取决于矿床底板坡度和矿浆流运距离。随工作面向前推进，冲积残矿量将增加，若不及时回采，则将会影响冲采工作的正常进行。

(2) 残矿回收方法。残矿回收的方法主要有人工回采和浅眼爆破-水枪冲采法。

人工回采法适用于回收采场边角和岩缝中的残矿，其回收率高。

浅眼爆破-水枪冲采法通常用于回收冲积残矿，也可以回收因底板起伏不平而残留的砂矿。这种方法一般是先进行浅眼爆破松动残矿，然后用胶管水枪冲采，并由小型移动式砂泵输送矿浆至运矿沟砂浆池运走。

14.1.6　土岩预先松动

水枪冲采中，预先松动Ⅲ类以上的致密性土岩有着重要意义，它不仅能提高水枪的冲采效率，而且在降低射流工作压头，减少单位矿砂耗水量方面有显著效果，见表 14-2。

表 14-2　预先松动与未预先松动比较表

矿山名称	项　　目	预先松动	未预先松动
云锡古山	台时冲采效率/m^3	70～144	40～52
	耗水量/$t \cdot t^{-1}$	1.0～1.1	1.5～2.0
云锡黄茅山	台时冲采效率/m^3	140	40
	耗水量/$t \cdot t^{-1}$	1.2～1.5	1.8～2.2
平桂珊瑚矿	台时冲采效率/m^3	33.1	21.3
	耗水量/$t \cdot t^{-1}$	6.5	10.3

预先松动土岩的常用方法有机械松动法和爆破松动法。

机械松动法就是采用推土机、挖掘机、前装机等对土岩进行松动。

爆破松动法是利用浅孔、中深孔和硐室爆破的方法对土岩进行松动。

14.1.7　自流水力运输

水枪开采中，水力运输是整个工艺过程中的重要环节。水力运输分为加压水力运输和自流水力运输。自流水力运输是利用重力作用来流运矿浆，因无需设备，故是一种经济的运输方法。

自流运输分为沟槽和管道两种方式。因沟槽运输可就地取材，基建投资少，而被广泛采用。

(1) 自流运输的应用范围。水枪冲采中，应用自流运输的范围是：冲采形成的矿浆，自流进入到砂泵的吸浆池内，运距一般为 20～150 m；矿浆自采场主运矿沟开始自流到选矿厂砂泵的吸浆池内，运距由数百米至几公里；冲采剥离的泥浆自流排弃到排土场；选矿排弃的尾矿自流到尾矿库。

(2) 自流运输的使用条件。采用自流运输的必要条件是起点和终点必须有一定的高差，即工作面台阶底部标高(m) 与选厂矿浆池或排土场顶部标高(m) 之差和沟槽线路长度(m) 之比必须大于等于运输矿浆所需坡度。

(3) 自流运输沟道线路的选择。自流运输沟道线路的选择应遵守如下原则：必须保证全线各段沟槽的坡度大于矿浆流动的临界水力坡度；尽可能使挖填方工程量最小，架空部分也最短；沟道尽可能为直线，避免转弯过多，线路转角一般不小于 120°，转弯曲线半径应大于沟底宽度的 20 倍。

(4) 自流运输参数。自流运输的主要参数有沟槽坡度、矿浆浓度和流速。这些参数可参考类似矿山生产实际参数选取。

(5) 沟槽断面形式。生产中广泛采用矩形和梯形(见图 14-9a、b)。矩形断面的优点是，流深较大，开挖工程量小，砌筑方便；其缺点是更换沟底衬板不方便，大泥团较多时容易堵塞。梯形断面的优缺点与之相反。综合两者的优缺点，以采用上帮为矩形，下帮为梯形的断面为好(见图 14-9c)。

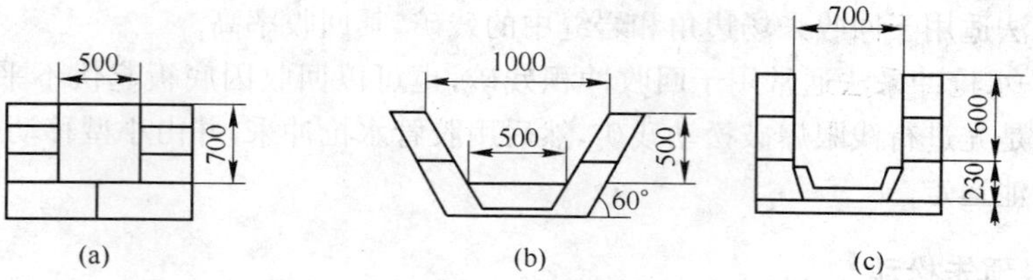

图 14-9　常用沟槽断面形式

(a) 矩形断面；(b) 梯形断面；(c) 梯形和矩形断面

14.2　砂矿床机械开采

露天机械开采是指用单斗挖掘机(正铲或反铲)、推土机、机械铲、前装机、拖拉铲运机、索斗铲等作为采运设备，与洗选机组配合对砂矿床进行开采。它一般适用于中小型矿床，特别是在干旱缺水地区的小型砂矿床。

露天机械开采具有投资少，见效快，机动灵活，有利于环境保护和缩短复垦周期等突出特点。目前我国应用露天机械开采砂矿床有逐渐增长的趋势。

14.2.1 单斗挖掘机开采

在我国砂矿开采中,单斗挖掘机开采得到一定的应用。例如,湖南601金刚石砂矿、内蒙古察汗砂金矿、卢沟桥砂石矿等。

14.2.2 推土机开采

推土机开采一般适用于埋深小于8 m的砂矿床,通常是在运距不大于50～120 m的开采条件下,同其他采矿设备配合对砂矿进行开采。

14.2.2.1 推土机在砂矿开采中的应用

当用机械铲、索斗铲、水枪或皮带运输机开采砂矿时,可利用推土机为其推运矿砂,以提高这些设备的作业效率;开采小规模的坡积、阶地、干旱的河谷砂矿床时,可用推土机单独作为采装运设备与洗装机组配合来开采砂矿;砂矿开采中,可利用推土机用于筑路、修筑堤坝、基坑等土方工程,以及作为表土、冻土的剥离,平整排土场、进行覆土造田的主要设备。

14.2.2.2 推土机开采方法

(1) 推土机-皮带运输机开采法。这种方法(见图14-10、图4-11)是利用推土机推运矿砂,由皮带运输机将矿砂运往洗选机组。开采前先将矿床划分为若干个采区,其面积不能大于150 m×150 m,以保证推土机平均运距不大于50～70 m。在采区中间设置装载漏斗,利用推土机将矿砂推运至漏斗中,然后由皮带运输机将矿砂运往选矿地点。安装皮带机的堑沟坡度不能大于18°。

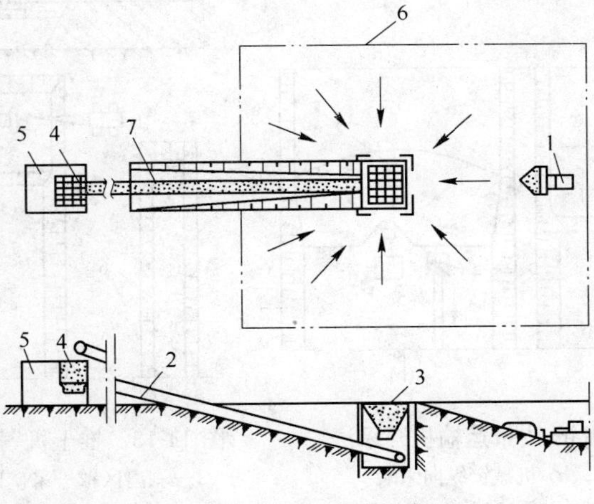

图14-10 推土机-皮带运输机开采法之一
1—推土机;2—皮带运输机;3—装载漏斗;4—选矿仓;
5—洗选机组;6—采区境界;7—堑沟

(2) 推土机-机械铲-皮带运输机开采法。在利用机械铲开采砂矿时,为减少机械铲的移动,以提高其采装效率,可利用推土机为机械铲堆集矿砂。根据矿床赋存条件的不同,设备之间可以有不同的配合方式(见图14-12)。

图14-12a所示为机械铲横向采装,即推土机沿纵向短距离堆集矿砂。采完一个采掘带宽度A后,设备向前移动。这种采装方法适合开采宽度较大的矿床。图14-12b表示机械铲纵向采装,推土机以放射状堆集矿砂。这种方法适合开采宽度较窄的砂矿床。

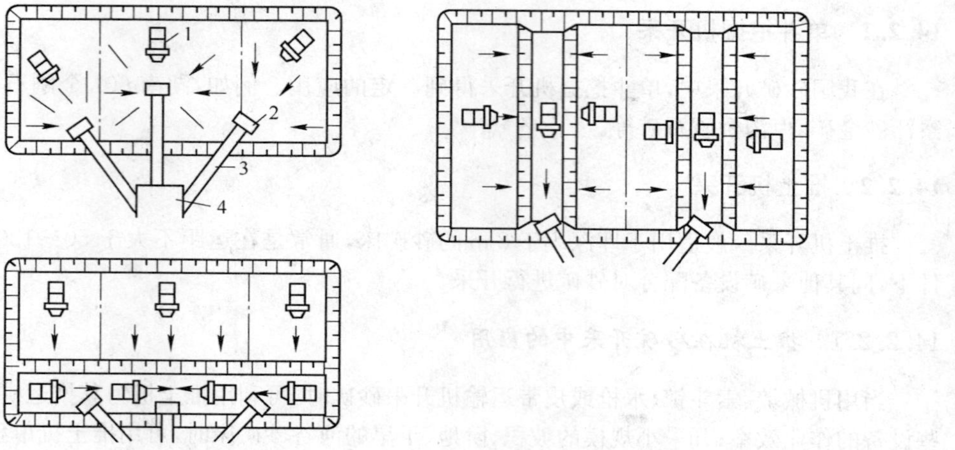

图 14-11　推土机-皮带运输机开采法之二
1—推土机；2—装载漏斗；3—皮带运输机；4—洗选机组

(3) 推土机-索斗铲-皮带运输机开采法。这种方法是利用推土机配合索斗铲开采埋深较大的砂矿(见图 14-13)。由于索斗铲可站立地表向下挖掘土岩，且其挖掘半径和卸载半径很大，因而它可以开采埋深很大的砂矿床。

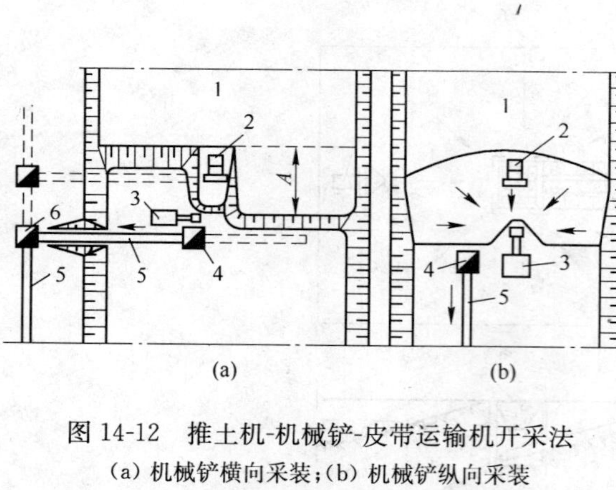

图 14-12　推土机-机械铲-皮带运输机开采法
(a) 机械铲横向采装；(b) 机械铲纵向采装
1—已剥离采区；2—推土机；3—机械铲；4—装载漏斗；
5—皮带运输机；6—转载漏斗

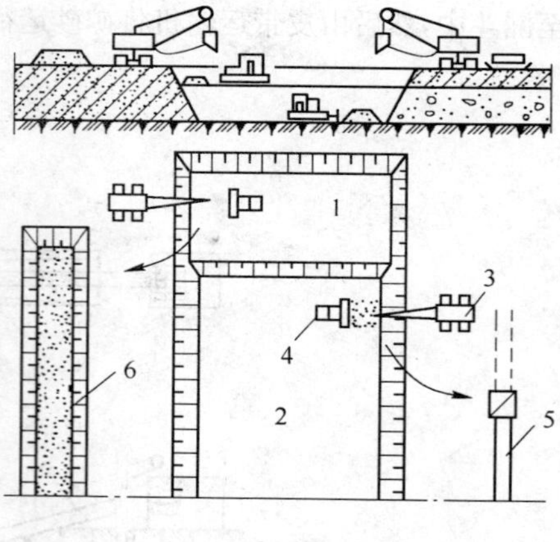

图 14-13　推土机-索斗铲-皮带运输机开采法
1—剥离区；2—采矿区；3—索斗铲；4—推土机；
5—皮带运输机；6—排土场

索斗铲工作时，可将挖掘上来的表土直接排弃到地表的排土场上，而将挖掘上来的矿砂直接卸入皮带运输机受矿漏斗中。为提高索斗铲采装效率，可利用推土机为其推运矿砂。这样可充分发挥两者各自的开采特点，提高设备作业效率，因此这种方法很有扩大应用的趋势。

(4) 推土机-水枪开采法。推土机-水枪开采法(见图 14-14) 的特点是利用推土机推运土岩，利用水枪冲采造浆，然后利用水力运输的方法将矿浆输送到选矿地点。

推土机-水枪开采法的优点有：当开采薄层砂矿(小于 2 m)，利用推土机推运矿砂，可大大减少水枪和砂泵的移设工作量，同时又可提高水枪冲采效率，减少单位耗水量；可缩短矿浆的流运距离，减少矿床底板渗透水的损失，保证矿浆浓度的稳定和提高有用矿物的回收率。

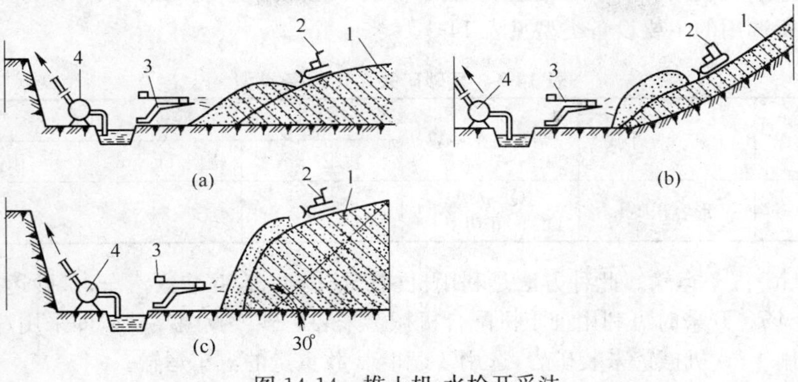

图 14-14 推土机-水枪开采法

(a) 薄层砂矿；(b) 薄层坡积砂矿；(c) 致密难冲采砂矿

1—砂矿；2—推土机；3—水枪；4—砂泵

(5) 内排土场推土机捣堆开采法。此种方法(见图 14-15)的实质是在首采地段先挖掘基坑，以此作为相邻块段开采时的内排土场。而相邻块段回采结束后，留下的采空区作为下一个块段的开采所需要的排土场地。其具体做法是，根据矿床的实际宽度，将其划分为 70～100 m 的采幅，然后以采幅中心线为界划分为两条进路，进路长度方向上每隔 40～60 m 划分一个矿块，两条进路的矿块轮流进行剥离和回采工作，剥离和采矿区互不干扰。

这种方法一般适用于埋深小于 6 m，且少水干燥的矿床。

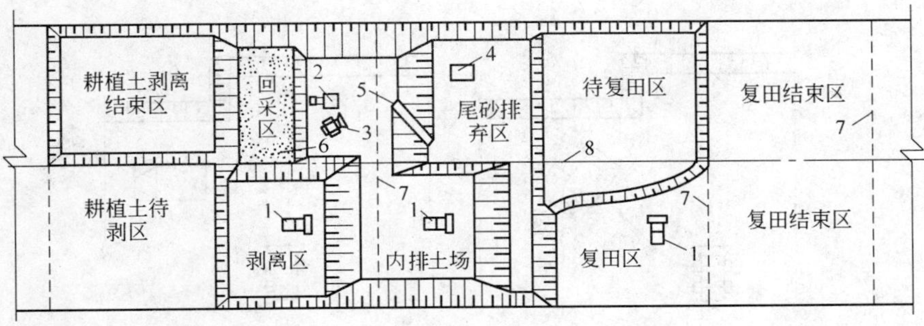

图 14-15 内排土场推土机捣堆开采法

1—推土机；2—机械铲；3—前装机；4—洗选机组；5—运输管；

6—含矿层；7—矿块界限；8—采幅中心线

14.2.3 机械铲开采

机械铲开采就是用机械铲作为采装设备，同其他运输设备配合开采砂矿床。我国砂矿床开采中，通常采用中小型正向机械铲挖掘土岩。

一般情况下，砂矿床土岩松软易掘，机械铲可直接挖掘土岩装车。当机械铲以平装车方式作业时，台阶高度一般不大于机械铲的最大挖掘高度，同时也不能小于其推压轴高度的 2/3。

目前采用正向机械铲开采砂矿的方法主要有机械铲-窄轨铁路开采法和机械铲-汽车运输开采法两种。

(1) 机械铲-窄轨铁路开采法。这种方法是利用机械铲挖掘土岩并装入矿车中，由电机车牵引矿车组，通过窄轨铁路将矿砂运往选矿地点，将废石运往排土场。我国某砂矿即采用此方法开采砂矿，该矿所选用的主要设备类型见表 14-3。

表 14-3　某砂矿采装运设备类型

机械铲	矿　车	柴油机车/kW	铁　道		
			轨距/mm	轨型/$kg \cdot m^{-1}$	限制坡度/‰
W1001 型斗容 1 m^3	V 形容积 1 m^3	QL-90A QL-90Ⅱ功率 67	762	24	15

(2) 机械铲-汽车运输。此种方法是利用机械铲挖掘土岩，并装入汽车，矿砂运往选矿地点，废石运往排土场。开采时可利用推土机配合机械铲采装矿砂。我国某砂矿即采用这种方法进行开采，该矿选用 1 m^3 机械铲采装矿岩，选用 3 t 和 5 t 载重量的汽车运输。

14.2.4　前装机开采

前装机是一种具有采装、运输、卸矿和其他辅助作业能力的多功能采矿设备。前装机与索斗铲相比，具有重量轻，体积小，价格便宜，机动灵活、爬坡能力强、操作简单、一机多用、不需电力等优点。其主要缺点是挖掘铲切力小，生产能力小，轮胎磨损快，寿命短，采装费用高。与机械铲相比，前装机一般适合于开采干燥少水的矿床。

前装机在砂矿开采中的应用主要有：作为采装设备，作为采装运设备，作为辅助设备。

(1) 用作采装设备。在砂矿开采中，可用前装机作为主要采装设备，来挖掘较松散的矿岩，然后向汽车，窄轨矿车或皮带运输机受矿漏斗装卸。当采用汽车运输时，前装机在工作面的作业方式，见图 14-16。

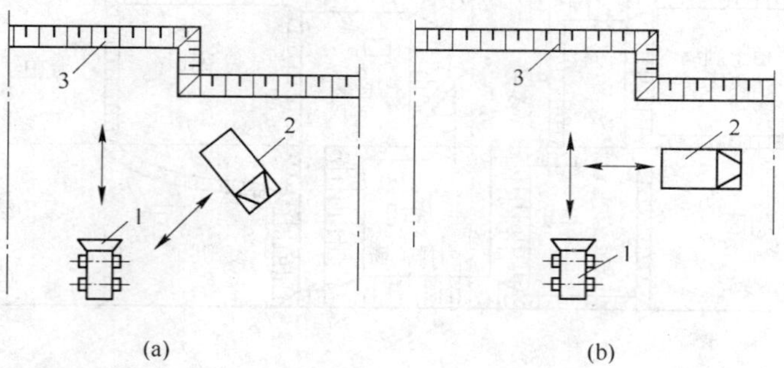

图 14-16　前装机作业方式

(a)V 形装载；(b)横向装载

1—前装机；2—汽车；3—采矿工作面

(2) 用作运输设备。当运距不大(小于 400 m) 时，可利用前装机将挖掘的矿砂直接运往选矿地点。

(3) 用作辅助设备。作为辅助设备，前装机可维护道路，筑堤修坝，平整作业场地，短距离牵引运送设备，清理积雪等工作。

14.2.5　索斗铲开采

索斗铲工作特点是，它可以站在地表向下挖掘较松软的土岩，且挖掘半径和深度及卸载半径都很大，因此在国外它被广泛应用于砂矿开采中。

14.2.5.1 索斗铲在砂矿开采中的应用

在砂矿开采中，索斗铲的应用主要有：利用索斗铲或索斗铲与推土机配合进行剥离和采矿工作；利用索斗铲挖掘水下有用矿物；用索斗铲进行排土场捣堆；用索斗铲完成修堤筑坝，挖掘基坑等土方工程。

14.2.5.2 索斗铲分类

索斗铲按其行走方式分为迈步行走、履带行走、轮胎行走和轨道行走四种方式，通常迈步式使用较多。轨道行走方式灵活性较差，一般很少采用。轮胎行走式机动灵活，但对道路要求较高，雨季作业困难，设备稳定性差。迈步式索斗铲底盘直径大，工作中稳定性较好，允许使用长铲臂和大铲斗，故大型索斗铲常为迈步式。

14.2.5.3 索斗铲开采法

索斗铲开采法的选择，主要取决于砂矿床的宽度和埋深，以及所采用的索斗铲型号。目前索斗铲开采法主要有直接捣堆法和联合开采法。

（1）向境界外直接捣堆法。此种方法的特点是，表土由索斗铲挖掘上来后直接排弃到开采境界外（见图 14-17）。

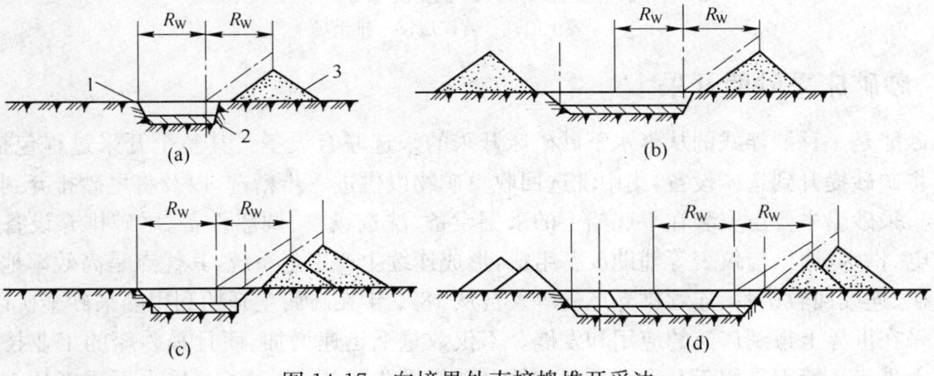

图 14-17 向境界外直接捣堆开采法

(a)单采掘带单面排土；(b)单采掘带双面排土；(c)双采掘带单面排土；(d)多采掘带双面排土

1—表土层；2—含矿层；3—排土场

当矿床宽度小于索斗铲采掘带宽度，且表土厚度不大时，可采用单采掘带单面排土方法；若表土层较厚，则采用单采掘带双面排土方法。当砂矿床宽度大于索斗铲采掘带宽度，而需划分两个采掘带开采时，则采用双采掘带单面排土或双面排土方法。

如果矿床宽度很大或所用索斗铲的采掘带宽度较小时，则采用多采掘带双面排土方法。

（2）向采空区直接捣堆开采法。此种方法特点是，采矿工作面尾随剥离工作面推进，索斗铲将挖掘上来的表土直接排弃到采空区（见图 14-18）。

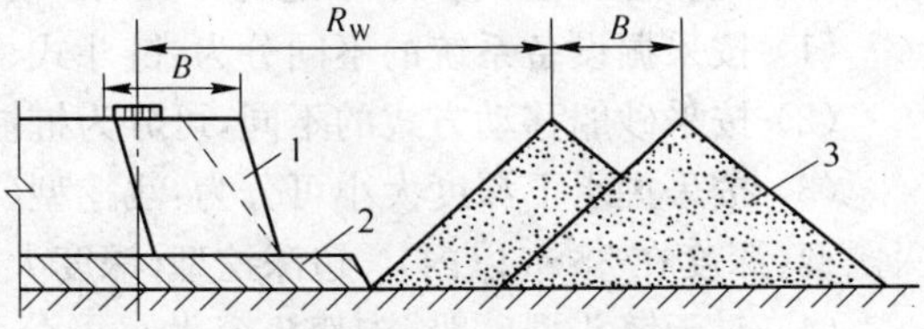

图 14-18 向采空区直接捣堆开采法

1—表土层；2—矿层；3—排土场

(3) 索斗铲-推土机联合开采法。当矿床宽度较大时,为减少索斗铲捣堆量,可采用其他机械配合索斗铲联合进行开采。

目前应用较多的是利用推土机配合索斗铲进行开采。此种方法可充分发挥两个设备各自的开采特长和效率(见图 14-19),即开采时利用索斗铲捣堆(见图 14-19a),剥离排弃的土岩则由推土机推运到排土场。如图 14-19b 所示,是利用推土机在工作面剥离推运土岩,利用索斗铲捣堆,然后用推土机将索斗铲排弃的废石堆推到排土场。

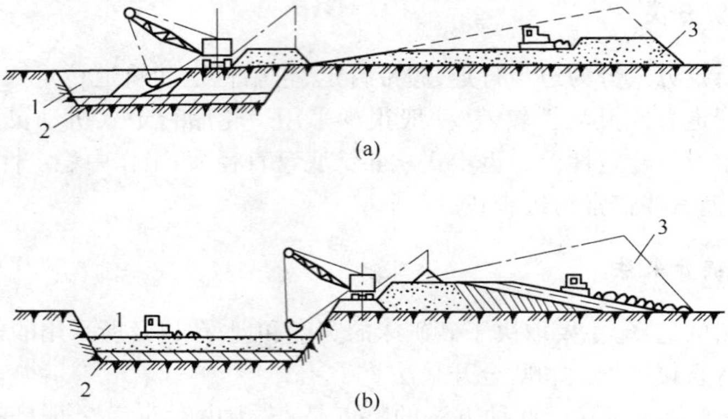

图 14-19　索斗铲-推土机开采法

(a) 索斗铲-推土机开采;(b) 推土机-索斗铲-推土机开采

1—表土层;2—含矿层;3—排土场

14.3　砂矿床采砂船开采

采砂船是一种漂浮式的从事水下砂矿床开采的采选联合设备。其整个开采过程包括采掘、从水底将矿砂提升到选矿设备,集中洗选回收重矿物以供进一步精选,以及将尾砂排弃到船后的采空区。采砂船主要由安装在平底船上的采掘设备、洗选设备、调船设备、尾矿排弃设备以及相应的供电、供水、通讯与仪表等辅助设备组成,形成连续生产工艺系统,其优点是高效率地直接从水下采矿、连续回收矿物、连续排弃尾砂等。自从 1870 年在新西兰开始利用船采砂金矿以来,采砂船开采在世界上得到广泛的应用和发展。不仅数量上迅速增加,而且采砂船的工业技术装备有了很大进步。特别是用于开采海洋砂矿的采砂船进步更快,出现了开采水下深度达 100 m 以上的不同类型的新型采砂船。采砂船开采法在当今砂矿床开采中已占据了主导地位,并继续保持迅速发展的趋势。

14.3.1　采砂船分类

用于开采内陆砂矿床的采砂船,主要是根据采砂船的采掘设备系统的特点和调船方式,以及采掘深度与其生产能力大小来进行分类的。

(1) 按采掘设备系统的不同分为:链斗式、吸扬式、铲斗式和抓斗式四大类。

(2) 按采砂船移动方式的不同,可分为桩柱式、钢绳式、混合式和自航式采砂船四种。

(3) 按采掘水下深度大小可分为:浅挖型(深度在 6 m 以内)、中等挖深型(深度 6～18 m)、深挖型(深度在 35 m 以内)、超深挖型(深度大于 35 m)。

(4) 对于链斗型砂船,按其斗容大小可分为:小型(斗容在 100 L 以下)、中型(斗容 150～250 L)、大型(斗容 250～600 L)、特大型(斗容大于 600 L)。

目前最小型的链斗式采砂船的斗容为 25L，世界上最大的链斗式采砂船的斗容为 800L。内陆砂矿床开采中，应用最多的是中型采砂船，大型较少，大型及特大型的采砂船主要用于海洋砂矿开采。

(5) 对于吸扬式采砂船，按其吸管前面是否安装松散土岩的设备以及设备类型可分为直吸式采砂船(无土岩松散设备)、绞刀切割吸扬式采砂船、轮斗切割吸扬式采砂船、水力松动吸扬式采砂船。

下面以链斗式采砂船为例介绍砂矿床采砂船开采方法。

14.3.2　链斗式采砂船工作原理

桩柱式链斗采砂船(见图 14-20) 的挖掘装置是一条由许多挖斗组成的挖斗链 2，工作时斗链被上导轮带动回转，而上导轮则是由主驱动 14 传动的。当上导轮转动时，斗链由斗桥 1 上的托辊和下导轮 3 引导，以一定的速度回绕上下导轮及斗桥运转，其挖斗在重力作用下铲入土岩，并将其切割挖掘上来。

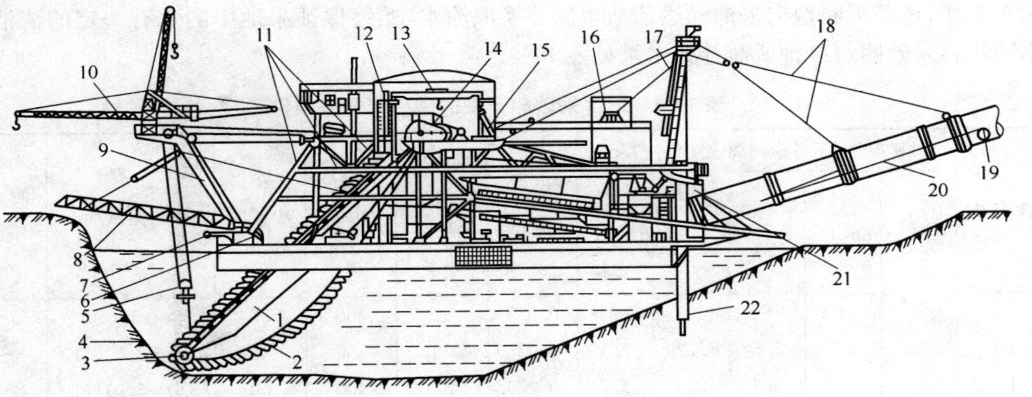

图 14-20　桩柱式链斗采砂船

1—斗桥；2—挖斗链；3—下导轮；4—工作面；5—提升斗桥滑轮组；6—浮桥；7—水枪；8—上岸桥；9—前桅架；10—艏起重机；11—主架；12—电梯；13—桥式起重机；14—主驱动；15—桩柱绞车；16—皮带机绞车；17—后桅架；18—排砾皮带机固定钢绳；19—皮带机传动装置；20—排砾皮带机；21—尾砂溜槽；22—桩柱

斗桥的上端固定在由两个轴承座支撑并与上导轮同心的支撑轴上，因此斗桥连同斗链可以在垂直面上绕支撑轴上下摆动。

斗桥的下端由钢绳通过提升斗桥滑轮组 5 悬吊在前桅架 9 上，钢绳的另一端绕在起落斗桥的绞车上。斗桥的悬吊装置可以调整和保持斗桥在需要的挖深层位挖掘土岩。

在船的尾部有两个用以固定采砂船的桩柱 22。船工作时，其中一个提起，称非工作桩，另一个下放并插入尾砂堆中称工作桩。船工作时是以工作桩为圆心，在水面上做扇形的圆弧运动。由上可知，挖斗既有回绕上下导轮及斗桥的运动，又有以工作桩为中心的圆弧运动，因此挖斗的运动是一种复合运动。

挖斗挖掘上来的土岩，随挖斗沿斗桥提升到上导轮处翻卸，并通过受矿漏斗卸入圆筒筛。圆筒筛的主要作用是冲洗、碎散和筛分土岩。经筛分的筛上砾石和杂物由排砾皮带机 20 排到船尾采空区。排砾皮带机是由传动装置 19 带动，并由钢绳 18 悬吊在后桅架 17 上。排砾皮带机可通过绞车 16 进行起落调整高度。

筛分下来的矿砂进入选别设备进行选矿，选别出来的细泥砂尾矿由尾砂溜槽 21 排弃到船尾采空区。

船的移动主要是靠两个桩柱 22 进行的。移动前先将斗桥提升到地面以上，然后通过两个桩柱交替提升和下放，同时船配合其进行往复回转而实现向前移动一个步距。

船挖掘时，先放下斗桥，然后开动横移绞车，使斗桥由工作面的一角转到另一角。挖掘一个分层后，斗桥再下放一个分层厚度，开动反程绞车，向另一角回转并挖掘下一分层矿岩。如此反复，由地表一直挖到砂矿底板为止。当一个步距由上至下采完后，船再向前移动一个步距，然后放下斗桥再进行挖掘。

14.3.3　采砂船开采应用条件

桩柱式链斗采砂船主要用于开采内陆砂矿。为能充分发挥其技术性能，要求砂矿床必须具备如下开采条件。

（1）水源条件。应用采砂船开采的砂矿，一个最重要的条件是矿区要有充足的水源，其水量不仅要能保证船在水池中处于漂浮移动状态，而且还要满足船的生产用水需要。此外，为有利于选矿工作，还要不断地向采池输送清洁水以替换混浊水，始终保证采池中的水有一定的清洁度。不同斗容采砂船每秒钟所需补充水量见表 14-4。

表 14-4　适合采砂船开采的砂矿床开采条件

斗容/L	砂矿厚度（不考虑剥离表土厚度）/m					河谷坡度	采池最小补充清水/L·s^{-1}	允许最大巨砾/mm	采矿最小宽度/m	砂矿储量/m^3	服务年限/a
	全厚	水上	水下								
			最大	最小							
				夏季	冬季						
50	7	1	6	1.7	2	0.025	50	300	30	>1.5×10^6	5～8
100	9	1.5	7.5	2.2	2.5	0.025	75	350	45	$(2.0\sim2.5)\times10^6$	8～10
150	11	1.7	9.3	2.5	2.7	0.020	100	400	50	$(3.0\sim5.0)\times10^6$	8～10
210	13	2	11	3.1	3.3	0.015	150	500	55	$(1.2\sim1.5)\times10^7$	10～12
250	14.5	2.5	12	3.7	4.0	0.015	150	600	60	$(1.2\sim1.5)\times10^7$	12～15
380	18.4	3	15.4	4.5	5.2	0.010	200	700	70	$(1.8\sim2.3)\times10^7$	12～15
380①	30	4	30	4.8	5.6	0.010	250	700	90	$(1.8\sim2.3)\times10^7$	12～15
600	60	10	50	5.2	6	0.010	300	800	120	3.0×10^7	12～15

①深挖型 380 L 采砂船。

（2）矿床储量。为保证采砂船开采的经济合理性，要求矿床具有足够的储量来保证采砂船能有一定的合理服务年限。矿床储量、采砂船生产能力和服务年限三者之间必须有合理的关系。不同斗容采砂船合理服务年限和其所要求的矿床储量，见表 14-4。

（3）矿床宽度。采砂船受其自身外形尺寸限制，存在一个最小挖掘宽度。若矿床宽度小于此值，则开采时矿石将严重的贫化，甚至无法为工业所利用。不同斗容采砂船所要求的最小矿床宽度，见表 14-4。

（4）矿床底板坡度。矿床底板坡度一般要求小于 0.025。

（5）基岩情况。矿床底板基岩应比较平坦，凹凸不平的喀斯特地形较发育的底板，则不适合采砂船开采。

（6）矿床巨砾含量。砾石尺寸大于采砂船挖斗宽度 2/3 者称为巨砾。矿床中巨砾含量不应超过10%，否则因处理巨砾将占用过多生产时间而严重影响船的生产能力。不同斗容采砂船对巨砾规格的要求见表14-4。

(7) 砂矿的可选性。矿砂应冲洗，碎散容易且含泥量少。黏土含量过多的矿砂会使挖斗卸矿困难，同时也难以碎散和洗选。

14.3.4 开拓与供水

14.3.4.1 开拓

(1) 基本原则。采砂船开采的开拓系指形成供采砂船工作的基坑(或水池)，并为开辟开采工作面准备出必须的空间，即保证船能自由调动，达到使采砂船能顺利地接近砂矿体并进行开采。为此，必须保证采砂船处于安全水位状态下。据安全规程要求，不同斗容采砂船的安全水位不得小于表14-4的数据。

(2) 开拓方法分类。根据砂矿床的赋存条件，即矿层厚度、表土层厚度、地形条件、矿层底板倾斜度和所选用的采砂船的规格尺寸，来确定开拓方法。采砂船开采的开拓方法有三大类：

1) 基坑开拓。首先在矿体附近开掘一个具有一定尺寸的基坑，采砂船在基坑内组建，然后充水，扩大基坑，并挖掘一条通向矿体的通道，然后进行开采。通道的最大坡度可达6°～8°。

2)筑坝开拓。当砂矿层的水下埋深小于根据采砂船吃水条件所规定的最小水下埋深，就不能采用基坑开采法。为此，需要在河谷适当位置修筑拦水坝，以提高采区水位。

联合开拓：即根据矿床赋存条件，取基坑开拓与筑坝开拓两者的特点进行联合开拓。

14.3.4.2 供水

(1) 采池中水量的平衡。采砂船生产中除了满足船的安全水位之外，还要保证采池内的水质，生产过程中，采池水中的含泥量及杂草等物会逐渐增加，将严重影响企业技术经济效益，据现场测定表明，采池水中悬浮物浓度达2%～6%时，选矿回收率相对下降10%～35%，因此必须及时补充清水和泄放污染水。

由于涌水量和渗水量，在生产实践中难以预测，无法确定补充水量。所以生产中一般应用补给新水量概念，其量的大小见表14-4。

(2) 供水方法。供水方法有以下四种：

1) 引水渠供水。它是从位于较高的水源地开掘引水渠道，向采池供水的方法，此法在我国被广泛应用。

2) 筑坝供水。在河的上游修筑拦河坝，以此提高水位来向采池供水的方法。由于投资和经营费高，需做经济比较后方可应用。

3) 水泵供水。由于采池与外部水系的高差较大，无法采用上述两种方法时应用此法。如我国桦南金矿局小型采砂船(50 L)开采砂金矿时曾应用过，其效果尚可。

4)联合供水。同时采用两种以上方法向采池供水称之为联合供水法。我国常用的是拦河坝-引水渠联合供水法。

无论采用何种供水方法，开采中一定要考虑对周围水系的影响。由于船采中洗选矿砂而引起水中悬浮物(特别是含泥) 含量急剧增加，如不加处理直接排放，不仅仅影响下游居民的饮水水源，甚至发生河道堵塞，污水泛滥，严重影响周围居民的正常生活和农业生产。

14.3.5 采前准备工作

采砂船开采前的采前准备工作主要有：采区清理和表土预先剥离，采区供水、供电和生产勘探;在严寒地区还需要进行冻土的预防和解冻。

14.3.5.1　采区清理及表土预先剥离

为使采砂船正常高效地作业,开采前必须清理开采区段内的树墩、灌木丛等障碍物,并预先剥离表土工作。其好处是:可减少采砂船为清除障碍物和剥离表土而占用的生产时间,减少采砂船剥离表土工程量,既能提高船的工作效率,又能降低船的开采成本;可减少采砂船设备磨损,延长其工作寿命;可降低因表土的混入而产生的矿砂贫化,提高入选品位;由于清除了地表的细泥杂物,采池中水质清洁,有利于提高选矿回收率;有利于采后复田工作和加速冻土解冻。

剥离表土的设备可采用推土机、铲运机、索斗铲和前装机等,但实际上应用较多的是利用推土机剥离表土。

14.3.5.2　冻土对采砂船开采的影响

难以挖掘的冻土对采砂船开采影响很大,主要表现为:挖斗磨损严重,设备故障率增加;挖斗满斗系数大幅度降低,船的生产能力很低;船挖掘冻土时,易产生前后或左右的振动摇摆,严重影响船上选矿工作的正常进行,降低了选矿回收率;冻土块进入圆筒筛后,难以被碎散和筛分,致使含金属矿物的冻土块被当做废石排弃;春季因受冻土影响,常不得不推迟采砂船开船时间。

14.3.5.3　季节性冻土的预防

我国东北地区,季节性冻土厚度常达 1.3～2.4 m。为尽可能提早开船,必须进行季节性冻土的预防,其主要方法有:

(1) 覆草积雪法。在翌年春季准备开采的区段上覆盖上一层草,将草捆成直径约 30 cm 的捆,并按顺序呈 45°角排列,冬季里其积雪厚度可达 0.5 m。在草和雪的保护下,可减少地表的冻结厚度。

(2) 淹水法。这种方法的实质是在采区的表面上造成一个有气垫的冰被,以防止土岩的结冻(见图 14-21)。

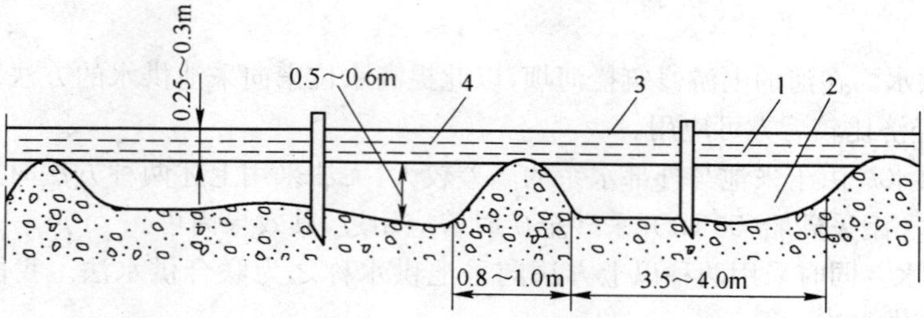

图 14-21　淹水法

1—冰被;2—空气层;3—木柱;4—土埂

其具体做法是:先在河谷中横向筑坝,坝高一般为 3～5 m,坝的间距一般为 200～400 m。在采区注水前,先设置直径为 5～15 cm 的木桩,用作支撑冰被。桩距一般为 2～4 m,也可以用土埂或石堆代替木桩。然后,采区充水 1.5～2.0 m 深,在冰冻季节水面结冰达一定厚度时,将冰下的水放出,这样就形成了带气垫的冰被。这种方法经济实用因而得到广泛的应用。

14.3.5.4 永久冻土的解冻

目前永久冻土的解冻方法主要有:水针法、分层剥离法和爆破渗灌法。

(1) 水针解冻法。水针解冻法是利用压力,使自然温度水通过钢管(即水针)注入冻土层,借助于水的热量融化冻土。其做法是:用钻孔设备按一定间距钻孔,然后插入 ϕ(30~40)mm 的钢管,直至冻土层底板,再向钢管内注入自然温度水。水注入冻土层后,沿管壁向周围扩渗,同时不断地将自身热量传导给冻土使其融化。水针应交错布置,其间距一般为 3~5 m,排距为 4 m。

(2) 分层剥离法。这种方法是利用太阳辐射的热量使冻土解冻。为提高解冻速度,应融化一层,立即剥离一层。使太阳辐射的热量直接传导给冻土层。实践表明,冻土上部的融化层厚度对解冻速度影响很大。若每天清理一次融化层,则解冻速度为 10 cm/d;若三天清理一次,则解冻速度为 6 cm/d;若五天清理一次,则解冻速度为 4 cm/d。由此可见,该法的关键是经常地将融化层剥离走。一般情况下,当融化层厚度达 8~15 cm 时,就应用推土机剥离掉。

(3) 爆破渗灌法。这种方法是利用爆破手段使冻土松动或造成大量裂隙,然后利用自然温度水对松动的冻土进行渗灌;渗灌过程中水将热量传导给冻土,使其融化解冻。

14.3.6 挖掘土岩方法

采砂船挖掘土岩的方法主要有分层挖掘法和掏槽挖掘法。

14.3.6.1 分层挖掘法

这种方法是将矿床全厚分成若干分层(见图 14-22a),采砂船沿工作面全宽自上而下逐层挖掘,一直挖到底板为止。然后再前进一个步距,挖掘工作又重新从地表开始。

分层挖掘法的优点是,可根据土岩性质调整分层厚度,控制满斗系数,保证均匀供矿,有利于选矿回收率的提高。

分层挖掘法的种类,有正工作面挖掘法和斜工作面挖掘法。

(1) 正工作面挖掘法。正工作面挖掘法(见图 14-22b),是将船置于采池中部,船的工作桩移步中心线与采池中心线大致重合,船向两侧摆动的回转半角 β_1 和 β_2 相等,船排弃的尾砂堆在采池中部。

此种方法的优点是作业简单,平均满斗系数较大。其缺点是由于船的挖掘半径大于排弃尾砂半径,故排尾矿时形成较高的废石堆集中分布在采池中部,而不利于复田;当开采深埋砂矿时,废石堆易压侧部矿体,导致船开采侧部矿体时,将产生损失和贫化。

(2) 斜工作面挖掘法。斜工作面挖掘法(见图 14-22c),是船位于采池一侧,船的工作桩移步中心线与采池中心线不重合,两侧的回转角不等。工作桩一侧的回转角大,非工作桩一侧的回转角小,这

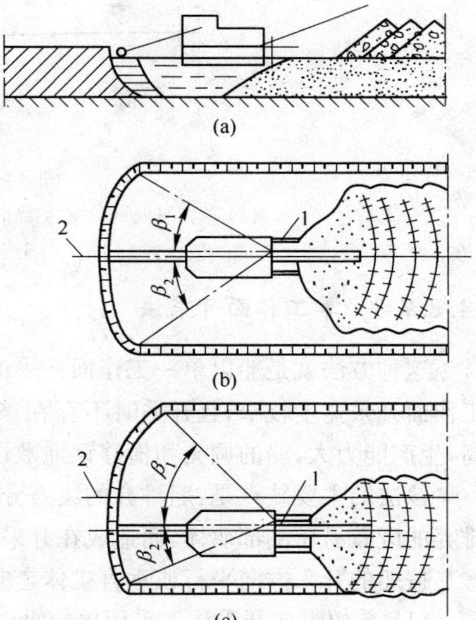

图 14-22 分层挖掘法

(a) 分层挖掘法;(b) 正工作面挖掘法;

(c)斜工作面挖掘法

1—工作桩;2—采池中心线

样可以将废石堆集中排弃于采池的一侧，而能避免在采池另一侧废石堆压矿。

当开采深埋砂矿时，为避免废石堆压侧部矿体或为利用废石堆筑坝时，才采用这种方法。

14.3.6.2　掏槽挖掘法

掏槽挖掘法(见图 14-23)，是将斗桥经常放在矿床底板上，进行掏槽挖掘而不提起，随掏槽进深的增加，形成悬壁的上部土岩因重力而塌落下来，然后再挖掘清理塌落下来的土岩。

钢绳式采砂船一般适于采用掏槽法，这是因其移步距可随时增大或减小，故能很容易满足掏槽进深的要求。特殊情况下，桩柱式采砂船才采用掏槽法。例如，在春季开船时，地表的季节性冻土尚未解冻，为能尽早提前开船，可采用掏槽法先挖掘下部未冻结的土岩，待上部冻土层塌落后，再挖掘清理出去。

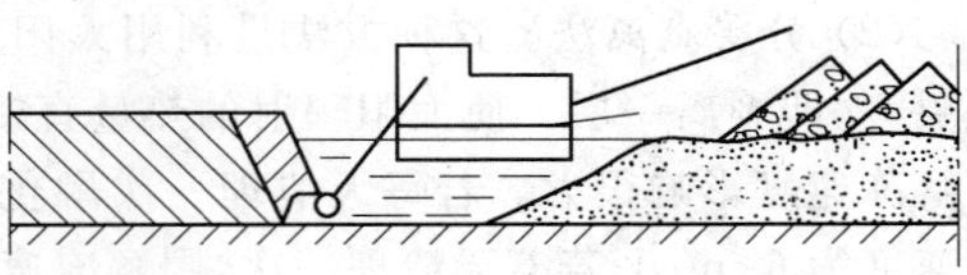

图 14-23　掏槽挖掘法

掏槽法的缺点是增加了土岩平均提升高度。应用掏槽法时，要求矿床底板无巨砾。

14.3.7　开采方法

采砂船开采方法的分类通常是按采砂船移动方向相对矿床走向的关系和采池中布置的工作面数目划分的，其种类主要有：单幅纵向、单幅横向、双幅纵向、双幅横向、多幅纵向、多幅横向以及混合开采法等(见图 14-24)。

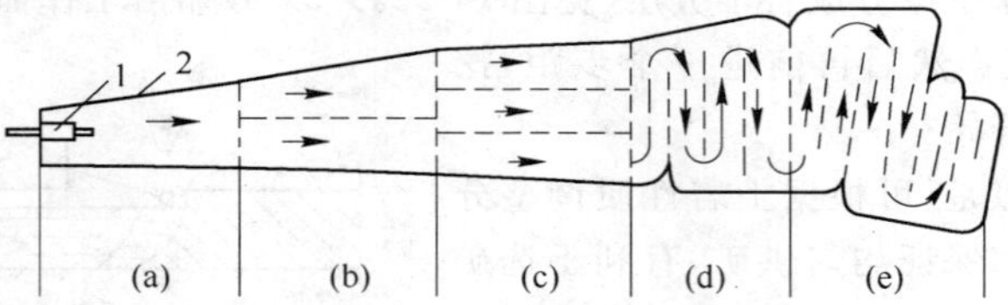

图 14-24　采砂船开采方法

(a) 单幅纵向；(b) 双幅纵向；(c) 三幅纵向；(d) 单幅横向；(e) 双幅横向

1—采砂船；2—矿体界线

14.3.7.1　单工作面开采法

这种方法就是船以单一工作面在采池全宽范围内进行开采。相对多工作面开采法而言，单工作面开采宽度较窄，且开采时不存在来往于工作面之间的频繁调船，故该法具有时间利用率高，生产能力大，船的调头和横移钢绳敷设工作简单等优点。

该法的主要缺点是：船排弃的废石分布不均匀，不利于采后复田；当开采埋深大的矿床时，船排弃的废石易压侧部矿体，而造成在开采侧部矿体时产生矿砂的损失和贫化。

按船的开采方向平行或垂直矿体走向，单工作面开采法分为单幅纵向和单幅横向开采法。

(1) 单幅纵向开采法。采用单幅纵向开采法(见图 14-24a) 时，船是沿矿体走向上行或下行前进开采。当矿床宽度较窄时，可一次开采矿体全宽；当矿床较宽时，应将矿床宽度先划分为几个具有合适宽度的条带，船依次对其进行开采。条带长度一般为 0.3～0.4 km。船采完一个条带后，调转 180°，再开采相邻条带。划分的条带数目应是奇数，以使采砂船能返回原来的方向，继续前进开采。

这种开采法的优点是：开采时，调船工作简单灵活，遇障碍物（如冻土）时，易于改变开采方向，对不规则矿体适应性较强；由于船沿矿体走向一次开采长度较大，故可减少船的180°调头次数和调头时间，提高船的生产能力，简化船开采管理工作。

该法的主要缺点是：当矿体界线不清时，船开采中的盲目性较大，易产生矿砂的损失和贫化；当开采深埋矿体时，船排弃的废石易压侧部矿体。

（2）单幅横向开采法。采用这种方法时（见图14-24d），要求船垂直矿床走向移动开采。其主要优点是：船可以保持较合理的挖掘宽度；对于边界不清的矿体，船在开采中可进行边采边探，资源回收率高，当开采中需要横向筑坝提高采池水位时，可利用船横向排弃的废石堆筑坝。

该法的主要缺点是：当矿体较窄时，船的180°调头次数频繁，占用生产时间多并使船采的管理工作复杂；当逆向开采时，由于尾砂堆的渗水性强而不易保持采池水位。为保持采池水位，需沿走向每隔一定距离留设横向保水矿柱，于是又增加了矿石损失。

为减少采砂船180°频繁调头，单幅横向开采法要求矿床宽度大于采砂船最小挖掘宽度2～3倍。

14.3.7.2　多工作面开采法

多工作面开采法（见图14-24b、c、e），要求采砂船在采池全宽范围内，以几个工作面轮流进行开采，工作面数目通常为2～3个，最多为6个。开采中工作面之间应有一定的超前距离，其值一般为2～4倍的移步距。

多工作面开采时，船的调动工作如图14-25所示。

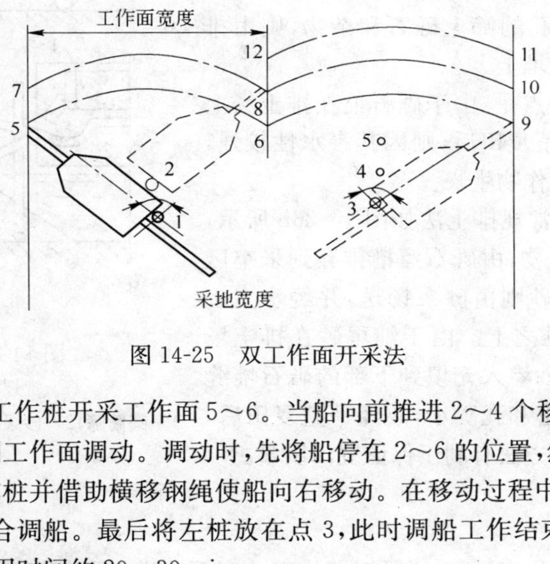

图14-25　双工作面开采法

船在点1以右桩为工作桩开采工作面5～6。当船向前推进2～4个移步距而达7～8的位置时，船便开始向相邻右侧工作面调动。调动时，先将船停在2～6的位置，然后提起斗桥并把它放在点6的位置，提起工作桩并借助横移钢绳使船向右移动。在移动过程中，可以利用斗链的正反转使船前进或后退来配合调船。最后将左桩放在点3，此时调船工作结束。如此反复调动进行开采。船每调动一次所用时间约20～30 min。

多工作面开采法的主要优点是：船排弃的废石分布均匀，废石堆较平缓，有利于采后复田工作；当开采深埋矿床时，可减少因废石堆压侧部矿体而产生的矿砂损失和贫化。

该法的主要缺点是：船来往于工作面之间的调船次数频繁，故占用生产时间多且开采管理工作复杂；由于采池宽度较大，横移钢绳敷设工作较复杂；排弃的尾砂堆较宽，而使采池的渗水损失量较大。

按采砂船开采方向平行或垂直矿体走向，多工作面开采法可分为纵向和横向开采法。

（1）多幅纵向开采法。此种方法如图14-24b、c所示，其主要优点是：一次可采完矿体全宽，因此避免了因废石堆压矿而产生的损失和贫化。其主要缺点是：当矿体界线不清时，开采时易产生损失和贫化。

(2) 多幅横向开采法。此种方法如图 14-24e 所示,其主要优点是:当开采的矿体边界不清时,因船是垂直矿体走向推进,故船在开采中可进行边采边探。其缺点是:当矿床宽度较窄时,船的 180°调头次数频繁;开采中采池之间存在因废石堆压矿而产生的矿砂损失和贫化。

多幅横向开采法多用于开采宽度大于 500 m 的矿床。

14.3.7.3　联合开采法

所谓联合开采法,即上述开采法的综合应用。因矿体沿走向宽度往往是变化的,故需根据各地段矿床宽度的不同,采用不同的开采方法,于是便有了联合开采法。

14.3.8　排土与复田

采砂船开采中,需及时地将筛分选别下来的废石和杂物排弃到船尾采空区,而后必须做采后复田工作。

14.3.8.1　排土方法

目前采砂船的排土方法,主要有常规法和反常规法(见图 14-26)。

(1) 常规法。常规排土法如图 14-26a 所示,其特点是由尾砂溜槽将经选别而废弃的尾砂排弃到采空区下部,而大于圆筒筛孔的筛上砾石和杂物,则由排砾皮带机排弃在细尾砂堆上。

这种排土方法的缺点是:由于砾石堆在排土场上部且孔隙较大,若经平整复田后,则因其渗水性较强,不利于农田的保墒和农作物生长。

(2) 反常规法。反常规排土法如图 14-26b 所示,其特点是筛上砾石和杂物,由砾石溜槽排弃到采空区下部,而选别废弃的尾砂则由砂泵扬送,并经水力旋流器扩散排弃到砾石堆之上。由于细尾砂在排土场上部,且有一部分细尾砂渗入充填到下部的砾石堆缝隙中,使排土场结构致密和孔隙小,故经平整复田后,农田易保墒。显然这种方法有利于保证复田质量。

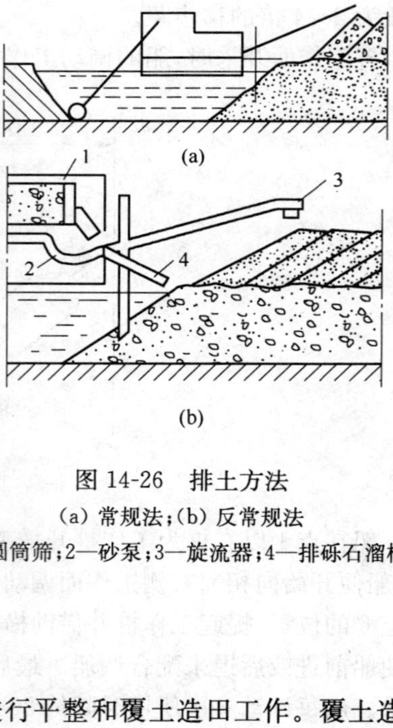

图 14-26　排土方法

(a) 常规法;(b) 反常规法

1—圆筒筛;2—砂泵;3—旋流器;4—排砾石溜槽

14.3.8.2　复田工作

为保护环境和维护生态平衡,必须对船排弃的废石堆进行平整和覆土造田工作。覆土造田主要包括剥离耕土、整平压实和覆土造田。

(1) 剥离耕土。剥离耕土工作,就是利用推土机或铲运机将地表的可耕土、底土进行分层剥离并堆放采区两侧或一侧保存,待船排弃的废石堆经整平后,再推回原处。

(2) 整平压实。为保证复田质量,必须对船排弃的废石堆进行整平和压实,以减少其松散度和孔隙度。实际上大多利用推土机进行整平工作。

(3) 覆土造田。废石堆经整平压实后,利用推土机将预先剥离的耕土,按原来的土壤层次分层推回覆盖,覆盖的表土厚度不能小于 0.5 m。然后根据需要进行各种农田基本建设。覆田后的土地经雨水、阳光、空气的作用,可逐渐恢复生机。

14.3.9 提高采砂船挖掘生产能力措施

14.3.9.1 影响船生产能力的因素

实际生产中,船的斗容一般是不变的,故影响船的生产能力主要因素是船的时间利用系数和挖斗的满斗系数。

(1) 满斗系数降低的原因。挖斗满斗系数降低的主要原因有:船遇到难以挖掘的矿岩,如冻土、坚硬致密的胶结层、含巨砾较多的土岩、坚硬底板基岩等;因船的回转角过大,导致工作面角隅处刨片长度减小,船的平均满斗系数降低;船的挖掘参数,如移步距、横移速度和刨片厚度过小,而使满斗系数降低。

(2) 时间利用系数降低的原因。影响时间利用系数的原因有:矿砂含巨砾过多,故因处理巨砾而耽搁过多的生产时间;在严寒地区受冻土影响,非生产时间增加,如拖延船的春季开船时间,或受冻土影响船的故障率增加,进而导致非生产停船时间增加;因船上设备差,使用、维护、保养不精心以及因船的备品备件贮备不足,而造成故障率高,或检修不及时,导致停船时间过多;选择的开采方法和挖掘参数不合理,如移步距过小或采用横向开采法开采较窄矿床,而导致因频繁进船和调船使非生产时间增加;船采的管理水平、操纵工的操作水平、船上工人素质也都影响着时间利用系数。

14.3.9.2 提高船的生产能力措施

提高船的生产能力措施主要有:搞好地表清理和表土预先剥离工作;在严寒地区,应加强冻土的预防和解冻工作,争取春季早开船,冬季晚停船;加强船上设备的维护和保养工作,做好备品备件的贮备工作;合理选择开采方法和参数,如合理确定移步距、挖宽尺寸、刨片厚度等;加强科学管理,提高工人的素质。

14.3.10 开采中损失和贫化

在实际生产中,采砂船开采的矿砂损失率和贫化率约为5%~10%。

14.3.10.1 产生损失原因

船采中的矿砂损失主要为未采下损失和采下后损失。

(1) 未采下损失。未采下损失主要包括:地质损失和矿柱损失,

1)地质损失。地质损失是由于受矿床开采条件的限制或因勘探深度不够,而造成的损失。如矿床底板凹凸不平,特别是喀斯特底板发育的矿床;形态不规则的矿床;沉入坚硬底板裂隙中的矿砂;因地质勘探程度不够,边界不清的矿床;局部存在永久冻土或含巨砾大而多的矿床。以上诸情况均容易使船在开采过程中产生矿砂的损失。

2)矿柱损失。矿柱损失是采砂船在开采中因残留矿柱而造成的损失。它主要有:移步间残留的矿柱损失;相邻进路间残留的矿柱损失(见图14-27);采池边帮残留的锯齿形矿柱损失;因船的调转而残留在工作面转角处的矿柱损失;为隔水或筑坝而留设的矿柱损失;因船的挖深不够,清扫底板不彻底而产生的矿砂损失。

(2) 采下后损失。矿砂采下后损失主要为运输卸矿过程中的损失和砂矿在圆筒筛中筛分洗矿过程中的损失。

1) 运输卸矿损失。运输卸矿损失主要有:满载矿砂的挖斗在提升运输过程中,因机械振动

影响而产生的撒矿损失；因矿砂黏性较大，导致挖斗卸矿不彻底而造成的损失；因斗桥支点与上导轮固定在同一轴上，当斗桥较小倾角挖掘时，斗链至受矿漏斗口的距离变大，导致受矿漏斗的同时接斗数减少，即挖斗的有效卸斗时间变短，使挖斗在卸矿中产生漏矿损失（见图 14-28a）。

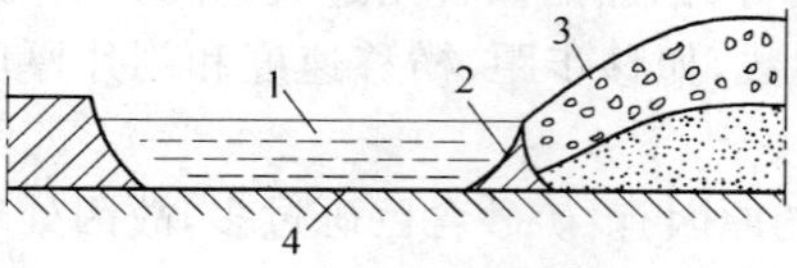

图 14-27　相邻进路间矿柱

1—相邻进路采池；2—相邻进路间残留的矿柱；3—相邻进路废石堆；4—矿床底板

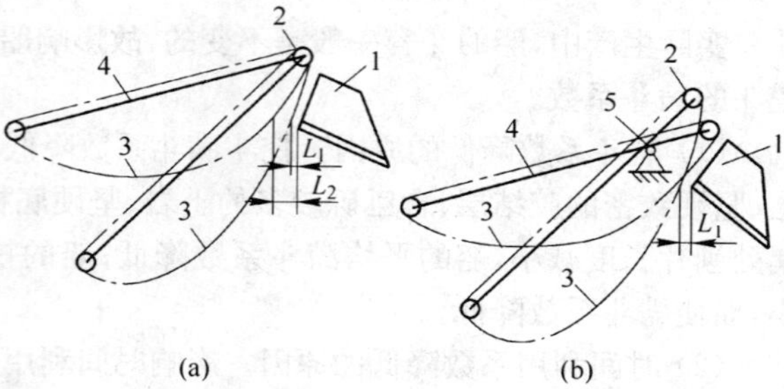

图 14-28　挖斗卸矿

(a) 斗桥支点与上导轮同心；(b) 斗桥支点与上导轮不同心

1—受矿漏斗；2—上导轮；3—挖斗唇运动轨迹；4—斗桥；5—斗桥支点；L_1，L_2—斗链至受矿口的距离

2）筛分损失。矿砂进入圆筒筛后，在被筛分冲洗过程中产生的损失，主要是由于矿砂被筛分冲洗不充分，使部分矿砂随筛上砾石或黏土块被排到废石堆而产生的损失。

14.3.10.2　产生贫化原因

采砂船开采中产生矿砂贫化的原因主要有：矿床表土未剥离；矿体内不够工业品位的夹石被开采；开采较窄或形态不规则以及边界不清的矿体时，挖掘开采了矿体以外的土岩；开采挖掘了尾矿堆。

14.3.10.3　减少损失与贫化的措施

（1）减少损失措施。采砂船开采中，减少矿砂损失的措施有：加强生产勘探工作，及时摸清矿床边界；尽可能超深挖掘底板，做好砂矿床底板的清扫工作；合理确定和控制移步距，减少移步间矿柱损失；加强圆筒筛的筛分洗矿管理工作，以减少筛上砾石和黏土夹带矿砂；在受矿漏斗下部设置回收溜槽，以堵截因挖斗卸矿而产生的漏矿损失；采用斗桥支点与上导轮不同心的斗链动点固定方式（见图 14-28b），以减少挖斗卸矿时的漏矿损失。

（2）斗链动点卸矿方法。这种方法的实质是斗桥支点与上导轮不同心固定，当挖斗卸矿时，不管斗桥倾角如何变化，它都能保证斗链与受矿漏斗口的间隙变化不大（见图 14-28b）。也就是保证受矿漏斗口的同时接斗数基本不变，以减少挖斗卸矿时的漏矿损失。

（3）减少贫化措施。减少船在开采中产生贫化的措施有：搞好表土预先剥离工作；加强生产勘探，及时摸清矿体边界；避免挖掘尾砂堆和边界外土岩。

14.3.11　钢绳式采砂船的应用

14.3.11.1　概述

钢绳式采砂船在国外主要用于开采砂锡矿。这种船的开采特点是：挖掘宽度大，其最大挖宽可达艄绳长度的 1/3 以上；尾砂堆排弃均匀平坦，有利于复田；船的前进和后退是利用艄绳控制的，不用停船即能完成船的进船工作，故可减少占用的生产时间。

钢绳式采砂船开采的缺点是，当挖掘较坚硬土岩时，由于钢绳具有弹性，故使船在挖掘时产生后退现象，以至于船不能正常有效地回收矿物，特别是清理矿床底板时，将会增加砂矿的损失。

由于上述特点，钢绳式采砂船适于开采土岩较松软的砂矿床。

14.3.11.2 钢绳式采砂船的定位和移动

(1) 钢绳式采砂船的定位。钢绳式采砂船开采时，一般用五根锚缆定位，即一根艏锚缆，四根边锚缆（见图 14-29）。

实践表明，艏锚接用钢缆可使船横移灵活。当开采现代河床砂矿时，艏锚和钢绳之间可接几节链条，接用链条的钢绳容易固定。

(2) 定位锚缆。

1)艏锚缆固定方式。艏锚缆固定方式一般有两种：开采河漫滩砂矿时，常用土笼固定；而开采现代河床时，往往用钢锚固定。

锚的形式有多种，一般应根据土岩性质选择锚型，如海军锚适用于软质河床，而双齿锚适宜硬质河床。实际中常用海军锚（见图 14-30）。

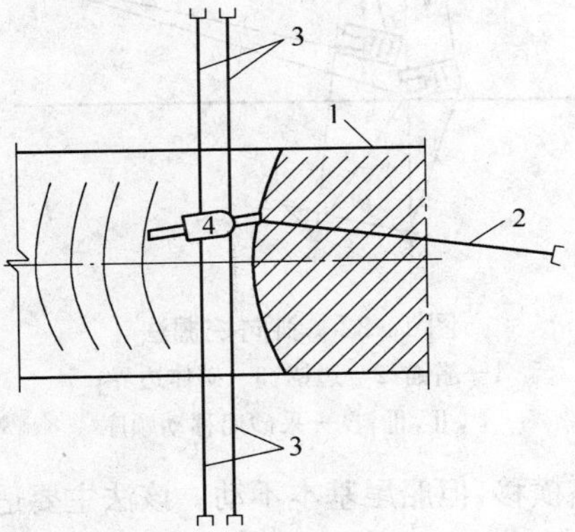

图 14-29 钢绳式采砂船定位

1—矿体；2—艏锚缆；3—边锚缆；4—采砂船

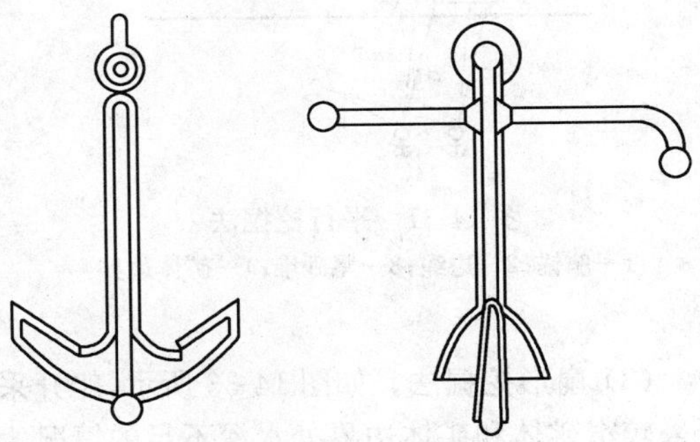

图 14-30 海军锚

2)艏锚缆。艏锚缆一般应尽量长一些，以增加采砂船的挖宽。开采现代河床砂矿时，艏锚一般可抛在船高 500～200 m 处；如果条件允许，可抛在 1000 m 以上，这样可以减少移锚次数。

为增加艏锚的稳定性，可以在锚头接 2～5 节链条，每节为 25 m。开采时可将艏锚缆放在船前 80～100 m 处的抛锚方船上，以减少横移阻力。如果抛锚区土质坚硬，锚齿不易入土或土质太软容易走锚，则可抛连环锚，即在距主锚 10～20 m 的前方再串联一只锚，以便使主锚抛牢。

3)边锚缆。边锚缆越长，开采时边锚移动的次数就越少。一般情况下，边锚缆应超出工作面边界 90～150 m。开采中边锚缆应超前船设置，其超前角为 5°～10°。开采中由于船逐渐向前移动，而使两侧边锚缆落后，当其落后角为 5°～10°时，边锚应向前移动。

(3) 钢绳式采砂船的移动。钢绳式采砂船的前移或后退，是由艏锚缆的收放绳来实现的，而船向两侧移动是靠边锚缆的收放绳实现的。一般应在前甲板靠近艏锚绞车前部的适当位置，设一个钢制的门形架，以架的横梁作为参照物。在艏绳上每隔 10 m 用颜色作标记，通过观察标记可知船的移动距离。

14.3.11.3　钢绳式采砂船挖掘方法

钢绳式采砂船在开采中，180°调头是很困难的。因此它一般多用于纵向单工作面上行开采法。其挖掘方法主要有平行、斜向、扇形、十字形四种。

(1) 平行挖掘法。平行挖掘法(见图 14-31)，即船在开采中，其中心线与工作面中心线始终保持平行。该法的缺点是挖斗的满斗系数低，且横移吃力。在开采现代河床砂矿，且河水流速较大时才用此法。

(2) 斜向挖掘法。采用斜向挖掘法(见图 14-32)，船的中心线与工作面中心线始终斜交。该法的优点是挖斗的满斗系数较高，且不易脱缆，故这种方法常被采用。

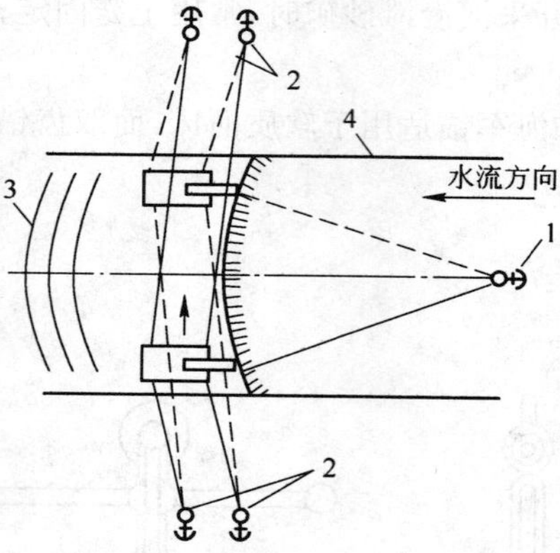

图 14-31　平行挖掘法

1—艏锚；2—边绳；3—尾砂堆；4—矿体边界

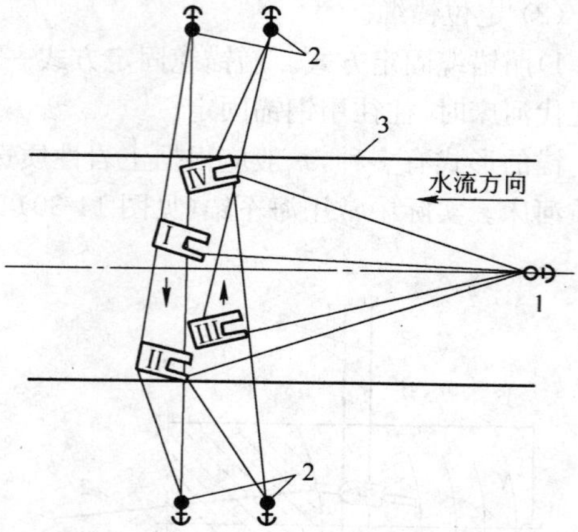

图 14-32　斜向挖掘法

1—艏锚；2—边锚；3—矿体边界；

Ⅰ，Ⅱ，Ⅲ，Ⅳ—采砂船移动顺序

(3) 扇形挖掘法。如图 14-33 所示，船开采时，船艏横移，但船尾基本不动。该法主要适用于开采较窄矿体和矿体边界处水深不足的情况。

(4) 十字形挖掘法。采用十字形挖掘法(见图 14-34)时，船艏和船尾都围绕船体中心移动。此种方法适用于开采现代河床砂矿。

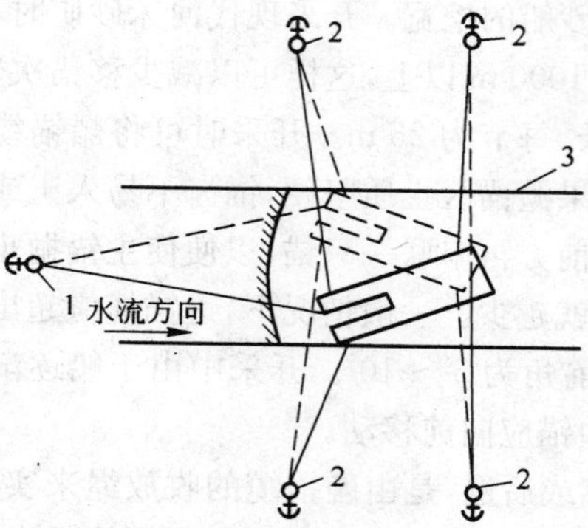

图 14-33　扇形挖掘法

1—艏锚；2—边锚；3—矿体边界

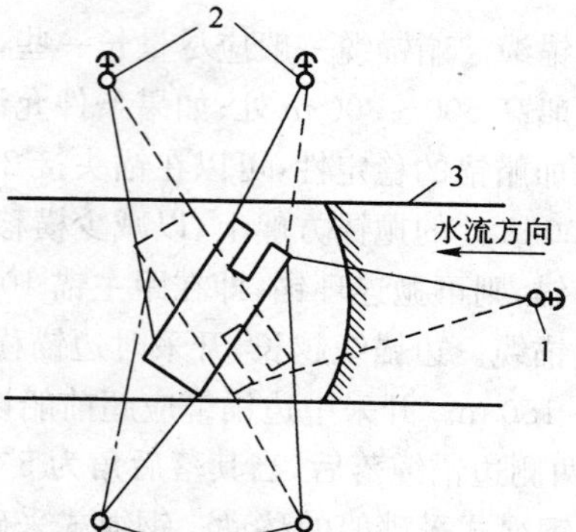

图 14-34　十字形挖掘法

1—艏锚；2—边锚；3—矿体边界

复习思考题

14-1 水枪主要是由哪几个部分组成?
14-2 简述砂矿床开采的开拓方法。
14-3 简述砂矿床开采的冲采方法。
14-4 简述常用砂矿床机械开采方法。
14-5 简述常用采砂船的结构及工作原理。
14-6 简述采砂船在砂矿床开采中的应用。
14-7 简述砂矿床开采中如何进行环境保护工作。
14-8 如何提高采砂船的生产能力?

参 考 文 献

1 钟义旆.金属矿床开采.北京:冶金工业出版社,1990
2 李朝栋.金属矿床开采.北京:冶金工业出版社,1987
3 杨万根.金属矿床露天开采.北京:冶金工业出版社,1990
4 李保祥.金属矿床露天开采.北京:冶金工业出版社,1990
5 焦玉书.金属矿山露天开采.北京:冶金工业出版社,1989
6 采矿设计手册——矿床开采卷(上、下册).北京:中国建筑工业出版社,1993
7 王青.采矿学.北京:冶金工业出版社,2005